网络空间安全学科系列教材

汇编语言与逆向技术

王志 李旭昇 过辰楷 邓琮弋 编著

清华大学出版社

北京

内 容 简 介

汇编语言是一种面向机器的底层编程语言。本书将计算机汇编语言与软件逆向分析技术交叉融合，从汇编语言的角度介绍处理器、操作系统和应用软件的底层设计，通过逆向分析技术进一步理解系统和程序的底层运行机制，以软件知识产权保护场景的案例分析展示汇编语言与逆向技术在信息安全领域的重要性。本书介绍了目前普遍使用的 Intel IA-32 处理器及其使用的 x86 汇编语言，也介绍了华为鲲鹏处理器及其使用的功能更强大的 ARM 汇编语言。逆向技术部分，本书使用了更加先进且免费的 Binary Ninja 静态逆向分析平台和 x64dbg 动态逆向分析平台。

本书主要面向高校信息安全、网络空间安全等相关专业的师生和从事信息安全工作的技术人员。通过学习，读者可以更深入地了解计算机处理器和操作系统，理解高级语言编程的底层实现，进一步掌握静态和动态的二进制代码逆向分析方法，从案例分析中认识到汇编语言和逆向技术对于软件知识产权保护的重要性，为进一步学习"软件漏洞挖掘""计算机病毒分析"等信息安全课程打下坚实的基础。

图书在版编目（CIP）数据

汇编语言与逆向技术 / 王志等编著. -- 北京：清华大学出版社，2025.1.
（网络空间安全学科系列教材）. -- ISBN 978-7-302-68100-7

Ⅰ. TP313

中国国家版本馆 CIP 数据核字第 2025108X4P 号

责任编辑：张　民　薛　阳
封面设计：刘　键
责任校对：郝美丽
责任印制：杨　艳

出版发行：清华大学出版社
网　　　址：https：//www.tup.com.cn，https://www.wqxuetang.com
地　　　址：北京清华大学学研大厦 A 座　　　　　　　邮　　编：100084
社 总 机：010-83470000　　　　　　　　　　　　　邮　　购：010-62786544
投稿与读者服务：010-62776969，c-service@tup.tsinghua.edu.cn
质量反馈：010-62772015，zhiliang@tup.tsinghua.edu.cn
课件下载：https://www.tup.com.cn，010-83470236
印 装 者：三河市铭诚印务有限公司
经　　销：全国新华书店
开　　本：185mm×260mm　　　　　印　　张：21.5　　　字　　数：527 千字
版　　次：2025 年 2 月第 1 版　　　　　　　　　　　印　　次：2025 年 2 月第 1 次印刷
定　　价：65.00 元

产品编号：106586-01

出版说明

21世纪是信息时代,信息已成为社会发展的重要战略资源,社会的信息化已成为当今世界发展的潮流和核心,而信息安全在信息社会中将扮演极为重要的角色,它会直接关系到国家安全、企业经营和人们的日常生活。随着信息安全产业的快速发展,全球对信息安全人才的需求量不断增加,但我国目前信息安全人才极度匮乏,远远不能满足金融、商业、公安、军事和政府等部门的需求。要解决供需矛盾,必须加快信息安全人才的培养,以满足社会对信息安全人才的需求。为此,教育部继2001年批准在武汉大学开设信息安全本科专业之后,又批准了多所高等院校设立信息安全本科专业,而且许多高校和科研院所已设立了信息安全方向的具有硕士和博士学位授予权的学科点。

信息安全是计算机、通信、物理、数学等领域的交叉学科,对于这一新兴学科的培养模式和课程设置,各高校普遍缺乏经验,因此中国计算机学会教育专业委员会和清华大学出版社联合主办了"信息安全专业教育教学研讨会"等一系列研讨活动,并成立了"高等院校信息安全专业系列教材"编委会,由我国信息安全领域著名专家肖国镇教授担任编委会主任,指导"高等院校信息安全专业系列教材"的编写工作。编委会本着研究先行的指导原则,认真研讨国内外高等院校信息安全专业的教学体系和课程设置,进行了大量具有前瞻性的研究工作,而且这种研究工作将随着我国信息安全专业的发展不断深入。系列教材的作者都是既在本专业领域有深厚的学术造诣,又在教学第一线有丰富的教学经验的学者、专家。

该系列教材是我国第一套专门针对信息安全专业的教材,其特点是:

① 体系完整、结构合理、内容先进。

② 适应面广。能够满足信息安全、计算机、通信工程等相关专业对信息安全领域课程的教材要求。

③ 立体配套。除主教材外,还配有多媒体电子教案、习题与实验导等。

④ 版本更新及时,紧跟科学技术的新发展。

在全力做好本版教材,满足学生用书的基础上,还经由专家的推荐和审定,遴选了一批国外信息安全领域优秀的教材加入系列教材中,以进一步满足大家对外版书的需求。"高等院校信息安全专业系列教材"已于2006年年初正式列入普通高等教育"十一五"国家级教材规划。

2007年6月,教育部高等学校信息安全类专业教学指导委员会成立大会暨第一次会议在北京胜利召开。本次会议由教育部高等学校信息安全类专业教学指导委员会主任单位北京工业大学和北京电子科技学院主办,清华大学出版社协办。教育部高等学校信息安全类专业教学指导委员会的成立对我国信息安全专业的发展起到重要的指导和推动作用。2006年,教育部给武汉大学下达了"信息安全专业指导性专业规范研制"的教学科研项目。2007年起,该项目由教育部高等学校信息安全类专业教学指导委员会组织实施。在高教司和教指委的指导下,项目组团结一致,努力工作,克服困难,历时5年,制定出我国第一个信息安全专业指导性专业规范,于2012年年底通过经教育部高等教育司理工科教育处授权组织的专家组评审,并且已经得到武汉大学等许多高校的实际使用。2013年,新一届教育部高等学校信息安全专业教学指导委员会成立。经组织审查和研究决定,2014年,以教育部高等学校信息安全专业教学指导委员会的名义正式发布《高等学校信息安全专业指导性专业规范》(由清华大学出版社正式出版)。

2015年6月,国务院学位委员会、教育部出台增设"网络空间安全"为一级学科的决定,将高校培养网络空间安全人才提到新的高度。2016年6月,中央网络安全和信息化领导小组办公室(下文简称"中央网信办")、国家发展和改革委员会、教育部、科学技术部、工业和信息化部及人力资源和社会保障部六大部门联合发布《关于加强网络安全学科建设和人才培养的意见》(中网办发文〔2016〕4号)。2019年6月,教育部高等学校网络空间安全专业教学指导委员会召开成立大会。为贯彻落实《关于加强网络安全学科建设和人才培养的意见》,进一步深化高等教育教学改革,促进网络安全学科专业建设和人才培养,促进网络空间安全相关核心课程和教材建设,在教育部高等学校网络空间安全专业教学指导委员会和中央网信办组织的"网络空间安全教材体系建设研究"课题组的指导下,启动了"网络空间安全学科系列教材"的工作,由教育部高等学校网络空间安全专业教学指导委员会秘书长封化民教授担任编委会主任。本丛书基于"高等院校信息安全专业系列教材"坚实的工作基础和成果、阵容强大的编委会和优秀的作者队伍,目前已有多部图书获得中央网信办和教育部指导评选的"网络安全优秀教材奖",以及"普通高等教育本科国家级规划教材""普通高等教育精品教材""中国大学出版社图书奖"等多个奖项。

"网络空间安全学科系列教材"将根据《高等学校信息安全专业指导性专业规范》(及后续版本)和相关教材建设课题组的研究成果不断更新和扩展,进一步体现科学性、系统性和新颖性,及时反映教学改革和课程建设的新成果,并随着我国网络空间安全学科的发展不断完善,力争为我国网络空间安全相关学科专业的本科和研究生教材建设、学术出版与人才培养做出更大的贡献。

我们的E-mail地址是zhangm@tup.tsinghua.edu.cn,联系人:张民。

"网络空间安全学科系列教材"编委会

不同于 C++ 、Java 等高级编程语言,汇编语言是直接面向计算机处理器和内存的低级编程语言。汇编语言本质上是机器指令的助记符语言,汇编语句与二进制指令有一对一的映射关系。汇编语言的编程效率远远低于高级编程语言,主要应用于信息安全领域的逆向分析,是信息安全专业学生的必修课程。在真实的网络攻防场景中,面对没有高级语言源代码的二进制恶意代码,信息安全工程师唯一可以依赖的语言就是汇编语言。

本书将计算机汇编语言与软件逆向分析技术交叉融合,缓解了汇编语言和逆向技术在教学上的脱节问题。本书从汇编语言的角度介绍处理器、操作系统和应用软件的底层设计,通过逆向分析技术让读者进一步深入理解系统和程序的底层运行机制,以软件知识产权保护场景的案例分析展示了汇编语言与逆向技术在信息安全领域的重要性。

本书介绍了目前使用最普遍的 Intel IA-32 处理器及其使用的 x86 汇编语言。在此感谢南开大学——华为"智能基座"产教融合协同育人基地的支持,使作者有机会学习了国产华为鲲鹏处理器及其使用的功能更强大的 ARM 汇编语言,对处理器和汇编语言有了更深入的认识,了解到未来的发展方向。

本书逆向技术部分的学习没有采用 IDA Pro 和 OllyDbg 作为分析工具,而是选择了更加先进且免费的 Binary Ninja 静态逆向分析平台和 x64dbg 动态逆向分析平台。本书的第二作者李旭昇是负责研发 Binary Ninja 逆向分析工具的工程师之一。Binary Ninja 在静态反汇编的基础上提供了可免费使用的 C 语言伪代码反编译功能,有效提升了逆向分析的效率。OllyDbg 已经于 2014 年停止了软件更新,因此本书的动态逆向分析学习使用了一直在更新和维护的 x64dbg。x64dbg 是免费开源的,逆向分析功能更加丰富。

本书最后以软件知识产权保护场景的案例分析展示了汇编语言与逆向技术在信息安全领域的重要性,帮助读者加深对日常生活中信息安全问题的认识和理解。"汇编语言与逆向技术"课程是信息安全专业的必修课之一,可为读者打开一扇通往信息安全领域的大门,为进一步学习"软件安全""系统安全""漏洞挖掘""恶意代码分析与防治"等信息安全专业课程打下坚实的基础。

全书共 13 章,大体上可分为 3 部分:第 1 部分是汇编语言的学习,包括第 1~8 章,介绍了目前使用最广泛的 Intel 的 IA-32 处理器及其使用的 x86 汇编语言,并介绍了更加先进的国产华为鲲鹏处理器体系结构及其使用的 ARM 汇编语言;第 2 部分是逆向技术的学习,包括第 9~12 章,介绍了逆向分析的基础知识,帮助读者认识 Windows 操作系统使用的 PE 可执行文件结构,学习高级语言与汇编语言之间的对应关系,使用 Binary Ninja 静态逆向工具和 x64dbg 动态逆向分析工具进行二进制代码的逆向分析实战;第 3 部分是汇编语言与逆向技术的应用,包括第 13 章,介绍了恶意逆向分析给软件知识产权保护带来的安全威胁,并通过案例分析论述汇编语言和逆向技术在信息安全领域的重要性。

本书的第 1～6 章由过辰楷编写,第 7～9 章由邓琮弋编写,第 10～12 章由李旭昇编写,第 13 章由王志编写。全书由王志统稿。在本书完稿之际,作者要衷心感谢清华大学出版社计算机与信息分社张民编审,衷心感谢武汉大学计算机学院张焕国教授、彭国军教授,南开大学网络空间安全学院刘哲理教授和华为公司楼佳明老师对本书提出宝贵意见。本书的文字录入和相关资料整理,得到了臧玉杰、张嘉鹏、刘卓航、刘浩通、王乾潞、王天鸿、米迅、车佳瑞、赵慧敏等的帮助,在此谨向他们表示衷心的感谢。

作者自认才疏学浅,更兼时间和精力所限,书中错谬之处在所难免,若蒙读者诸君不吝告知,将不胜感激。

作　者

2024 年 7 月于天津

目　录

第 1 章

基 本 概 念

在响应国家对科技自主创新的号召下,本书旨在深入探索汇编语言——计算机科学基础之一的核心领域。本章将带领读者进入汇编语言的世界,介绍其基本概念、应用场景以及在现代计算技术中的重要性。汇编语言作为直接与计算机硬件沟通的工具,不仅可以显著提高硬件加速性能,还在保障软件安全性、增强现代编程能力上发挥着关键作用。此外,作为本书核心主题之一的逆向工程,也依赖于汇编语言的深入理解和应用。

通过虚拟机的概念,我们不仅能安全且灵活地学习和实验汇编语言,还能通过虚拟化技术优化程序性能。虚拟机为我们提供了一个理想的平台,来探索如何在不同层次的虚拟环境中执行程序,从基础的硬件指令到高级语言的抽象。此外,数据的表示方法和布尔运算在汇编语言中扮演着核心角色。这些基础知识不仅是理解更高层次编程概念的基石,也是进行底层控制和逻辑决策的必要工具。这些概念帮助我们深入理解计算机如何处理信息,执行指令,以及如何在各种编程环境中有效地使用汇编语言。

通过本章的学习,读者不仅能够获得关于汇编语言的初步了解,还将掌握其在虚拟机使用、数据处理和布尔逻辑实现中的应用。我们希望本章能够为读者提供一个全面了解汇编语言的新视角,并激发大家对计算机底层工作原理更深层次研究的兴趣。本书将以此为基础,进一步强化汇编语言作为高等教育课程的战略地位,以及其在培养符合国家科技进步需求的高技能人才方面的重要作用。

1.1 欢迎来到汇编语言的世界

欢迎来到汇编语言的世界。在本章中,我们将一起探索汇编语言的基础概念、重要性以及其在现代计算中的多样应用。汇编语言作为计算机程序设计语言的基石,允许程序员以接近机器的方式编写代码,不仅增强了硬件加速和系统安全性,而且保持了足够的可读性。

汇编语言是计算机科学的核心,它紧贴硬件,执行效率高,因此在嵌入式系统、驱动程序开发和性能优化等领域发挥着不可替代的作用。此外,对于追求最大化硬件效能和增强安全性的现代编程环境,以及支持逆向工程的应用,汇编语言同样至关重要。

在响应国家对科技自主创新的号召中,学习和掌握汇编语言将帮助我们建立对国产计算机技术和软件开发的深层理解和控制。通过本书,不仅能学习到汇编语言的技术细节,还将领略其在推动中国计算机技术进步中的战略作用。

本书以 Intel x86 架构和 MASM(Microsoft Macro Assembler)为教学工具,这不仅因其广泛的应用,而且因其历史悠久且功能强大的特点,使其成为理解和应用汇编语言的理想平台。

汇编语言的学习不仅是技术的积累,更是对计算机底层架构深入了解的过程。我们将从基础的指令集开始,逐步深入到高级编程技术和逆向工程的探索中。每一条汇编指令,每一个逻辑操作,都直接对应计算机的机器语言,能够以最直接的方式控制硬件。

再次欢迎您踏上这段学习之旅。让我们一起探索、学习并掌握汇编语言,为国家科技进步贡献力量,并开启计算机世界的新视角。

1.1.1 一些问题

在这一节中,我们将通过问答的形式,探索一些关于汇编语言的常见问题。这些问题旨在为初学者提供一个关于汇编语言基本概念和应用的初步了解。

问题 1:通过本书能学到些什么?

答: 本书将展示汇编语言的基础知识,包括语法、指令集、内存管理和程序结构。同时介绍如何使用汇编器和链接器,以及如何调试和优化代码。此外,本书将介绍一些实际应用案例,帮助读者理解如何在实际项目中使用汇编语言。

问题 2:学习汇编语言需要什么硬件和软件?

答: 要学习汇编语言,首先需要一台装备有 Intel Core 或 AMD Ryzen 系列处理器的计算机,这两种处理器都支持 x86-64 架构,适合现代计算需求。关于软件需求,MASM (Microsoft Macro Assembler)是一款兼容各种 Windows 操作系统的主要汇编器,尽管它最初是为 32 位系统设计的,但在现代 64 位 Windows 系统上仍可运行。

此外,还需要以下软件工具。

- **编辑器:** 现代开发者需要一个功能强大的文本编辑器或代码编辑器来创建汇编语言源文件。推荐的编辑器包括 Visual Studio Code 或 Sublime Text,这些编辑器提供了丰富的功能,包括语法高亮、代码自动完成等,可以极大地提高编程效率。
- **64 位调试器:** 在现代汇编语言编程中,一个高效的调试器是不可或缺的工具。Visual Studio Community 版或者更高级的版本提供了强大的调试功能,支持 64 位应用程序的调试,适合用于各种复杂的调试任务。

问题 3:什么是汇编器和链接器?

答: 汇编器是一种软件工具,用于将汇编语言代码转换为机器语言代码。这个过程称为汇编。链接器则是将一个或多个由汇编器或编译器生成的对象文件合并成单个可执行文件的工具。在许多情况下,链接器还处理符号解析、重定位和内存分配。

问题 4:汇编语言与高级编程语言有什么区别?

答: 汇编语言是低级编程语言,直接对应计算机的机器指令,而高级编程语言如 Python 或 Java 提供了更多的语义解释和功能封装。汇编语言使用助记符代表具体的机器指令,使其在语法上比 0 和 1 的二进制代码更易于理解。但与高级语言相比,汇编语言缺乏高级抽象,如自动内存管理、对象导向编程等。高级语言隐藏了硬件的复杂性,但这种抽象也意味着牺牲了一定的性能和对底层硬件的控制。学习汇编语言能让程序员更直接地控制硬件资源,实现高效、精确的编程,尤其在性能攸关或指定硬件的应用中尤为重要。

问题 5：C++ 和 Java 等高级编程语言与汇编语言有什么关系？

答：C++ 和 Java 等高级编程语言与汇编语言的关系可以通过编程语言的转换和执行过程来理解。高级语言编写的代码在计算机执行前需要被转换成更接近硬件的形式，即汇编语言或机器代码。让我们通过一个具体的例子来探讨这种转换过程。

假设我们有以下 C++ 代码段，用于计算两个整数的和：

```
int a = 5;
int b = 10;
int sum = a + b;
```

在计算机执行这段代码之前，它将被编译器转换成汇编语言。下面是这段代码的可能汇编语言表示：

```
mov eax, 5          ; 将 5 赋值给 EAX 寄存器
mov ebx, 10         ; 将 10 赋值给 EBX 寄存器
add eax, ebx        ; 将 EAX 和 EBX 寄存器的值相加，结果存储在 EAX 中
mov sum, eax        ; 将 EAX 寄存器的值赋给 sum 变量
```

这里的汇编语言代码说明了高级语言在底层的实际操作。寄存器是 CPU 用于临时存储计算数据的小型存储区域，这里的 eax 和 ebx 是两个常用的寄存器。通过这个例子，我们可以看出高级编程语言如 C++ 在执行时是如何被转换成更底层的汇编语言的。这种转换允许程序员编写更抽象、易于理解和维护的代码，同时由编译器负责处理底层的硬件交互。

问题 6：汇编语言是可移植的吗？

答：汇编语言的可移植性是一个复杂的问题。从根本上讲，汇编语言是依赖于特定硬件架构的。这意味着，为一个特定类型的处理器编写的汇编代码通常无法在不同类型的处理器上直接运行。例如，为 Intel x86 架构编写的汇编代码并不能直接在 ARM 架构的处理器上执行，因为这两种架构使用完全不同的指令集和寄存器。这种硬件依赖性限制了汇编语言代码的可移植性。

然而，有些方面的汇编语言代码是可以在不同平台上重用的，尤其是那些涉及算法逻辑而不是特定硬件操作的部分。在这些情况下，代码的核心逻辑可以保持不变，而针对不同硬件的特定指令和寄存器的使用则需要相应地调整。此外，一些工具和方法可以帮助增强汇编语言代码的可移植性，例如使用宏和条件编译。这些技术可以在不同的硬件平台上提供相似的功能，尽管它们通常需要针对每个目标平台进行一定程度的定制。

问题 7：汇编语言在现代编程中的应用是什么？

答：尽管高级语言在许多应用中更常见，但汇编语言在性能攸关任务、系统底层编程、硬件操作中仍然有其独特的应用。例如，操作系统的核心部分、高性能游戏和图形处理程序，以及嵌入式系统通常会用到汇编语言。

问题 8：汇编语言如何与硬件交互？

答：汇编语言通过使用特定于处理器的指令直接与硬件交互，这些指令可以控制处理器的寄存器、执行算术和逻辑运算、管理内存访问等。这种直接的指令控制使得汇编语言在精细化硬件控制场景中十分有效。

问题 9：学习汇编语言如何帮助理解高级编程语言？

答：学习汇编语言可以帮助程序员更好地理解高级语言的底层机制，例如内存管理、指

针等概念,以及编译器是如何将高级代码转换为机器代码的,从而帮助开发者编写更高效、更优化的高级语言代码。

1.1.2 汇编语言应用程序

在本节,我们将探讨汇编语言在应用程序开发中的特定应用场景及其相对于高级编程语言的优势和局限性。

1. 汇编语言的重要性

汇编语言提供了对计算机硬件的直接控制能力,这在高级语言中很难实现。由于其与硬件紧密关联,使得程序员能够编写极其高效和优化的代码,这在需要高处理速度和资源使用效率的应用中非常重要。

2. 汇编语言的应用领域

- **系统软件开发**:如操作系统和驱动程序。
- **性能敏感型应用**:如图形渲染和科学计算。
- **嵌入式系统和硬件接口**:在这些系统中,汇编语言用于直接管理硬件设备。
- **安全性和逆向工程**:汇编语言在软件的底层行为分析中发挥着关键作用。

3. 汇编语言面临的挑战

虽然汇编语言在特定领域能力强大,但也面临一些挑战,包括学习理解的难度、代码维护移植的难度等。此外,随着高级语言的发展,一些任务有了更高效的实现方式而摒弃了汇编语言。

4. 汇编语言与高级编程语言的比较

表 1-1 简要比较了汇编语言和高级编程语言的主要特点。

表 1-1　汇编语言和高级编程语言的比较

特　性	汇编语言	高级编程语言
接近硬件	是(直接操作硬件指令)	否(抽象层次较高)
可读性	较低(使用助记符)	较高(使用英语单词和语法结构)
学习难度	高(需要硬件知识)	较低(更直观易懂)
性能	高(直接硬件控制)	取决于语言和编译器优化
可移植性	低(依赖具体硬件架构)	高(通常不依赖硬件)
应用领域	系统编程、嵌入式系统等	一般应用程序开发、企业级应用等
维护和扩展性	困难(代码复杂,可读性差)	较容易(结构化、模块化编程)

虽然汇编语言在现代编程实践中的应用已经减少,但在需要精细控制硬件的场合,它仍然是一个强大的工具。对于希望深入了解计算机科学或在信息安全等特定领域工作的程序员来说,学习汇编语言是一项复杂但十分必要的任务。

本节习题

(1) 编译器和解释器在程序执行前的准备过程中扮演什么角色？

(2) 汇编语言对于系统编程有哪些具体的优势？

(3) 高级语言与汇编语言在性能优化方面有什么不同的考虑？

(4) 如何理解跨平台编程语言的重要性？

(5) 是否所有微处理器的汇编指令集都是互通的？

(6) 给出一个使用汇编语言编程的实时操作系统的例子。

(7) 描述操作系统内核如何与设备驱动程序交互。

(8) 比较汇编语言和 Java 语言在类型安全方面的差异。

(9) 在什么情况下，使用汇编语言进行系统优化是必要的？

(10) 针对特定硬件优化的软件开发中，为何高级语言可能不是最佳选择？

(11) 在复杂逻辑运算和算法实现上，汇编语言相比于高级语言有何局限性？

(12) 尝试将以下 C++ 代码 int X＝(Y ∗ 8)－5；转换为对应的汇编语言代码。

1.2 虚拟机的概念

虚拟机(Virtual Machine，VM)是理解计算机体系结构中软硬件互动的重要模型。相关概念在 Andrew Tanenbaum 编写的 *Structured Computer Organization* 一书中得到深入阐释。通过虚拟机的视角，我们逐步剖析计算机如何执行程序。

一台计算机能够执行用机器语言编写的程序，其中每条指令都足够简单，可以由相对少量的电路单元执行。为了方便讨论，我们把这种最基础的语言称作 L0 语言。尽管 L0 语言功能强大，但其编程过程复杂且以数字形式呈现，给程序员带来了挑战。因此，出现了一种更易用的新语言 L1，以简化编程过程。

实现 L1 的两种方法。

- **解释方式**：使用一个用 L0 语言编写的解释器来执行 L1 程序，解释器对每条 L1 指令进行解码后执行。这种方式可以立即执行 L1 程序，但每条指令都需要实时解码。

- **翻译方式**：将 L1 源程序整体翻译成 L0 程序，再在计算机硬件上直接执行这个 L0 程序。

每个语言层次都可以对应一台虚拟机，例如，虚拟机 VM1 执行 L1 语言指令，而 VM0 执行 L0 语言指令。每台虚拟机既可以由硬件实现也可以由软件实现。例如，如果 VM1 能够以真实计算机硬件的形式实现，则可以直接在该硬件上运行 VM1 编写的程序。同样，VM1 的程序也可以通过解释或翻译方法在 VM0 上执行。

随着虚拟机层次的增加，程序员将拥有更友好的编程环境。如果 VM1 的语言对程序员而言仍不够友好，可以设计更易用的 VM2。这一过程可以一直延续，直至设计出一个功能强大且易于使用的虚拟机 VMn。

程序设计语言 Java 的核心理念深植于虚拟机的概念之中。Java 程序首先被编译成 Java 字节码——一种中间级的底层语言。这种字节码随后在 Java 虚拟机(Java Virtual

Machine,JVM)上执行,JVM 是一种特殊的软件虚拟机,专门用于运行 Java 字节码。JVM 的跨平台特性使得 Java 程序具有高度的可移植性,能在不同的计算机系统上无缝运行。这种设计哲学体现了 Java 的核心理念:"一次编写,多处运行",它突破了传统编程语言的限制,实现了真正的平台独立性。

1.2.1 虚拟机与计算机的层次结构

在详细探讨各个虚拟机的层次之前,重要的是要了解每一层在计算机体系结构中扮演着怎样的角色。从硬件层(VM0)开始,一直到高级语言层(VM5),每一层都是对计算机功能的逐步抽象和精炼。这些层次共同构成了一个完整的框架,帮助我们理解计算机是如何处理信息和执行指令的。现在,让我们深入探索这些层次,从而全面理解它们各自的特点和重要性,如图 1-1 所示。

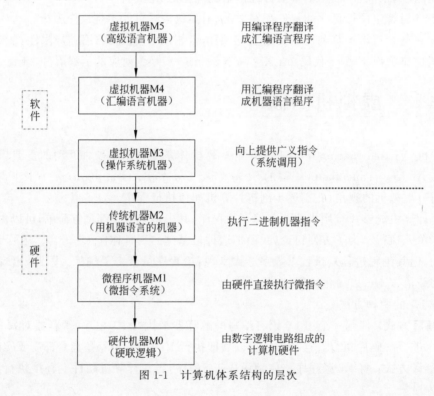

图 1-1　计算机体系结构的层次

1. 硬件层(VM0)

这是虚拟机的基础层,代表计算机的物理硬件,包括其数字逻辑电路。在这一层,指令是直接由硬件执行的。

2. 微结构层(VM1)

这一层由处理器的微结构组成,实现了更高层次的指令集。在这里,基本的机器指令被翻译成可以直接由硬件执行的微指令。

3. 指令集体系结构层(VM2)

这是处理器设计的一个关键层次,包括了用于执行基本操作(如加法、移动等)的机器语言指令集。这些机器语言指令通常会被分解成微指令并在更低层次执行。

4. 操作系统层（VM3）

操作系统提供了一个更高级的用户交互界面，能够处理复杂的指令和请求，如程序加载和文件管理等。它可以将高级命令翻译为底层的机器语言指令。

5. 汇编语言层（VM4）

位于操作系统之上，提供了一套更接近人类语言的编程接口。汇编语言使用助记符代替机器指令，使得编程更加直观。

6. 高级语言层（VM5）

处于最高层次，包括 C++、Java 等高级编程语言。这些语言抽象化程度高，提供了强大的功能，使得程序设计更加高效，其语句通常被翻译成多个低层次的指令。

这种层次化的设计使得虚拟机能够在不同的层次上执行不同的任务，从而为程序员提供多样的工具和接口，以便他们可以选择最适合任务的编程语言和平台。每一层都是上一层的抽象，提供了更高级别的功能和更简单的接口，这种设计极大地增强了编程的灵活性和效率。同时，这种分层思想也揭示了计算机体系结构从硬件到软件的演变过程，帮助我们更好地理解计算机的工作原理。

1.2.2　汇编编译器的历史

PC 汇编编译器的历史始于计算机科学的早期，当时程序员使用机器语言编写指令，这是一个复杂且容易出错的过程。为了简化编程任务，出现了早期的汇编编译器，它们可以将易于理解的助记符转换为机器代码。早期编译器的出现标志着直接机器级编程向更高级形式编程的转变。

随着个人计算机（Personal Computer，PC）的普及，尤其是在 20 世纪 80 年代以后，汇编编译器得到了快速发展。该时期的编译器，如 MASM（Microsoft Macro Assembler），不仅提供了基本的编译功能，还引入了宏处理和条件编译等高级功能。这些工具极大地提高了程序员的效率，同时增强了汇编语言的应用范围。

进入 21 世纪，随着高级编程语言的广泛应用，汇编编译器的直接使用相应减少，但它们在性能攸关应用和系统级编程中仍扮演着重要角色。现代汇编编译器，如 NASM（Netwide Assembler）和 GAS（GNV Assembler），提供了对多种架构的支持，并包含了调试和优化工具，显示了汇编语言在现代计算环境中持续适应性。

本节习题

（1）解释什么是指令集体系结构，并给出一个例子。

（2）为何汇编语言通常被认为比机器语言更易于理解和使用？

（3）（对/错）解释器直接执行高级语言编写的程序，而不需要将其转换为机器代码。

（4）描述编译器如何将高级语言转换成机器可执行的代码。

（5）为什么可以将高级语言视为虚拟机的一部分？

（6）哪种技术使得跨平台的高级语言编写的程序可以运行在不同的操作系统上？

（7）列举并描述本节中提到的虚拟机层次中的三个层次。

(8) 为什么直接使用硬件操作码编程不适合开发复杂的应用程序？

(9) 在虚拟机的概念模型中,高级语言通常位于哪个层次？

(10) 逻辑门层级的设计最终被转换为哪个层次的语言以供硬件执行？

1.3 数据的表示方法

在深入探讨计算机的结构和汇编语言的奥秘之前,必须先了解几个关键的基础概念:二进制数、十六进制数、十进制数和字符的存储方式。这些概念是汇编语言编程的核心,在这个层面上,程序员直接与机器的内存和寄存器打交道。因此,透彻理解和熟练处理这些数据表现形式是每位汇编语言程序员的必备技能。

在描述计算机的内存内容时,二进制表示法是最为直观和基础的。然而,为了方便理解和表示,十进制和十六进制表示法也被广泛使用。特别在处理较大的数据或地址时,十六进制表示法因其紧凑性而成为首选。由于这些不同的数制格式,在编程时灵活转换和理解这些表示法至关重要。

每种数制都有其基数(或称为基底),即每个数位能表示的最大数字数量。例如,在十进制中,基数是10,因为每位可以表示从0到9的任何数字。在表1-2中,我们列出了在计算机科学文献中常见的数制及其可能的数字表示。值得注意的是,在十六进制系统中,我们不仅使用0到9的数字,还使用字母A到F来代表十进制中的10到15。这种表示方法在显示计算机内存和机器指令时尤为普遍,它们提供了一种简洁和直观的方式来呈现复杂的数据。

了解这些基本的数据表示方法,对于掌握汇编语言至关重要。它们不仅是计算机操作的基础,也是高效编程和错误调试的关键,表1-2为常见的数制。

表 1-2 二进制、八进制、十进制和十六进制数制

数制	二进制	八进制	十进制	十六进制
基数	2	8	10	16
可能的数字	0 1	0 1 2 3 4 5 6 7	0 1 2 3 4 5 6 7 8 9	0 1 2 3 4 5 6 7 8 9 A B C D E F

1.3.1 二进制数

在计算机内部,无论是指令还是数据,实际上都是由电路中的电荷组合所表示的。为了有效地表达这些信息,需要一个能够代表开/关或真/假的数字系统。这正是二进制数字系统的用武之地,它以2为基数,其中的每个位(bit)只能是0或1。

在二进制系统中,数据位的计数从最右边的第0位开始,向左依次递增。其中,最左边的位被称为最高有效位(Most Significant Bit,MSB),最右边的位则是最低有效位(Least Significant Bit,LSB)。例如,在一个16位的二进制数1011001010011100中,最左边的位(1)是MSB,最右边的位(0)是LSB,如图1-2所示。

二进制整数的类型多样,它们可以是有符号的,也可以是无符号的。有符号的二进制整数可以表示正数、负数或者零,而无符号的二进制整数则仅表示正数或零。通过特定的编码

图 1-2　二进制系统中的 MSB、LSB

方案,二进制数甚至可以用来表示实数,这是一种更高级的应用,我们将在后续章节中探讨。接下来,本节将重点介绍无符号二进制整数的相关知识。

1. 无符号二进制整数

无符号二进制整数是最基本的数值表示形式,在这种格式中,每个位(bit)表示 2 的幂次方的一个值,且仅用 0 和 1 两种状态。例如,二进制数 1101 表示了一个无符号整数,其中每个位从右到左依次代表 2^0、2^1、2^2、2^3 的值,如图 1-3 所示。

2. 无符号二进制整数到十进制数的转换

将无符号二进制整数转换为十进制数,需要将每个二进制位所代表的值相加。例如,二进制数 1101 转换为十进制,计算过程为 $1\times2^3+1\times2^2+0\times2^1+1\times2^0$,等于 $8+4+0+1=13$。

3. 十进制数到无符号二进制整数的转换

将十进制数转换为无符号二进制整数,需要用不断除以 2 并记录余数的方法。例如,将十进制数 13 转换为二进制,首先 13 除以 2 得到 6 余 1,记录余数 1;然后 6 除以 2 得到 3 余 0,记录余数 0;接着 3 除以 2 得到 1 余 1,记录余数 1;最后 1 除以 2 得到 0 余 1,记录余数 1。将这些余数倒序排列,即得到二进制数 1101,如图 1-4 所示。

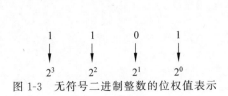

图 1-3　无符号二进制整数的位权值表示

图 1-4　十进制数到无符号二进制整数的转换

1.3.2　二进制加法

两个二进制整数相加时,是位对位处理的,从最低的一对位(右边)开始,依序将每一对位进行加法运算。两个二进制数字相加,有四种结果,如表 1-3 所示。

表 1-3　二进制加法规则

0+0=0	0+1=1
1+0=1	1+1=10

二进制加减法和十进制加减法的思想是类似的。

对于十进制,进行加法运算时逢十进一,进行减法运算时借一当十;

对于二进制,进行加法运算时逢二进一,进行减法运算时借一当二。

下面这张示意图(图 1-5)详细演示了二进制加法的运算过程。

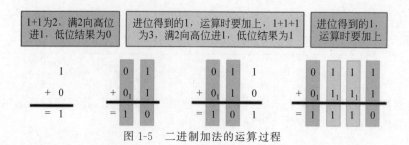

图 1-5　二进制加法的运算过程

1.3.3　整数存储的尺寸

在遵循 IA-32 架构标准的计算机系统中,最基本的数据存储单位是字节(byte),它由 8 位(bit)构成。随着存储需求的增加,出现了更大的存储单位来表示更大的数据量。这些单位包括如下几种。

- **字(word)**:包含 16 位,由 2 字节组成。
- **双字(doubleword)**:包含 32 位,由 4 字节组成。
- **八字节(quadword)**:包含 64 位,由 8 字节组成。

每种存储单位的位数直接决定了无符号整数可能的取值范围,由于每个位有两个可能的状态(0 或 1),因此一个 n 位的无符号整数可以表示的取值范围为 0 到 2^n-1。

在讨论内存容量或磁盘空间时,以下的一些**大计量单位**经常被用到。

- **千字节(Kilobyte,KB)**:1KB 等于 2^{10} 字节。
- **兆字节(Megabyte,MB)**:1MB 等于 2^{20} 字节。
- **吉字节(Gigabyte,GB)**:1GB 等于 2^{30} 字节。
- **太字节(Terabyte,TB)**:1TB 等于 2^{40} 字节。
- **拍字节(Petabyte,PB)**:1PB 等于 2^{50} 字节。
- **艾字节(Exabyte,EB)**:1EB 等于 2^{60} 字节。
- **泽字节(Zettabyte,ZB)**:1ZB 等于 2^{70} 字节。
- **尧字节(Yottabyte,YB)**:1YB 等于 2^{80} 字节。

1.3.4　十六进制数

由于二进制表示法在表示大量数据时过于冗长,因此十六进制应运而生。十六进制是一种基数为 16 的数制,能够有效地简化二进制表示法。每个十六进制数字对应二进制的四位,即一个四位组(nibble),从而使得二进制数的表示更为紧凑且易于管理。例如,二进制的 1001 1110 在十六进制中仅为 9E,大大减少了表示复杂数据所需的字符数量。表 1-4 列出了所有 4 位二进制数字对应的十进制值和十六进制值。

表 1-4　二进制、十进制、十六进制对照表

二　进　制	十　进　制	十六进制
0000	0	0
0001	1	1

续表

二　进　制	十　进　制	十　六　进　制
0010	2	2
0011	3	3
0100	4	4
0101	5	5
0110	6	6
0111	7	7
1000	8	8
1001	9	9
1010	10	A
1011	11	B
1100	12	C
1101	13	D
1110	14	E
1111	15	F

十六进制数制中包括 16 个不同的数码：0 至 9 表示值 0 到 9，字母 A 至 F 表示值 10 到 15。这种数制允许我们用单个字符来表示四个二进制位的信息，这在编写程序代码和阅读内存内容时非常有用。

1. 无符号十六进制数到十进制数的转换

转换无符号十六进制数为十进制数时，需要将每个十六进制位上的数字乘以 16 的相应幂次，然后把所有的乘积相加。例如，十六进制数 2F3 转换为十进制等于 755。

$$2\times16^2+F\times16^1+3\times16^0$$

即 $2\times256+15\times16+3=755$。

2. 无符号十进制数到十六进制数的转换

把无符号十进制数转换成十六进制数时，需要进行连续的除以 16 操作，并记录每次的余数。例如，将十进制数 755 转换为十六进制，首先用 755 除以 16 得到 47 余 3，然后用 47 除以 16 得到 2 余 15，即 F，最后再用 2 除以 16 得到 0 余 2，如图 1-6 所示。因此，755 对应的十六进制数为 2F3。

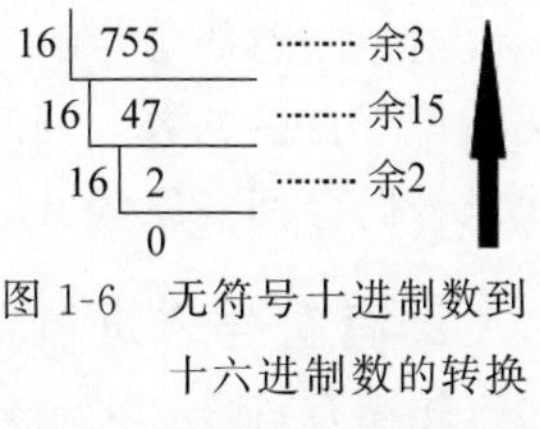

图 1-6　无符号十进制数到十六进制数的转换

1.3.5　有符号整数

有符号整数在计算机科学中既可以表示正数也可以表示负数。与无符号整数不同，有符号整数的存储结构专门留出一个位来表示数值的符号，通常是最高位（MSB）。在这种格式中，如果最高位是 0，则表示该数是正数；如果最高位是 1，则表示该数为负数。

1. 补码表示法

补码表示法是计算机中表示**负整数**的常用方法。补码(two's complement)的定义可以用以下数学术语来描述。

一个整数的补码是其相反数的表示,即一个数与其补码相加的和为零。

有符号整数在计算机内部通常使用补码形式来存储。补码不仅表示了数值的大小,还表示其正负。正数的补码等于该数值本身,即用原码表示;负数的补码是原码(负数绝对值的二进制表示)取反加一。

在数字逻辑电路设计中,使用补码可以极大地简化硬件实现。这是因为当采用补码时,处理器可以将减法操作转换为加法操作。例如,处理器可以将表达式 $A-B$ 转换为 $A+(-B)$,这样就无须为减法单独设计复杂的电路。

1)二进制数补码

要得到一个数的补码,首先需要将其转换为二进制,求出原码,然后取反所有位,并在最后加一。以 -5 为例,它的补码的计算过程如图1-7所示。

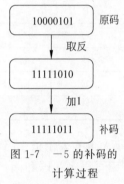

图1-7　-5 的补码的计算过程

因此,-5 的补码是11111011。这种运算方法不仅可以用来表示负数,还保证了计算的可逆性,即通过同样的过程我们可以还原成原始数值。例如,对 11111011 再次求补码得到原码 00000101(注意,此时得到的原码是负数的绝对值,即 -5 的绝对值5)。

2)十六进制数补码

在处理十六进制整数时,补码的计算是一种常见的操作,尤其在表示负数时。为了得到一个十六进制数的补码,首先需要将每一位数字进行取反操作,随后将结果整体加1。在十六进制中,取反的操作可以通过用15(F)减去每一位来完成。

考虑十六进制数 2F4B,要计算它的补码,我们首先将每个数字位取反。在十六进制中,取反可以通过用F(即15)减去每一位实现。因此:

- 2(即 0010)取反后变为 D(即 1101)。
- F(即 1111)取反后变为 0。
- 4(即 0100)取反后变为 B(即 1011)。
- B(即 1011)取反后变为 4(即 0100)。

所以,2F4B 的每位取反后得到 D0B4。然后,我们对这个结果加1,即 D0B4+1,得到 D0B5。因此,2F4B 的补码是 D0B5。

值得注意的是,在十六进制补码计算中,0 的补码仍然是 0,因为 0 是唯一一个加上自己仍然等于自己的数。同时,对于最大的负数,其补码是它自身,因为在固定位数的限制下,再次求补码会回到原数。

2. 有符号二进制数到十进制数的转换

转换有符号二进制数到十进制数,首先要判断数的符号。如果 MSB 是 0,表示该数是正数,转换过程与无符号二进制数相同。如果 MSB 是 1,表示该数是负数,转换过程需要考虑补码表示法。

1) 正数的转换

对于正数,直接将二进制数转换为十进制数。例如,二进制数 0101(MSB 为 0)可以直接转换为十进制数 5。

2) 负数的转换

在计算机中,负数是以其补码的形式存储的,所以要将有符号二进制数转换为十进制数,首先要将补码转换成原码,再转换为十进制数。补码转换为原码的计算方法为先对该二进制负数的补码,全部按位取反,然后加 1,即可得到原码(注意,此时得到的原码是负数的绝对值)。例如,二进制数负数补码为 1101(MSB 为 1,表示是负数),全部按位取反得到 0010,再加 1 得到 0011,即十进制的 3。由于原二进制数是负数,所以最终结果是 −3。

3. 有符号十进制数到二进制数的转换

1) 转换正数

对于正的有符号十进制数,转换过程与将无符号十进制数转换为二进制数相同。简单地将十进制数转换为其直接的二进制等价形式即可。例如,十进制数 5 转换为二进制是 0101。

2) 转换负数

负数的转换稍微复杂,涉及以下几个步骤。

(1) **取绝对值并转换为二进制**:首先忽略负号,将数的绝对值转换为二进制。例如,对于 −5,首先将 −5 的绝对值 5 转换为二进制得到 0101。

(2) **求补码**:接着求这个二进制数的补码。这包括将包含符号位的所有位取反(0 变为 1,1 变为 0),然后在结果上加 1。在上述例子中,0101 取反得到 1010,再加 1 得到 1011。因此,−5 的二进制补码表示为 1011。

以 −7 为例,其转换过程如下:

① −7 的绝对值 7 的二进制表示为 0111。

② 对 0111 的包含符号位的所有位取反,得到 1000。

③ 对 1000 加 1,得到 1001。因此,−7 的二进制补码表示为 1001。

4. 有符号十进制数到十六进制数的转换

将一个有符号十进制数转换为十六进制数的步骤如下。

(1) **确定符号**:判断十进制数是正数还是负数。对于正数,直接转换为十六进制即可;对于负数,则需要先转换为补码形式。

(2) **转换正数**:对于正的十进制数,将其直接转换为十六进制的形式。例如,十进制数 27 转换为十六进制数是 1B。

(3) **转换负数**。

① **转换为二进制**:将十进制数的绝对值转换为二进制形式。

② **计算补码**:对这个二进制数求补码。这包括取反所有位,然后加 1。

③ **转换为十六进制**:将得到的二进制补码转换为十六进制形式。

以 −30 为例,其转换过程如下:

① −30 的绝对值 30 的二进制表示为 00011110。

② 取反得到 11100001,并加 1 得到 11100010。

③ 将 11100010 转换为十六进制,得到 E2。因此,−30 的十六进制补码表示为 E2。

特殊情况:在有限的位数下,最大的负数(如−128 在 8 位表示中)的十六进制补码形式是其本身。这是因为在补码表示法中,该数的补码等于它本身。

5. 有符号十六进制数到十进制数的转换

将一个有符号十六进制数转换为十进制数的步骤如下:

(1) **确定符号位**:识别十六进制数的最高位(MSB)。在固定长度的十六进制数中,MSB 作为符号位,0 表示正数,1 表示负数。

(2) **转换正数**:如果十六进制数是正数(MSB 为 0),直接将其转换为十进制数即可。

(3) **转换负数**。

① **求补码**:对于负数(MSB 为 1),首先需要将十六进制数转换为二进制补码。

② **求原码**:将二进制补码转换为原码——二进制补码全部按位取反,再加 1。

③ **转换为十进制**:将得到二进制数原码(原数绝对值的二进制表示)转换为十进制,并添加负号。

以十六进制数 FA 为例,它是一个 8 位的负数(MSB 为 1)。其转换过程如下:

① **补码表示**:FA 表示为二进制是 11111010。

② **求原数二进制**:取反得到 00000101,加 1 得到 00000110。

③ **转换为十进制**:00000110 转换为十进制是 6。因此,FA 表示的十进制数是−6。

特殊情况:在有限位表示中,某些十六进制数可能表示最大的负数。例如,在 8 位十六进制表示中,80 代表了−128,在转换时它自身就是它的补码。

6. n 位有符号整数所能表示的最大值和最小值

n 位有符号整数只能使用 $n-1$ 位表示数字。下面列出了有符号字节、有符号字、有符号双字和有符号八字节所能表示的最大值和最小值。

- 有符号字节(8 位):最大值为 $2^7-1=127$,最小值为 $-2^7=-128$。
- 有符号字(16 位):最大值为 $2^{15}-1=32767$,最小值为 $-2^{15}=-32768$。
- 有符号双字(32 位):最大值为 $2^{31}-1=2147483647$,最小值为 $-2^{31}=-2147483648$。
- 有符号八字节(64 位):最大值为 $2^{63}-1$,最小值为 -2^{63}。

1.3.6 字符的存储

字符集是计算机科学中用于字符编码的一套标准。由于计算机内部仅能理解数字,字符集的作用是为每个字符分配一个唯一的数字代码,这些编码标准使得文本数据在计算机之间可以无障碍地传输和处理。

1. ANSI 字符集

美国国家标准协会(ANSI)定义了一套扩展的字符集,称为 ANSI 字符集。这个字符集基于早期的 ASCII 标准,但在其中增加了额外的字符,以支持包括各种特殊符号和国际字符在内的更广泛的字符表示。

2. Unicode 标准

为了解决传统字符集在国际化方面的限制,Unicode 标准应运而生。Unicode 提供了一个统一的字符集,能够表示世界上绝大多数的文字系统,包括各种符号、表情和其他特殊字符,这使得不同语言和文化背景下的数据交换变得更加容易。

Unicode 提供了如下三种主要的编码形式,以适应不同的存储和处理需求:

1) UTF-8

在这种编码形式中,ASCII 字符只占用一字节,其字节值与 ASCII 值相同,确保了与传统 ASCII 编码的兼容性。UTF-8 使用变长编码的策略,可以有效地表示所有的 Unicode 字符。

2) UTF-16

适用于平衡存储效率和访问速度的场景。例如,在许多 Windows 操作系统版本中,UTF-16 被用作标准编码,每个字符用 16 位(或两字节)表示。这种格式对于大多数常用字符来说是足够的,但对于某些特殊字符集,可能需要更多的位。

3) UTF-32

在不那么关注存储空间的环境中使用,如某些类型的文本处理和文档存储。在 UTF-32 中,每个字符固定使用 32 位或四字节,使其成为一种简单的、固定长度的字符表示方法。

3. ASCII 字符串

ASCII(美国标准信息交换码)字符串使用 7 位二进制数来表示英文字符和控制符号。这种字符串格式在早期的计算机系统中非常流行,因为它简单且高效,但它只能表示有限的字符集。

1) 使用 ASCII 表

ASCII 表是一个包含 128 个字符及其对应二进制编码的参考表。开发者常用 ASCII 表来查找特定字符的编码,或者解码二进制数据为可读的文本。

2) ASCII 控制字符

ASCII 字符集中包含了一系列的控制字符,如换行符(Line Feed,LF)、回车符(Carriage Return,CR)和制表符(Tabulator Key,TAB)。这些控制字符在文本处理和数据通信中扮演着重要角色,用于控制文本格式和数据传输。

3) 数据表示方法中的一些术语

使用准确的术语描述数字和字符在计算机内存及显示设备上的表示方式是至关重要的。举个例子,考虑十进制数 65。在计算机内存中,它可以用一字节(即 8 位)来存储,其二进制表示为 01000001。当使用调试工具时,该字节可能显示为"41",这是 65 的十六进制表示。进一步地,如果该字节被传输到显存,屏幕上将会显示字符"A"。这是因为在 ASCII 编码中,01000001 代表字母"A"。由于一个数字的解释可以根据其所处的上下文而变化,为了清晰地进行后续讨论,我们定义以下数据表示术语。

- **二进制整数**:指直接存储在内存中的整数,它们通常用于计算操作。这些整数以 8 位为基本单位,存储长度为 8 位的倍数,如 8 位、16 位、32 位、48 位或 64 位等。
- **ASCII 数字字符串**:由 ASCII 字符组成的字符串,看起来像是数字,但实际上是数字的一种字符表达形式。例如,"123"或"65"都是 ASCII 数字字符串。值得注意的是,十进制数字 65 可以用多种格式表示,如表 1-5 所示,它可能以二进制、十进制、十六进制或八进制形式出现。

表 1-5　ASCII 控制字符

格式	ASCII 二进制	ASCII 十进制	ASCII 十六进制	ASCII 八进制
值	"01000001"	"65"	"41"	"101"

本节习题

（1）解释为什么二进制是计算机内部处理数据的首选形式。

（2）为什么说十六进制数表示法在程序设计中比十进制更有效？

（3）描述在计算机系统中，有符号整数和无符号整数的主要区别。

（4）ASCII 和 Unicode 字符编码有什么区别？

（5）解释 Unicode 字符集如何解决国际化问题。

（6）描述 UTF-32 编码格式的一个主要特点。

（7）解释为什么字符的编码标准对于文本文件的交换至关重要。

（8）解释为什么在某些情况下，汇编语言比高级语言更受青睐。

（9）什么是变长编码，它如何提高存储效率？

（10）哪个选项是二进制数 1001 的十六进制等价？

　　　　A. 9　　　　　　　　B. A　　　　　　　　C. F　　　　　　　　D. 1

（11）若有一个 8 位的二进制数，其最大可能值是多少？

　　　　A. 128　　　　　　　B. 255　　　　　　　C. 256　　　　　　　D. 512

（12）ASCII 字符集的大小是多少？

　　　　A. 64　　　　　　　　B. 128　　　　　　　C. 256　　　　　　　D. 512

（13）以下哪个编码标准使用变长编码？

　　　　A. ASCII　　　　　　B. UTF-8　　　　　　C. UTF-16　　　　　　D. UTF-32

（14）对于 UTF-8 编码，以下哪个陈述是正确的？

　　　　A. 它是固定长度编码

　　　　B. 它不能表示所有 Unicode 字符

　　　　C. 它是 ASCII 编码的超集

　　　　D. 它用四字节表示所有字符

（15）在逻辑电路设计中，布尔表达式（A AND B）OR（NOT A AND C）的输出何时为真？

　　　　A. 当 A 为真时　　　　　　　　　　　B. 当 B 和 C 为真时

　　　　C. 当 A 为假且 C 为真时　　　　　　 D. 当 A 和 B 为真或 C 为真时

（16）将十进制数 45 转换为二进制数。

（17）计算二进制数 1101＋1010 的结果，并写出相应的十进制数。

（18）将十六进制数 F3 转换为十进制数。

（19）如果字符'A'的 ASCII 码是 65，那么字符'B'的 ASCII 码是多少？

（20）将十进制数－27 转换为 8 位二进制补码形式。

（21）将二进制数 00110101 转换为对应的十六进制数。

（22）如果字符'z'的 ASCII 码是 122，那么字符'{'的 ASCII 码是多少？

（23）将二进制数 10011011 转换为对应的十六进制数。

（24）写出真值表 A OR NOT A。

（25）将十进制数 100 转换为二进制和十六进制数。

（26）计算并比较二进制数 1110 和十六进制数 E 的值。

（27）如果字符'E'的 ASCII 码是 69,那么字符'F'的 ASCII 码是多少?

（28）写出执行 AND 运算 A AND B 的真值表。

1.4 布尔运算

布尔运算是计算机科学的基础,以 19 世纪数学家乔治·布尔的名字命名。它们用于执行逻辑操作,主要用在逻辑判断和条件决策中。在布尔运算中,所有的值都被简化为两种状态：真(True,T)或假(False,F)。

1. 布尔表达式

布尔表达式是一种返回布尔值(True 或 False)的表达式,由布尔变量和布尔运算符组成。例如,表达式（A AND B）OR C 是一个典型的布尔表达式,用于描述逻辑关系。

1）NOT 运算符

NOT 运算符用于反转一个布尔值的状态,通常表示为 ¬X 或 !X。表 1-6 显示了 NOT 运算的结果。

表 1-6 NOT 运算符的真值表

X	¬X
T	F
F	T

2）AND 运算符

AND 运算符用于比较两个布尔值,只有当两个值都为真时,结果才为真。通常表示为 X AND Y。表 1-7 显示了 AND 运算的结果。

表 1-7 AND 运算符的真值表

X	Y	X AND Y
T	T	T
T	F	F
F	T	F
F	F	F

3）OR 运算符

OR 运算符也比较两个布尔值,如果至少一个值为真,结果就是真。通常表示为 X OR Y。表 1-8 显示了 OR 运算的结果。

表 1-8 OR 运算符的真值表

X	Y	X OR Y
T	T	T
T	F	T
F	T	T
F	F	F

2. 运算符的优先级

在涉及多个运算符的布尔表达式中,理解各运算符的优先级是关键。如表 1-9 所示,NOT 运算符拥有最高的优先级,其次分别是 AND 和 OR 运算符。为了消除歧义并确保表达式按照预期的顺序求值,建议使用小括号来明确指定求值的顺序。

表 1-9 运算符的优先级

优 先 级	运 算 符
1	NOT
2	AND
3	OR

例如,在表达式 NOT A OR B AND C 中,按照优先级顺序首先执行 NOT A,然后执行 B AND C,最后执行 OR 运算。如果想要改变这一执行顺序,可以使用小括号,例如 (NOT A OR B) AND C 或 NOT (A OR B AND C)。使用小括号可以提供清晰的指导,确保表达式按照特定的逻辑顺序执行。

3. 布尔函数的真值表

布尔函数的真值表是一种表格方法,用于系统地展示布尔函数对于不同输入组合的输出结果。它对于理解和分析布尔函数非常有帮助,特别是在设计逻辑电路和编程中进行决策时。

要构建布尔函数的真值表,需要列出所有可能的输入组合及其对应的输出结果。对于包含 n 个变量的布尔函数,真值表将有 2^n 行,每行对应一种可能的输入组合。

真值表通常分为如下两部分。
- 输入列:列出所有变量的所有可能组合。
- 输出列:显示对应于每种输入组合的布尔函数的结果。

以一个简单的布尔函数 $F(X,Y,S) = (Y \wedge S) \vee (X \wedge \neg S)$ 为例,其真值表如表 1-10 所示。

表 1-10 $(Y \wedge S) \vee (X \wedge \neg S)$ 的真值表

X	Y	S	Y∧S	¬S	X∧¬S	F(X,Y, S)
F	F	F	F	T	F	F
F	T	F	F	T	F	F
T	F	F	F	T	T	T

续表

X	Y	S	Y∧S	¬S	X∧¬S	F(X,Y,S)
T	T	F	F	T	T	T
F	F	T	F	F	F	F
F	T	T	T	F	F	T
T	F	T	F	F	F	F
T	T	T	T	F	F	T

真值表在如下多个领域有广泛应用。

- **逻辑电路设计**：真值表帮助设计者了解不同输入下电路的输出,从而正确设计逻辑门和电路。
- **程序设计**：程序员使用真值表来理解复杂的条件语句和布尔逻辑。
- **数学证明**：在逻辑和离散数学中,真值表用于证明逻辑等式的正确性。

本节习题

(1) 定义布尔运算并解释其在计算机逻辑中的应用。

(2) 描述布尔运算在编程中的重要性。

(3) 在布尔代数中,(A AND B)OR(A AND NOT B)等价于哪个表达式?

    A. A   B. B   C. A OR B   D. A AND B

(4) 如果表达式 A OR B 为真,那么下列哪个表达式一定为假?

    A. NOT A   B. A AND B

    C. A OR NOT B   D. NOT A AND NOT B

(5) 给定布尔变量 A 和 B 的真值表,计算 A OR NOT B 的输出结果。

(6) 构建布尔表达式 NOT(A AND B)的真值表。

(7) 如果 A 为真且 A AND B 为假,那么 B 的值是什么?

(8) 计算(NOT A AND B)OR (A AND NOT B)的结果,其中 A 为真,B 为假。

(9) 写出布尔表达式 NOT(A OR B) AND (A AND B)的真值表。

(10) 给出布尔函数 F(A,B,C)=(A AND NOT B)OR (C AND B)的真值表。

(11) 布尔表达式 NOT (A OR B) 等价于哪个表达式?

    A. NOT A AND NOT B   B. NOT A OR NOT B

    C. A AND B   D. NOT A AND B

(12) 执行布尔表达式 NOT True AND False 的结果是什么?

1.5 本章小结

本章为读者全面介绍了汇编语言及其核心概念,分为几个关键部分,每个部分紧密相连,共同构建起对汇编语言深入理解的基础。

本章首先从汇编语言本身的介绍入手,强调了它作为一种低级编程语言的重要性。这部分详尽讨论了汇编语言与机器语言的密切联系，以及它在性能优化、嵌入式系统开发和驱动程序编写中的关键应用。通过这一节的学习，能够让读者理解学习汇编语言的重要性，尤其是在支持逆向工程的过程中。

其次，本章深入探讨了虚拟机的概念。这部分精准阐述了虚拟机如何提供层次化的抽象模型，以模拟各种计算机体系结构。通过理解虚拟机的工作机制，读者能够洞察不同层次上的编程实践，从而显著提升编程的灵活性和效率。

接着，本章转向数据的表示和处理。这一部分探索了二进制、十进制和十六进制数的基本概念及其相互转换的方法，为理解汇编语言中的数据操作和内存管理打下坚实的基础。同时，本章还介绍了字符的存储，包括 ASCII 和 Unicode 编码，为理解和处理文本数据提供了关键的知识支撑。

最后，本章引入了布尔运算的基础知识。这一部分凸显了布尔运算在逻辑判断和条件决策中的重要应用，为理解编程和逻辑电路设计中的逻辑操作提供了必要的基础。

综上所述，通过本章的学习，读者不仅能够掌握汇编语言的基本知识，还能深入理解计算机处理数据和执行指令的基本方式。通过本章的内容，我们希望激励读者为推动中国计算机技术的自主创新和科技进步作出贡献。同时，本章也为后续章节对汇编语言各方面的深入探索奠定了坚实的基础。

第 2 章

IA-32 处理器体系结构

计算机体系结构是计算机科学中一个重要的领域,它研究计算机硬件和软件之间的相互关系,以及计算机系统的内部组织和工作原理。在这个广阔的领域中,IA-32 处理器体系结构是一个备受关注的主题。本章将深入探讨 IA-32 处理器体系结构的基本概念,探索其内部运作机制,深入研究其内存管理体系,并分析 IA-32 微机的构成要素。我们将聚焦于输入输出系统的设计和实现,探讨如何在 IA-32 体系结构下实现高效的数据交换。IA-32 处理器体系结构作为一种经典的计算机体系结构,不仅在过去几十年中推动了计算机技术的发展,也为当前和未来的计算机系统设计提供了重要的参考。深入了解 IA-32 的内部工作原理,有助于理解现代计算机体系结构的演变,为计算机科学和工程领域的从业者提供坚实的基础。在本章中,我们将从基本概念开始,逐步引导读者深入 IA-32 处理器体系结构的精髓。通过对其内存管理、微机构成、输入输出系统等方面的详尽探讨,读者将获得对这一经典体系结构全面而深刻的理解。在探索 IA-32 微机构成的同时,我们也应该思考其对于社会生活的影响,如何更好地服务于人类的发展需求。希望本章内容能够为读者全面把握计算机体系结构提供新的视角,并激发读者对计算机科学更深层次研究的兴趣,为人类社会的进步贡献力量。

2.1 基本概念

本章将从程序员的角度详细阐述 Intel IA-32 处理器家族机器计算机系统,涵盖所有 Intel 兼容处理器,例如 AMD 的速龙(Athlon)和皓龙(Opteron)处理器。学习汇编语言是了解计算机运行原理的绝佳途径,同时这也要求读者具备相关的计算机硬件知识。通过本章介绍的概念和细节,读者将更好地理解自己编写的汇编语言代码。

为了综合讨论,本章既阐述适用于多数微机系统的体系结构概念,又包含 IA-32 处理器系列的专有概念。考虑到读者可能会面对多种不同的处理器,本书强调介绍更加普适的概念。同时,为了让读者对体系结构有着更深入的理解,本书还着重介绍了一些 IA-32 系列特有的知识,为读者在用汇编语言进行程序设计时提供支撑。

2.1.1 微机的基本结构

图 2-1 呈现了一台虚构的微型计算机的基本结构。中央处理器(Central Processor

Unit,CPU)是执行所有计算和逻辑操作的核心,它包括了一组有限数量的被称为寄存器(register)的存储单元、一个高频时钟(clock)、一个控制单元(Control Unit,CU),以及一个算术逻辑单元(Arithmetic Logic Unit,ALU)。

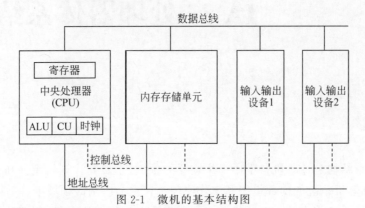

图 2-1　微机的基本结构图

- 高频时钟(clock):用于 CPU 的内部操作和其他系统部件的同步。
- 控制单元(CU):协调执行机器指令时各个步骤的次序。
- 算术逻辑单元(ALU):执行加法和减法等算术运算以及 AND、OR 和 NOT 等逻辑运算。

中央处理器(CPU):通过插入主板插槽的引脚同计算机的其余部分相连接,大部分引脚与数据总线、控制总线和地址总线相连接。

内存存储单元(memory storage unit):计算机程序运行时存放指令和数据的地方。内存存储单元接受 CPU 的数据请求,从随机访问存储器(Random Access Memory,RAM)中取出数据送至 CPU,或把数据从 CPU 送回存储器中。

总线(bus):一组用于在计算机各部分之间传送数据的并行线。计算机的系统总线一般由三组独立的总线构成:数据总线、控制总线和地址总线。数据总线(data bus)在 CPU 和内存之间传送指令和数据;控制总线(control bus)使用进制信号同步连接到系统总线上的所有设备;如果当前被执行的指令要在 CPU 和内存之间传送数据,那么地址总线(address bus)上传输着指令和数据的地址。

高频时钟(clock):CPU 和系统总线的每个操作都由一个内部时钟同步,这个时钟以固定的频率产生脉冲。机器指令使用的最基本的时间单位称为机器周期(machine cycle)或时钟周期(clock cycle time),也就是一个完整的时钟脉冲所需要的时间。在图 2-2 中,一个时钟脉冲表示为两个下降沿之间的时间间隔。

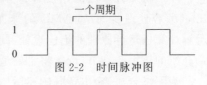

图 2-2　时间脉冲图

时钟周期的持续时间是时钟频率的倒数,时钟频率用每秒振荡的次数来计量。例如,对于每秒振荡 10 亿次(1GHz)的时钟,其时钟周期的持续时间为 1s 的 10 亿分之一(1ns)。

机器指令的执行至少需要一个时钟周期,而有些指令的执行甚至需要超过 50 个时钟周期,比如在 8088 处理器上的乘法指令。由于 CPU、系统总线和存储电路之间的速度差异,访问内存的指令通常需要等待状态(wait state),即空的时钟周期。

2.1.2　指令执行的周期

单条机器指令的执行可以分解成一系列独立的操作,这些操作组成了指令执行的一个周期。程序在开始执行之前必须首先加载到内存中,指令指针(instruction pointer)包含着要执行的下一条指令的地址,而指令队列(instruction queue)则存放着即将执行的指令。

机器指令的执行通常包括 3 个基本步骤:取指令、解码和执行。当指令涉及内存操作数时,还需要两个额外的步骤,即取操作数。各步骤的描述如下。

(1) **取指令**:控制单元从指令队列中取得指令并递增指令指针(Point,P)的值,称为程序计数器(program counter)。

(2) **解码**:控制单元对指令进行解码以确定该指令要执行什么操作。控制单元把输入操作数传递给算术逻辑单元(ALU),并向算术逻辑单元发送信号指明要执行的操作。

(3) **取操作数**:如果指令使用的输入操作数在内存中,控制单元就通过读操作获取操作数并将其复制到内部寄存器中,这些内部寄存器对用户程序是不可见的。

(4) **执行**:算术逻辑单元执行指令,以通用寄存器和内部寄存器作为操作数,将运算输出结果送至通用寄存器或内存,然后更新反映处理器状态的状态标志以存储输出操作数。如果输出操作数在存储器中,控制单元通过写操作把数据存储到内存中。

这一系列步骤可用如下的伪码表示。

```
循环开始
    取下一条指令
    前进指令指针 (IP)
    如果使用了内存操作数,则从内存读取
    执行指令
    如果结果是内存操作数,则写入内存继续循环
继续循环
```

奔腾(Pentium)处理器的基本结构如图 2-3 所示。该图有助于理解在指令周期中,各组件之间的交互关系。例如,从图中可以观察到数据从内存传送到数据缓存、寄存器和 ALU 的流动路径。同样地,从图 2-3 中还可以看出,ALU 和寄存器也能够直接读取数据缓存。在执行之前,指令被放入代码缓存,指令解码器从代码缓存中读取指令并将读出的指令传递

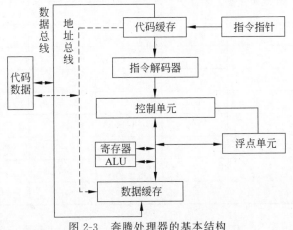

图 2-3　奔腾处理器的基本结构

给控制单元。

1. 多级流水线

指令执行周期中的每个步骤至少占用一个系统时钟滴答(被称为一个时钟周期),但这并不意味着处理器在开始执行下一条指令之前必须等待所有步骤完成。处理器可以并行执行其他步骤,这就是流水线(pipelining)技术。Intel 处理器采用了 6 级流水线,这 6 个级别及其执行组件如下所示。

(1) 总线接口单元(Bus Interface Unit,BIU):访问存储器并提供输入输出。

(2) 代码预取单元(Code Prefetch Unit):BIU 接收机器指令并将其插入称为指令队列的存储区域。

(3) 指令解码单元(Instruction Decode Unit):对预取队列中的机器指令进行解码,将它们翻译成伪代码。

(4) 执行单元(Execution Unit):执行指令解码单元产生的伪代码。

(5) 分段部件(Segment Unit):把逻辑地址转换为线性地址并进行保护检查。

(6) 分页部件(Paging Unit):把线性地址转换为物理地址,进行页保护检查并保留一个最近访问页的列表。

例题 2-1: 假设处理器内的每个执行阶段都需要一个时钟周期,在表 2-1 中,通过表格展示了一个未使用流水线的处理器的 6 个执行阶段,这也是在 Intel486 之前采用的模型。在这个模型中,当指令 I-1 完成 S6 阶段之后,指令 I-2 才开始执行,因此执行两条指令需要 12 个时钟周期。也就是说,对于分为 k 个执行阶段的处理器,执行 n 条指令需要 $(n \times k)$ 个时钟周期。

表 2-1 6 阶段的非流水线指令执行

周　期	阶　段					
	S1	**S2**	**S3**	**S4**	**S5**	**S6**
1	I-1					
2		I-1				
3			I-1			
4				I-1		
5					I-1	
6						I-1
7	I-2					
8		I-2				
9			I-2			
10				I-2		
11					I-2	
12						I-2

流水线: 表 2-1 所示的 CPU 资源存在极大的浪费,因为每个执行阶段的利用时间仅占

总时间的 1/6。另一方面,如果处理器支持表 2-2 所示的流水线,新的指令就可以在第二个时钟周期进入 S1 阶段。与此同时,第一条指令已经进入了 S2 阶段,这允许指令的交织执行。表 2-2 所示的两条指令 I-1 和 I-2 在流水线中一起前进,当 I-1 一进入 S2 阶段,I-2 马上进入 S1 阶段,执行两条指令总共只需要 7 个时钟周期。当流水线满负荷时,所有 6 个阶段一直处于被使用的状态。

　　一般对于 k 级的处理器来说,处理 n 条指令需要 $k+(n-1)$ 个周期。前面所示的未使用流水线的处理器处理两条指令需要 12 个周期,而使用流水线的处理器在同样的时间内可以处理 7 条指令。

表 2-2　6 阶段的流水线执行

周　期	阶　段					
	S1	S2	S3	S4	S5	S6
1	I-1					
2	I-2	I-1				
3		I-2	I-1			
4			I-2	I-1		
5				I-2	I-1	
6					I-2	I-1
7						I-2

2. 超标量体系结构

　　超标量(superscalar)或多核心处理器具备两条以上的执行流水线,使得同时执行两条指令成为可能。为了深刻理解超标量处理器的优越性,我们重新审视前述流水线的示例。在这个例子中,我们假设 S4 阶段只需要单个指令周期,然而,这只是一种简化。考虑一下如果 S4 需要 2 个周期会发生什么,这将导致一种瓶颈效应。直到 I-1 完成 S4 阶段时,I-2 指令才能进入,因此 I-2 在进入 S4 阶段之前必须等待一个时钟周期。随着更多指令进入流水线,将产生更多的无效周期,如表 2-3 所示。通常情况下,对于 k 级(一个阶段需要两个周期)的流水线,处理 n 条指令需要 $k+2n-1$ 个时钟周期。

　　超标量处理器具备并发执行多条指令的能力,使得对于 n 条流水线在同一时钟周期内可以同时处于执行阶段的指令数量达到 n 条。Intel 奔腾处理器是 IA-32 系列中首个采用超标量架构的处理器,其配置了两条流水线。而奔腾 Pro 则是首个引入 3 条流水线的处理器,进一步提高了并行指令的处理能力。

　　考虑 S4 阶段需要 2 个周期的情况,表 2-4 展示了 2 条 6 级流水线上执行指令的情形。在表中,奇数编号的指令进入 u 流水线,偶数编号的指令进入 v 流水线,这样设计避免了对时钟周期的浪费。因此,在 $k+n$ 个周期内,可以执行 n 条指令,其中 k 表示流水线的级数。

表 2-3　使用单条流水线的指令执行情况

周　　期	阶　　段					
	S1	S2	S3	S4	S5	S6
1	I-1					
2	I-2	I-1				
3	I-3	I-2	I-1			
4		I-3	I-2	I-1		
5			I-3	I-1		
6				I-2	I-1	
7				I-2		I-1
8				I-3	I-2	
9				I-3		I-2
10					I-3	
11						I-3

表 2-4　6 级超标量流水线处理器的指令执行情况

周　　期	阶　　段						
	S1	S2	S3	S5	u	v	S6
1	I-1						
2	I-2	I-1					
3	I-3	I-2	I-1				
4	I-4	I-3	I-2	I-1			
5		I-4	I-3	I-1	I-2		
6			I-4	I-3	I-2	I-1	
7				I-3	I-4	I-2	I-1
8					I-4	I-3	I-2
9						I-4	I-3
10							I-4

2.1.3　内存的读取

程序的吞吐量通常依赖于内存的访问速度。例如,CPU 的时钟频率可能是几吉赫兹(GHz)。然而通过系统总线的内存访问却是以 33MHz 的较慢速率进行的,这迫使 CPU 在开始执行指令之前要等待至少一个时钟周期,直到操作数从内存中取出为止。这些浪费的时钟周期称为等待状态(wait state)。

从内存中读取指令或数据需要若干步骤,这是由 CPU 的内部时钟控制的。图 2-4 表明处理器时钟信号以固定的时间间隔上升和下降,在图 2-4 中,时钟周期开始于时钟信号由高变低的时候,俗称下降沿,它代表了在状态之间进行转换所需要花费的时间。

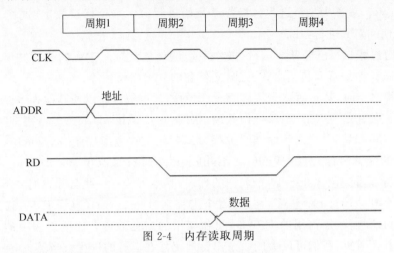

图 2-4　内存读取周期

下面是读取内存时每个时钟周期内所发生事情的简述。

周期 1:内存操作数的地址位被放到地址总线(ADDR)上。

周期 2:读取线(RD)设为低(0)以通知存储器要读一个值。

周期 3:CPU 等待一个周期,给存储器一些时间以做出响应。在这个时钟周期内,内存控制器把数据放在数据总线(DATA)上。

周期 4:读取线(RD)变为 1,通知 CPU 在数据总线(DATA)上读取数据。

缓存(cache memory):由于常规内存与 CPU 相比是如此之慢,因此计算机使用高速缓存来存放最近使用的指令和数据。程序第一次读取某块数据时,在缓存中将同时保留一份副本。程序再次读取同样的数据时,首先在缓存内查找,如果缓存命中就表明数据已经在缓存中了;如果缓存未命中则表明数据不在缓存中,必须从常规内存中读取。

通常,缓存对于改善内存访问速度的效果明显,特别是在缓存较大时。IA-32 处理器有两种类型的缓存:一级缓存和二级缓存。与二级缓存相比,一级缓存比较小,但速度快,不过也比较昂贵;二级缓存过去一直是处理器外的独立存储,现在已经集成到处理器芯片内部了。

2.1.4　程序是如何运行的

1. 加载和执行程序

下面的步骤按顺序描述了当用户在命令行提示符下运行一个程序时发生的事情。

(1)操作系统(Operating System,OS)在当前磁盘目录中查找程序文件名,如果未找到,就在预先定义的目录列表(称为路径)中找,如果操作系统还是找不到文件名,则显示一条错误信息。

(2)如果找到了程序文件名,操作系统获取磁盘上程序文件的基本信息,包括文件的大小以及在磁盘驱动器上的物理位置。

(3)操作系统确定下一个可用内存块的地址,把程序文件装入内存,然后将程序的大小和位置等信息登记在一张表中(有时称为述符表)。另外,操作系统或许还要调整程序内的指针值以便让它们指向正确的地址。

（4）操作系统执行一条分支转移指令，使 CPU 从程序的第一条机器指令开始执行。程序一旦开始运行，就称为一个进程。操作系统给进程分配一个标识数字（进程 ID），用于在进程的运行期间对其进行跟踪。

（5）这时进程自身已经开始运行，操作系统的任务是跟踪进程的执行并响应进程对系统资源的请求。系统资源包括内存、磁盘文件和输入输出设备等。

（6）进程终结时，其句柄被删除，进程使用的内存也被释放以便其他程序使用。

如果我们使用的是 Windows 操作系统，在按 Ctrl＋Alt＋Delete 组合键并单击"任务管理器"按钮后，可以看到"应用程序"和"进程"标签页。在"应用程序"标签页中，列出了当前运行的程序的完整名称，例如 Windows Explorer 和 Microsoft Visual Studio 等。单击"进程"标签时，可以看到包含 30～40 个名称的列表，其中可能有一些名称我们并不熟悉。每个进程都是一个独立运行的小程序，注意，每个进程都有一个 PID（进程 ID）。通过持续跟踪观察，我们可以了解程序占用的 CPU 时间和使用的内存数量。这些进程中的大部分都在后台运行而并不可见，我们可以关闭一个出错但仍然在运行的进程。当然，如果错误地关闭了某些进程，计算机可能会停止运行，此时将不得不重启系统。

2. 多任务

多任务操作系统能够同时运行多个任务，其中一个任务可以是一个程序（进程）或一个执行线程。一个进程拥有自己的内存并且可能包含多个线程。在一个进程内，所有线程共享该进程的内存空间。例如，游戏程序可以使用独立的线程来同时控制多个图形对象，而 Web 浏览器则可以使用独立的线程同时加载图像并响应用户的输入。

大多数现代操作系统都能同时执行多个任务，包括与硬件进行交互、用户界面显示、后台文件处理等。由于 CPU 实际上一次只能执行一条指令，因此操作系统中的调度程序（scheduler）负责为每个任务分配一小部分 CPU 时间，称为时间片。在一个时间片内，CPU 执行一系列指令，而在时间片结束时停止执行。这种任务切换的方式允许操作系统有效地在多个任务之间切换，给用户的感觉就是这些任务在同时运行。

通过快速的任务切换，操作系统给人以处理器同时运行多个任务的假象。操作系统使用的一种调度模型，称为循环调度（round-robin scheduling）。如图 2-5 所示，假设其中有 9 个活跃的任务，假设调度程序为每个任务分配 100ms，任务切换花费 8ms，那么所有任务执行完一轮需要 972ms，即 $[(9\times100)+(9\times8)]$。

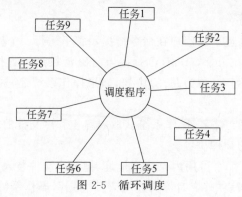

图 2-5　循环调度

多任务操作系统需要在支持任务切换(task switching)的处理器上运行。对每个任务，处理器在切换到另一个任务之前会保存当前任务的状态。其任务状态包括处理器寄存器、程序计数器、状态标志以及任务所使用的内存内容。为不同的任务分配不同的优先级是多任务操作系统的常见做法，这样可以根据优先级分配不同大小的时间片。

抢占式多任务操作系统(例如 Windows 或 Linux)允许高优先级的任务在需要时中断低优先级的任务，以增强系统的稳定性。假设一个应用程序陷入了循环死锁，需要停止对输入的响应，此时键盘处理程序(一个高优先级的操作系统任务)能够响应用户的 Ctrl＋Alt＋Del 命令并终止有问题的应用程序。这种机制确保即使某个任务出现问题，操作系统仍能够继续运行并响应用户输入，增强了系统的健壮性。

本节习题

(1) 请简要描述微型计算机中的中央处理器(CPU)的基本结构，并说明其包含哪些核心组成部分。

(2) 请解释高频时钟在微型计算机中的作用，并说明它如何与 CPU 的内部操作和其他系统部件同步。

(3) 简要描述内存存储单元在微型计算机中的作用，以及它如何与 CPU 进行数据交换。

(4) 解释总线在微型计算机中的作用，包括数据总线、控制总线和地址总线的功能。

(5) 简要说明时钟周期的概念，以及时钟频率和时钟周期之间的关系。

(6) 为什么在微型计算机中访问内存的指令可能需要等待状态？请简要解释等待状态的概念。

(7) 什么是指令指针(instruction pointer)和程序计数器(program counter)？它们在指令执行过程中的作用是什么？

(8) 在奔腾(Pentium)处理器的基本结构中，数据在各个组件之间如何流动？

(9) 假设一个处理器采用 6 级流水线，每个阶段需要 1 个时钟周期。计算处理 4 条指令所需的总时钟周期，包括流水线的启动和停止阶段。

(10) 假设一个超标量处理器具有 4 条执行流水线，每个流水线具有 10 个阶段，但其中有 2 个阶段的执行需要 2 个时钟周期，而其他阶段需要 1 个时钟周期。如果执行 200 条指令，计算总共需要多少时钟周期才能完成所有指令的执行？

(11) 请描述从内存中读取数据的 4 个时钟周期。

(12) 请解释循环调度(round-robin scheduling)是如何工作的。

(13) 假设一个操作系统在一个多任务环境中运行，每个任务被分配一个时间片，每个时间片为 50ms。如果有 10 个活跃任务，每个任务执行完一个时间片后都需要等待 8ms 的任务切换时间，那么所有任务执行完一轮需要多少时间？

(14) 假设一个 CPU 的时钟周期为 2ns，一级缓存的访问延迟为 1 个时钟周期，而二级缓存的访问延迟为 10 个时钟周期。如果一个程序在执行过程中的内存访问中，80％的访问在一级缓存中命中，15％在二级缓存命中，而 5％未命中任何缓存，那么该程序的平均内存访问延迟是多少？

(15) 在一个 5 级双流水线处理器中，每个指令需要经过 5 个阶段才能完成。如果一个阶段的执行需要两个时钟周期,那么每个指令需要花费 10 个时钟周期才能完成。因此,执行 10 条指令需要多少时钟周期?

(16)一个 5GHz(吉赫兹)处理器的时钟周期时长如何计算?

2.2 IA-32 处理器的体系结构

如前所述,IA-32 指的是从 Intel 386 一直到当前最新的奔腾 4 系列处理器的处理器架构。在 IA-32 的发展历程中,Intel 处理器的内部体系结构经历了无数改进,包括但不限于流水线、超标量、分支预测以及超线程等技术。然而,从编程的角度来看,可见的变化主要体现在用于多媒体处理和图形计算的指令集扩展方面。

2.2.1 操作模式

IA-32 处理器具有 3 种基本的操作模式:保护模式、实地址模式和系统管理模式,以及另外一种特殊的模式称为虚拟 8086 模式(保护模式的一个特例)。以下是对每种操作模式的简要描述。

1. 保护模式

在处理器的基本工作模式中,保护模式(Protected Mode)是一种关键模式。在保护模式下,所有指令和特性都是可用的,程序被分配独立的内存区域,这些区域被称为段。处理器采取措施阻止程序访问未分配的段或已分配段之外的其他内存,从而提供了对内存的严格控制和保护。这种分段机制有效地隔离了程序的内存空间,防止非法访问,确保系统的稳定性和安全性。

2. 实地址模式

实地址模式(Real-address Mode)重新构建了 Intel 8086 处理器的程序设计环境,并引入了一些新特性,例如切换到其他两种模式的能力等。在 Windows 98 下,该模式得到了支持。实地址模式适用于运行需要直接访问系统内存和硬件设备的 MS-DOS 程序。需要注意的是,以实地址模式运行的程序有可能导致操作系统挂起,即停止响应命令。因此,在这个模式下运行的程序可能对系统的稳定性产生一定影响。

3. 系统管理模式

系统管理模式(System Management Mode,SMM)为操作系统提供了一种机制,用于实现电源管理和系统安全等功能。通常,这些功能是由计算机制造商自定义的,以满足特定系统启动过程的需求。系统管理模式的引入使得计算机制造商能够定制系统的行为,以便更好地适应其设计目标。这包括实现对电源的有效管理,提高系统的能效,并增强系统在安全性方面的表现。因此,系统管理模式为计算机制造商提供了一种灵活的方式,可以根据其特定要求定制和优化系统的运行。

4. 虚拟 8086 模式

在保护模式下,处理器具备在安全的多任务环境中执行实地址模式软件的能力,例如 MS-DOS 程序。换句话说,即使一个 MS-DOS 程序发生崩溃或尝试向系统内存区域写入数据,也不会对同时运行的其他程序产生影响。Windows XP 具有同时执行多个虚拟 8086 任务的能力,这意味着即使一个 MS-DOS 程序在虚拟 8086 模式(Virtual-8086 Mode)下执行时出现问题,其他任务仍能正常进行。这种特性增强了系统的稳定性和容错性,使得多任务操作得以有效实现。

2.2.2　基本执行环境

1. 地址空间

在保护模式下,IA-32 处理器具备对 4GB 内存的访问能力,这是 32 位无符号二进制整数地址寻址的上限。相比之下,在实地址模式下,程序仅能够访问 1MB 的内存。当处理器处于保护模式并在 8086 模式下运行多个程序时,每个程序都能够独立访问其分配的 1MB 内存区域。这种分段机制允许每个程序在相对独立的内存空间中执行,有效隔离了各个程序的运行,增强了系统的稳定性和安全性。

2. 基本寄存器

寄存器是 CPU 内部的高速存储单元,其访问速度比常规内存快得多。在进行循环速度优化时,可以将循环计数存放在寄存器中,而不是存储在内存变量中。

在图 2-6 中,列出了用于程序执行的所有基本寄存器,包括 8 个通用寄存器、6 个段寄存器、一个处理器状态标志寄存器(EFLAGS)和一个指令指针寄存器(Extended Instruction Pointer,EIP)。这些寄存器在计算机程序的执行过程中扮演着重要角色,通过在寄存器中存储和处理数据,CPU 能够更加高效地执行各种指令和操作。

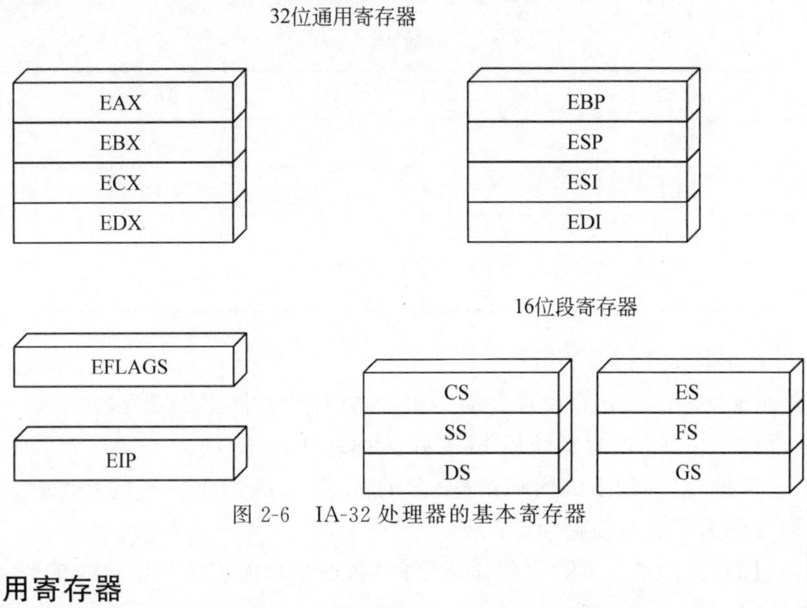

图 2-6　IA-32 处理器的基本寄存器

3. 通用寄存器

通用寄存器主要用于算术运算和数据传送。如图 2-7 所示,每个寄存器都可以作为 1 个 32 位值或 2 个 16 位值来寻址使用。

某些 16 位的寄存器能按 8 位值来寻址使用。例如,32 位的 EAX 寄存器的低 16 位称为 AX,AX 寄存器的高 8 位称为 AH,低 8 位称为 AL。

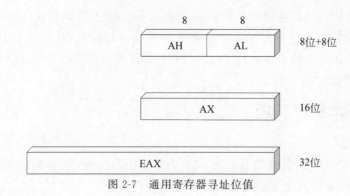

图 2-7　通用寄存器寻址位值

EAX、EBX、ECX 和 EDX 寄存器都存在这种交迭的关系，如表 2-5 所示。

表 2-5　寄存器交迭关系

32 位	16 位	高 8 位	低 8 位
EAX	AX	AH	AL
EBX	BX	BH	BL
ECX	CX	CH	CL
EDX	DX	DH	DL

其余通用寄存器只有低 16 位有特别的名字，但是不能再进一步细分了。表 2-6 列出的 16 位寄存器通常在编写实地址模式程序时使用。

表 2-6　其他寄存器情况

32 位	16 位
ESI	SI
EDI	DI
EBP	BP
ESP	SP

某些通用寄存器有些特殊的用法。

- EAX 在乘法和除法指令中被自动使用，通常称为扩展累加寄存器。
- 在某些指令中，CPU 自动使用 ECX 作为循环计数器。
- ESP 寻址堆栈（一种系统内存结构）上的数据，极少用于普通的算术运算和数据传送，通常称为扩展堆栈指针寄存器。
- ESI 和 EDI 由高速内存数据传送指令使用，通常称为扩展源指针和扩展目的指针寄存器。
- 高级语言使用 EBP 引用堆栈上的函数参数和局部变量。除非用于高级程序设计技巧中，EBP 一般不应该用于普通的算术运算和数据传送，通常称为扩展帧指针寄存器。

1）段寄存器

在实地址模式下，段寄存器被用来保存段的基址，其中每个段代表一个预分配的内存区域。在保护模式下,段寄存器则存储指向段描述符表的指针(索引)。这些段可以包含执行指令的序列(代码段),也可以包含变量和数据(数据段)。此外,还存在其他类型的段,如堆栈段,用于存储函数的局部变量和参数。

2) 指令指针寄存器

EIP(或指令指针)寄存器用于存储下一条将要执行的指令地址。部分机器指令具有能力修改 EIP,从而导致程序跳转到新的地址执行。

3) EFLAGS 寄存器

EFLAGS(Flags)寄存器由一系列独立的二进制位组成,用于控制 CPU 的操作或反映 CPU 特定运算的结果。某些机器指令具备测试和修改单个处理器标志的功能。当某标志等于 1 时就说其被置位;等于 0 时就说其清除(或复位)。

(1) **控制标志**:控制标志用于管理 CPU 的操作。举例来说,特定的控制标志使得 CPU 在执行每条指令后能够检测算术运算是否溢出,或在切换到虚拟 8086 模式或保护模式后触发中断。

通过设置 EFLAGS 寄存器的个别位,程序能够掌控 CPU 的操作。例如,设置方向标志位和中断标志位。

(2) **状态标志**:状态标志反映了 CPU 执行算术和逻辑运算的结果,包括溢出标志(OF)、符号标志(SF)、零标志(ZF)、辅助进位标志(AF)、奇偶标志(PF)和进位标志(CF)。以下是这些标志及其相应简写的名称。

- **进位标志(Carry Flag,CF)**:在无符号算术运算的结果太大而目的操作数无法容纳时置位。
- **溢出标志(Overflow Flag,OF)**:在有符号算术运算的结果太大或太小而目的操作数无法容纳时置位。
- **符号标志(Sign Flag,SF)**:在算术或逻辑运算的结果为负时置位。
- **零标志(Zero Flag,ZF)**:在算术或逻辑运算的结果为零时置位。
- **辅助进位标志(Auxiliary carry Flag,AF)**:在算术运算导致 8 位操作数的位 3 到位 4 产生进位时置位。
- **奇偶标志(Parity Flag,PF)**:结果的最低有效字节为 1 的位的数目为偶数时置位,否则 PF 复位。通常 PF 标志位用于在数据有可能被改变或丢失的情况下进行错误检查。

4) 系统寄存器

IA-32 处理器包含若干关键的系统寄存器。在 MS-Windows 操作系统中,只有在最高特权级(特权级 0)上运行的程序才能访问这些寄存器。这类程序主要包括操作系统内核。以下是这些寄存器的列表。

(1) **中断描述符表寄存器(Interrupt Descriptor Table Register,IDTR)**:保存中断描述符表的地址,中断描述符表提供了一种方式用于处理中断(用于响应如键盘和鼠标等事件的系统过程)。

(2) **全局描述符表寄存器(Global Descriptor Table Register,GDTR)**:保存全局描述符表的地址,全局描述符表包含了任务状态段和局部描述符表的指针(索引)。

(3) **局部描述符表寄存器(Local Descriptor Table Register,LDTR)**:保存当前正在运行

的程序的代码段、数据段和堆栈段的指针。

（4）**任务寄存器**（**Task Register**）：保存当前执行任务的任务状态段（Task State Segment，TSS)的地址。

（5）**调试寄存器**（**Debug Register**）：用于在调试程序时设置断点等。

（6）**控制寄存器**（**Control Register**）**CR0～CR3**：包含用于控制系统级操作（如任务切换、分页、允许缓存等）的状态标志和数据域。

（7）**模型专用寄存器**（**Model-Specific Registers**）：用于性能监控和机器体系结构检查等系统级操作。对于不同的 IA-32 处理器，可用的模型专用寄存器和使用方法都有可能不同。

2.2.3 浮点单元

IA-32 架构的浮点单元（Floating Point Unit，FPU）用于执行高速浮点算术运算。在过去，浮点单元通常需要一个独立的协处理器芯片，但从 Intel 486 开始，FPU 已经被集成到主处理器芯片中。

FPU 内部包含 8 个浮点数据寄存器，分别命名为 ST(0)、ST(1)、ST(2)、ST(3)、ST(4)、ST(5)、ST(6)和 ST(7)。同时，还包含其他控制和指针寄存器，具体可参见图 2-8。

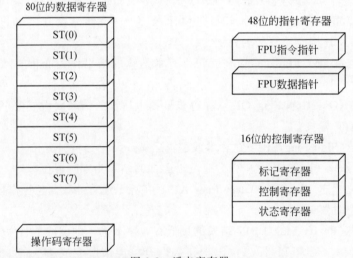

图 2-8　浮点寄存器

这里顺便再提及两套奔腾系列处理器中用于高级多媒体程序设计的寄存器：

（1）MMX 指令集使用的 8 个 64 位寄存器。

（2）单指令、多数据操作（Single-Instruction-Multiple-Data，SIMD）使用的 8 个 128 位 XMM 寄存器。

2.2.4 Intel 微处理器的历史

我们从 IBM-PC 首次发布开始简单回顾一下微处理器的历史，那时个人计算机（PC）只有 64KB 内存且没有硬盘。

1. Intel 8086 处理器

Intel 8086 处理器的诞生于 1978 年，标志着现代 Intel 体系结构的起源。相对于早期的处理器,8086 的创新之处在于采用了 16 位的寄存器和 16 位的数据总线,并引入了分段内存模型,允许程序寻址最多 1MB 的内存。这一内存访问范围的扩大使得编写复杂的商业程序成为可能。

2. Intel 8088 处理器

1980 年发布的 IBM-PC 搭载了一枚 Intel 8088 处理器,与 8086 相比,其数据总线仅为 8 位,但除此之外的处理器部分与 8086 相似,使得它的生产成本稍微降低。如今,Intel 8088 被广泛用于低成本的微控制器中。

自 8086 以后,新的 Intel 系列处理器与早期的处理器都是向下兼容的,这使得老软件可以无须修改即可在新型计算机上运行,与此同时,需要更先进处理器特性的新型软件也不断涌现。

3. Intel 80286 处理器

最早用在 IBM-PC/AT 计算机上的 Intel 80286 处理器树立起了速度和性能的新标准,它是第一个运行于保护模式下的 Intel 处理器。80286 使用 24 位地址线,可寻址 16MB 的内存。

4. IA-32 系列处理器

(1) **Intel 386**：Intel 386 是 IA-32 系列的首个成员,它引入了 32 位寄存器、32 位地址总线以及 32 位的外部数据通道。IA-32 系列处理器具备能够寻址比物理内存大得多的虚拟内存空间,每个程序被分配了 4GB 的线性地址空间。

(2) **Intel 486**：Intel 486 是 IA-32 系列的延续,其特点在于指令集的微结构采用了流水线技术,允许同时处理多条指令。

(3) **奔腾(Pentium)**：奔腾处理器在性能方面进行了显著改进,采用了两条并行流水线的超标量设计,允许同时解码和执行 2 条指令。该处理器使用 32 位的地址线和 64 位的内部数据通道。在 IA-32 系列中,奔腾处理器引入了 MMX 技术。

5. P6 系列处理器

P6 系列处理器于 1995 年推出,基于全新的微结构设计,显著提升了执行速度。该系列对基本的 IA-32 体系结构进行了扩展,包括奔腾 Pro(高能奔腾)、奔腾 Ⅱ 和奔腾 Ⅲ。奔腾 Pro 引入了一系列先进技术,提升了指令执行速度;奔腾 Ⅱ 引入了 MMX 技术;而奔腾 Ⅲ 则引入了 SIMD(流扩展)技术,以及专为快速处理大量数据而设计的 128 位寄存器。这些创新共同为 P6 系列处理器带来了更高的性能。

6. 奔腾 4 和至强(Xeon)系列处理器

奔腾 4 和至强处理器采用了 Intel 的 NetBurst 微架构,相较于之前的 IA-32 系列,这一微架构使处理器能够以更快的速度执行操作。此外,针对高性能多媒体应用程序进行了优化。一些先进的奔腾 4 处理器还引入了超线程(hyperthreading)技术,允许并行执行多线程应用程序。这些创新进一步提升了处理器的性能。

7. Intel Core 系列处理器

Intel Core 系列是在奔腾之后推出的一系列高性能处理器,它包括了 i3、i5、i7 和 i9 四个级别,处理器采用 x86 架构。与之前的奔腾系列相比,Intel Core 系列具有显著的优势。新一代的处理器架构提供了更高的性能水平,采用了先进的制程技术提高能效和降低功耗,引入了新技术和功能,如超线程、人工智能增强和改进的图形性能,为用户提供了更丰富的计算体验。此外,一些 Intel Core 处理器内置了集成显卡,提供了相对较高的图形性能,减少了对独立显卡的依赖。

8. CISC 和 RISC

Intel 8086 是第一个采用 CISC(复杂指令集计算机,Complex Instruction Set Computer)设计的处理器。CISC 指令集通常庞大,包含多种内存寻址、移位、算术运算、数据移动和逻辑操作。这种复杂指令集设计使得编译后的程序可以包含相对较少的指令,从而增强了编程的方便性。然而,CISC 设计的一个主要缺点是,对于复杂指令,处理器需要较长的时间来解码和执行。CPU 内部使用微代码编写的解释器来解码和执行每条机器指令。当Intel 发布了 8086 时,所有后续的 Intel 处理器都需要与这个首次发布的处理器兼容,以便用户在新处理器发布时无须放弃已有的软件。这种兼容性的要求成为 CISC 架构的一个特征。

另一种截然不同的微处理器设计方法被称为 RISC(精简指令集计算机,Reduced Instruction Set Computer)。RISC 采用数量相对较少的简短指令,从而实现了快速的执行速度。与 CISC 不同,RISC 不使用微代码解释器来解码和执行机器指令,而是直接利用硬件进行指令的解码和执行。使用 RISC 处理器的高性能工程和图形工作站已经存在多年。然而,遗憾的是,由于这些系统的生产数量相对较少,导致它们一直以来都过于昂贵。

由于 IBM-PC 兼容机的广泛流行,Intel 得以降低处理器价格并在微处理器市场占据主导地位。Intel 也认识到了 RISC 技术的许多优势,并在其奔腾系列处理器中引入了一些类似 RISC 的技术,例如流水线和超标量。与此同时,尽管 IA-32 指令集仍然非常复杂且不断扩充,但 Intel 努力通过采用一些 RISC 式的技术来提高处理器的性能。这种融合的方法使得 Intel 在保持兼容性的同时,逐渐借鉴了 RISC 技术的一些优点。

本节习题

(1) 请解释保护模式在 IA-32 处理器中的作用以及它如何提供对内存的保护。

(2) 虚拟 8086 模式是什么,它如何增强系统的稳定性?

(3) 列出 IA-32 处理器的 8 个通用寄存器的名称。通用寄存器的主要用途是什么?通用寄存器可以存储多少位的数据?

(4) 在实地址模式下,段寄存器存储什么信息?在保护模式下,段寄存器存储什么信息?

(5) 什么是 EIP 寄存器,它的作用是什么?EFLAGS 寄存器的作用是什么?列举至少3 个状态标志,并解释其含义。

(6) 列出至少 3 个 IA-32 处理器的系统寄存器,并简要描述其作用。

(7) Intel 8086 和 IA-32 系列处理器分别包括多少位寄存器和地址总线?

(8) 请简要解释 CISC 和 RISC 微处理器设计方法之间的主要区别。

(9) 奔腾处理器采用了什么样的微架构设计?它引入了哪些新技术?

(10) IA-32 处理器的 3 种基本的操作模式分别是什么？

(11) 列出所有 32 位通用寄存器和段寄存器的名称。

(12) 哪种 Intel 处理器是 IA-32 系列的第一个成员？

(13) 哪种 Intel 处理器首次使用了 MMX 技术？

(14) 写出 CISC 的定义并解释其设计方式。

(15) 写出 RISC 的定义并解释其设计方式。

2.3　IA-32 的内存管理

IA-32 处理器根据 2.2.1 节中讨论的几种不同的基本操作模式对内存进行不同的管理。其中,保护模式是最简单也是最强大的,而其他模式通常仅在程序需要直接访问系统硬件时才被使用。

在实地址模式下,处理器只能寻址 1MB 的内存空间,地址范围是从十六进制数的 00000 到 FFFFF。处理器一次只能运行一个程序,但可以随时中断程序的执行以便处理来自外围设备的请求。在此模式下,应用程序可以读取和修改 RAM(Random Access Memory,随机访问存储器)的任何区域,也可以读取 ROM(Read-Only Memory,只读存储器)的任何区域,但不能修改。

在保护模式下,处理器可以同时运行多个程序,并为每个进程(运行的程序)分配 4GB 的内存。每个程序都有自己的保留内存区域,防止程序无意中访问其他程序的代码和数据。MS-Windows 和 Linux 都运行于保护模式下。

在虚拟 8086 模式下,实际上是处理器在保护模式下创建了一个具有 1MB 地址空间的虚拟机,该虚拟机模拟运行于实地址模式下的 80x86 计算机。在接下来的两小节中(2.3.1 节和 2.3.2 节),我们将详细解释实地址模式和保护模式的细节。

2.3.1　实地址模式

在实地址模式下,IA-32 处理器使用 20 位的地址线,可以访问 1048576 字节的内存(1MB),地址范围是从十六进制数的 0 到 FFFFF。然而,这却面临一个基本问题:8086 处理器的 16 位寄存器无法容纳 20 位的地址。为了解决这个问题,Intel 工程师引入了一种称为分段内存的解决方案,将整个内存划分为多个 64KB 的区域,这些区域被称为段(segment),如图 2-9 所示。

可以通过一个楼层的比喻来理解这个概念。假设每个段就是一个楼层,一个人可以乘坐电梯到达指定的楼层,然后下电梯,按照房间号来定位查找特定的房间。房间的偏移可以想象成电梯到房间的距离。这种分段内存的设计允许程序访问整个 1MB 的内存,同时通过不同的段来定位不同的数据或代码。

让我们再次看一下图 2-9,其中每个段都是从最后一个十六进制数位为 0 的地址开始的,由于这一点,在表示段值时,最后一个 0 就被省略了。例如,段值 C000 是指从地址 C0000 开始的段,在此图中,还能看到从 80000h 开始段的展开图。要定位该段内的任意一字节,需要在段的基地址上再加上一个 16 位偏移值(0~FFFF)。例如,8000:0250 表示从

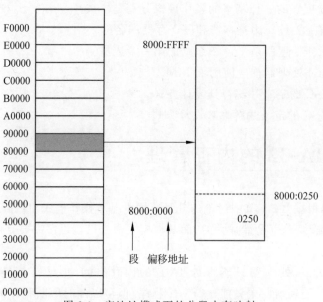

图 2-9　实地址模式下的分段内存映射

地址 80000h 开始的段内部偏移 250h 的地方,其线性地址是 80250h。

20 位线性地址的计算如下:

　　地址(address)用于指代内存中的某个位置,内存中的每字节都有一个显式的地址。在实地址模式下,线性地址(linear address),也称绝对地址(absolute address),是 20 位的,范围从 16 进制数的 0 到 FFFFF。程序无法直接使用线性地址,因此必须使用 2 个 16 位整数来表示,它们一起被称为段—偏移地址,包含如下两部分。

- 一个存放在段寄存器(CS,DS,ES 或 SS)中的 16 位段值。
- 一个 16 位的偏移值。

　　CPU 自动把段—偏移地址转换成 20 位的线性地址。假设一个变量的段—偏移地址是 08F:0100,CPU 将段值乘以 16(十六进制数是 10),再把乘积同变量的偏移地址相加。

```
08F1h * 10h=08F10h                    (经过校正的段值)
经过校正的段值:                        0 8 F 1 0
加上偏移地址:                            0 1 0 0
线性地址:                               0 9 0 1 0
```

　　一个典型的程序有三个段:代码段、数据段和堆栈段。三个段寄存器 CS、DS 和 SS 包含着程序代码段、数据段和堆栈段的基地址:

- CS 包含一个 16 位的代码段地址。
- DS 包含一个 16 位的数据段地址。
- SS 包含一个 16 位的堆栈段地址。
- ES、FS 和 GS 可指向其他数据段。

2.3.2　保护模式

　　保护模式是一种更加强大的处理器模式。当处理器运行于保护模式下时,每个程序可以寻址 4GB 的内存,地址范围是从十六进制数的 0 到 FFFFFFFF。在保护模式的编程中,Microsoft 汇编器中的平坦内存模式(参见.MODEL 伪指令)是最常用的。平坦内存模式非常易于使用,因为只需要使用一个 32 位整数就可以存放任何指令和变量的地址。处理器在后台进行地址的计算和转换,对程序员而言是透明的。段寄存器(CS、DS、SS、ES、FS 和 GS)指向段描述符表,操作系统使用段描述符表定位程序使用的段的位置。一个典型的保护模式程序通常包含三个段:代码段、数据段和堆栈段,对应使用 CS、DS 和 SS 三个段寄存器。

- CS 包含描述符表中的代码段描述符。
- DS 包含描述符表中的数据段描述符。
- SS 包含描述符表中的堆栈段描述符。

1. 平坦分段模式

在平坦分段模式(Flat Segmentation Model)下,所有的段都映射到计算机的 32 位物理地址空间中。一个程序至少需要两个段:代码段和数据段。每个段由一个段描述符定义,通常是一个存放在全局描述符表(Global Descriptor Table,GDT)中的 64 位值。

图 2-10 中给出了一个基地址域指向内存中第一个可用地址(00000000)的段描述符,而段界限域用于表示系统中物理内存的数量,当前图中的段界限是 0040。访问类型域包含了规定段如何使用的数据位。这些段描述符提供了对程序所需内存的详细描述,确保了在平坦分段模式下的有效地址映射和访问。

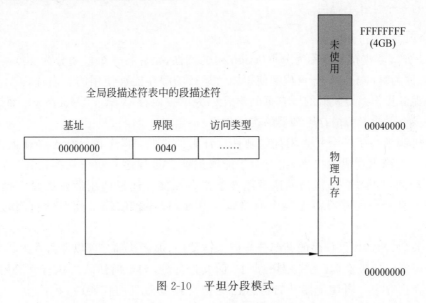

图 2-10　平坦分段模式

假设一台计算机有 256MB 的内存,某个段描述符表示所有可用的物理内存,那么段界限域将包含十六进制值 10000,因为其值隐含地要乘以十六进制值 1000,最终得到十六进制值 10000000(256MB)。

2. 多段模式

在多段模式(Multi-Segment model)下,每个任务或程序都有自己的段描述符表,称为局部描述符表(Local Descriptor Table,LDT)。每个描述符可以指向一个与其他所有进程使用的段都不同的段,且每个段都位于独立的地址空间中。在图 2-11 中,LDT 的每个表项(段描述符)都指向内存中的一个不同的段。

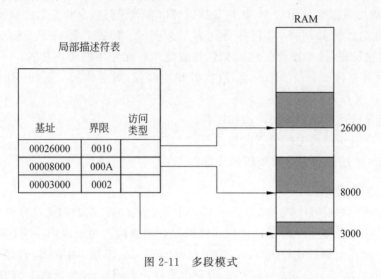

图 2-11　多段模式

每个段描述符都指定了相应段的大小。例如,从 3000 开始的段的大小是十六进制数值 2000,其计算过程为(十六进制数值)0002 ＊ 1000,而从 8000 开始的段大小是十六进制数值 A000。这种多段模式的设计允许每个任务拥有独立的地址空间,防止相互之间的干扰,增强了系统的安全性和稳定性。

3. 分页

IA-32 处理器支持一种称为分页(Paging)的特性,允许将一个段划分为 4096 字节大小的内存块,称为页(Page)。分页机制使得同时运行的程序能够使用的总内存远大于计算机的物理内存。操作系统映射的所有页的集合称为虚拟内存(Virtual Memory),而操作系统通常包含一个名为虚拟内存管理器的实用程序。

分页机制解决了一个一直困扰软硬件设计者的难题:程序在运行前必须被加载到内存中。但一方面内存成本昂贵,用户希望能够加载大量程序并随意切换;另一方面,磁盘存储成本较低,容量较大,但访问速度远慢于主存储器。通过使用后备磁盘存储,分页机制创造了一种使得内存看似无限大的错觉。然而,程序越依赖于分页机制,其运行速度可能越慢。

在任务运行时,如果程序的某部分当前未被使用,那么这部分可以保留在磁盘上。任务的一部分可能已经被换页(交换)到磁盘上,而其他部分,如当前活跃的执行代码用到的页,可以保留在内存中。当处理器开始执行已经被交换到磁盘的代码时,将产生一个页错误(Page Fault),这将导致包含所需代码和数据的页重新加载到内存。为了观察分页机制导致的页交换,可以在内存较少的计算机上同时运行多个大型程序,这时可能会注意到从一个程序切换到另一个程序时的明显延迟,因为操作系统必须将每个程序交换出的部分从磁盘传输到内存。当安装更多内存时,计算机会运行得更快,因为大型应用程序和文件可以完全存放在内存中,从而减少了换页的次数。

本节习题

（1）在实地址模式下，IA-32 处理器使用多少位的地址线来访问内存？这个模式下的内存地址范围是多少？

（2）请解释分段内存的概念以及它是如何解决 8086 处理器 16 位寄存器无法容纳 20 位地址的问题的。

（3）什么是线性地址（linear address）或绝对地址（absolute address）？在实地址模式下，如何将段—偏移地址转换为线性地址？

（4）在保护模式下，一个典型的程序通常包含哪三个段？这些段由哪些段寄存器管理？

（5）什么是平坦分段模式（Flat Segmentation Model）？它如何不同于多段模式（Multi-Segment Model）？

（6）什么是分页（Paging）？它是如何扩展可用内存的容量？同时，它可能导致什么性能问题？

（7）在分页机制中，当处理器试图访问一个已被交换到磁盘上的页时，会发生什么？这个事件有什么特点？

（8）请简要描述虚拟内存（Virtual Memory）的概念，并说明它如何与分页机制相关联。

（9）在保护模式和实地址模式下可寻址的地址范围是多少？

（10）在实地址模式下，将下面的十六进制数段—偏移地址转换成线性地址：0950:02E0。

（11）在 MASM 的平坦内存模式下，使用多少个数据位存放指令或变量的地址？

（12）在保护模式下，哪个寄存器存放堆栈段的描述符？

（13）在平坦分段模式下，哪张表包含至少两个段的描述符？

2.4　IA-32 微机的构成

本节将从几个不同的角度介绍 IA-32 计算机的体系结构。首先，我们将从宏观层面考察硬件，包括计算机的物理组成部分和外围设备；接着，我们将深入研究 Intel 处理器（中央处理器，Central Processing Unit，CPU）的内部细节；最后，我们将讨论软件的体系结构，包括内存组织方式以及操作系统如何与硬件进行交互。通过这样的逐层分析，读者将更全面地了解 IA-32 计算机体系结构的各方面。

2.4.1　主板

主板是微型计算机的核心，它是一块印制电路板，用于安装计算机的 CPU、功能支持芯片组、主存储器、输入输出接口、电源插口以及扩展槽。这些不同的组件通过总线相互连接，总线是印制在主板上的一组电线。在 PC 市场上存在多种类型的主板，尽管它们在扩展能力、集成的组件和速度上存在差异，但下面的一些部件是各种主板都具备的：

- CPU 插座，根据主板支持的处理器类型的不同，不同主板的 CPU 插座的形状和大小也会有差异。
- 内存插槽，用于安装可插拔式内存卡。

- 基本输入输出系统(Basic Input-Output System,BIOS)芯片,存放着系统软件。
- CMOS 内存,带一块可充电电池供电。
- 海量存储设备(如硬盘和 CD-ROM 等)的接口。
- 外部设备的 USB 接口。
- 键盘和鼠标接口。
- PCI 插槽,用于安装声卡、图形卡、数据采集卡和其他输入输出设备。

下面一些部件是可选的:

- 集成的声卡处理器。
- 并口和串口。
- 集成的网卡。
- 高速视频卡使用的 AGP 总线接口。

下面是一个典型的 IA-32 系统中的一些重要的功能支持:

- 8284/82C284 时钟发生器,简称为时钟,它以固定的频率产生脉冲。时钟发生器用于在 CPU 和计算机其余部件之间进行同步。
- 浮点单元(Floating Point Unit,FPU),处理浮点和扩展整数运算。
- 8259A 可编程中断控制器(Programmable Interrupt Controller,PIC),处理来自外部设备的中断,如键盘、系统时钟和磁盘驱动器等。这些设备打断 CPU 的执行并使其立即处理它们的请求。
- 8253 可编程时钟/计数器每秒触发 18.2 次系统中断,用于更新系统日期和时钟并控制扬声器。它还负责不断地刷新内存,因为 RAM 芯片记忆的数据只能保持几毫秒。
- 8255 可编程并口,通过它可以和使用 IEEE 并行接口的计算机互相收发数据。这种端口通常用于打印机,但也可以用于其他输入输出设备。

1. PCI 和 PCIe 总线体系结构

PCI(Peripheral Component Interconnect,外部组件互连)总线用于连接 CPU 和其他系统设备,如硬盘、内存、视频控制器、声卡和网络控制器等。后期引入的 PCI Express(PCIe)总线为设备、内存和处理器之间提供了双向串行连接。PCIe 总线通过独立的"通道"以类似网络的方式传输数据。图形控制器通常支持 PCIe 总线,可以以约 4GB/s 的速度传输数据。这种新一代总线架构在提高数据传输速度的同时,更好地适应了现代计算机系统对高速、高带宽连接的需求。

2. 主板芯片组

大多数主板都包含一系列称为芯片组的集成微处理器或控制器。芯片组在很大程度上决定了计算机的性能。下面列出的都是 Intel 公司的组件名字,但是许多主板使用其他制造商生产的兼容芯片组。

- Intel 8237 直接内存访问(Direct Memory Access,DMA)控制器,它在外部设备和 RAM 之间直接传送数据,而不需要 CPU 做任何额外的工作。
- Intel 8259 可编程中断控制器,处理来自硬件的请求并产生 CPU 中断。
- 8254 时钟计数器每秒触发 18.2 次嘀嗒,处理系统时钟和日时钟,并作为内存刷新计时器使用。

- 与 PCI 桥连接的微处理器局部总线。
- 系统内存控制器和缓存控制器。
- PCI 总线与 ISA 总线连接的总线桥。
- Intel 8042 键盘和鼠标微控制器。
- Intel PCH(Platform Controller Hub)系列：PCH 是 Intel 推出的新一代芯片组,包含了与处理器通信的接口、USB 控制器、SATA 控制器、音频控制器等。它取代了传统的北桥和南桥架构,集成了更多的功能,提高了系统性能和响应速度。
- Intel Z490 芯片组：Z490 是 Intel 面向第 10 代 Core 处理器的芯片组,支持 PCI Express 3.0 技术,提供了更快的数据传输速度。它适用于高性能的桌面平台,支持超频和多显卡配置。

2.4.2　视频输出

视频适配器负责控制 IBM 兼容机上文本和图形的显示,由两部分构成：视频控制器和视频显示存储器(显存)。所有显示在监视器上的文本和图形都需先写入显存,然后由视频控制器传送到监视器上显示。视频控制器本身是一个具有特殊用途的微处理器,它能减轻 CPU 对视频显示硬件的控制工作。通过这种架构,视频适配器可以有效地协助处理图形和文本的显示任务,提高了计算机系统的整体性能。

阴极射线管(Cathode-ray tube,CRT)视频监视器使用一种称为光栅扫描的技术来显示图像。电子束照亮屏幕上被称为像素(pixel)的荧光点,电子枪从屏幕的最顶端开始,从左到右进行扫描,然后关闭,并重新从左边的下一行开始扫描,这种扫描方式称为水平回扫。当绘制完最后一行时,电子枪关闭并移动到屏幕的左上角重新开始扫描,这被称为垂直回扫。这一过程不断重复,使得图像以一种有序的方式逐行显示在屏幕上。这是传统 CRT 监视器工作的基本原理,在现代计算机系统中,液晶显示器等其他显示技术逐渐取代了 CRT。

数字液晶显示(Liquid Crystal Display,LCD)监视器直接从视频控制器接收数字位流而不需要光栅扫描。

2.4.3　存储器

基于 Intel 的系统使用几种基本类型的存储器：只读存储器(Read-Only Memory, ROM),可擦写可编程只读存储器(Erasable Programmable Read-Only Memory,EPROM),动态随机访问存储器(Dynamic Random Access Memory,DRAM),静态随机访问存储器(Static Random Access Memory,SRAM),视频随机访问存储器(Video Random Access Memory,VRAM)以及互补金属氧化物半导体随机访问存储器(Complementary Metal Oxide Semiconductor Random Access Memory,CMOS RAM)：

- ROM：只读存储器,是内容被永久烧录到芯片中而不能擦除的存储器。
- EPROM：可擦写可编程只读存储器,只能使用紫外线低速擦除,可重新编程。
- DRAM：动态随机访问存储器,是在程序运行时存储代码和数据的地方,它必须在 1ms 之内被重新刷新,否则其中的内容就会丢失。由于它价格低廉,因此计算机用它作为主存储器。

- SRAM：静态随机访问存储器，也是一种 RAM 芯片，主要用于昂贵的高速缓存，这种存储器不需要重复刷新即可保持其内容。CPU 的缓存使用的就是 SRAM。
- VRAM：视频随机访问存储器，专用于存储视频数据。VRAM 是双端口的，它允许在一个端口不断读出数据刷新显示的同时从另一个端口写数据。
- CMOS RAM：互补金属氧化物半导体随机访问存储器，在系统主板上用于存储系统设置信息，它由一块电池供电，因此其中的内容即使在计算机电源关闭之后仍然可以保留。

2.4.4 输入输出接口

1. 通用串行总线

通用串行总线(Universal Serial Bus，USB)接口为计算机和其他支持 USB 的设备之间提供了智能、高速的连接。USB 接口可以连接单功能设备(鼠标、打印机)或多个共享同一 USB 接口的复合设备。图 2-12 所示的 USB 集线器就是可以同其他设备(包括集线器)连接的复合设备，图中的每根 USB 线缆都有两种接头：A = 传回(upstream)，B = 传出(downstream)。

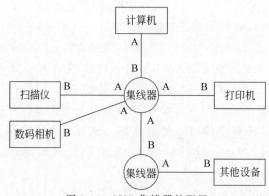

图 2-12　USB 集线器的配置

当设备通过 USB 与计算机相连时，计算机进行设备枚举，以获取设备的设备名、设备类型以及其支持的驱动程序类型。在这个过程中，计算机通过 USB 总线与设备通信，识别和注册连接的设备。

此外，计算机具有能力切断单个设备的电源，将设备置于挂起状态。这种操作可以通过 USB 总线的电源管理功能来实现，允许计算机在需要时主动管理与 USB 设备之间的电源供应，从而实现更有效的电力管理。

2. 并行端口

大多数打印机通常通过并行端口(Parallel Port)与计算机相连。"并行"意味着字节数据或字数据的所有位可以同时从计算机传送到设备，在通常不超过 10 英尺(1 英尺 = 0.3048 米)的较短距离内，数据可以以非常快速的速度(1MB/s)传送。在 MS-DOS 中，系统会自动识别 3 个并行端口：LPT1、LPT2 和 LPT3。并行端口可以是双向的，这意味着计算机通过并行端口既可以向设备发送数据，也可以从设备接收数据。尽管许多打印机现在都使用 USB 接口，但在连接实验仪器和定制设备时,并口仍然非常有用,因为它提供了高速连接的能力。

3. IDE

IDE 接口通常被称为智能驱动设备接口或集成驱动设备接口。它用于连接计算机和大容量存储设备,如硬盘、DVD 以及 CD-ROM 等。几乎所有的计算机都内置了 IDE 接口。当前的大部分设备实际上是并行 ATA(Advanced Technology Attachment)设备,这些设备的驱动控制器嵌入在设备内部。这种内建控制逻辑的设备可以解放 CPU,使其摆脱对内部逻辑控制的工作。另一个相关的接口是 SATA(Serial ATA,串行 ATA),它提供了比并行 ATA 更高的数据传输速率。

4. FireWire

火线(FireWire)是一种高速外部总线标准,支持最高达 800MB/s 的数据传输速率。大量设备可以附加到 FireWire 总线上,数据可以按指定的速率传输(同步数据传输)。

5. 串口

RS-232 串行端口每次发送一个二进制位,这导致其速度较并口和 USB 接口慢,但是这样使数据进行较远距离的传送成为可能。串口的最高数据传输速率是 19200b/s。实验采集设备和调制解调器通常都使用串口传输。

本节习题

(1) 主板的作用是什么?它连接了哪些计算机组件?

(2) 请简要解释 BIOS 芯片的作用以及为什么它是计算机系统中的重要组成部分。

(3) 什么是 USB 接口?它提供了哪些优点?以及 USB 2.0 支持的最大数据传输速率是多少?

(4) 请解释 PCI 总线和 PCI Express(PCIe)总线的主要区别,以及 PCIe 总线相对于传统 PCI 总线的优势。

(5) 在计算机系统中,什么是 CMOS RAM?它存储了哪些信息?为什么它需要由电池供电?

(6) 什么是并口?它通常用于连接哪种类型的设备?

(7) 请简要解释 IDE 接口和 SATA 接口,它们用于连接哪些存储设备?

(8) 什么是 FireWire?它的主要特点是什么?

(9) 解释 RS-232 串行端口的工作原理,以及为什么它适用于需要远距离传输的应用。

(10) 请简要描述视频控制器和显存在计算机图形显示中的作用。

(11) 供视频显示使用的存储器位于什么地方?

(12) 哪种类型的 RAM 用于二级缓存?

2.5 输入输出系统

输入输出系统是计算机与外部环境的桥梁,它负责数据传输、连接外部设备、人机交互和存储器管理。通过各种接口,它实现了计算机与键盘、鼠标、打印机、存储设备和显示器等设备的连接,使用户能够与计算机进行交互。输入输出系统通过中断机制实现对外部事件的及时响应,保障系统的实时性。输入输出系统是计算机操作和外部交互的核心组件,使计算机更加灵活、可扩展和强大。

计算机应用程序通常通过键盘和文件来获取输入,并将结果输出到屏幕或文件。输入输出(Input/Output,I/O)过程无须直接涉及硬件操作,而是通过调用操作系统提供的功能函数来实现。这种 I/O 操作可以在不同的访问层次进行,类似于第 1 章中介绍的虚拟机概念。总体而言,存在如下 3 种基本的访问层次。

(1) **高级语言的功能函数**:诸如 C++ 或 Java 之类的高级程序设计语言包含了执行输入输出的函数。这些功能函数是可移植的,能够在多种不同的计算机系统上工作并且不依赖于任何一个操作系统。

(2) **操作系统**:程序员可以通过 API(Application Programming Interface,应用编程接口)库调用操作系统的功能函数。操作系统提供了一些高级操作,如写字符串到文件、从键盘读取字符串以及分配内存块等。

(3) **BIOS(基本输入输出系统)**:是直接同硬件设备交互的子程序的集合。BIOS 是由计算机制造商安装的,同计算机硬件相匹配。操作系统通常同 BIOS 通信。

(4) **设备驱动程序**:计算机若安装了 BIOS 无法识别的新设备,可能导致以下情况:在操作系统引导时,系统会尝试加载设备驱动程序。设备驱动程序包含与设备通信的功能函数,类似于 BIOS 的工作方式。这种驱动程序为特定设备或设备类提供输入输出功能。以 CDROM.SYS 为例,它使 MS-DOS 能够读取 CD-ROM 驱动器。因此,若 BIOS 无法辨别新设备,系统将无法正确加载相应的设备驱动程序,可能导致该设备无法正常工作。

应用程序在屏幕上显示一个字符串时的步骤如下,可以把 IO 访问层次画成一张图,参见图 2-13。

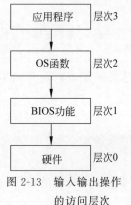

图 2-13　输入输出操作的访问层次

一条应用程序语句调用一个高级语言库函数向标准输出上写字符串。

库函数(层次 3)调用一个操作系统函数,传递一个字符串指针。

操作系统函数(层次 2)进入一个循环,循环中调用 BIOS 的某个子例程,向它传递每个字符的 ASCII 码及其颜色,操作系统调用另一个 BIOS 子例程把光标前进到屏幕上的下一个字符要显示的位置。

BIOS 子例程(层次 1)接收每个字符,映射特定的系统字体,然后把字符送至与视频控制卡相连的硬件端口。

视频控制卡(层次 0)定时产生硬件信号给视频显示以控制光栅扫描和像素显示。

在多个层次上进行编程:在输入输出程序设计领域,汇编语言的能力和灵活性更大,如图 2-14 所示,汇编语言程序可以从下面的访问层次中进行选择。

- 层次 3:调用库函数执行通用的文本 I/O 和基于文件的 I/O。
- 层次 2:调用操作系统函数执行文本 I/O 和基于文件的 I/O。如果操作系统使用图形用户界面,会有一些与设备无关的方式显示图形的函数。
- 层次 1:调用 BIOS 功能控制与设备相关的特性,如颜色、图形、声音、键盘输入和底层磁盘 O 等。

- 层次 0：在硬件层次上接收和发送数据，能够完全控制特定的设备。

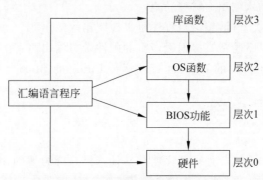

图 2-14　汇编语言的访问层次

什么是折中呢？可控制性和可移植性就是一个最基本的例子。比如层次 2（OS 函数）可在任何运行同样操作系统的计算机上工作，如果特定的 IO 设备缺乏特定的功能，OS 函数就会尽量以其他的方式进行处理以达到想要的结果。层次 2 运行得并不很快，因为每次 I/O 调用在执行之前都必须穿越几个层次。

层次 1（BIOS）可在任何有标准 BIOS 的系统上工作，但是在不同系统上不一定能够产生同样的结果。例如，两台计算机或许有不同分辨率的视频显示器。层次 1 的程序员必须编写代码侦测用户的硬件配置并调整输出格式以进行匹配。层次 1 运行得比层次 2 快，因为它比硬件层高一层。

层次 0（硬件）可在串口等通用设备或知名制造商生产的特定设备上工作。使用这个层次的程序必须增加编码逻辑以处理 IO 设备的各种版本冲突。实地址模式游戏程序是最基本的例子，因为它们通常接管计算机的所有操作。这个层次的程序可以以硬件允许的最高速度执行。

假设要使用音频控制设备播放 WAV 文件。在操作系统层，不必知道安装的是什么类型的设备，也无须过多关心声卡可能具有的非标准特性。在 BIOS 层次就不得不查询声卡（使用安装的设备驱动程序）并找出其是否属于某类具有已知特性的声卡。而在硬件层次，就必须调整程序以适应特定品牌的声卡，以利用每种声卡的特性。

最后，必须指出并不是所有的操作系统都允许用户程序直接访问系统硬件，这种访问权限往往保留给操作系统自身以及特定的设备驱动程序。在 Windows 下就是如此，重要的系统资源被保护起来，它同应用程序之间是隔离的；相反，MS-DOS 就没有这样的限制。

本节习题

（1）什么是 I/O 操作的 3 种基本访问层次？分别是什么层次的示例？

（2）描述层次 2（OS 函数）中的 API 库的作用和优势。

（3）BIOS 是什么？它在计算机系统中的作用是什么？

（4）什么是设备驱动程序？它们的主要作用是什么？

（5）解释层次 0（硬件）在 I/O 操作中的作用和执行速度。

（6）在 I/O 操作中，为什么层次 2（OS 函数）通常提供更多的可移植性，而层次 1（BIOS）提供更多的控制性？

（7）在现代操作系统中，为什么很少允许用户程序直接访问系统硬件？

（8）BIOS 层次的输入输出有哪些特点？

（9）在哪个(些)层次上，汇编语言程序可以控制输入输出？

（10）为什么游戏程序通常直接通过声卡的硬件端口输出声音？

（11）运行 MS-Windows 的 BIOS 可能与运行 Linux 的 BIOS 有什么不同？

2.6 本章小结

本章内容围绕 Intel IA-32 处理器家族及其计算机系统的基础知识展开，旨在帮助读者了解计算机硬件的基本知识。本章首先介绍了 IA-32 处理器体系结构的基本概念，包括微机的基本结构、指令的执行周期以及程序的运行过程和内存的读取等知识。这些基础知识有利于读者更好地了解计算机体系结构，同时也可以更好地理解我们后面的知识内容，以及后续自己编写的汇编语言代码。

随后，在章节中深入探讨了 IA-32 处理器体系结构的基本概念，探索了其内部运作机制，深入研究了其操作模式和基本执行环境，详细介绍了各种寄存器的职能。此外，本章还介绍了 Intel 微处理器的历史，包括 IA-32 处理器、奔腾处理器和 P6 处理器系列等处理器的发展历史。

在章节中也详细讲述了 IA-32 的内存管理模式，包括实地址的处理和计算模式，以及保护模式的概念。通过具体的图表示例和详细的解释，本章清晰形象地展示了 IA-32 的内存管理模式。

最后，本章通过多个结构介绍了 IA-32 的体系结构，包括外部的硬件设备和内部的处理器细节等。通过讨论软件的体系结构，揭示 IA-32 微机的构成。除此之外，本章还介绍了系统输入输出设备的实现和工作细节，帮助读者更加贴切生活地了解计算机系统。

IA-32 处理器体系结构的深入研究不仅带来了技术层面的进步，更为我们展示了人类对于信息处理能力不断追求的历程。正是在这样的背景下，我们应该认识到技术的进步需要伴随着对其影响的深入思考。

总的来说，本章从基本概念开始，逐步引导读者深入 IA-32 处理器体系结构的精髓。通过对其内存管理、微机构成、输入输出系统等方面的详尽探讨，为读者提供了对 IA-32 这一经典体系结构全面而深刻的理解。希望本章内容能够为读者提供一种全面把握计算机体系结构的视角，并激发对计算机科学更深层次研究的兴趣，同时在掌握计算机体系结构的知识基础上能够在思想上得到新的启发，进一步探索技术与社会的发展之间的关系，为人类社会的进步贡献力量。

第 3 章

汇编语言基础[①]

在中国,随着信息技术和高性能计算的迅速发展,汇编语言在系统底层设计、性能优化以及安全关键应用领域中发挥着越来越重要的作用。预计未来汇编语言将继续在支持新的处理器架构、优化大数据处理和人工智能计算中扮演关键角色。本章将深入介绍汇编语言的基础知识,从最基本的元素、数据类型、指令使用到复杂的内存管理和程序结构设计。通过详细讲解整数和实数的表示、字符与字符串的处理,以及条件控制和循环结构的实现,读者将获得对汇编语言强大功能的理解和应用能力。本章不仅是对汇编语言编程的入门引导,也是对底层计算机操作和优化技术的一次深入探索。通过本章的学习,读者将能够掌握汇编语言的核心概念,为进一步的学习和实践打下坚实的基础。

3.1　汇编语言的基本元素

本节将介绍汇编语言的基本元素,通过逐步熟悉各个元素的定义和使用,读者将初步学会编写可运行、有意义的汇编语言应用程序。

3.1.1　整数常量

整数常量通常由符号(sign)、数字(digit)和表示数制基数的字符后缀(radix)组成。符号是一个可选的部分,数字部分允许由一个或多个数字组成,其基本构成如下:

[{ + | - }] 数字 [基数]
Radix(基数后缀)不区分大小写,包括以下类型。

h	十六进制	r	编码实数
q/o	八进制	t	十进制(可选)
d	十进制	y	二进制(可选)
b	二进制		

如果整数常量后面没有后缀,就默认其为十进制数。这里给出一些使用不同基数后缀的例子:

---

① 本章全部采用微软的语法格式符号,在[..]内的参数是可选参数,在{..}内的参数要求必须从被竖线分隔的多个参数中选择一个,斜体参数代表已知项目的定义或描述。

26	十进制数	42o	八进制数
26d	十进制数	1Ah	十六进制数
11010011b	二进制数	0A3h	十六进制数
42q	八进制数		

注意,以字母开头的十六进制常量前面必须加一个 0(如例子中的 0A3h),以防止汇编器将其解释为标识符。

3.1.2 整数表达式

整数表达式是由整数值和算术运算符共同组成的数学表达式。整数表达式的计算结果是能够存于 32 位数据位中的整数(0~FFFFFFFFh)。表 3-1 按照算术运算符的运算优先级(从高到低)列出了符号和名称。

表 3-1 算术运算符

运 算 符	名 称	优 先 级
()	圆括号	1
+,-	一元加、减	2
*,/	乘、除	3
MOD	取余数	3
+,-	加、减	4

优先级指的是如果表达式中同时包含两个或两个以上操作符时,操作符间隐含的运算顺序。以下的例子展示了多个算术运算符之间的运算顺序:

```
6 + 1 - 2          加,减
12 - 8 * 6         乘,减
-9 / 3             一元减,除
(11 + 4) * 8       加,乘
```

在表 3-2 中,给出了一些更复杂的有效表达式和它们的计算值。

表 3-2 有效的整数表达式和计算值

表 达 式	值
7 mod 2	·1
−(11−5) * (3+2)	−30
28/(2 * 3+1)	4
46−6/2 * 3	37

对于初学者而言,可以尽量在表达式中使用圆括号来显式地表明运算顺序,这样就不必记优先级规则了。

3.1.3 实数常量

实数常量分为两种类型,包括十进制实数和编码(即十六进制)实数。十进制实数常量

通常由符号(sign)、整数(integer)、小数点、表示小数的整数和指数(exponent)五部分组成，其构成如下：

```
[sign]integer.[integer][exponent]
```

其中的符号、指数的格式如下：

```
sign                    {+,-}
exponent                E[{+,-}]integer
```

这里我们给出一些有效的实数常量的例子：

```
6.
78E+04
-24.5
91.E5
```

实数常量最少应该包括一个数字和一个小数点。如果只有一个数字，那么它就是一个整数常量。

编码实数：所谓编码实数是以十六进制数表示一个实数的实数常量，它们遵循 IEEE 浮点数格式。十进制实数 +1.0 的二进制数表示如下：

$$0011\ 1111\ 1000\ 0000\ 0000\ 0000\ 0000\ 0000$$

在汇编语言中，+1.0 将被编码为单精度实数：3F800000r。

3.1.4　字符常量

字符常量指的是以单引号或双引号括起来的单个字符。汇编器会将其转换成与字符对应的二进制数形式的 ASCII 码，例如：

```
'G'
"w"
```

3.1.5　字符串常量

字符串常量和字符常量类似，是以单引号或双引号括起来的一串字符。例如：

```
'ZHM'
'P'
"Cute Puppy"
'34A5'
```

使用嵌套的引号也是可行的。例如：

```
"This is a difficult "test""
'Order Something, "Geroge"'
```

3.1.6　保留字

MASM 中设置了一些具有特殊含义的保留字，这些保留字只适用于正确的上下文环境，以下是一些不同类型的保留字：

- 指令助记符,如 ADD,SUB,MOV 等。
- 伪指令,告诉 MASM 应该如何编译程序。
- 属性,为变量和操作数提供有关数据尺寸、使用方式的信息,如 BYTE、DWORD 等。
- 运算符,常用于常量表达式中。
- 预定义符号,如@data,在编译时返回整数常量值。

3.1.7　标识符

标识符是程序员设置的名字,它们通常用于标识变量、常量、过程或代码标号。标识符的创建需要符合以下规则:

- 包含 1~247 个字符。
- MASM 默认大小写不敏感。
- 第一个字符必须是字母(A~Z,a~z)、下画线(_)、@、? 或 $,后续的字符可以使用数字。
- 标识符的名字不能与汇编器的保留字相同。

在运行汇编器时,如果在命令行上使用-Cp 选项控制命令,可以要求所有关键字和标识符对大小写敏感。

@符号被汇编器大量用作预定义符号的前缀,因此,程序员在开发时应尽量避免自己定义的标识符使用@符号作为首字符,尽管它也符合要求。尽量使标识符的名字具有描述性且便于理解,这有助于提高开发的效率和正确率。以下是一些有效的标识符:

```
uixm          Number          @first
MIN           files_open      _run
fsWp          _w156           $wrong
```

3.1.8　伪指令

伪指令内嵌在程序源代码中,它由汇编器识别并执行相应动作。与真正的指令不同,伪指令不在程序运行时执行。伪指令可用于定义变量、宏、过程,也可用于命名段,或执行许多其他与汇编器有关的编译任务。MASM 中伪指令对大小写不敏感,如.code、.CODE 和.Code 是等价的。

这里给出一个例子,说明伪指令不会在程序运行时执行。DWORD 伪指令告知汇编器,要在程序中划出一片双字变量保留空间。直到 MOV 指令在运行时,才真正执行,把testVal 的内容复制到 EAX 寄存器:

```
testVal    DWORD 26              ; DWORD 伪指令
mov        eax,testVal           ; MOV 指令
```

汇编器都有自己的一套独特伪指令。例如,TASM(Borland)、NASM、MASM 的伪指令之间存在一个公共的交集子集,而 GNU 与 MASM 的伪指令则几乎没有相同之处。

定义段:在汇编语言的伪指令中,有一个重要的功能是定义程序的节(section)或者段(segment)。

.DATA 伪指令标识程序中包含变量的区域:

```
.data
```

.CODE 伪指令标识程序中包含指令的区域：

```
.code
```

.STACK 伪指令标识程序中包含运行时栈的区域，并且需要设定运行时栈的大小：

```
.stack 100h
```

3.1.9 指令

在汇编语言中，指令指的是一条汇编语句，它经过汇编后就变成了可执行的机器指令。汇编器会将汇编指令翻译成机器语言字节码，在程序运行时将其加载到内存交由处理器执行。

一条汇编指令包含以下四部分：

- 标号（可选）。
- 指令助记符（必需）。
- 操作数（通常必需）。
- 注释（可选）。

其基本的格式如下：

| [标号:] | 指令助记符 | 操作数 | [;注释] |

接下来我们分别了解其中的每个部分。

1. 标号

首先是标号域，这是一个可选的域。标号指的是充当指令或者数据位置标记的一种标识符。在指令前的标号指明了指令的地址，类似地，在变量前的标号则指明了变量的地址。

（1）**数据标号**：标识变量地址的标号被称为数据标号，它为在代码中引用变量提供了便利。这里我们定义了一个名为 count 的变量：

```
count DWORD 100
```

汇编器为每个标号都分配了一个数字地址。一个标号后可以定义多个数据项。这里的 array 标识了第一个数字 1024 的位置，而其他相邻的数字在内存中紧随其后：

```
array DWORD 1024, 2048
DWORD 4096, 8192
```

（2）**代码标号**：在代码区域（存放指令的部分）中的标号必须以冒号（:）结尾，它们被称为代码标号。代码标号通常会被用作跳转和循环指令的目标地址。这里的 JMP（跳转）指令会将控制权转换到标号 loop 的位置，从而实现一个循环：

```
loop:
    mov ax, bx
    ...
    jmp    loop
```

代码标号既可以独自成行,如上面的 loop,也可以和指令在同一行:

```
L1: mov    ax, bx
L2:
```

数据标号则不能以冒号结尾,标号名应当遵循 3.1.7 节中讨论过的标识符名创建规则。

2. 指令助记符

指令助记符(instruction mnemonic)通常是一个非常简短的单词,用于标识一条指令。所谓助记符,就是辅助开发者记忆指令作用的符号。在汇编语言中,指令助记符给出了关于指令要执行何种类型操作的提示:

```
mov     将一个值移动(赋值)到另一个值中
add     两个值相加
sub     从一个值中减去另一个值
mul     两个值相乘
jmp     将程序控制跳转到一个新的位置上
call    调用一个过程
```

3. 操作数

一条汇编语言指令可以有 0~3 个操作数,每个操作数可以是寄存器、内存操作数、常量表达式或 I/O 端口。在第 2 章中,我们已经讨论过寄存器的名字;在 3.1.2 节中,我们讨论了常量表达式。

内存操作数由变量或包含变量地址的一个或多个寄存器指定。变量名指明了变量的地址,并且会指示计算机引用给定内存地址的内容。以下是一些操作数的例子:

```
34      常量(立即值)
9 * 7   常量表达式
eax     寄存器
count   内存
```

接下来再给出一些带有不同数量操作数的汇编语言指令的例子:

```
STC 指令没有操作数:
stc                    ;设置进位标志
INC 指令有一个操作数:
inc eax                ;eax 加 1
MOV 指令有两个操作数:
mov count,ebx          ;ebx 赋值给变量 count
```

在类似于 MOV 这样具有两个操作数的指令中,第一个操作数被称为目的(标)操作数,第二个操作数则被称为源操作数。指令一般用于修改目的操作数的内容。如上例中,MOV 指令将 ebx(源操作数)的数据复制到 count(目的操作数)中。

4. 注释

注释用于程序开发者和阅读者之间的交流,它说明了程序如何工作。在程序清单的顶部通常会包含如下一些典型信息:

• 程序创建者/修改者的名字。

- 程序创建/修改的日期。
- 程序功能的描述。
- 程序实现的技术注解。

在汇编器中,注释可以用如下 2 种方法实现。

(1) **单行注释**:在一行指令的分号(;)之后,汇编将会忽略同一行分号后的所有字符。

(2) **块注释**:以 COMMENT 伪指令,加上一个用户定义的符号开始。汇编器会省略后面所有的文本段,直到读取到另一个相同的用户定义符号。假设用户定义的符号是感叹号(!):

```
COMMENT !
    ! This is example for comment.
!
```

当然,也可以使用其他符号:

```
COMMENT &
    & is also a user-defined symbol.
&
```

3.1.10 NOP(空操作)指令

NOP 指令是最安全的指令,一条 NOP 指令仅占用一字节的存储,且什么事情都不做。编译器或汇编器会使用 NOP 指令将代码对齐到偶数地址的边界上。在以下指令段,第一个 MOV 指令生成了 3 个机器字节码,而 NOP 指令则将第二条 MOV 指令的地址对齐到双字(4 的倍数)边界上。

```
00000000    66 8B   C3 mov ax,bx
00000003    90         nop              ;用于下一条指令的对齐
00000004    8B D1      mov edx,ecx
```

使用偶数双字地址的原因是:对于一些处理器,如 IA-32,它们在从偶数双字地址处加载代码和数据时会更加迅速。

本节习题

(1) 解释汇编语言中的“操作码”是什么,并举例说明。

(2) 描述“操作数”在汇编指令中的作用,并给出两个示例。

(3) 列举三种基本的汇编指令类型。

(4) 解释什么是“伪指令”以及它们在汇编语言中的作用。

(5) 比较“直接寻址”和“间接寻址”的区别。

(6) 描述“基址寻址”和“变址寻址”各自的特点。

(7) 解释“堆栈”在汇编语言中的作用,并举例说明。

(8) 解释汇编语言中的“标签”作用,并给出使用场景。

(9) 描述寄存器在汇编语言中的作用,并列举至少三种不同类型的寄存器。

(10) 解释“汇编指令”与“机器指令”的区别。

（11）说明"数据定义指令"的作用，并举例说明如何使用。

（12）列出两种常见的汇编语言程序结构，并简述其特点。

（13）描述"宏指令"在汇编语言中的应用。

（14）解释在汇编语言中如何实现程序的循环控制结构。

（15）描述汇编语言中条件跳转指令的作用，并给出一个例子。

3.2 例子：整数相加减

我们来尝试编写一个进行整数加减操作的汇编语言程序。寄存器将用于存放中间数据，我们可以调用一个库函数在屏幕上显示寄存器的内容。

以下给出程序的源码：

```
TITLE Add and Subtract                    (AddSub.asm)
; This program adds and subtracts 32-bit integers.
INCLUDE Irvine32.inc
.code
main    PROC
    mov eax,10000h                        ; EAX = 10000h
    add eax,40000h                        ; EAX = 50000h
    sub eax,20000h                        ; EAX = 30000h
    call    DumpRegs                      ; display  registers
    exit
main ENDP
END main
```

下面来逐行解释代码：

```
TITLE Add and Subtract                    (AddSub.asm)
```

TITLE 伪指令将该行标为注释，因此该行可以填写任意内容。

```
; This program adds and subtracts 32-bit integers.
```

编译器会自动忽略分号右边的所有文本，因此这段内容同样为注释。

```
INCLUDE Irvine32.inc
```

INCLUDE 伪指令将从 Irvine32.inc 文件中复制得到必需的定义和设置信息，Irvine32.inc 文件在汇编器的 INCLUDE 目录中。

```
.code
```

.code 伪指令标记了代码段的开始位置，在代码段中存放程序所有的可执行语句。

```
main    PROC
```

PROC 伪指令标记了过程的开始，在这段程序中只有一段过程，其名字为 main。

```
mov eax,10000h                            ; EAX = 10000h
```

MOV 指令会将整数 10000h 复制到 EAX 寄存器。MOV 指令的第一个操作数（EAX）被称为目的操作数，第二个操作数则被称为源操作数。

```
add eax,40000h                          ; EAX = 50000h
```

ADD 指令会将 40000h 加到 EAX 寄存器上。

```
sub eax,20000h                          ; EAX = 30000h
```

SUB 则会从 EAX 寄存器中减掉 20000h。

```
call    DumpRegs                        ; display  registers
```

CALL 指令调用了一个显示 CPU 寄存器值的过程，这通常用于证明程序的正常运行。

```
exit
main ENDP
```

exit 语句间接调用了一个预定义的 MS-Windows 函数来终止程序。ENDP 伪指令则标记了 main 过程的结束。exit 并不是 MASM 定义的关键字，而是 Irvine32.inc 中定义的命令，它提供了一种结束程序的简便方法。

```
END main
```

END 伪指令标明了该行是汇编源程序的最后一行，编译器会忽略掉该行后面的所有内容。这之后的标识符 main 是程序启动过程，即程序启动时要执行的子程序/程序入口点的名字。

段：汇编语言中的程序是以段为单位组织的，常见的段有代码段、数据段和堆栈段等。代码段包含了程序的全部可执行指令，通常代码段中会包含一个或多个过程，其中一个是启动过程。在上述的 AddSub 程序中，main 过程即为启动过程。数据段用于存放变量，而堆栈段则用于存放过程运行中的参数和局部变量。

程序的输出：下面就是程序的输出值，这是通过调用 DumpRegs 子程序产生的。

```
EAX=00030000    EBX=7FFDF000    ECX=00000101                EDF=FFFFFFFF
ESI=00000000    EDI=00000000    EBP=0012FFF0                ESP=0012FFC4
EIP=00401024    EFL=00000206    CF=0  SF=0  ZF=0  OF=0    AF=0      PF=1
```

输出的前两行是 32 位通用寄存器的十六进制数值。EAX 最终值为 00030000h，该值是通过程序中的 ADD 和 SUB 指令产生的。第三行则显示了 EIP（扩展指令指针）、EFL（扩展标志）寄存器，以及进位、符号、零、溢出、辅助进位、奇偶标志的值。

3.2.1　AddSub 程序的另一个版本

在前面的 AddSub 程序中，我们使用了 Irvine32.inc 文件，这个文件包含了一些能够直接使用的指令，也因此隐藏了一些细节。通过记忆，开发者们可以掌握 Irvine32.inc 的使用方式，但在学习的初期，我们可以简单了解其中的内容。以下是一个不依赖任何包含文件版本的 AddSub 程序，粗体字标识出和前一个版本不同的部分：

```
TITLE Add and Subtract                          (AddSubAlt.asm)
```

```
; This program adds and subtracts 32-bit integers.
.386
.model flat,stdcall
.stack 4096
ExitProcess PROTO,   dwExitCode:DWORD
DumpRegs    PROTO
    .code
    main    PROC
        mov eax,10000h                  ; EAX = 10000h
        add eax,40000h                  ; EAX = 50000h
        sub eax,20000h                  ; EAX = 30000h
        call    DumpRegs                ; display    registers
        INVOKE  ExitProcess,0
    main ENDP
    END main
```

下面讨论与之前版本不同的代码行：

.386

.386 指出了程序中要求的 CPU 最低版本，即 Intel 386。

.model flat,stdcall

.MODEL 伪指令控制汇编器为保护模式程序生成代码，而 STDCALL 允许程序调用 MS-Windows 函数。

```
ExitProcess PROTO,   dwExitCode:DWORD
DumpRegs    PROTO
```

这两条 PROTO 伪指令声明了前一版本程序调用的过程的原型：ExitProcess 是一个 MS-Windows 函数，它的作用就是终止当前程序（即当前进程）；DumpRegs 是 Irvine32 链接库中用于显示寄存器的过程。

```
INVOKE  ExitProcess,0
```

程序通过调用 ExitProcess 来结束执行，此时传递给函数的参数是返回码，值为 0。INVOKE 本身是一个用于调用过程和函数的汇编伪指令。

3.2.2　程序模板

汇编语言程序和其他语言一样，有一个简单的基本框架结构。随着情况的不同，开发者可以自由地改变这一框架。在开始学习编写汇编语言程序时，开发者们可以借助基本框架快速创建具有所有元素的空程序，然后填写其中缺少的部分即可。以下我们给出一个保护模式模板（Template.asm），便于初学者根据需要进行自定义。

```
TITLE    Program Template                    (Template.asm)
; 程序的描述：
; 作者：
; 创建日期：
; 修改：
```

```
; 日期:           修改者:
INCLUDE Irvine32.inc
.data
    ; (在此处键入变量)
.code
main PROC
    ;(在此处插入可执行代码)
    exit
main ENDP
    ; (在此插入其他的子程序)
END main
```

在程序的开始位置插入了几个注释区域。这里包含了程序的描述、作者的名字、创建日期以及后续修改信息,便于开发者和读者快速了解程序。

本节习题

(1) 编写一个汇编语言程序,实现两个 32 位整数的加法操作。

(2) 在整数加法汇编程序中,寄存器如何被用来存储和操作数据?

(3) 编写一个汇编程序段,使用 SUB 指令从一个寄存器值中减去一个立即数。

(4) 解释汇编语言中 ADD 和 SUB 指令的基本语法格式。

(5) 如何使用寄存器间接寻址方式实现两个内存中整数的加法操作?

(6) 在整数加减汇编程序中,如何显示寄存器的当前值?

(7) 编写一个汇编程序,先将两个整数相加,然后从结果中减去第三个整数。

3.3 汇编、链接和运行程序

前面几章,我们介绍了简单的机器语言程序。但是,汇编语言所编写的程序是不能像机器语言一样直接在目标机上运行的,必须被汇编成可执行代码。从效果上来看,汇编器和其他编译器(如 C++ 、Java 的编译器)十分相似。

汇编器会生成一个包含机器语言的文件,称为目标文件。目标文件需要被传递给另一个称为链接器的程序,再由链接器生成可执行文件。这样得到的可执行文件,就可以利用 MS-DOS/MS-Windows 命令提示符来执行了。

1. 总体流程

开发者编辑、编译、链接、执行汇编语言程序的总体流程如图 3-1 所示。

步骤 1:开发者使用编辑器创建 ASCII 文本文件,即源文件(source file)。

步骤 2:汇编器读取源文件并生成目标文件(object file),即源文件到机器语言的翻译文件。此外,还可以选择生成列表文件(listing file)。如果发生错误,开发者必须回到步骤 1 修改程序。

步骤 3:链接器会读取目标文件,并检查程序是否调用链接库中的过程。链接器将从库中复制需要的过程,并将其与目标文件合并在一起,生成可执行文件(executable file)或映像文件(map file)。

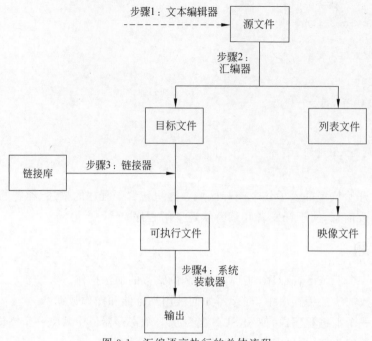

图 3-1 汇编语言执行的总体流程

步骤 4：操作系统的装载器(loader)会将可执行文件读入内存，并驱使 CPU 转移到程序的起始地址开始执行程序。

2. 链接器创建/更新的文件

(1) **程序数据库文件**：如果用调试(-Zi)选项来编译程序，MASM 就会创建程序数据库文件，其扩展名为 PDB。在链接阶段，链接器会读取并更新它。在调试程序时，调试器可以利用 PDB 文件来显示程序的源代码、数据、运行时栈和其他附加信息。

(2) **映像文件**：所谓映像文件是指包含了被链接程序中分段信息的文本文件，映像文件主要包括以下 5 种信息。

- 程序文件头中的时间戳。
- 程序入口地址。
- 模块名，即链接器生成的可执行文件中除扩展名外的部分的基本名。
- 程序中各个段组的列表，其中包含每个段组的起始地址、长度、组名以及类别信息。
- 公共符号的列表，其中包括每个符号的地址、名称、线性地址以及定义符号的模块。

(3) **列表文件**：列表文件包含程序源代码、行号、偏移地址、经过翻译的机器码以及一个符号表，格式适于打印。以下就是我们在 3.2 节创建的 AddSub 程序的列表文件：

```
Microsoft (R) Macro Assembler Version 8.00
Add and Subtract (AddSub.asm)                    Page 1 - 1
TITLE Add and Subtract                           (AddSub.asm)
; This program adds and subtracts 32-bit integers.
INCLUDE Irvine32.inc
C    ; Include file for Irvine32.lib (Irvine32.inc)
C       INCLUDE SmallWin.inc
```

```
00000000      .code
00000000      main PROC
00000000      B8   00010000        mov eax,10000h    ; EAX = 10000h
00000005      05   00040000        add eax,40000h    ; EAX = 50000h
0000000A      2D   00020000        sub eax,20000h    ; EAX = 30000h
0000000F      E8   00000000E       call DumpRegs
              exit
0000001B      main     ENDP
              END main
```

Structures and Unions: (omitted)

Segments and Groups:

Name	Size	Length	Align	Combine	Class
FLAT·········..Group					
STACK······...32	Bit 00001000	DWord	Stack	'STACK'	
_DATA·········32	Bit 00000000	DWord	Public	'DATA'	
_TEXT·········32	Bit 0000001B	DWord	Public	'CODE'	

Procedures,parameters and locals (list abbreviated):

Name	Type	Value	Attr			
CloseHandle···P Near 00000000 FLAT				Length=00000000	External	STDCALL
ClrScr········..P Near 00000000 FLAT				Length=00000000	External	STDCALL

.

.

main·········.P Near 00000000 _Text   Length=0000001B   Public   STDCALL

Symbols (list abbreviated):

Name	Type	Value	Attr
@CodeSize·················.Number	00000000h		
@DataSize·········.··········.Number	00000000h		
@InterSize·······.················.Number	00000003h		
@Model···.··················.Number	00000007h		
@code·············.Text		_TEXT	
@data.··············.Text		FLAT	
@fardata?·····...·······.Text		FLAT	
@fardata·····.···········.Text		FLAT	
@stack··············.Text		FLAT	

.

.

exit··················...Text INVOKE ExitProcess,0

```
    0 Warnings
    0 Errors
```

本节习题

（1）描述汇编器的功能，以及它是如何将汇编语言代码转换成机器语言代码的。

（2）什么是链接器？以及为什么在汇编语言程序开发中需要链接器？

（3）解释汇编语言程序的运行过程，并讨论与高级语言程序运行的区别。

（4）在创建汇编语言程序时，如何处理和解决模块间的引用问题？

（5）描述汇编语言程序调试的一般步骤和常见问题。

3.4 定义数据

在本节中,我们将探讨汇编语言在定义和处理数据方面的广泛应用,包括不同数据类型的定义和优化存储方案。展望未来,汇编语言在支持中国科技创新和高性能计算领域中扮演着至关重要的角色。随着物联网、智能硬件及人工智能技术的不断发展,对于能直接操控硬件并最大限度提高运算效率的编程语言的需求日益增加。汇编语言的这些特性使得它在开发需要极致性能优化的系统时,成为了不可或缺的工具。因此,深入了解如何使用汇编语言精确地定义和操控数据,将直接影响到未来技术解决方案的效率和创新速度。

3.4.1 内部数据类型

MASM 中定义了多种内部数据类型,这些数据类型描述了变量、表达式的取值集合。数据类型以数据位的数目度量的大小为基本特征:8,16,32,48,64,80 位。数据类型的符号、指针、浮点等其他特征是为了方便开发者记忆所提供的。例如,DWORD 变量在逻辑上存储的是一个 32 位无符号整数,但是实际上也可以存放一个有符号位的 32 位整数、32 位指针或 32 位浮点数。

在编程时,MASM 汇编器本身对于大小写是不敏感的,如伪指令 BYTE 可写作 byte、Byte、bYte 等大小写混合的格式。

在表 3-3 中,除了最后三种 REAL 类型之外,其余所有的数据类型都是整数数据类型。表格中 IEEE 符号指的是由 IEEE 委员会发布的标准实数格式。

表 3-3 内部数据类型

类 型	用 途
BYTE	8 位无符号整数
SBYTE	8 位有符号整数
WORD	16 位无符号整数(在实地址模式下可为近指针)
SWORD	16 位有符号整数
DWORD	32 位无符号整数(在保护模式下可为近指针)
SDWORD	32 位有符号整数
FWORD	48 位整数
QWORD	64 位整数
TBYTE	80 位(10 字节)整数
REAL4	32 位(4 字节)IEEE 短实数
REAL8	64(8 字节)IEEE 长实数
REAL10	80 位(10 字节)IEEE 扩展精度实数

3.4.2　数据定义语句

数据定义语句会在存储空间中为变量保留对应的位置,并且给变量一个指定的名字。数据定义语句会创建表 3-3 中汇编器内部数据类型对应的变量,其定义格式如下。

[变量名] 数据定义伪指令 初始值[,初始值]…

(1) **变量名**:数据定义语句中变量的名字是可选择的,必须遵循标识符名的创建规则(3.1.7 节)。

(2) **数据定义伪指令**:可以是 BYTE、WORD、DWORD、SBYTE、SDWORD 或表 3-3列出的任何其他类型。数据定义伪指令也可以是表 3-4 中历史遗留的数据定义伪指令,其他汇编器(如 TASM、NASM)也支持这些伪指令。

表 3-4　历史遗留的数据定义伪指令

伪　指　令	用　　途
DB	定义 8 位整数
DW	定义 16 位整数
DD	定义 32 位整数或实数
DQ	定义 64 位整数或实数
DT	定义 10 字节(80 位)

(3) **初始值**:在数据定义语句中,初始值必须要有一个指定值,即使其为 0。如果有多个初始值,应该以逗号分隔。对于整数数据类型,其初始值可以是与变量的数据类型尺寸相匹配的整数常量或表达式。对于一些不想初始化变量的特殊情况,也可以用符号"?"作为初始值。不论初始值的格式如何,其均由编译器转换为二进制数据。因此,00110100b、34h 和52d 都会产生同样的二进制值。

3.4.3　定义 BYTE 和 SBYTE 数据

在数据定义语句中使用 BYTE(定义字节)、SBYTE(定义有符号字节)伪指令,可以为一个或多个有符号、无符号字节分配存储空间,每个初始值必须是 8 位的整数表达式或字符常量。例如:

```
val1    BYTE    0           ; 最小的无符号字节常量
val2    BYTE    255         ; 最大的无符号字符常量
val3    BYTE    'A'         ; 字符常量
val4    SBYTE   -127        ; 最小的有符号字节常量
val5    SBYTE   +128        ; 最大的有符号字节常量
```

使用问号代替初始值可以定义未初始化的常量,在可执行指令运行时,这一变量将被动态赋值。

```
val1    BYTE    ?
```

变量名是一个标号,标记相对于段开始位置的偏移。用一个例子来说明,假如 val1 位于数据段的偏移 0000 处并占用 1 字节的存储空间,那么 val2 将位于段内偏移值 0001 的地方。

```
val1    BYTE    10h
val2    BYTE    20h
```
遗留的 DB 伪指令可以定义有符号或无符号的 8 位变量:
```
val1    DB    255              ; 无符号字节
val2    DB    -128             ; 有符号字节
```

1. 多个初始值

如果一条数据定义语句中有多个初始值,那么标号仅仅代表第一个初始值的偏移。以下面的 list 变量为例,假设 list 位于偏移 0000 处,那么值 10 将位于偏移 0000 处,值 20 位于偏移 0001 处,值 30 位于偏移 0002 处,值 40 位于偏移 0003 处。

```
list  BYTE 10,20,30,40
```

图 3-2 展示了 list 的定义情况。

并非所有的数据定义都需要标号,如果想在以上 list 的定义基础上继续定义以 list 开始的字节数组,可以在随后的行中继续定义其他数据。

```
list    BYTE 10,20,30,40
        BYTE 50,60,70,80
        BYTE 81,82,83,84
```

偏移	值
0000:	10
0001:	20
0002:	30
0003:	40

图 3-2 list 的定义情况

在单条数据定义语句中,初始值可使用不同基数,字符和字符串也可以自由混用。在以下例子中,list1 和 list2 的内容是等同的。

```
list1    BYTE 10,32,41h,00100010b
list2    BYTE 0Ah,20h,'A',22h
```

2. 定义字符串

定义字符串需要将一组字符用单引号或双引号括起来。最常见的字符串是以空字符(即 NULL 字符,等价于数值 0)来结尾的字符串,在其他的语言如 C、C++、Java 程序中会使用以下字符串。

```
string1 BYTE    "happy new year",0
string2 BYTE    "Merry Christmas",0
```

这里的每个字符都占用一字节。对于其他类型的初始值来说,每个初始值之间都必须用逗号隔开,而字符串则是一个例外。字符串可以占用多行,不需要为每一行都提供标号,例如:

```
string1 BYTE    "Happy New Year!",0dh,0ah,
        BYTE    "I wish you all"
        BYTE    "all the best.",0
```

十六进制字节 0DH 和 0AH 即为行结束字符(CR/LF,回车换行符),在向标准输出设备上写的时候,回车换行符会将光标移至下一行。

续行符(\)则将两行连接成一条程序语句,续行符只能放在每行的末尾。对于下面两条
语句来说,其内容是等价的。

```
string1 BYTE    "Happy New Year"
string1 \
BYTE    "Happy New Year"
```

3. DUP 操作符

DUP 操作符使用一个常量表达式作为计数器为多个数据项来分配存储空间。在为字
符串和数组分配空间时,DUP 伪指令非常有用。初始化和未初始化的数据都可以使用
DUP 伪指令来定义。

```
BYTE   10   DUP(0)        ; 10字节,全部等于 0
BYTE   10   DUP(?)        ; 10字节,未经初始化
BYTE   3    DUP("ABC")    ; 9字节,值为"ABCABCABC"
```

3.4.4　定义 WORD 和 SWORD 数据

在数据定义语句中如果使用 WORD(用于定义字)和 SWORD(用于定义有符号字)伪
指令就可以为一个或多个 16 位整数分配存储空间,以下给出一些例子:

```
word1   WORD    65535     ; 最大无符号字
word2   SWORD   -32768    ; 最小有符号字
word3   WORD    ?         ; 未初始化的无符号数
```

此外,也可以使用遗留的 DW 指令。

```
dw1     DW      65535     ; 无符号
dw2     DW      -32768    ; 有符号
```

字数组:可以通过显示指令初始化每个元素,或使用 DUP 操作符创建字数组。以下是
包含特定初始值的字数组的例子:

```
wordList    WORD    1,2,3,4,5
```

图 3-3 即为该数组在内存中的存储情况,我们假设 wordList 从
偏移 0000 处开始,地址以 2 递增(每个元素值要占用 2 字节)。

DUP 操作符为初始化多个字提供方便。

```
array   WORD    5   DUP(?)    ; 5个未初始化的值
```

3.4.5　定义 DWORD 和 SDWORD 数据

在数据定义语句中使用 DWORD(定义双字)和 SDWORD(定义
有符号双字)伪指令,可以为一个或多个 32 位的整数分配存储空间,
例如:

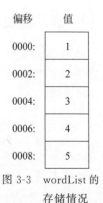

偏移	值
0000:	1
0002:	2
0004:	3
0006:	4
0008:	5

图 3-3　wordList 的
存储情况

```
val1    DWORD   12345678h       ; 无符号数
val2    SDWORD  -2147483648     ; 有符号数
```

```
val1    DWORD    20 DUP(?)          ; 无符号数数组
```

此外，也可以使用遗留的 DD 伪指令。

```
val1    DD        12345678h         ; 无符号
val2    DD        -2147483648       ; 有符号
```

双字数组：所谓双字数组，就是指可以通过显式指令初始化数组每个元素，或使用 DUP 操作符来创建双字数组。例如下面的数组即为一个包含无符号初始值的双字数组：

```
dwordList    DWORD    1,2,3,4,5
```

图 3-4 即为该数组在内存中的存储情况，我们假设 dwordList 从偏移 0000 处开始，注意此时地址以 4 递增。

偏移	值
0000:	1
0004:	2
0008:	3
000C:	4
0010:	5

图 3-4　dwordList 的存储情况

3.4.6　定义 QWORD 数据

使用 QWORD（定义 8 字节）伪指令可以定义 64 位的数据。

```
val1    QWORD    1234567812345678h
```

此外，使用遗留的 DQ 伪指令也可以获得相同的效果。

```
val1    DQ    1234567812345678h
```

3.4.7　定义 TBYTE 数据

使用 TBYTE（定义 10 字节）伪指令可以定义 80 位的数据。该数据类型一开始是为了用二进制编码存储的十进制数而准备的，对于这类数据进行操作时，必须使用浮点指令集中的特殊指令。

```
val1 TBYTE 1000000000123456789Ah
```

此外，也可以使用遗留的 DT 伪指令。

```
val1    DT    1000000000123456789Ah
```

3.4.8　定义实数

REAL4 定义 4 字节的单精度实数，REAL8 定义 8 字节的双精度实数，REAL10 定义 10 字节的扩展精度实数，对于每个伪指令，都要求一个或多个与其数据尺寸相匹配的实数常量初始值。

```
val1    REAL4     -2.1
val2    REAL8     3.2E-260
val3    REAL10    4.6E+4096
val4    REAL4     20 DUP(0.0)
```

在表 3-5 中，列出了每种实数类型的最小有效位数及其表示范围。

表 3-5　实数类型的最小有效位数及表示范围

数 据 类 型	有效数据位数	表 示 范 围
单精度实数	6	$1.18 \times 10^{-38} \sim 3.40 \times 10^{38}$
双精度实数	15	$2.23 \times 10^{-308} \sim 1.79 \times 10^{308}$
扩展精度实数	19	$3.37 \times 10^{-4932} \sim 1.18 \times 10^{4932}$

此外,遗留的 DD、DQ 和 DT 伪指令也都可以用于定义实数。

```
rVal1    DD   -1.2                          ; 短实数
rVal2    DQ   3.2E-260                       ; 长实数
rVal3    DT   4.6E+4096                      ; 扩展精度实数
```

3.4.9　小端字节序

所谓小端字节序(little-endian order),是指 Intel 处理器存取内存数据的一种方案。小端指的是变量的最低有效字节存储在地址值最小的地址单元中,而其余字节将在内存中按照顺序连续存储。

以双字 12345678h 为例,画出其在内存中的存储情况。假设我们将该双字存储在偏移 0 处,78h 会存储在第一字节中,56h 则会存储在第二字节中,其余继续按顺序存储在第三和第四字节中,如图 3-5 所示。

其他有些计算机系统使用大端字节序(big-endian order)来存储内存数据。图 3-6 展示了从偏移 0 开始的双字 12345678h。

图 3-5　小端字节序存储 12345678h　　　　图 3-6　大端字节序存储 12345678h

3.4.10　为 AddSub 程序添加变量

现在重新回顾之前讨论的 AddSub 程序,用学过的数据来定义伪指令,可以再添加一个包含多个双字变量的数据段。经过修改之后的程序称其为 AddSub2:

```
TITLE Add and Subtract                              (AddSub2.asm)
; This program adds and subtracts 32-bit unsigned.
; integers and stores the sum in a variable.
INCLUDE Irvine32.inc
.data
val1    DWORD    10000h
val2    DWORD    40000h
```

```
val3        DWORD       20000h
finalVal    DWORD       ?
    .code
    main        PROC
        mov eax, val1                       ; start with 10000h
        add eax, val2                       ; add 40000h
        sub eax, val3                       ; subtract 20000h
        mov finalVal, eax                   ; store the result (30000h)
        call DumpRegs                       ; display the registers
        exit
    main ENDP
    END main
```

下面简要解释其工作流程。

首先,变量 val1 里的整数值被送到 EAX 寄存器。

```
mov eax, val1                               ; start with 10000h
```

然后,变量 val2 中存储的整数值被加载到 EAX 寄存器中。

```
add eax, val2                               ; add 40000h
```

接着,EAX 寄存器内的整数值减掉变量 val3 内的整数值。

```
sub eax, val3                               ; subtract 20000h
```

最后,EAX 寄存器内的整数被复制到变量 finalVal 中。

```
mov finalVal, eax                           ; store the result (30000h)
```

3.4.11 未初始化数据的声明

.DATA？伪指令可以用于声明未初始化的数据,.DATA？在定义大块的未初始化数据时非常有用,可以有效减小编译后的程序尺寸。以下面的声明语句为例:

```
data
smallArray DWORD 10   DUP(0)                ; 40 字节
.data?
.bigArray   DWORD  5000 DUP(?)              ; 20000 未初始化字节
```

相反地,以下的例子在编译后会产生大于 20000 字节的程序:

```
.data
smallArray DWORD 10   DUP(0)                ; 40 字节
bigArray    DWORD  5000 DUP(?)             ; 20000 字节
```

混合代码和数据:汇编器允许程序在代码和数据之间自由切换。对于一些定义在局部程序中使用的变量,这是非常方便的。以下例子在两段代码中直接插入并创建了一个名为 test 的变量:

```
.code
mov eax, ebx
```

```
.data
test      DWORD ?
.code
mov test,eax
...
```

尽管从代码来看,感觉 test 的定义中断了可执行的指令流,但实际上 MASM 会将其放到数据段中,与已编译的代码段分离。

本节习题

(1) 简述在汇编语言中如何定义一个 8 位无符号整数。

(2) 简述使用 BYTE 伪指令定义字符串常量的方法。

(3) 如何定义一个 32 位有符号整数变量并初始化为特定值?

(4) 在汇编语言中,DWORD 伪指令用于定义什么类型的数据?

(5) 举例说明如何使用 DUP 操作符来初始化一个字符数组。

(6) 简述在汇编语言中如何定义一个未初始化的数组。

(7) 如何使用 WORD 伪指令定义一个 16 位整数数组,并赋予初始值?

(8) 在汇编语言中定义单精度和双精度浮点数的方法是什么?

(9) 简述如何在汇编语言中使用 SDWORD 伪指令定义一个变量。

(10) 简述汇编语言中如何处理小端字节序(little-endian order)数据存储。

3.5　符号常量

符号常量,也称符号定义,指的是将标识符、符号与整数表达式、文本关联起来的功能。与前文提到的需要存储空间的变量不同,符号常量实际上不占用任何实际的存储空间。符号常量仅在编译期间汇编器扫描程序时使用,在运行期间不能更改。在表 3-6 中总结了二者的区别。

表 3-6　符号常量和变量的区别

属　　性	符　号　常　量	变　　量
是否占用存储空间	否	是
是否可以在运行期间改变	否	是

接下来我们将介绍如何使用等号伪指令(=)来创建代表整数表达式的符号常量。此外,还将讲述如何使用 EQU 和 TEXTEQU 伪指令来创建可代表任意文本的符号常量。

3.5.1　等号伪指令

等号伪指令可以将符号名和整数表达式(即 3.1.2 节定义的内容)联系起来。其格式为

名字 = 表达式

通常,表达式(expression)是 32 位的整数值,在汇编程序的预处理阶段,所有出现名字

的地方都会被汇编器替换为对应表达式的值。以这段语句为例：

```
COUNT = 200
mov ax, COUNT
```

将生成并编译成下面的语句：

```
mov ax,200
```

从上面的例子我们可以发现，即使不用 COUNT 符号，直接使用数字 200 也可以实现相同的效果。但出于对程序可读性和可维护性的考虑，使用符号常量具有很大的优势。比如，在一段程序中使用超过二十处 COUNT 符号，如果要修改其值，只需要修改一行代码。

键值：在程序中经常为重要的键盘字符定义符号，比如 27 是 Esc 键的 ASCII 码值：

```
Esc_key = 27
```

结合键值的概念，在下面的例子中，使用符号常量的原因就更显而易见了。

```
mov al, Esc_key                          ; 好的风格
mov al, 27                               ; 不好的风格
```

使用 DUP 操作符：在 3.4.3 节中我们讲述了如何使用 DUP 操作符为数组和字符串分配存储空间。对于熟练的开发者，他们通常先使用符号常量作为 DUP 操作符的计数器，以简化程序的维护。

在以下这条语句中，假设 COUNT 的值已经被预先定义，那么就可以直接用于数据定义。

```
array COUNT DUP(0)
```

重定义：以"＝"定义的符号可以重定义。在下面的例子中，COUNT 被重定义了 2 次：

```
COUNT    =    5
mov al, COUNT                            ; AL = 5
COUNT    =    10
mov al, COUNT                            ; AL = 10
COUNT    =    100
mov al, COUNT                            ; AL = 100
```

符号值的改变与运行时语句执行的顺序无关。符号值是根据汇编器对源代码的执行顺序来改变的。

3.5.2　计算数组和字符串的大小

使用数组时，有时需要知道数组的大小。下面这个例子使用 Size 的常量声明数组 Arrays 的大小。

```
Arrays  BYTE    10, 20, 30, 40
Size = 43
```

数组可能会改变大小，比如我们要为 Arrays 添加几字节时，就需要同步修正 Size 值。处理这种情况的常用办法是让编译器自动计算 Size 的值。MASM 使用 $ 运算符，即当前

地址计数器,来返回当前程序语句的地址偏移值。在下面这个例子中,当前地址值($)减掉 Arrays 的地址偏移值,就得到了 Size 值。

```
Arrays  BYTE    10, 20, 30, 40
Size = ($ - Arrays)
```

Size 必须紧跟在 Arrays 的后面。下面这个例子中的 Size 值就过大了,这是因为 Size 同时还包含了 Arrays2 占用的存储空间。

```
Arrays  BYTE    10, 20, 30, 40
Arrays2 BYTE    20    DUP(?)
Size = ($ - Arrays)
```

比起手动计算,编译器的自动计算更加简单也不会出错。

```
string  BYTE    "Happy New Year"
    BYTE    "I wish you all the best"
string_len  =  ($-string)
```

字数组和双字数组:如果数组当中每个元素都是 16 位的字,那么用字节计算数组的总长度必须除以 2 才能得到数组元素的个数。与此类似,双字数组的每个元素都是 4 字节的长度,因此数组的总长度必须除以 4 才能够得到数组元素的个数。

3.5.3　EQU 伪指令

EQU 伪指令会将符号名与整数表达式、任意文本联系起来,使用 EQU 伪指令有以下 3 种格式:

```
name EQU expression
name EQU symbol
name EQU <text>
```

在第一种格式中,表达式 expression 必须是有效的整数表达式(这在 3.1.2 节有所说明);在第二种格式中,符号 symbol 必须是已经使用"="或 EQU 定义过的符号名;在第三种格式中,尖括号内可以是任意文本。如果汇编器遇到已定义的名字,就用该名字代表的整数值或文本来替代。在定义任何非整数值时,EQU 的作用要更大。例如,实数常量就可以用 EQU 定义:

```
PI  EQU  <3.1416>
```

在下面这个例子中,一个符号和一个字符串被联系起来,接着使用该符号创建了一个变量:

```
pressKey    EQU <"Press any key to continue…" 0>
.
.
.data
prompt  BYTE    pressKey
```

如果我们想要定义一个符号,用来计算 10×10 整数矩阵中元素的数目,可以用两种方

法：一是将其作为整数表达式来定义，二是将其作为文本表达式来定义。在接下来的数据
定义中，就可以使用这两个符号了。

```
matrix1 EQU 10 * 10
matrix2 EQU <10 * 10>
.data
M1   WORD     matrix1
M2   WORD     matrix2
```

汇编器为 M1 和 M2 生成了不同的数据定义。matrix1 中的整数表达式会被计算并赋
值给 M1，而 matrix2 内的文本则将直接复制到 M2 的数据定义中，它们的结果等效于：

```
M1  WORD    100
M2  WORD    10 * 10
```

与"="伪指令不同，用 EQU 定义的符号在同一源代码文件中不能够被重定义，这样的
限制是为了防止已存在的符号被赋予新值。

3.5.4 TEXTEQU 伪指令

TEXTEQU 伪指令与 EQU 非常相似，同样可以用来创建文本宏（text macro）。它有 3
种不同的使用格式：第一种格式会将文本赋值给符号；第二种格式会将已定义的文本宏内
容赋值给符号；第三种格式会将整数表达式常量赋值给符号。

```
name TEXTEQU <text>
name TEXTEQU textmacro
name TEXTEQU %constExpr
```

在下面这个例子中，prompt1 变量使用了 continueMsg 文本宏：

```
continueMsg TEXTEQU<" Do you wish to continue (Y/N)?">
.data
prompt1 BYTE continueMsg
```

可以用一个文本宏方便地创建其他文本宏。在下面这个例子中，count 被设置为包含
宏 rowSize 的整数表达式的值，接下来符号 move 被定义为 mov，setupAL 则由 move 和
count 共同创建。

```
rowSize = 5
count     TEXTEQU %(rowSize * 2)
move      TEXTEQU <mov>
setupAL   TEXTEQU <move al, count>
```

语句 setupAL 将会被汇编成 mov al, 10。与 EQU 伪指令不同的是，TEXTEQU 在程
序中可以被重定义。

本节习题

（1）说明在汇编语言中定义符号常量的作用和方法。

（2）描述如何使用符号常量来表示程序中的重复值。

（3）给出一个示例，展示如何在汇编程序中使用符号常量来表示数组的大小。

（4）简述在汇编语言中符号常量与变量的区别。

（5）举例说明在循环结构中使用符号常量的优势。

（6）描述如何在汇编程序中使用符号常量来简化修改和维护。

（7）简述符号常量在汇编语言中的作用，特别是在程序配置和调优方面。

3.6　本章小结

　　本章内容围绕汇编语言的基础知识展开，旨在为读者提供对这种低级编程语言的全面理解。本章首先介绍了汇编语言与高级编程语言和机器语言之间的关系，强调了它作为人类可读代码与机器指令之间的桥梁的重要性。随后，深入讨论了汇编语言的语法结构，包括指令的格式、操作码和操作数，以及如何有效地使用寄存器和内存地址。

　　本章中也详细解释了汇编程序的编写和执行过程，包括汇编器的作用、链接器如何将不同的代码段合并，以及调试器在程序调试中的应用。此外，本章还介绍了汇编语言中的数据表示方法，包括对二进制和十六进制数的处理，以及不同数据类型在汇编语言中的使用。

　　特别地，本章还讨论了汇编语言的控制结构，如条件跳转、循环和子程序的调用，这些都是编写高效汇编程序的关键要素。通过具体的代码示例和详细的解释，本章有效地向读者展示了如何在汇编语言中实现这些控制结构。

　　最后，本章通过案例分析，展示了汇编语言在实际应用中的强大功能，如系统底层编程、硬件操作和优化高级语言编写的程序。通过这些实例，读者可以更深入地理解汇编语言的实际应用场景和重要性。

　　总的来说，本章为读者提供了汇编语言的全面入门知识，不仅包括理论知识，还有实践操作的指南。通过本章的学习，读者将能够建立起对汇编语言的基础认知，理解汇编语言对于我国未来高性能计算、开发关键技术的潜在作用，并为进一步的学习和应用打下坚实的基础。

第 4 章

数据传送、寻址和算术运算

随着信息化和电子化的发展,软件开发和硬件开发在科技创新中越来越重要,其中,汇编语言是这些开发实现的基础。在这里,我们讨论最常见的几类汇编指令,包括数据传送、寻址和算术运算指令的语法规范和细节知识。这些指令是汇编程序中的基础指令,几乎存在于每一个汇编程序中。在高级语言的学习中,程序代码按照执行逻辑被分为顺序执行语句、条件执行语句和循环执行语句。在汇编代码中,几乎所有的顺序执行语句都是由这些基本的汇编指令组成,理解这些指令可以帮助我们理解程序在顺序执行时的底层原理。

4.1 数据传送指令

数据传送指令是汇编代码中用于在寄存器和内存中传送数据的指令。还记得我们在之前频繁看到的 MOV 指令吗?它的功能是将源操作数的值赋予目的操作数,同时保持源操作数的值不变。尽管 MOV 指令是常见的数据传送指令,但是在一些特殊情况下,仍然需要一些指令变种来帮助完成不同场景的数据传送,如 MOVZX、MOVSX 等。表 4-1 汇总了我们在汇编代码中常见的数据传送指令,这些指令足以满足基础汇编程序设计的要求。

表 4-1　常见的数据传送指令

指　　令	说　　明	示　　例
MOV	将数据从源操作数传送到目标操作数	MOV AX, BX
MOVZX	将源操作数扩展为更大的数据类型后传送到目标操作数,不带符号扩展	MOVZX AX, BL
MOVSX	将源操作数扩展为更大的数据类型后传送到目标操作数,带符号扩展	MOVSX AX, BL
LAHF	加载标志寄存器的低 8 位到 AH 寄存器	LAHF
SAHF	将 AH 寄存器的内容存储到标志寄存器的低 8 位	SAHF
XCHG	交换两个操作数的内容	XCHG AX, BX

4.1.1 操作数类型

汇编程序中的操作数主要包括三类:立即操作数、寄存器操作数和内存操作数。这三类操作数的特点如下。

（1）**立即操作数**：在汇编语句中用数字文本表达式表示的操作数，简称立即数。

（2）**寄存器操作数**：使用 CPU 内已命名的寄存器作为操作数，如通用寄存器和段寄存器。

（3）**内存操作数**：引用内存中的偏移地址作为操作数，这是较为复杂的操作数，我们会在之后章节进行详细介绍。

表 4-2 列出了操作数的基本种类和常见表示方法，这些表示方法被广泛使用。

表 4-2　操作数的基本种类和常见表示方法

类　　型	说　　明
reg8	8 位通用寄存器：AH，AL，BH，BL，CH，CL，DH，DL
reg16	16 位通用寄存器：AX，BX，CX，DX，SI，DI，SP，BP
reg32	32 位通用寄存器：EAX，ECX，EDX，EBX，ESI，EDI，ESP，EBP
reg	通用寄存器
sreg	16 位段寄存器：CS，DS，SS，ES，FS，GS
imm	8 位，16 位，32 位立即数
imm8	8 位立即数，字节立即数
imm16	16 位立即数，字节立即数
imm32	32 位立即数，字节立即数
reg/mem8	8 位寄存器，可以是 8 位通用寄存器或内存字节
reg/mem16	16 位寄存器，可以是 16 位通用寄存器或内存字
reg/mem32	32 位寄存器，可以是 32 位通用寄存器或内存双字
mem	内存，8 位，16 位，32 位内存地址

4.1.2　MOV 指令

作为最常见的数据传送指令，MOV 指令几乎存在于每一个汇编程序中。它的功能是将源操作数的值赋予目的操作数，同时保持源操作数的值不变。

MOV 的指令格式如下：

```
MOV destination, source
```

其中，destination 作为目的操作数放在左边，source 作为源操作数放在右边。在接下来的章节，我们默认使用 destination 和 source 分别作为目的操作数和源操作数的符号。

在 Intel 汇编语法中，MOV 指令具有以下的规则：

（1）目的操作数和源操作数的长度相等。

（2）目的操作数和源操作数不能都是内存操作数。

（3）目的操作数不能是 CS、EIP 和 IP 寄存器。

（4）当段寄存器作为目的操作数时，源操作数只能是 16 位通用寄存器或者内存字。

目的操作数和源操作数的长度相等。不同于高级语言的自动数据格式转换,汇编语言需要程序员关心 CPU 内部寄存器等部件原理,在进行类似赋值操作的 MOV 指令时,需要考虑源操作数和目的操作数的长度是否匹配。例如:

```
MOV eax, bx
```

该代码是错误的,因为不满足目的操作数和源操作数长度相等的要求。eax 寄存器是 32 位通用寄存器,而 bx 是 16 位寄存器,二者的长度不等,因而无法使用 MOV 指令将 bx 寄存器的值赋予 eax。正确的代码如下:

```
MOV ax, bx
```

将 bx 寄存器的值赋予 ax 寄存器,也就是 eax 寄存器的低 16 位。请读者思考,如何将 bx 寄存器的值赋予 eax 寄存器的高 16 位呢?

目的操作数和源操作数不能都是内存操作数。也就是说,MOV 不能将数据从一个内存空间直接转移到另外一个内存空间。那么在实际程序中,我们如何将数据在两个内存空间之间转移呢? 在单条 MOV 指令中,将一个内存空间中的数据转移到另一个内存空间是不现实的,但是,我们可以借助通用寄存器作为临时"中转站",将一个内存空间中的数据转移到一个寄存器中,再将寄存器中的数据转移到另一个内存空间。

```
.data
var1 DWORD 0
var2 DWORD 1
.code
MOV eax, var1
MOV var2, eax
```

在上面的代码中,我们想将内存操作数 var1 的值赋予 var2,由于 MOV 指令不能直接从内存空间 var1 向另一个内存空间 var2 赋值,因此我们先将 var1 的值赋予寄存器 eax,再将 eax 的值赋予 var2,从而实现内存之间的数据传送。

目的操作数不能是 CS、EIP 和 IP 寄存器,这些寄存器一般用于汇编指令的读取。CS 是代码段寄存器,属于段寄存器。运行在保护模式下时,用户程序没有修改段寄存器的权限,而应该借助操作系统来完成。而 CS 寄存器的特殊之处在于,它永远无法作为 MOV 指令的目的操作数。IP 寄存器和 EIP 寄存器均为指令指针寄存器,它们会随着汇编指令的串行读取或跳转逻辑而隐式改变,也就是说,这个寄存器无须汇编程序员显式处理。

当段寄存器作为目的操作数时,源操作数只能是 16 位通用寄存器或者内存字。也就是说,不能直接把一个立即操作数赋值给段寄存器。

以下是 MOV 指令的格式列表:

```
MOV reg, reg
MOV mem, reg
MOV reg, mem
MOV mem, imm
MOV reg, imm
MOV r/m16, sreg
MOV sreg, r/m16          ; sreg cannot be the CS register.
```

4.1.3　MOVZX、MOVSX 指令

MOV 只能将数据在长度相同的操作数中传送,当数据长度不同时,我们如何对操作数进行数据传送呢？将较长操作数传送到较短操作数是比较容易的,如将 eax 中的数据传送到 bx 中,我们可以直接将 ax 的数据传送到 bx 中,即

```
MOV bx, ax
```

那么如何将较短操作数传送到较长操作数呢？比如,将 ax 寄存器的值传送到 ecx 寄存器。一种简单直接的方法是类比之前的做法,使用 MOV 指令将 eax 寄存器传送到 ecx 寄存器或者将 ax 寄存器传送到 cx 寄存器。这里会产生一些问题,前者传送 32 位数据会导致 ecx 的高 16 位也被改变,如 eax 的值是 0FFFFFFFFh,我们期望 ecx 的值是 ax 的值 (0000FFFFh),但是在这里得到的 ecx 的值是 0FFFFFFFFh;而后者传送 16 位数据,如果 ecx 的原有值是 0FFFFFFh,那么仅有 ecx 的低 16 位被改变为 FFFFh,而高 16 位不变,最终结果依旧是 0FFFFFFh,而不是我们所期望的 0000FFFFh。因此,这种方法是不可行的。

Intel 的工程师为了解决将短操作数复制到长操作数的问题,设计了 MOVZX 和 MOVSX 指令。这样,我们就可以仅通过一个命令实现短操作数传送到长操作数的操作。

MOVZX:零扩展传送指令,将源操作数的值复制到目的操作数中,并且同时进行零扩展操作,以使得目的操作数的高位补零。

MOVSX:符号扩展传送指令,将源操作数的值复制到目的操作数中,并且同时进行符号扩展操作,以使得目的操作数的高位补全为源操作数的符号位,也就是源操作数的最高位。

我们将使用几个简短的例子对这两个指令进行解释,以加深大家对这两个指令的理解。下面是关于 MOVZX 的例子:

```
MOV ax, 8FFFh
MOVZX ebx, ax
```

上述代码中的第一条语句使用 MOV 指令将 ax 寄存器赋值为 8FFFh,第二条语句使用 MOVZX 指令将 ax 寄存器的值赋予 ebx 寄存器,同时进行零扩展操作,最终 ebx 中的值为 00008FFFh。

MOVZX 指令可以将 8 位操作数零扩展传送为 16 位操作数或 32 位操作数,或者将 16 位操作数零扩展传送为 32 位操作数。以下是 MOVZX 指令的格式列表:

```
MOVZX r16, r/m8
MOVZX r32, r/m8
MOVZX r32, r/m16
```

需要注意的是,MOVZX 指令的目的操作数必须是寄存器。

下面我们将使用一个简短的例子来说明 MOVSX 指令的使用。

```
MOV ax, 8FFFh
MOVSX ebx, ax ; ebx = FFFF8FFFh
MOV ax, 0FFFh
MOVSX ebx, ax ; ebx = 00000FFFh
```

符号扩展是使用源操作数的最高位,也就是符号位循环填充目的操作数的所有扩展位,从而得到高位全为 0 或全为 1 的目的操作数。也就是说,当使用 MOVSX 指令时,目的操作数高位使用 0 还是 1 填充取决于源操作数最高位是 0 还是 1。在上面的代码中,前两行将 ebx 寄存器赋值为 ax 里的值,由于 ax 寄存器最高位为 1,因此符号扩展时使用 1 进行扩展;相似地,后两行将 ebx 寄存器赋值为 ax 里的值时,由于 ax 寄存器最高位为 0,因此符号扩展时使用 0 进行扩展。

和 MOVZX 指令类似,MOVSX 指令将 8 位操作数符号扩展传送为 16 位操作数或 32 位操作数,或者将 16 位操作数符号扩展传送为 32 位操作数。以下是 MOVSX 指令的格式列表:

```
MOVSX r16, r/m8
MOVSX r32, r/m8
MOVSX r32, r/m16
```

MOVSX 指令的目的操作数也必须是寄存器。

相信大家已经发现,MOVZX 和 MOVSX 指令的格式十分相似,功能也比较相似。事实上,MOVZX 对无符号数进行数据传送,而 MOVSX 对有符号数进行数据传送。一个记忆的技巧是 MOVZX 中 Z 代表 zero,也就是零扩展;而 MOVSX 中 S 代表 sign,也就是符号扩展。

4.1.4 LAHF、SAHF 指令

LAHF、SAHF 指令是专门用于 EFLAGS 和通用寄存器进行数据传送的指令。LAHF 指令将 EFLAGS 寄存器的低字节赋值给 ax 寄存器的高字节,也就是 ah 寄存器;而 SAHF 指令将 ah 寄存器的值赋值给 EFLAGS 寄存器的低字节。这两个指令的使用例子分别如下:

```
.data
var1 BYTE ?
.code
LAHF
MOV var1, ah
```

上面的代码使用 LAHF 指令将 EFLAGS 的低字节赋值给 ah 寄存器,接着将 ah 的值赋值给 var1,从而实现 EFLAGS 标志位的读取。其中,EFLAGS 的低字节包括符号标志、零标志、辅助进位标志、奇偶标志和进位标志。

```
MOV ah, var1
SAHF
```

以上代码使用 SAHF 指令将 ah 中的值赋予 EFLAGS 的低字节,从而实现了 EFLAGS 标志位的写入。

LAHF、SAHF 指令实现的是固定的寄存器之间的数据传送,因此,这两条指令的指令格式中没有源操作数和目的操作数,也就是说,这两条指令的操作数个数为 0。

4.1.5　XCHG 指令

XCHG 指令用于交换两个操作数的内容，它具有以下规则：

（1）目的操作数和源操作数的长度相等。

（2）目的操作数和源操作数不能都是内存操作数。

（3）目的操作数不能是 CS、EIP 和 IP 寄存器。

（4）当段寄存器作为目的操作数时，源操作数只能是 16 位通用寄存器或者内存字。

（5）目的操作数和源操作数都不能是立即数。

请读者思考 XCHG 指令如何实现两个内存操作数之间的交换（参考 MOV 指令实现两个内存操作数之间的交换）。

以下是 XCHG 指令的格式列表：

```
XCHG reg, reg
XCHG reg, mem
XCHG mem, reg
```

本节习题

（1）考虑以下汇编指令：

```
MOV AX, 1
MOV BX, AX
```

解释这两条指令中使用的操作数类型。第一条指令中的 1 是哪种类型的操作数？AX 在第二条指令中扮演什么角色？

（2）考虑以下汇编指令：

```
MOV AX, BX
MOV DS, 1234H
MOV [1000H], [2000H]
MOV CS, AX
```

分析这几条指令是否符合 MOV 指令的规则。

（3）考虑以下汇编指令序列：

```
MOV AL, 0FFh
MOVZX AX, AL
MOVZX EBX, AX
```

解释这些指令的作用，并讨论在每一步中 AL、AX 和 EBX 寄存器的值。

（4）给定以下汇编指令：

```
MOV AX, 8FFFh
MOVSX EBX, AX
```

解释 MOVSX 指令如何处理符号扩展，并描述执行这些指令后 EBX 寄存器中的值。

（5）解释 LAHF 和 SAHF 指令如何分别用于 EFLAGS 和通用寄存器之间的数据传送。

（6）给定以下代码段：

```
MOV AH, 2H
SAHF
LAHF
```

描述执行这些指令后 AH 寄存器和 EFLAGS 寄存器中的值，特别是 AH 和 EFLAGS 寄存器的低字节之间的数据传送。

（7）考虑以下汇编指令：

```
XCHG AX, BX
```

解释 XCHG 指令如何交换 AX 和 BX 寄存器中的值，并讨论这种交换对寄存器内容的影响。

（8）给定以下代码段：

```
MOV AX, [1000H]
MOV BX, [2000H]
XCHG AX, BX
MOV [1000H], AX
MOV [2000H], BX
```

分析这些指令如何实现两个内存地址[1000H]和[2000H]中值的交换。特别是，考虑 XCHG 指令的限制。

（9）思考以下问题：如果 XCHG 指令不能直接用于交换两个内存操作数的内容，你将如何实现两个内存位置之间值的交换？请编写一段汇编代码来实现这一任务。

4.2 简单算术运算

在程序设计中，运算操作主要包括算术运算操作和逻辑运算操作。其中算术运算中常见的操作有加、减、乘、除、取模等。我们在本章仅选取最常见的指令详细讲解，以方便读者快速上手，如表 4-3 所示。

表 4-3 常见的算术运算指令

指　令	说　　明	示　　例
INC	增加操作数的值，它将操作数的值加 1	INC AX
DEC	减少操作数的值，它将操作数的值减 1	DEC AX
ADD	将两个操作数相加，并将结果存储在第一个操作数中	ADD AX, BX
SUB	从第一个操作数中减去第二个操作数，并将结果存储在第一个操作数中	SUB AX, BX
NEG	对操作数进行二进制补码运算，即取反加一，用于求负数	NEG AX

4.2.1 INC、DEC 指令

INC 指令是自增指令，将操作数的值加 1；DEC 指令是自减指令，将操作数的值减 1。

自增和自减命令都只有一个操作数,改变的是操作数本身的大小。以下是一个简单例子:

```
MOV eax, 0000FFFFh
INC eax ; eax = 00010000h
DEC eax ; eax = 0000FFFFh
```

这两个指令的格式列表如下:

```
INC reg/mem
DEC reg/mem
```

4.2.2 ADD 指令

ADD 指令是加法指令,将源操作数和目的操作数相加,结果保存在目的操作数里。需要注意的是,ADD 指令只能对长度相同的操作数进行计算。其格式为

ADD destination, source

ADD 指令和 MOV 指令类似,均不改变源操作数的值,其指令的格式列表也相似:

```
ADD reg, reg
ADD mem, reg
ADD reg, mem
ADD mem, imm
ADD reg, imm
ADD r/m16, sreg
ADD sreg, r/m16          ; sreg cannot be the CS register.
```

需要注意的是,ADD 指令的使用会修改标志位。根据目的操作数的值,进位标志、零标志、符号标志、溢出标志、辅助进位标志和奇偶标志都有可能发生改变。标志位的细节将在之后统一介绍。

4.2.3 SUB 指令

SUB 指令是减法指令,使用目的操作数减去源操作数,结果保存在目的操作数里。类似于 MOV 和 ADD 指令,SUB 指令也只能对长度相同的操作数进行计算。其格式为

SUB destination, source

SUB 指令的格式列表如下:

```
SUB reg, reg
SUB mem, reg
SUB reg, mem
SUB mem, imm
SUB reg, imm
SUB r/m16, sreg
SUB sreg, r/m16          ; sreg cannot be the CS register.
```

SUB 指令的使用可能会修改标志位。这些标志位和 ADD 指令所影响的标志位相同。

4.2.4　NEG 指令

NEG 指令是求补指令,对操作数按位取反再加 1,结果是操作数的相反数。其指令格式如下:

```
NEG reg
NEG mem
```

NEG 指令得到的目的操作数的值也会影响进位标志、零标志、符号标志、溢出标志、辅助进位标志和奇偶标志。

4.2.5　高级语言的简单汇编实现

学习完这些简单算术运算指令后,我们已经可以尝试用这些指令来模拟高级语言的算术表达式了。例如以下 C 语言的语句:

```
Result = -x + (y - z);
```

首先定义数据段:

```
.data
Result SDWORD ?
x SDWORD 1
y SDWORD 2
z SDWORD 3
```

那么相应的代码段如下:

```
.code
; -x
MOV eax, x
NEG eax
; (y - z)
MOV ebx, y
SUB ebx, z
; -x + (y - z)
ADD eax, ebx
MOV Result, eax
```

通过观察上述例子,短短一行高级语言的算术运算就需要近 10 行的汇编代码,这足以说明高级语言的便捷性。请根据例子的注释和代码仔细体会高级语言和汇编语言的联系与异同。

4.2.6　算术运算与标志位

前面已经验证了算术运算会对标志位产生影响,但是对这些算术运算究竟如何影响标志位还未做详细讨论。在本节,我们将详细讨论该问题。

在 Intel 汇编中,标志位是一组二进制标志,用于表示 CPU 运算的状态和结果。这些标志位保存在 CPU 的标志寄存器中,在 x86 体系结构中称为 EFLAGS 寄存器。以下是一些常见的标志位。

- **进位标志**：该标志用于表示无符号整数运算时是否发生了溢出。例如两个 32 位操作数使用 ADD 指令相加，最终得到的结果大于 FFFFFFFFh，那么就认为运算时发生了溢出，此时进位标志就会被置位，也就是被赋值为 1。
- **溢出标志**：该标志用于表示有符号整数运算时是否发生了溢出。
- **零标志**：该标志用于表示运算结果是否为 0。如果运算结果为 0，那么该标志被置位。
- **符号标志**：该标志用于表示运算结果是否为负数。如果运算结果的最高有效位为 1，那么符号标志被置位。
- **奇偶标志**：该标志用于表示结果的最低有效字节内 1 的个数是否为偶数。
- **辅助进位标志**：该标志位在结果的最低有效字节的第 3 位向高位进位 1 时置位。

图 4-1 展示了在实际机器中的详细标志位分布图。

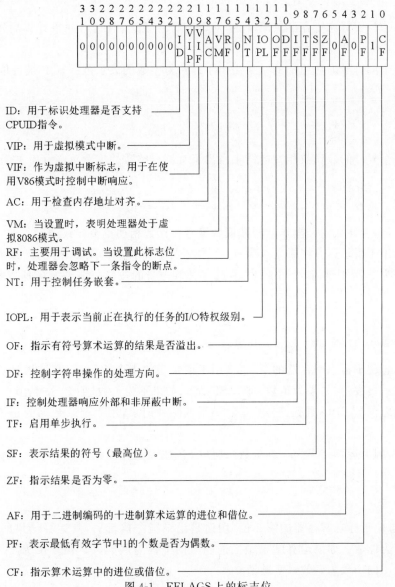

图 4-1　EFLAGS 上的标志位

下面我们将详细讲解这些标志位。进位标志位于 EFLAGS 的第 0 位,用于表示无符号整数运算时是否发生了溢出。需要注意的是,当有符号整数运算时,也会改变这一标志位,这是因为 CPU 并不知道当前指令的语义,而这个符号位是否需要使用由程序员决定。

在无符号加法中,如果无符号加法的结果超出了目标寄存器所能表示的范围,即发生了进位,此时 CF 被置位为 1。如果结果未发生进位,则 CF 被置位为 0。例如:

```
MOV ax, 65535            ; 0xFFFF
ADD ax, 1                ; ax = 0(CF = 1)
```

在无符号减法中,如果无符号减法的目标数小于减数,即需要借位,则 CF 被置位为 1,如果结果未发生借位,则 CF 被置位为 0。例如:

```
MOV ax, 5
SUB ax, 10               ; ax = 65531(0xFFFB,CF = 1)
```

溢出标志位于标志寄存器的第 9 位,对于有符号数运算而言,如果计算后发生了溢出,那么 OF 标志位会设置为 1。

如果两个同符号的数相加的结果溢出了有符号整数的表示范围,OF 被置位。

```
; positive number addition
MOV ax, 32767            ; 0x7FFF
ADD ax, 1                ; AX = -32768(0x8000,OF = 1)
```

如果两个异号的操作数相减的结果溢出了有符号整数的表示范围,OF 被置位。

```
MOV ax, -32768           ; 0x8000
SUB ax, 32768            ; AX = -32768 - 32768 = 32768(0x8000,OF = 1)
```

思考一下,为什么同号操作数相减或者异号操作数相加不会导致溢出?

零标志用于指示运算结果是否为 0。它位于标志寄存器的第 6 位,当结果为 0 时,零标志位被置位为 1,否则被清 0。下例中,由于 AX 和自身的按位与结果为 0,所以零标志位 ZF 被置位为 1。

```
MOV ax, 0
TEST ax, ax              ; ZF = 1
```

符号标志位于标志寄存器的第 7 位,用于记录相关指令执行后,其结果是否为负数(最高位为 1 表示负数)。如果为负数,那么 SF 为 1;如果不为负数,那么 SF 为 0。

符号标志位是 CPU 对有符号数运算结果的一种记录,用于记录数据的正负,即最高位是否为 1。

下例中,因为运算结果为 -2(负数),所以 SF 被置位为 1。

```
MOV AX, -5
ADD AX, 3                ; SF = 1
```

PF 标志位于标志寄存器的第 2 位,用途是记录指令执行后,其运算结果的所有位中 1 的个数是否为偶数。如果运算结果中二进制 1 的个数为偶数,PF 被置位为 1;如果运算结果中二进制 1 的个数为奇数,PF 被清 0。

```
MOV AL, 10101010b            ; 0xAA
ADD AL, 00000010b            ; AL = 10101100b(0xAC, PF = 1)
```

辅助进位标志位于标志寄存器的第 4 位。AF 标志用于指示二进制运算中低 4 位(一字节中的低半部分)的进位情况。当执行一条运算指令后,如果第 3 位向第 4 位发生了进位,那么 AF 标志位为 1,例如:

```
mov al, 0xF
add al, 1
```

此时 AL 寄存器为 0x10,AF 标志位为 1。

在这些标志位中,关于无符号运算的包括零标志、进位标志和辅助进位标志,关于有符号运算的包括符号标志和溢出标志。而辅助进位标志主要用于编码十进制数算术运算。

本节习题

(1) 编写一个简单的汇编程序,使用 DEC 指令创建一个从 5 倒数到 0 的循环。在每次循环中,将当前计数值存储在某个寄存器(例如 AX)中,并在每次循环结束时打印该值。描述程序的流程和如何使用 DEC 指令控制循环的终止条件。

(2) 给定以下汇编代码:

```
MOV AX, 5
ADD AX, 3
SUB AX, 2
```

描述执行这些指令后 AX 寄存器中的值。

(3) 给定以下代码段:

```
MOV AX, 3
NEG AX
```

描述执行这些指令后 AX 寄存器中的值,并解释 NEG 指令如何将 AX 寄存器的值转换为其相反数。

(4) 考虑以下汇编指令:

```
MOV AX, 7FFFh
ADD AX, 1
```

分析执行这些指令后 EFLAGS 寄存器中的进位标志、溢出标志、零标志、符号标志、奇偶标志和辅助进位标志的状态。特别地,解释为什么某些标志位会被置位或保持不变。

(5) 编写一个简单的汇编程序,该程序加载两个数值,使用 SUB 指令比较这两个数值,然后根据零标志和符号标志的状态进行条件判断。如果两个数相等,程序应执行一段特定代码;如果第一个数大于第二个数,执行另一段代码;如果第一个数小于第二个数,执行第三段代码。描述程序的逻辑和每个条件判断的实现方式。

伪指令和操作符

伪指令是汇编语言中的一种特殊指令,它不对应于任何一条具体的机器语言指令。伪指令提供了对汇编器行为的控制,比如数据分配、空间分配、条件编译以及宏定义等。它们是由汇编器在编译时处理的,用于组织程序、控制编译过程、提供信息等,而不是直接控制计算机硬件。它们使得汇编代码更加易读和易写,但在编译成机器代码后,这些伪指令通常会被移除或转换为实际的机器指令。

操作符类似于伪指令,其目的也是让汇编代码更加通俗易懂。本节将介绍常见伪指令和操作符,用于汇编代码阅读与设计使用。

ALIGN 伪指令:用于确保随后的数据或指令在内存中按指定的字节数边界对齐,以提高访问效率。

LABEL 伪指令:用于声明变量的别名和不同的尺寸属性。

OFFSET 操作符:用于获取一个标识符(如变量或函数名)在内存中的地址。

PTR 操作符:用于指定或重写操作数的数据类型,如字节(BYTE)、字(WORD)、双字(DWORD)等。

TYPE 操作符:用于获取一个变量或标签定义的数据类型的大小(以字节为单位)。

LENGTHOF 操作符:用于返回数组或结构的元素数量。

SIZEOF 操作符:用于计算一个数据结构(如数组或结构体)所占用的总字节数。

4.3.1 ALIGN 伪指令

ALIGN 用于确保数据或指令在内存中以特定的边界对齐。对齐通常是为了提高存取效率,因为许多处理器在访问对齐的数据时更加高效。其格式是:

```
ALIGN 边界值
```

其中,边界值可以是 1、2、4 或 16。例如边界值为 1 代表变量按照字节边界对齐,边界值等于 4,变量地址将都是 4 的整数倍。一个实际的例子是:

```
bVal BYTE ?              ; 0x4000
ALIGN 2
wVal WORD ?              ; 0x4002 而不是 0x4001
```

在上面例子中,wVal 被分配在偶数地址,这正是由于我们将边界值设为 2 导致的。对齐数据通常情况下可以提高运算效率。

4.3.2 LABEL 伪指令

LABEL 可以用来标记存储在内存中的数据位置,它们可以是 BYTE、WORD、DWORD 或 QWORD 等不同的大小。这里举例说明如何使用 LABEL 定义 WORD 和 DWORD 类型的数据,并展示如何在代码中引用这些数据。

```
.data
```

```
val16 LABEL WORD
val32 DWORD 12345678h
.code
mov ax, val16              ; AX = 5678h
mov dx, [val16+2]          ; DX = 1234h
```

这段代码定义了 2 个变量：val16 是一个 WORD 类型的数据，val32 是一个 DWORD 类型的数据。在代码部分，第 5 行将 val16 的值移入 AX 寄存器，第 6 行则将 val16 地址后 2 字节的内容移入 DX 寄存器。

4.3.3　OFFSET 操作符

OFFSET 操作符用于获取变量或标签的内存地址。这是一种非常有用的特性，尤其在需要直接处理内存地址时。在高级语言中，类似的操作通常是通过引用、指针或地址运算实现的。在汇编中，OFFSET 提供了一个直接且灵活的方式来处理这些概念。OFFSET 操作符返回的是变量或标签的地址，而非其内容。假设有一个变量 var，以下的代码可以将 var 的内存地址加载到 AX 寄存器中。

```
MOV AX, OFFSET var
```

OFFSET 在处理指针时尤其有用，因为它允许程序员获取并操作内存地址。同时它经常用于数据结构的定位，特别是当需要通过寄存器间接访问数据时。OFFSET 操作符在汇编语言中提供了一种直接和灵活的方式来获取和操作内存地址，这对于低级编程和系统级编程来说非常关键。

4.3.4　PTR 操作符

PTR 操作符用于重载操作数的类型和大小。这在进行数据转换或操作特定大小数据时非常有用。例如以下代码：

```
.data
var DWORD 11110000h
.code
MOV ax, WORD PTR var       ; ax = 0000h
```

PTR 可以将一个变量的一部分传送给 AX 寄存器，这在之前的操作中需要多条指令才能实现，非常不利于程序员的阅读。

由于 Intel 机器一般使用小端字节序存储，即最低有效字节存储在最低的内存地址，而最高有效字节存储在最高的内存地址。这种存储方式的关键特征是数据的"头"（即最低有效部分）位于内存的开始位置。因此使用 PTR 重载后，低地址的 0000h 被保留。如果想使用高地址的 1111h，可以用以下方式：

```
.data
var DWORD 11110000h
.code
MOV ax, WORD PTR [var + 2]  ; ax = 1111h
```

4.3.5 TYPE 操作符

TYPE 操作符用于获取与其相关联的变量或标签的数据类型的大小（以字节为单位）。这在处理不同数据类型的大小时特别有用。

TYPE 操作符返回与其相关联变量的数据类型的大小。例如，如果变量是一个字（WORD），TYPE 返回 2；如果是双字（DWORD），则返回 4。该操作符常用于计算数组或结构的总大小，或者在需要进行类型大小相关的计算时使用。以下是 TYPE 的一些简单使用方法：

```
.data
X BYTE ?
Y WORD ?
Z DWORD ?
```

此时如果使用 TYPE X，会返回 1；使用 TYPE Y，会返回 2；使用 TYPE Z，会返回 4。也就是说，返回的值是数据所占据的字节数。

4.3.6 LENGTHOF 操作符

LENGTHOF 操作符用于确定数组或结构的长度，即其中元素的数量。这个操作符并不返回字节大小，而是返回元素的个数。这对于编写通用代码和避免硬编码数组长度非常有用，特别是在数组的大小可能会改变的情况下。

LENGTHOF 返回的是数组中元素的数量，而非总的字节大小。对于结构，它返回的是结构中顶层字段的数量。比如以下代码中 LENGTHOF array 返回的是 3，而不是 6。

```
.data
array WORD 1, 2, 3
```

需要注意的是，如果 array 声明的是跨行的数据，LENGTHOF 只把第一行的数据作为元素计数，除非多行数据在上一行的最后使用了逗号连接。

4.3.7 SIZEOF 操作符

SIZEOF 操作符用于获取数据结构（如变量、数组或结构体）所占用的总字节数。这对于确定数据占用的内存大小非常有用，特别是在需要内存分配或在不同类型的数据结构之间进行操作时。

SIZEOF 操作符的返回值等于 LENGTHOF 和 TYPE 返回值的乘积。例如：

```
.data
Array WORD 4 DUP(?)
```

此时，TYPE Array 的值是 WORD 类型所占的字节数，即为 2；LENGTHOF Array 的值是数组中元素的个数，即为 4。而 SIZEOF Array 的值是总的字节数，即为 $2\times4=8$。

本节习题

（1）考虑以下汇编代码段：

```
.data
ALIGN 4
var1 DWORD 12345678h
var2 WORD 1234h
.code
MOV AX, OFFSET var1
MOV BX, TYPE var2
```

解释这段代码中使用的伪指令和操作符的作用。

(2) 给定一个由 BYTE、WORD 和 DWORD 组成的数组或结构体。编写一个汇编程序片段,使用 LENGTHOF 和 SIZEOF 操作符计算该数据结构的元素数量和总大小(以字节为单位)。

(3) 给定以下汇编代码段:

```
.data
bVal1 BYTE ?
ALIGN 4
dVal DWORD ?
bVal2 BYTE ?
```

分析这段代码中变量的对齐方式。特别地,解释 ALIGN 4 伪指令对 dVal 和 bVal2 变量地址分配的影响,以及为什么这种对齐可能提高数据访问的效率。

(4) 考虑以下汇编代码段:

```
.data
array LABEL DWORD
val1 DWORD 12345678h
val2 DWORD 90ABCDEFh
.code
MOV AX, WORD PTR [array]
MOV BX, WORD PTR [array+2]
MOV CX, WORD PTR [array+4]
```

解释这段代码中 LABEL 的使用方式。特别地,描述在.code 部分如何通过 array 引用 val1 和 val2 的不同部分。

(5) 给定一个结构体,其中包含不同类型的字段。使用 LABEL 定义这个结构体,然后编写一个程序片段,使用 OFFSET 操作符来获取这个结构体中特定字段的地址。描述如何定位和访问结构体的不同部分。

(6) 编写一个汇编程序,该程序定义一个 DWORD 类型的变量,并初始化为一个特定的数值。接着,使用 PTR 操作符将该 DWORD 变量的高 16 位和低 16 位分别传送到两个不同的寄存器中。描述如何使用 PTR 操作符来实现这种数据分离,并解释小端存储方式在这个过程中的作用。

(7) 给定一个数据数组,数组中包含不同类型的数据元素(如 BYTE、WORD、DWORD)。编写一个汇编程序,该程序使用 TYPE 操作符来确定数组中每种类型的元素所占用的字节数。描述如何使用 TYPE 操作符来计算数组中不同类型元素的总字节数。

(8) 考虑以下汇编代码段定义的数组:

```
.data
myArray WORD 100h, 200h, 300h, 400h
```

编写一个汇编程序片段,使用 LENGTHOF 操作符来计算 myArray 中的元素的数量。描述如何使用 LENGTHOF 操作符来确定数组的长度,并讨论在什么情况下这种方法将会有用。

(9) 编写一个汇编程序,该程序定义了一个数据结构(如数组或结构体),并使用 SIZEOF 操作符来确定需要为该结构体分配多少内存空间。该程序应展示如何根据 SIZEOF 返回的大小来进行内存分配,并解释为什么这一步骤在实际编程中很重要。

4.4　循环语句

在编程中,循环、分支和顺序结构是构建算法和程序的基本构件。这 3 种结构是大多数程序设计语言的核心,它们可以相互结合,形成复杂的程序逻辑。通过它们,程序员可以编写出自动决策、重复执行、预定顺序的强结构程序。

之前所学习的指令可以用来填充顺序结构,接下来我们将学习用于构建循环和分支结构的汇编指令,常见的循环跳转指令如表 4-4 所示。

表 4-4　常见的循环跳转指令

指　　令	说　　明	示　　例
JMP	无条件跳转到指定的标签地址	JMP label
LOOP	对寄存器 CX 的值进行减 1 操作,并且如果 CX 的值不为零,则跳转到指定的标签地址	LOOP label

4.4.1　JMP 指令

JMP 指令是一个基本的控制流指令,用于无条件跳转到程序中的另一个位置。这个指令会导致程序从当前位置跳转到指定的目标地址或标签处继续执行。JMP 指令的使用对于创建循环、条件执行和各种控制结构至关重要。其代码格式如下:

JMP 目的地址

CPU 执行 JMP 指令时,当指定的目标地址被装入指令指针时,CPU 会在新地址执行指令。这里的目的地址可以是一个内存地址、一个寄存器中的地址或一个程序中的标签。
JMP 指令是无条件的,因此要谨慎使用,以免造成死循环。

4.4.2　LOOP 指令

LOOP 指令是一种用于简化循环结构的指令。它结合了计数器递减和条件跳转的功能,使编写计数器控制的循环变得简便。其格式如下:

LOOP 目的地址

其工作原理如下,首先递减 CX 寄存器(在实地址模式下)或 ECX 寄存器(在保护模式下)的值。

如果递减后的寄存器值不为零,则跳转到指定的标签或地址;如果值为零,则继续执行下一条指令。

但是,与高级语言的循环不同,如果一开始 ECX 的值就是 0,那么 LOOP 指令执行后,ECX 会修改成 FFFFFFFFh,循环内语句将会被重复大量次数。

同时,LOOP 指令的目的地址与 LOOP 指令的所在地址只能相距在 256 字节的前后范围内,即−128~127 字节。

在循环内部尽量减少对 ECX 的使用,因为它决定着循环的次数,如果 ECX 在循环内部被改变,很有可能得到死循环。当然,如果必须要使用,最好在使用之前将 ECX 保存在临时变量中,防止循环次数的丢失。

4.4.3　使用汇编来实现循环程序

现在我们以斐波那契数列求和为例,使用循环来实现经典的汇编小程序。

斐波那契数列是数学中的一个经典数列,这个数列以其简单而优雅的数学性质著称,并在数学、哲学、计算机科学和艺术学等多个领域中有着广泛的应用。斐波那契数列从 0 和 1 开始,之后的每个数都是前两个数的和。因此,数列是 0,1,1,2,3,5,8,13,21,34⋯

在汇编中,我们可以通过以下步骤来得到斐波那契数列前 n 项的和。

(1) **初始化**:将斐波那契序列的前两个数字初始化为 0 和 1。在程序中,通过将 eax 寄存器设置为 0(第一个斐波那契数)和 ebx 寄存器设置为 1(第二个斐波那契数)来完成。

(2) **特殊情况**:如果要求的斐波那契序列长度(N)小于或等于 1,则程序直接结束,因为没有数字需要计算。

(3) **循环计算**:使用 ecx 寄存器作为循环计数器,从 N 开始递减。在每次循环中,执行以下操作。

① 计算下一个斐波那契数:方法是将 eax(当前斐波那契数)和 ebx(前一个斐波那契数)相加。

② 更新寄存器:将新计算出的斐波那契数存储在 ebx 中,然后交换 eax 和 ebx 的值,以便下一次循环计算。

③ 保存数值:将新的斐波那契数存储到数组中。

④ 循环继续:每完成一次循环,ecx 寄存器的值减 1,直到它变为 0,这时所有的斐波那契数字都已计算完毕。

这个算法的核心在于它使用两个寄存器(eax 和 ebx)来持续跟踪最近的两个斐波那契数,并在每次迭代中更新这些寄存器以计算下一个数字。由于斐波那契序列的性质,指能高效地生成序列中的每个数字。

```
INCLUDE \masm32\include\masm32rt.inc
.data
    N dd 10                          ; 斐波那契序列的长度
    fibSeries dd N dup(0)            ; 用于存储斐波那契数的数组
    msgFormat db "Fibonacci number %d: %d", 13, 10, 0
.code
main PROC
```

```
        mov ecx, N                      ; 将 N 的值移入 ecx,用作循环计数器
        mov eax, 0                      ; 初始化第一个斐波那契数
        mov [fibSeries], eax
        mov ebx, 1                      ; 初始化第二个斐波那契数
        cmp ecx, 1                      ; 检查 N 是否为 1
        jle printNumbers                ; 如果是,直接打印
        mov [fibSeries+4], ebx          ; 存储第二个斐波那契数
        dec ecx
        dec ecx
    fib_loop:
        add eax, ebx                    ; 计算下一个斐波那契数
        xchg eax, ebx                   ; 交换 eax 和 ebx 的值
        mov [fibSeries+4*ecx], ebx      ; 将新的斐波那契数存储到数组中
        loop fib_loop
    printNumbers:
        mov ecx, N                      ; 重新设置循环计数器
        mov esi, OFFSET fibSeries       ; 将数组的地址存储到 esi
    print_loop:
        push ecx                        ; 保存 ecx,因为 printf 可能会修改它
        push dword ptr [esi]            ; 推送当前斐波那契数
        push N - ecx                    ; 推送斐波那契数的索引
        push OFFSET msgFormat           ; 推送格式字符串的地址
        call printf
        add esp, 12                     ; 清理堆栈
        pop ecx                         ; 恢复 ecx
        add esi, 4                      ; 移至下一个斐波那契数
        loop print_loop                 ; 继续循环
        invoke ExitProcess, 0           ; 退出程序
main ENDP
END main
```

本节习题

(1) 编写一个简单的汇编程序,使用 JMP 指令来创建一个循环结构。程序应定义一个计数器,并在每次循环迭代时递减计数器,直到计数器的值为 0。描述循环的结构和 JMP 指令在其中的作用,以及说明如何避免造成死循环。

(2) 考虑以下汇编代码段:

```
.data
msg1 BYTE "First part", 0
msg2 BYTE "Second part", 0
.code
start:
    MOV DX, OFFSET msg1
    JMP skip
    MOV DX, OFFSET msg2
skip:
    ; some other instructions
```

解释这段代码中 JMP 指令的作用。

（3）考虑以下汇编代码段：

```
.data
count DWORD 5

.code
start:
    MOV ECX, count
loop_start:
    ; some instructions
    LOOP loop_start
```

解释这段代码中 LOOP 指令的作用。

（4）编写一个汇编程序，使用 LOOP 指令来执行一个较复杂的循环任务。

4.5　内存操作数与寻址方式

内存操作数用于指定数据存储在内存中的位置。有几种方式可以表示内存操作数，每种方式都提供了不同的寻址模式。以下是汇编中常见的几种内存操作数的类型：

（1）**直接偏移操作数**：一种内存寻址方式，直接指定了要访问的内存地址。这种操作数类型直接提供了内存位置的地址，而不是通过寄存器或其他方式间接指定。

（2）**间接操作数**：使用寄存器来间接指定内存地址的方法。这种操作数类型不是直接指定内存地址的具体数值，而是通过寄存器来引用内存位置。

（3）**变址操作数**：一种内存寻址方式，主要用于访问数组或连续的内存结构。这种操作数类型使用一个基址加上一个变址寄存器的值，可能还包括一个可选的常数偏移量，来确定最终的内存地址。

4.5.1　直接偏移操作数

直接偏移操作数直接提供了要访问的内存地址，适用于访问已知固定地址的情况。由于地址被直接指定，这种寻址方式简单且直接，易于理解。但它只能访问固定的内存位置，这意味着如果需要访问多个不同的内存位置，则需要为每个位置编写单独的指令。我们以创建一个数组为例：

```
.data
Array BYTE 1, 2, 3, 4, 5
.code
MOV al, Array                    ; al = 1
MOV al, [Array + 1]              ; al = 2
MOV al, [Array + 2]              ; al = 3
```

以上代码展示了如何通过直接偏移操作数访问数组中的元素。MOV al，［Array＋1］指令将 Array 数组中索引为 1（即第二个元素）的值加载到 AL 寄存器中。Array＋1 表示 Array 的起始地址加上 1 字节，指向数组的第二个元素。MOV al，［Array＋2］指令，类似地，这条指令将 Array 数组中索引为 2（第三个元素）的值加载到 AL 寄存器。Array＋2 表示从 Array 的起始地址开始向前移动 2 字节的位置,即数组的第三个元素。由于 MASM32 并不强制要求使用方括号,因此上述代码中的方括号也可以去掉。

汇编代码并不会对数组范围进行检查,因此极易引发溢出漏洞,如上述代码,如果代码改成:

```
MOV al, [Array + 10]
```

由于 Array+10 的地址已经超出了 Array 数组的范围,因此会产生溢出漏洞,在使用此类方法时应该要小心这类问题。

如果我们把数组元素从字节转化为字或者双字,又应该如何实现直接偏移操作数呢?请看以下代码:

```
.data
Array WORD 1, 2, 3, 4, 5
.code
MOV ax, Array                    ; ax = 1
MOV ax, [Array + 2]              ; ax= 2
MOV ax, [Array + 4]              ; ax = 3
```

不同元素的数组在内存中的占用空间不同。BYTE 数据占用 1 字节,而 WORD 数据占用 2 字节。因此,在使用直接偏移操作数访问数组元素时,偏移量的计算需要根据元素的数据类型进行调整。在 WORD 数组中,要访问下一个元素,偏移量需要增加 2 字节,而在 BYTE 数组中,只需增加 1 字节。这个区别在处理不同类型的数据时非常重要,特别是在需要精确访问特定内存位置的情况下。

相似地,双字的元素之间相差 4 字节:

```
.data
Array DWORD 1, 2, 3, 4, 5
.code
MOV eax, Array                   ; eax = 1
MOV eax, [Array + 4]             ; eax= 2
MOV eax, [Array + 8]             ; eax = 3
```

4.5.2　间接操作数

间接操作数是汇编语言中的一种内存寻址方式,它不直接指定内存地址,而是通过寄存器来间接引用内存位置。这种寻址方式在处理动态数据结构、实现数组和指针操作等场景中非常有用。间接操作数通常使用一个或多个寄存器来表示内存地址。这些寄存器包含了实际内存地址的值。由于地址是通过寄存器间接指定的,这允许程序在运行时动态地更改内存地址,增加了编程的灵活性。下面是一个间接操作数的示例:

```
.data
Val BYTE 1
.code
MOV esi, OFFSET Val
MOV AL, [esi]
```

这段代码将 1 字节大小的数据从内存传输到寄存器 AL 中,并且是通过 esi 寄存器中的地址来得到数据,而不是直接使用 Val 变量标识。

值得注意的是,当使用寄存器作为间接操作数来引用内存地址时,寄存器中必须包含有效的内存地址。如果寄存器中的值是随机的或无效的,尝试访问该地址可能会导致通用保护故障,因为程序可能试图访问不属于它的内存区域或根本不存在的内存地址。通用保护故障是一种常见的保护机制,用于防止程序越界访问内存。当程序尝试访问无权限的内存区域、执行非法的内存操作或违反操作系统的保护规则时,就会触发这种故障。所以在使用间接寻址之前,应确保寄存器被初始化为一个合法且安全的内存地址。这通常涉及将寄存器设置为指向有效的数据结构、数组或预先分配的内存区域。

4.5.3　变址操作数

变址操作数用于访问数组或连续内存结构中的元素。在这种寻址方式中,通常使用一个基址和一个变址结合起来定位内存中的特定位置。这种寻址方式非常适用于遍历数组或访问数据结构中的连续元素。

MASM 有两种使用变址操作数的格式:

```
constant, [reg]
[constant + reg]
```

这两种方式都可以表示变址操作数,constant 表示常量地址,如一个连续的数组的起始地址,reg 表示寄存器。以下是变址操作数的示例:

```
.data
Array WORD 1, 2, 3, 4
.code
MOV esi, OFFSET Array
MOV ax, [esi + 2]              ; ax = 2
MOV ax, Array[esi+4]           ; ax = 3
```

这段代码使用了两种不同的变址操作数表示方式来实现,其中代码中的[esi+4]表示从数组 Array 的起始地址偏移 4 字节。在真实的汇编代码设计中,在元素为字的数组中实现变址操作数使用 2,4,6…作为偏移值不利于程序员理解,因此,一般使用字的字节数乘以字的个数的形式。如以下代码:

```
MOV esi, 2
MOV ax, Array[esi * TYPE Array]
```

这种代码更加符合人类的阅读习惯,读者在尝试编写汇编代码时,也应该注意代码的可读性。

本节习题

(1) 考虑以下汇编代码段定义了 3 种不同数据类型的数组:

```
.data
byteArray BYTE 10, 20, 30, 40, 50
wordArray WORD 100, 200, 300, 400, 500
```

```
dwordArray DWORD 1000, 2000, 3000, 4000, 5000
.code
; Add your instructions here
```

编写一组指令,分别使用直接偏移操作数访问 byteArray、wordArray 和 dwordArray 中的第三个元素。解释为什么在访问 wordArray 和 dwordArray 时偏移量需要分别增加 2 字节和 4 字节。

（2）给定一个 BYTE 类型的数组：

```
.data
array BYTE 1, 2, 3, 4, 5
.code
; Add your instructions here
```

编写一个汇编程序,安全地遍历数组中的每个元素,同时防止数组溢出。描述如何确定数组的界限,并在访问数组元素时使用直接偏移操作数来避免越界。

（3）考虑以下汇编代码段：

```
.data
array BYTE 10, 20, 30, 40, 50

.code
MOV ESI, OFFSET array
MOV AL, [ESI + 2]
```

描述这段代码的功能。

（4）编写一个汇编程序,该程序通过间接操作数安全地遍历一字节类型的数组。程序应初始化一个指向数组开头的寄存器,并在每次迭代中更新该寄存器,以便访问数组的下一个元素。

（5）编写一个汇编程序,该程序通过变址操作数遍历一个 WORD 类型的数组。程序应初始化一个指向数组开头的寄存器,并在每次迭代中更新该寄存器,以便访问数组的下一个元素。

4.6　本章小结

在本章中,我们首先深入探索了汇编语言的神秘领域,逐步揭开了汇编语言构成的面纱。我们的探索从数据传送指令开始,这些指令在寄存器、内存地址和 CPU 之间搬运宝贵的数据。它们虽然不改变数据的本质,但在程序数据流动的指挥中扮演着关键角色。通过解析 MOV、PUSH、POP 等命令,我们为理解汇编语言中更复杂的概念铺平了道路。

接着,我们转向了算术运算指令的领域,学习了 ADD、SUB 等基础数学运算指令。这些指令不仅展现了汇编语言处理数学问题的能力,也为理解高级语言中类似操作的底层原理提供了钥匙。

最后,我们深入研究了各种寻址模式,探讨了直接寻址、间接寻址、变址寻址等不同的数据定位方式。这些寻址模式是理解内存中数据访问与操作的关键,对编写有效、高效的汇编代码至关重要。

　　通过本章的学习,我们希望读者不仅能够掌握汇编语言的这些基本指令和概念,还能感受到汇编语言的魅力,理解这些指令在计算机程序执行中的重要性。这不仅是探索汇编语言深奥世界的开始,也为编写更复杂和强大的汇编程序打下了坚实的基础。而这坚实的基础不仅可以让我们的技术具备更多的潜力与可塑性,还能让我们更好地响应国家号召,投身社会主义事业建设中。希望读者能够好好学习本章内容!

第 5 章 过　程

在计算机科学中,汇编语言是一种直接操作计算机硬件的语言,它为我们提供了对计算机底层操作的精细控制。在本章中,我们将深入探讨汇编语言中的关键概念和技术,主要集中在程序链接与链接库、堆栈机制以及过程的定义和使用上。在本章的学习过程中,我们不仅将学习研究汇编过程的技术细节,还将思考其中蕴含的价值观念和社会责任。

首先,我们将研究程序链接与链接库的基本原理。了解如何与外部库进行链接是编写大型程序时必不可少的一环。我们将探讨常见的链接库,以及与外部库链接的概念和技术,为构建模块化、可维护的程序奠定基础。

其次,我们将深入研究堆栈机制。堆栈是计算机内存中一个重要的数据结构,它在程序执行过程中扮演着关键角色。我们将学习运行时栈的概念和基本原理,以及如何使用PUSH 和 POP 指令来操作堆栈,实现数据的存储和检索。

最后,我们将探讨过程的定义和使用。过程是程序中一组相关操作的集合,它们可以被封装和重复利用,增强代码的可读性和可维护性。我们将学习过程声明伪指令 PROC、过程调用与返回指令 CALL 和 ERET 的使用方法,以及如何绘制流程图来展示程序的执行流程。同时,我们还将讨论寄存器的恢复和保存,以确保程序在调用过程后能够正确地返回原始状态。

通过本章的学习,读者将深入了解汇编语言中程序链接与链接库、堆栈机制以及过程的重要概念和技术,为读者在编写高效、可靠的汇编程序时提供必要的知识和技能。通过学习过程的定义和使用,读者将不仅能够培养良好的编程习惯和技能,还能够认识到个体在社会中的责任和使命,不断提升自我,为社会发展做出更大的贡献。

5.1　程序链接与链接库

5.1.1　链接库

链接库是一组预先编译的代码集合,通常包含了一系列可复用的函数或程序,目的是为开发者提供完成特定任务的现成工具。这些库可以是动态的(在程序运行时加载)或静态的(在程序编译时直接整合到程序中),它们提供了一种高效的方式来扩展应用程序的功能,无须从头开始编写所有代码。

在编写汇编语言程序时,链接外部库是一个关键的步骤,它能大幅提高编程效率并扩展程序的功能。通过使用外部库,程序员可以避免重复编写常用代码,并利用专业优化的库函数来提高程序的性能和可靠性。此外,外部库的使用还促进了代码的模块化和抽象。它允许开发者将复杂功能封装在简单的接口后面,从而使汇编程序更加简洁、易于维护,同时也便于跨平台部署和更新。

链接库分为静态链接库和动态链接库两大类。静态库(如 .lib 文件)在程序编译时被复制到最终的可执行文件中,这种方式简化了部署过程,因为最终的程序不依赖于外部的库文件。而动态库(如 .dll 或 .so 文件)则在程序运行时被加载,优势在于可以减小程序的初始大小,共享内存,以及更新库而不需要重新编译整个程序。

在接下来的学习过程中,我们将频繁使用两个特别的链接库:Irvine32.lib 和 Irvine16.lib。这些库为汇编语言的学习和实践提供了极大的便利和支持。这是两个专为教学目的而设计的库,广泛用于学习和教授 x86 汇编语言编程,为初学者提供了一系列简化的汇编语言编程任务的函数。

接下来,我们将通过一个简单的显示字符串函数 WriteString 讲解链接库的使用方法。

首先,在代码中包含 Irvine32.inc 文件:

```
include Irvine32.inc
```

然后,在.data 部分定义想要显示的字符串:

```
.data
message db 'Hello, world!', 0
```

最后,在.code 中调用字符串:

```
mov edx, OFFSET message
call WriteString
```

大家可能发现,我们之前讲解的链接库文件是 Irvine32.lib,但是在代码里导入的是 Irvine32.inc 文件,这是为什么呢?

Irvine32.inc 是一个包含文件,它提供了 Irvine32.lib 库中所有函数的声明和宏定义。在编写汇编程序时,使用 include Irvine32.inc 语句将这个文件的内容包含到源代码中。因此,在编译时,汇编器处理源代码,包括处理 include Irvine32.inc 引入的声明和宏。编译器根据这些信息生成中间的对象文件,这个文件中含有对库中函数的未解决引用。而 Irvine32.lib 是一个库文件,其中包含了实际的可执行代码。程序被编译成对象文件后,在链接阶段,链接器将引用这个库文件来解析程序中那些指向库函数的外部引用。因此在链接器接管后,将查找这些外部引用在 Irvine32.lib 中的对应实现,将它们与对象文件合并,生成最终的可执行文件。

在 MASM32 中,链接器的使用是通过 link 命令实现的:

```
link /subsystem:console example.obj Irvine32.lib kernel32.lib user32.lib /out:
example.exe
```

此时,在控制台运行程序,就会输出 Hello, world!了。

5.1.2 常见链接库

在我们的学习中,我们最常用的链接库是 Irvine32.lib 和 Irvine16.lib,接下来我们将讲解这些库中的常用过程。过程是汇编语言中的术语,其功能类似于高级语言的函数,过程是一种方式,通过它可以将代码组织成单独的模块或单元,每个单元执行一个特定的任务。这种组织方式不仅使代码更易于理解和维护,还可以提高代码的重用性。

Irvine32.lib 是为 32 位处理器设计的库,特别是为运行在 32 位 Windows 操作系统上的应用程序。这个库利用 32 位处理器的功能,提供了一系列用于教学的程序接口和功能,Irvine16.lib 则是为 16 位处理器设计的库,但是它依旧使用了 32 位寄存器。接下来我们将介绍它们的常见过程。

1. CloseFile

此过程用于关闭一个打开的文件。文件是以文件句柄标识的,文件句柄是一个用于标识打开的文件的抽象概念。它通常由操作系统提供,用于代表一个特定的文件资源。文件句柄可以被视作一个指向文件的引用或指针,程序通过它可以访问文件的内容、属性或进行其他操作。

此过程在 eax 寄存器中读取文件句柄,如果成功执行,那么 eax 寄存器将返回非零值。同时,此过程仅存在在 Irvine32.lib 中,而不在 Irvine16.lib 中。

```
mov eax, fileHeadle
call CloseFile
```

2. Clrscr

此过程用于清除控制台窗口的内容,通常和 WaitMsg 过程同时使用。WaitMsg 用于暂停程序,防止清除内容前用户错过有用信息。

```
call WaitMsg
call Clrscr
```

3. ReadInt

此过程用于从控制台读取一个整数值。它没有参数,而是直接从标准输入读取数字,并将其作为整数返回在 EAX 寄存器中。这个过程简化了从用户那里获取整数输入的过程,使汇编程序能够轻松集成用户交互功能。

```
call ReadInt
mov ebx, eax
```

4. RandomRange

此过程用于生成一个指定范围内的随机数。调用前,需要在 EAX 寄存器中设置范围的上限。返回的随机数将存储在 EAX 寄存器中。此过程是实现基于随机数逻辑的理想选择。

```
mov eax, 100
call RandomRange
```

```
mov ebx, eax
```

5. OpenFile

此过程用于打开一个文件,其文件名地址应放在 EDX 寄存器中。如果操作成功,文件句柄将返回在 EAX 寄存器中,否则返回值为一1。这允许程序动态地访问和修改文件,和 CloseFile 一样,OpenFile 也是进行文件操作时的基础。

```
.data
filename db "data.txt", 0
.code
mov edx, OFFSET filename
call OpenFile
mov fileHandle, eax;
```

6. SetTextColor

此过程用于设置控制台窗口中文本的颜色。在调用此过程之前,应将想要设置的颜色代码放入 EAX 寄存器中。这使得程序可以根据需要动态地改变文本颜色,以增强用户界面的视觉效果。

```
mov eax, 2
call SetTextColor
```

7. ReadString

此过程用于从标准输入读取一个字符串。在调用之前,需要在 EDX 寄存器中放置字符串的存储地址,并在 ECX 寄存器中设置最大字符数。这个过程简化了从用户输入接收文本的流程,特别是处理用户的交互输入。

```
.data
userInput db 100 dup(0)
.code
lea edx, userInput
mov ecx, 100
call ReadString
```

8. Delay

此过程用于在程序中引入延迟,延迟的时间通过 EAX 寄存器以毫秒为单位提供。这个过程在需要暂停程序执行一段指定时间时非常有用,例如在用户交互或动画显示中。

```
mov eax, 5000
call Delay
```

9. DumpMem

此过程用于显示内存中特定区域的内容。在调用此过程之前,程序应在 ESI 寄存器中指定内存区域的起始地址,并在 ECX 寄存器中指定要显示的字节数。通过此过程,开发者可以查看和验证内存中的数据状态,这对于调试程序非常有用。

```
.data
startAddress dd offset someData    ; someData 是之前定义的数据
numBytes dd 100
.code
mov esi, startAddress
mov ecx, numBytes
call DumpMem
```

10. DumpRegs

此过程用于显示当前所有寄存器的状态,包括通用寄存器、段寄存器、指令指针和标志寄存器。此过程不需要任何参数,调用后会在控制台输出寄存器的当前值。这个过程主要用于调试,帮助理解程序的运行状态和寄存器之间的交互。

```
call DumpRegs
```

11. WriteBin

此过程用于将一个寄存器中的值以二进制格式输出到控制台。在调用此过程之前,程序应将要显示的值放在 EAX 寄存器中。这种方式特别适用于需要查看或展示数据的二进制表示的教学或调试场景。

```
mov eax, 0x1234
call WriteBin
```

12. WriteChar

此过程用于在控制台输出一个字符。字符应放在 AL 寄存器中。这个过程通常用于输出单个字符或构建更复杂的基于字符的界面。

```
mov al, 'A'
call WriteChar
```

13. WriteDec

此过程用于将一个整数以十进制格式输出到控制台。整数值应该放在 EAX 寄存器中。这是在控制台显示整数值时的常用方法,尤其是在需要以用户可读的格式展示数字时。

```
mov eax, 123
call WriteDec
```

14. WriteHex

此过程用于将一个整数以十六进制格式输出到控制台。整数值应放在 EAX 寄存器中。使用十六进制格式显示数据可以更方便地理解和分析程序中的地址和其他以位为单位的数据。

```
mov eax, 0x1A3F
call WriteHex
```

15. WriteInt

此过程用于在控制台窗口输出一个整数。整数值应先放入 EAX 寄存器中。调用此过程后,整数将以十进制格式打印到控制台,常用于输出计算结果或状态信息。

```
mov eax, 12345
call WriteInt
```

16. WriteString

此过程用于在控制台窗口输出一个字符串。字符串必须以 null 字符结尾,并且其地址应该放在 EDX 寄存器中。调用此过程会将字符串直接打印到控制台窗口,常用于显示消息或程序输出。

```
.data
message db "Hello, world!", 0
.code
mov edx, OFFSET message
call WriteString
```

本节习题

(1) 什么是程序链接? 它的作用是什么?

(2) 请简要说明静态链接和动态链接的区别,并举例说明各自的优点和缺点。

(3) 外部库链接的概念是什么? 它如何帮助程序员提高开发效率?

(4) 简述链接库是如何在程序编译和执行过程中被使用的。

(5) 简述链接器的作用和功能。它是如何将程序与外部库链接起来的?

(6) 列举几种常见的链接库,例如标准 C 库(libc)、数学库(math)、图形库(graphics)等,并说明它们的用途。

(7) 选择一个常见的外部库,例如标准 C 库,简述该库提供了哪些常用的函数和功能。

5.2 堆栈机制

堆栈机制在汇编语言编程中是一个核心概念,它对于函数调用、局部变量存储、参数传递以及程序执行状态的保存和恢复都至关重要。堆栈是一种特殊的数据结构,是一种后进先出的结构。在汇编语言中,堆栈主要是指运行时栈,其操作主要通过栈指针寄存器 ESP 进行管理。

5.2.1 运行时栈

运行时栈主要有两个基本操作:压栈操作和出栈操作。

1. 压栈操作

压栈操作是将数据元素放入栈顶的过程。在汇编语言中,这通常是通过减少栈指针 ESP 的值来完成的,因为栈在内存中是向下增长的。每次执行压栈操作时,栈指针首先向下移动一定数量的字节,然后将数据复制到栈指针指向的新位置上。这样可以确保后进入栈的元素始终位于栈顶,可以被最先访问和修改。

2. 出栈操作

出栈操作是从栈中移除元素的过程,通常是指从栈顶开始。在汇编语言中,进行出栈操作时,首先从当前栈指针指向的位置读取数据,然后栈指针会增加相同的字节数,向上移动回到之前的状态。出栈操作后,原先位于栈顶的数据被移除,允许访问在此之前压入栈的下一个元素。

3. 堆栈的使用场景

- **函数调用与返回**:在函数调用时,返回地址和函数的参数通常被压入栈中。当函数执行完成后,通过出栈操作来恢复这些返回地址和参数,保证程序能够返回正确的位置继续执行。

- **局部变量的存储**:函数的局部变量也经常存储在栈上。这使得每次函数调用时都有一个清晰的局部作用域,函数执行完毕后,这些局部变量可以简单地通过调整栈指针来丢弃。

- **程序执行状态的保存和恢复**:在进行诸如上下文切换这类操作时,程序的当前状态可以被保存到栈中,以便之后可以恢复到相同的状态继续执行。

5.2.2 PUSH、POP 指令

1. PUSH 指令

PUSH 指令的操作流程分为两步:①减小 ESP 的值;②将一个 16 位或 32 位的源操作数复制到堆栈上。如果源操作数为 16 位,ESP 的值将减小 2;如果源操作数为 32 位,ESP 的值将减小 4。PUSH 指令具有以下 3 种格式:

```
PUSH r/m16
PUSH r/m32
PUSH imm32
```

如果程序在调用 Irvine32 中的库过程,应该总是会复制 32 位值,否则在库中使用的 Win32 控制台函数将不能正常运行。如果程序调用的过程来自 Irvine16 的库(实地址模式下),则能够复制 16 位或 32 位数。

在保护模式下的立即数总是 32 位的。在实地址模式下,如果没有使用.386 及更高的处理器伪指令,立即数则默认为是 16 位的。

2. POP 指令

POP 指令的操作流程同样分为两步:①将 ESP 所指的堆栈元素复制到 16 位或 32 位的目的操作数中;②增加 ESP 的值。此时,如果操作数为 16 位,则 ESP 值将加 2;如果操作数为 32 位,则 ESP 值将加 4。POP 指令具有以下 2 种格式:

```
POP r/m16
POP r/m32
```

3. PUSHFD 和 POPFD 指令

PUSHFD 指令会在堆栈上压入 32 位的 EFLAGS 寄存器的值,POPFD 指令则会从堆

栈顶部弹出一个 32 位的值并将其送至 EFLAGS 寄存器中,它们的指令格式如下:

```
pushfd
popfd
```

实地址模式下的程序使用 PUSHF 指令会在堆栈上压入 16 位的 FLAGS 寄存器的值;使用 POPF 指令则会从堆栈顶部弹出一个 16 位的值并将其送至 FLAGS 寄存器中。

MOV 指令不能将标志寄存器的值复制到变量或寄存器中。因此,使用 PUSHFD 指令就是保存标志寄存器的最佳方式。在某些情况下,进行保存标志的备份以便后续进行恢复和使用是很有必要的。这通常可以用 PUSHFD 和 POPFD 指令将原本的一块指令包围起来:

```
pushfd                          ; 保存标志
;
; 这里是任意语句……
;
popfd                           ; 恢复标志
```

在使用这种类型的标志压栈和标志出栈指令时,程序的执行路径不能跳过 POPFD 指令。随着时间的推移,再修改程序时将很难记清所有的压栈和出栈指令的位置。因此,编写准确的文档是非常关键的。

如果在一些特殊场景下可以允许少量的错误,那么完成同样功能的方法还有将标志保存在变量中:

```
.data
saveFlage DWORD ?
.code
pushfd                          ; 标志入栈
pop saveFlags                   ; 将保存的标志入栈
popfd                           ; 恢复标志
```

4. PUSHAD、PUSHA、POPAD 和 POPA 指令

PUSHAD 指令在堆栈上按照以下顺序将数值压入所有的 32 位通用寄存器:EAX,ECX,EDX,EBX,ESP,EBP,ESI 和 EDI。其中,ESP 中是执行 PUSHAD 指令之前的值。POPAD 指令则以相反顺序从堆栈中弹出这些通用寄存器。与此类似,80286 处理器引入的 PUSHA 指令按照以下顺序将数值压入所有的 16 位寄存器:AX,CX,DX,BX,SP,SI 和 DI。POPA 指令则以相反顺序弹出这些寄存器。

如果在一个过程中修改了很多 32 位寄存器,那么可以在过程的开始和结束分别用 PUSHAD 和 POPAD 指令保存和恢复寄存器的值。下面以一个代码片段为例:

```
MySub PROC
    pushad                      ; 保存通用寄存器的值
    .
    .
    mov eax, …
    mov edx, …
    mov ecx, …
```

```
        .
        popad                           ; 恢复通用寄存器的值
        ret
MySub ENDP
```

对于以上这个例子，存在一种特殊情况：当过程通过一个或多个寄存器返回结果时，不应该使用 PUSHA 或 PUSHAD 指令。在下面这个例子中，ReadValue 过程想要通过 EAX 返回一个整数，但对 POPAD 的调用将会覆盖 EAX 中的返回值：

```
ReadValue PROC
        pushad                          ; 保存通用寄存器
        .
        .
        mov eax, return_value
        .
        .
        popad                           ; 覆盖了 EAX!
        ret
ReadValue ENDP
```

例题 5-1：反转字符串

RevStr.asm 程序循环遍历字符串并把每个字符都压入堆栈，然后按相反的顺序从堆栈中弹出字符，并保存在原本的字符串变量中。因为堆栈是一个 LIFO(后进先出)的结构，所以字符串中的字符顺序就被反转了：

```
TITLE Reversing a String    (RevStr.asm)
INCLUDE Irivine32.inc
.data
aName BYTE "Happy New Year", 0
nameSize = ($ - aName) - 1
.code
main PROC
; 把 aName 中的每个字符都压入堆栈
        mov ecx, nameSize
        mov esi, 0
L1: movzx eax, aName[esi]                ; 取一个字符
        push eax                         ; 压入堆栈
        inc esi
        loop L1
; 从堆栈中按反序弹出字符
; 并存储在 aName 数组中
        mov ecx, nameSize
        mov esi, 0
L2: pop eax                              ; 取一个字符
        mov aName[esi], al               ; 保持在字符串中
        inc esi
        loop L2
; 显示 aName
        mov edx, OFFSET aName
```

```
        call WriteString
        call Crlf
        exit
main ENDP
End main
```

本节习题

（1）简述堆栈的概念及其在计算机中的作用。

（2）运行时栈与编译时栈有何区别？它们各自的作用是什么？

（3）描述堆栈是如何在程序执行过程中被使用的。

（4）简述堆栈是如何实现后进先出（LIFO）的数据结构的。

（5）简述 PUSH 指令的概念和语法规则。它是如何将数据压入堆栈的？

（6）简述 POP 指令的概念和语法规则。它是如何从堆栈中弹出数据的？

（7）编写一段代码，使用 PUSH 指令将数据 1、2、3 依次压入堆栈，并使用 POP 指令将其弹出并存储到变量中。

（8）设计一个简单的函数调用过程，包括参数的传递和局部变量的分配，使用 PUSH 和 POP 指令模拟堆栈操作。

5.3 过程的定义和使用

读者如果学过其他的高级程序设计语言，就会明白将程序分成子程序的作用。任何复杂的问题能够被理解、实现和有效测试的基础是首先被分解为一系列的任务。在汇编语言中，一般使用术语"过程"（procedure）表示子程序。在其他语言中，子程序会被称为方法或函数。

对于面向对象的程序设计，一个类中的函数或方法可以视为被封装在一个汇编语言模块中的过程和数据的集合。由于汇编语言的发明远早于面向对象的程序设计语言，因此在汇编语言中并没有某些高级语言中的正式结构。如果想要使用类似的结构，必须由程序员来主动定义。

5.3.1 过程的概念

过程可以被非正式地定义为以返回语句结束的命名语句块。在汇编语言中，过程是一种用来封装一段代码以便于重复使用的结构。它们允许程序员将大的程序分解成较小的、更容易管理的部分，每个部分都将执行特定的任务。

过程是在汇编代码中定义的，通常以一个标签开始，以 RET 指令结束。过程中可以包含任何正常的指令，包括对其他过程的调用。其他部分的代码可以通过 CALL 指令调用过程。当过程被调用时，程序执行流会跳转到过程的起点，执行其内部代码，然后通过 RET 指令返回到调用它的地方。

当过程被调用时，返回地址被压入调用者的栈中。过程还会使用栈来保存寄存器的值，这些寄存器可能会在过程中被修改，但调用者希望它们的值在过程调用后保持不变。此外,过程也通过栈来接收参数和返回结果。

过程可以在栈上分配空间用于局部变量。局部变量只在过程的上下文中存在,过程结束时通常会被清除。此外,过程还可以递归地调用自己。由于每次递归调用都有自己的返回地址和局部变量,这种方法通常用于解决可以分解为多个相似子问题的问题。

5.3.2　过程声明伪指令

过程使用 PROC 和 ENDP 伪指令来声明,另外还必须给过程定义一个有效的标识符作为过程的名字。到现在为止,我们所写的所有程序都包含一个名为 main 的过程,如:

```
main PROC
.
.
main EDNP
```

程序启动过程之外的其他过程都应以 RET 指令来结束,以强制 CPU 返回到过程被调用的地方:

```
sample PROC
    .
    .
    ret
sample ENDP
```

启动过程则是一个特例,它以 exit 语句结束。如果程序中使用了 INCLUDE Irevine32.inc 语句,那么 exit 语句实际上就是对 ExitProcess 函数的调用,ExitProcess 是用来终止程序的系统函数:

```
INVOKE ExitProcess, 0
```

如果在程序中使用了 INCLUDE Irvine16.inc 语句,那么 exit 会被翻译成.EXIT 伪指令。汇编器为.EXIT 生成下面两条语句:

```
mov ah, 4C00h                ; 调用 MS-DOS 的 4C00h 功能
int 21h                      ; 终止程序
```

例题 5-2:三个整数之和

我们创建一个名为 SumOf 的过程来计算 3 个 32 位整数之和。现在,EAX、EBX、ECX 寄存器中已经存放了合适的整数,过程将在 EAX 中返回和:

```
SumOf PROC
    add eax, ebx
    add eax, ecx
    ret
SumOf ENDP
```

为程序添加清晰易读的文档是程序员始终应该保持的良好习惯。下面是对放在每个过程开始处文档信息的几个建议:

• 描述该过程完成的所有任务。

- 用 Receives 等标记注明过程的输入参数清单及使用方法。
- 用 Returns 等标记注明过程的返回值。
- 用 Requires 等标记注明过程的前提,也就是调用过程之前必须满足的特殊条件。

5.3.3 过程调用与返回指令

1. 过程调用

过程调用是实现代码模块化和复用的一种重要手段。通过定义和使用过程,我们可以将复杂的程序任务分解为一系列相对简单的子任务,并在需要时调用这些子任务。这样不仅可以提高代码的可读性和可维护性,还可以减少代码冗余,提高程序的执行效率。

过程调用涉及两个主要部分:调用者和被调用者(即过程本身)。调用者通过执行特定的指令来发起过程调用,将控制权转交给被调用者。被调用者执行其定义的任务,并在完成后返回控制权给调用者。这个过程通常涉及参数的传递和返回值的处理。

1) 过程调用过程中参数的传递

在过程调用中,调用者通常需要向被调用者传递一些数据作为参数。这些参数可以是常量、变量或表达式的结果。汇编语言提供了多种传递参数的方式,如通过寄存器、堆栈或内存地址等。

2) 过程调用过程中返回值的处理

被调用者在执行完任务后,可能需要向调用者返回一个结果或状态信息。这个返回值可以通过寄存器或内存地址等方式返回给调用者。调用者在接收到返回值后,可以根据需要进行进一步的处理或判断。

3) 过程调用过程的实现

具体的汇编指令和语法因目标平台的架构而异。但一般来说,过程调用的实现涉及以下几个步骤:

(1) **保存现场**:在调用过程之前,调用者需要保存当前执行环境的状态,以便在过程返回后能够正确恢复执行。

(2) **传递参数**:调用者将参数传递给被调用者。

(3) **跳转到过程**:通过跳转指令将控制权转交给被调用者。

(4) **执行过程**:被调用者执行其定义的任务。

(5) **返回结果**:被调用者将结果返回给调用者。

(6) **恢复现场**:在过程返回后,调用者恢复之前保存的执行环境状态,并继续执行后续的代码。

2. 子程序调用

子程序是一段独立于主程序的代码,专门用于实现特定的功能。当主程序(通常称为调用程序或 Caller)需要执行这些功能时,它会通过调用指令(如 CALL 指令)来启动子程序(或称为被调用程序 Callee)的执行。一旦调用发生,程序的控制流就会跳转到子程序的起始位置,并按照子程序中的指令序列执行。

子程序完成其任务后,通常使用返回指令(如 RET 指令)来结束执行,并将控制权交还给主程序。此时,程序的控制流会返回到调用子程序时的下一条指令,主程序得以继续执行后续的任务。

通过这种方式，子程序不仅实现了代码的模块化，使得程序结构更加清晰，同时也提高了代码的重用性，减少了冗余，并增强了程序的可维护性。在复杂的程序中，子程序的合理使用对于提升编程效率和加强程序性能至关重要。

3. CALL 和 RET 指令

CALL 指令是汇编语言中用于调用过程的指令，它指示处理器跳转到新的内存地址开始执行指令，从而实现过程的调用。当过程执行完毕后，使用 RET 指令（即从过程返回）来指示处理器返回到调用过程的地方继续执行。

从底层细节来看，CALL 指令的执行涉及两个关键步骤。首先，它会将当前的返回地址（即 CALL 指令之后的下一条指令的地址）压入堆栈中，以便在过程返回时使用。接着，它会将被调用过程的地址复制到指令指针寄存器中，通常是 EIP（扩展指令指针寄存器）在 32 位模式下，或 IP（指令指针寄存器）在 16 位模式下。这样，处理器就会开始执行被调用过程中的指令。当过程执行完毕，RET 指令负责将处理器返回到调用过程的地方。它会从堆栈中弹出之前保存的返回地址，并将其加载到 IP 中。这样，处理器就会继续执行 CALL 指令之后的下一条指令，从而恢复了程序的正常执行流程。

例题 5-3：调用和返回的例子

假设我们有一个简单的函数 my_function，它接收一个整数参数，并在执行过程中修改 EAX 和 EBX 寄存器。

```
mov eax,10                      ; 初始化一些寄存器的值,假设在调用函数时保护它们
mov ebx,20
push eax                        ; 保存 EAX 和 EBX 的值到堆栈
push ebx
; 准备调用 my_function 的参数,这里假设参数是立即数 5
mov eax,5                       ; 将参数放入 EAX 寄存器
call my_function
pop ebx
pop eax
;此时 EAX 和 EBX 的值应该被恢复到调用 my_function 之前的状态
;可以在这里继续执行主程序的其余部分...
my_function:
;在这里,我们可以看到 EAX 寄存器包含了传入的参数值 5
; my_function 可能会修改 EAX 和 EBX 的值,但我们不关心它们返回时的值
;因为调用者已经保存了这些值,并在返回后恢复了它们
inc eax                         ; EAX = EAX +1
            inc ebx             ;EBX =EBX+1
            ret
```

在调用 my_function 之前，我们首先将 EAX 和 EBX 寄存器的当前值压入堆栈以保存它们。然后，我们准备调用 my_function，将参数值放入 EAX 寄存器，并通过 call 指令进行调用。在 my_function 执行完毕后，我们通过 ret 指令返回到后面的代码，并从堆栈中弹出之前保存的 EBX 和 EAX 的值，以恢复它们的状态。

5.3.4 流程图

流程图是一种直观、图形化的表达方法,用于清晰地描述程序、操作或系统的工作流程。它采用一系列符号和带箭头的连线,将复杂的逻辑过程分解成简单、易于理解的步骤。每个图形或符号在流程图中代表一个特定的操作或判断,而箭头则指示了这些步骤之间的执行顺序和流向。图 5-1 列出了最常见的流程图图形的形状。

绘制流程图的规则如下:

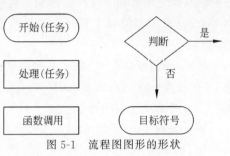

图 5-1 流程图图形的形状

(1) **明确目标**:在开始绘制流程图之前,首先要明确流程图的目的和所要表达的内容。这有助于确定所需的符号和步骤,以确保流程图能够准确地传达信息。

(2) **选择适当的符号**:流程图使用各种符号来表示不同的操作、判断或输入输出。根据流程图的类型和内容,选择适当的符号进行表示。常见的符号包括:矩形,表示普通步骤;菱形,表示判断或决策点;箭头,表示流程方向;椭圆形,表示开始或结束;等等。

(3) **按照逻辑顺序排列步骤**:流程图中的步骤应按照其逻辑顺序进行排列。确保箭头指向正确,以反映步骤之间的依赖关系和执行顺序。

(4) **简化流程**:尽量简化流程图,避免冗余和复杂的分支。如果流程图过于复杂,可能会导致读者难以理解。可以通过合并相似步骤、删除不必要的分支或使用子流程图来简化主流程图。

(5) **添加必要的注释**:在流程图中添加必要的注释,以解释符号、步骤或决策点的含义。这有助于读者更好地理解流程图的内容和逻辑。

(6) **检查一致性**:完成流程图后,仔细检查图中的符号、步骤和箭头是否一致,确保没有遗漏或错误。同时,检查流程图是否完整地表达了所需的内容,并符合实际需求。

5.3.5 寄存器的恢复和保持

当调用一个子程序或函数时,主程序中的某些寄存器状态可能会被改变,而这些改变可能会影响到主程序后续的执行。因此,在调用子程序之前,需要保存那些可能会被改变的寄存器状态,并在子程序返回后恢复它们。

1. 保存寄存器状态

在调用子程序之前,主程序需要保存那些可能会被子程序修改的寄存器的当前状态。这通常通过将这些寄存器的值压入堆栈(stack)来实现。堆栈是一种后进先出(LIFO)的数据结构,非常适合用于临时存储数据。

例如,假设我们有一个子程序,它可能会修改 EAX 和 EBX 寄存器的值。在调用这个子程序之前,我们可以这样保存它们的值:

```
push eax                    ; 保存 EAX 和 EBX 的值到堆栈
push ebx
call subroutine             ; 调用子程序
pop ebx                     ; 恢复 EAX 和 EBX 的值
pop eax
```

2. 恢复寄存器状态

当子程序执行完毕后,它通常会通过 ret 指令返回到调用它的地方。在返回之前,子程序应该确保它没有留下任何会影响主程序执行的寄存器状态。如果子程序修改了某些寄存器的值,并且这些值对主程序来说是重要的,那么子程序需要在返回之前恢复这些寄存器的值。

然而,在实际编程中,更常见的做法是让主程序在调用子程序之前保存这些寄存器的值,并在子程序返回后恢复它们。这样,子程序就不需要关心它修改了哪些寄存器,因为主程序会负责处理这些问题。

例题 5-4: 回车子程序

在 DOS 和 Windows 平台中,实现显示器光标回到下一行首位置需要输出回车 CR (ASCII 码 0DH,光标回到当前行首位置)、换行 LF (ASCII 码 0AH,光标移到下一行、列位置不变)两个控制字符,对应 C 语言输出"\n"字符。UNIX (Linux)平台只使用换行字符就可以使光标回到下一行首位置。

本例中子程序调用 2 号 DOS 字符输出功能实现回车。

```
dispcrlf      proc              ;回车换行子程序
push ax                         ;保护寄存器
push dx
mov dl,0dh                      ;输出回车字符
mov,ah,2
int 21h
mov dl,0ah
mov ah,2
int 21h
pop dx                          ;回复寄存器
pop ax
ret                             ;子程序返回
dispcrlf          endp
```

- 不是所有的寄存器都需要在每次调用子程序时保存和恢复。只有那些可能会被子程序修改的寄存器才需要这样做。
- 在多线程环境中,寄存器的保存和恢复变得更加复杂,因为不同线程可能会同时修改同一组寄存器。在这种情况下,可能需要使用更复杂的同步机制来确保线程安全。
- 在编写汇编代码时,要特别注意遵守所选平台的调用约定和规范,以确保代码的正确性和可移植性。

本节习题

(1) 简述过程的概念及其在程序中的作用。

(2) 过程调用和返回的基本原理是什么?为什么需要保存和恢复寄存器的状态?

(3) 简述 PROC 伪指令的作用和语法规则。

(4) 举例说明如何使用 PROC 伪指令来定义一个简单的过程。

（5）简述 CALL 和 RET 指令的作用和语法规则。它们是如何实现过程的调用和返回的？

（6）举例说明如何在程序中使用 CALL 和 RET 指令来调用和返回过程。

（7）简述流程图的概念和作用。它们在程序设计中的重要性是什么？

（8）描述绘制流程图的规则和常用符号。

（9）简述为什么在过程调用前需要保存寄存器的状态，以及为什么在过程返回后需要恢复寄存器的状态。

（10）说明如何使用堆栈来保存和恢复寄存器的状态。

（11）编写一个包含过程调用的简单程序，并绘制其流程图。

（12）设计一个过程，计算两个数的和，并在主程序中调用该过程。

5.4　汇编程序实例讲解

请编写一个程序，首先清除屏幕并把光标定位在屏幕的中间位置，然后提示用户输入两个整数，把它们相加并显示和。然后用上一题的程序作为起点，使用循环令其重复执行三次，每次重复之后清除屏幕。

首先，我们来编写一个汇编程序，实现清除屏幕、定位光标、提示用户输入两个整数、相加并显示和的功能，如 Code1 所示。

其次，我们来修改上面的代码，添加循环，使其能够重复执行三次，并在每次循环结束后清除屏幕，如 Code2 所示。

最后，让我们来解释一下这些代码的主要部分：

（1）main 过程包含了整个程序的主要功能。它首先将循环次数设置为 3，然后通过 L1 标签开始一个循环。在循环内部，程序首先清除屏幕并将光标定位在屏幕的中间位置，然后提示用户输入两个整数，并计算它们的和。之后，程序等待用户按下任意键继续，循环次数减 1，直到循环次数为 0 时退出循环。最后，程序返回退出。

（2）WaitMsg 过程用于提示用户按下任意键继续，它输出一个换行符并等待用户输入字符。

（3）CenterCursor 过程将光标定位在屏幕的中间位置，行为 12，列为 40。

以下就是完整的汇编代码，它实现了清除屏幕并在屏幕中央定位光标，然后提示用户输入两个整数，计算它们的和并显示，重复执行三次并在每次结束后清除屏幕。

Code1：

```
INCLUDE Irvine32.inc

.data
    message1 BYTE "Enter the first integer: ", 0     ; 提示用户输入第一个整数的消息
    message2 BYTE "Enter the second integer: ", 0    ; 提示用户输入第二个整数的消息
    sumMessage BYTE "The sum is: ", 0                 ; 显示和的消息
    newline BYTE 13, 10, 0                            ; 换行符
    buffer BYTE 20 DUP(?)                             ; 输入缓冲区
```

```
        firstInt DWORD ?                            ; 第一个整数
        secondInt DWORD ?                           ; 第二个整数
        sum DWORD ?                                 ; 和

    .code
    main PROC
        call Clrscr                                 ; 清除屏幕
        call CenterCursor                           ; 将光标定位在屏幕中央

        mov edx, OFFSET message1                    ; 提示用户输入第一个整数
        call WriteString
        call ReadInt                                ; 读取用户输入的第一个整数
        mov firstInt, eax

        mov edx, OFFSET message2                    ; 提示用户输入第二个整数
        call WriteString
        call ReadInt                                ; 读取用户输入的第二个整数
        mov secondInt, eax

        ; 计算两个整数的和
        mov eax, firstInt
        add eax, secondInt
        mov sum, eax

        mov edx, OFFSET sumMessage                  ; 显示和
        call WriteString
        mov eax, sum
        call WriteInt
        call Crlf                                   ; 换行

        call WaitMsg                                ; 等待用户按下任意键
        call Clrscr                                 ; 清除屏幕
        ret
    main ENDP

    WaitMsg PROC
        mov edx, OFFSET newline                     ; 提示用户按下任意键继续
        call WriteString
        call ReadChar                               ; 读取一个字符 (用户按键)
        ret
    WaitMsg ENDP

    CenterCursor PROC
        mov edx, 12                                 ; 行
        mov ecx, 40                                 ; 列
        call Gotoxy                                 ; 定位光标
        ret
    CenterCursor ENDP

    END main
```

Code2：

```
INCLUDE Irvine32.inc

.data
    message1 BYTE "Enter the first integer: ", 0    ; 提示用户输入第一个整数的消息
    message2 BYTE "Enter the second integer: ", 0   ; 提示用户输入第二个整数的消息
    sumMessage BYTE "The sum is: ", 0               ; 显示和的消息
    newline BYTE 13, 10, 0                          ; 换行符
    buffer BYTE 20 DUP(?)                           ; 输入缓冲区
    firstInt DWORD ?                                ; 第一个整数
    secondInt DWORD ?                               ; 第二个整数
    sum DWORD ?                                     ; 和
    count DWORD 3                                   ; 循环次数

.code
main PROC
    mov count, 3                                    ; 设置循环次数为 3

    L1:                                             ; 循环标签
        call Clrscr                                 ; 清除屏幕
        call CenterCursor                           ; 将光标定位在屏幕中央

        mov edx, OFFSET message1                    ; 提示用户输入第一个整数
        call WriteString
        call ReadInt                                ; 读取用户输入的第一个整数
        mov firstInt, eax

        mov edx, OFFSET message2                    ; 提示用户输入第二个整数
        call WriteString
        call ReadInt                                ; 读取用户输入的第二个整数
        mov secondInt, eax

        ; 计算两个整数的和
        mov eax, firstInt
        add eax, secondInt
        mov sum, eax

        mov edx, OFFSET sumMessage                  ; 显示和
        call WriteString
        mov eax, sum
        call WriteInt
        call Crlf                                   ; 换行

        call WaitMsg                                ; 等待用户按下任意键

        dec count                                   ; 计数器减 1
        cmp count, 0                                ; 检查循环次数
        jnz L1                                      ; 如果循环次数不为 0,则跳回 L1

    Exit:
```

```
                    ret
        main ENDP

        WaitMsg PROC
            mov edx, OFFSET newline                    ; 提示用户按下任意键继续
            call WriteString
            call ReadChar                              ; 读取一个字符(用户按键)
            ret
        WaitMsg ENDP

        CenterCursor PROC
            mov edx, 12                                ; 行
            mov ecx, 40                                ; 列
            call Gotoxy                                ; 定位光标
            ret
        CenterCursor ENDP

        END main
```

5.5 本章小结

在本章中,我们深入研究了汇编语言中的关键概念和技术,涵盖了程序链接与链接库、堆栈机制以及过程的定义和使用。在程序链接与链接库方面,我们了解了如何与外部库进行链接以及常见链接库的使用。堆栈机制的学习使我们能够理解运行时堆栈的概念,并掌握了PUSH和POP指令的使用方法。在过程的定义和使用方面,我们学习了如何使用PROC和ENDP伪指令声明命名代码块,并探讨了过程调用的机制,包括CALL和RET指令的作用。

本章首先介绍了本书附带的链接库,链接库使得用汇编语言处理输入输出更加容易一些。在库测试程序中,解释了Irvine32库中一些输入输出函数的用法。该程序生成并显示一系列随机数,同时展示了寄存器映像和内存映像,以各种形式展示整数以解释字符串的输入输出。

堆栈机制在本章中也得到了深入的探讨。运行时栈(runtimestack)是一个特殊的数组,用于存放临时地址和数据。ESP寄存器保存指向堆栈某位置的32位偏移值。堆栈是一种后进先出(LIFO)结构,常用于保存返回地址、过程参数、局部变量以及过程内部使用的寄存器。

在过程的定义和使用方面,本章介绍了使用PROC和ENDP伪指令声明命名代码块,并详细讨论了过程的调用和返回机制。CALL指令用于执行过程,而RET指令则用于从过程返回。本章还介绍了过程的嵌套调用,以及如何使用USES操作符来管理过程中被修改的寄存器。

最后,本章强调了良好的程序设计原则,包括使用功能分解进行程序设计,并且从一系列清晰的说明开始仔细设计程序,逐步填充过程的细节。

通过本章的学习,读者将深入了解链接库的使用、堆栈机制的原理以及过程的定义和使用,为编写高效、可维护的汇编程序奠定了坚实的基础。希望读者不仅能够掌握汇编语言的技术知识,还能够培养团结合作、责任意识和规范性意识,为将来的学习和工作打下基础,利用自己的专业知识和技能为我国计算机事业的发展做出贡献。

第 6 章

条件处理指令及程序结构

技术是国家发展的重要驱动力,而程序设计作为信息技术领域的核心,其发展和应用对于国家的现代化建设具有深远意义。在进行程序设计时,首先需要正确理解问题、分析要求,并选择合适的数据类型和数据结构,通过抽象或推导合理的实现算法,最终使用程序设计语言进行具体编码。按程序的书写顺序执行是一种常见的方式,但在实际应用中,我们经常需要根据条件选择不同的分支或者通过循环进行相同的处理。因此,程序具有顺序、分支和循环这 3 种基本结构,它们构成了程序设计的逻辑主线。

然而,汇编语言通常并不直接支持结构化程序设计,而是需要通过使用处理器控制转移类指令来实现分支、循环、调用等程序结构。这些控制转移类指令是处理器指令系统的基本指令,同时也是实现程序结构中分支、循环和调用的关键要素。

在本章中,我们将深入探讨条件处理指令和程序结构。首先,介绍 CPU 的状态标志及位操作类指令,为后续内容打下基础。随后,详细讨论顺序程序结构,使读者能够理解如何在汇编语言中实现基本的顺序执行。接着,深入分支程序结构,包括无条件转移指令和条件转移指令,以及单、双、多分支结构的实现方法。最后,探讨循环程序结构,包括循环指令、计数控制循环、条件控制循环以及多重循环的实现方法。

通过学习本章的内容,读者将能够更好地理解和运用汇编语言进行程序设计,充分利用处理器的控制转移类指令,实现高效的分支、循环和调用等程序结构。

6.1 状态标志和位操作类指令

本节将深入探讨状态标志和位操作类指令在汇编语言编程中的关键作用。汇编语言的核心概念之一是处理器状态标志和位操作指令的应用。我们将详细解释 CPU 状态标志的作用,以及如何通过位操作指令灵活掌控这些标志,实现有效的程序设计。逻辑运算作为条件处理的基石将受到重点关注,包括逻辑与、逻辑或、逻辑非等运算的实现方式。此外,关注 TEST 和 CMP 等条件判断和比较指令将为程序的分支和循环提供重要支撑。通过本小节的学习,读者将更熟练地应用状态标志和位操作指令,为编写精密高效的汇编程序打下坚实基础。

6.1.1 CPU 的状态标志

除了以标志为目的操作数的标志传送指令外,其他传送指令并不影响状态标志。也就是说,状态标志并不因为传送指令的执行而改变,所以之前并没有涉及状态标志问题。但现在需要了解它们了。状态标志一方面作为加减运算和逻辑运算等指令的辅助结果;另一方面又用于构成各种条件、实现程序分支,是汇编语言编程中用于程序结构控制的关键点。

1. 进位标志 CF

进(借)位标志(Carry Flag,CF)是处理器设计中的一种标志位,类似于十进制数据加减运算中的进位和借位,它主要用于表示二进制数据最高位的进位或借位情况。具体来说,当加法或减法运算结果的最高位产生进位或借位时,进位标志被设置为1(CF=1),否则设置为0(CF=0)。换句话说,如果加减运算后 CF=1,表示进行了进位或借位;如果 CF=0,则表示没有进位或借位。

举个例子,有两个 8 位二进制数 00111010 和 01111100,将它们相加的结果是 10110110。在这个运算过程中,没有产生最高位的进位,因此 CF 被设置为 0。但是如果 10101010 和 01111100 相加,结果是[1]00100110,则表示发生了最高位的进位(使用方括号表示)。所以,这个运算结果将导致 CF=1。

进位标志主要针对无符号整数运算,用来反映无符号数据加减运算是否超出范围以及是否需要利用进(借)位来得到正确的结果。一个 N 位无符号整数的范围是 $0 \sim 2^N-1$。如果相应位数的加减运算结果超过了该范围,就会产生进位或借位。

以前面的例子为例,二进制数 00111010+01111100=10110110。将它们转换成十进制表示是 58+124=182。运算结果 182 仍然在 0～255 内,没有产生进位,所以 CF=0。

而对于二进制数 10101010+01111100=[1]00100110,将它们转换成十进制表示是 170+124=294,即 256+38。运算结果 294 超出了 0～255 的范围,所以 CF 被设置为 1。这里,进位标志 CF=1 表示十进制数据 256。

2. 溢出标志 OF

水倒入茶杯时,如果超出茶杯容量,水会溢出,这表示容器不能容纳超过其容积的物体。同样地,处理器设计中的溢出标志(Overflow Flag,OF)用于表示有符号整数进行加减运算的结果是否超出范围。如果超出范围则发生溢出,溢出标志被设置为1(OF=1),否则设置为0(OF=0)。

溢出标志是设计用于有符号整数运算的,用来反映有符号数据加减运算结果是否超出范围。处理器通常使用补码表示有符号整数,一个 N 位补码可以表示的范围是从 -2^{N-1} 到 $+2^{N-1}-1$。如果有符号数运算结果超出这个范围,就会发生溢出。

以前面的例子为例,两个 8 位二进制数 00111010 和 01111100,按照有符号补码规则它们都是正整数,分别对应十进制数 58 和 124。将它们相加的结果是二进制数 10110110,对应十进制数 58+124=182。运算结果 182 超出了 -128 到 +127 的范围,发生了溢出,所以 OF=1。此外,根据补码规则,8 位二进制数 10110110 的最高位是 1,表示负数,因此溢出情况下的运算结果是错误的。

对于二进制数 10101010,最高位是 1,按照补码规则表示负数,对其取反加 1 可以得到绝对值,即表示十进制数 -86。将它与二进制数 01111100(十进制数 124)相加,结果是 [1]00100110。由于进行有符号数据运算,没有考虑无符号运算中的进位,00100110 才是正确的结果:38(-86+124)。运算结果 38 没有超出 -128 到 +127 的范围,所以 OF=0。因此,有符号数据进行加减运算时,只有在没有溢出的情况下才是正确的。

需要注意的是,溢出标志 OF 和进位标志 CF 是两个具有不同含义的标志。进位标志表示无符号整数运算结果是否超出范围,超出范围后加上进位或借位的运算结果仍然是正确的;而溢出标志表示有符号整数运算结果是否超出范围,超出范围后的运算结果是不正确的。当处理器对两个操作数进行运算时,根据无符号整数求得的结果设置进位标志 CF,同时根据超出有符号整数范围与否设置溢出标志 OF。程序员可以根据需要决定使用哪个标志。换句话说,如果将参与运算的操作数视为无符号数,则应关注进位;如果视为有符号数,则要注意是否发生溢出。

处理器利用异或门等电路判断运算结果是否发生溢出。根据处理器硬件方法或之前的原则进行判断会比较复杂。这里提供一个简单的规则:只有在两个相同符号数相加(包括两个不同符号数相减)时,运算结果的符号与原数据符号相反,才会发生溢出,因为此时的运算结果显然是不正确的。其他情况下,不会发生溢出。

3. 其他状态标志

ZF(Zero Flag)用于判断运算结果是否为 0,如果结果是 0,则 ZF＝1,否则 ZF＝0。例如,对于 8 位二进制数 00111010 和 01111100 进行相加得到 10110110,结果不是 0,所以设置 ZF＝0。另外,如果对于 8 位二进制数 10000100 和 01111100 进行相加得到 100000000,除去进位后的结果是 0,所以这个运算结果将使得 ZF＝1。需要注意的是,ZF＝1 表示结果是 0。

SF(Sign Flag)用于判断运算结果是正数还是负数。通过符号位可以判断数据的正负,因为符号位是二进制数的最高位,所以运算结果的最高位(符号位)就是 SF 的状态。如果结果的最高位是 1,则 SF＝1;否则 SF＝0。例如,对于 8 位二进制数 00111010 和 01111100 进行相加得到 10110110,结果的最高位是 1,所以设置 SF＝1。另外,对于 8 位二进制数 10000100 和 01111100 进行相加得到 100000000,最高位是 0(进位不是最高位),所以这个运算结果将使得 SF＝0。需要注意的是,SF 标志仅仅用于表示结果的符号。

PF(Parity Flag)用于判断运算结果中"1"的个数是偶数还是奇数,便于实现奇偶校验。如果结果中"1"的个数为偶数,则 PF＝1;如果为奇数,则 PF＝0。例如,对于 8 位二进制数 00111010 和 01111100 进行相加得到 10110110,结果中"1"的个数为 5 个,是奇数,所以设置 PF＝0。另外,对于 8 位二进制数 10000100 和 01111100 进行相加得到 100000000,除去进位后的结果为 0,所以这个运算结果将使得 PF＝1。需要注意的是,PF 标志只反映最低 8 位中"1"的个数的奇偶性,即使进行 16 位或 32 位的操作,也同样适用。

AF(Auxiliary Carry Flag),现在称为调整标志,用于反映加减运算时低 4 位是否发生进位或借位。如果低 4 位有进位或借位,则 AF＝1;否则 AF＝0。这个标志主要由处理器内部使用,用于十进制算术运算的调整指令,用户一般无须关心。例如,对于 8 位二进制数 00111010 和 01111100 进行相加得到 10110110,低 4 位有进位,所以 AF＝1。

6.1.2　逻辑运算指令

计算机中最基本的数据单位是二进制位,可以使用指令系统设计对其进行位控制操作。为了进行一位或者若干位的操作,可以使用位操作类指令。逻辑运算是逻辑代数的基本运算,就像数学中的算术运算一样。逻辑与门电路、逻辑或门电路和逻辑非门电路是数字电路中最基本的物理器件。

1. 逻辑与指令 AND

逻辑与运算的规则是,当两个逻辑位同时为 1 时,结果为 1;否则,结果为 0。逻辑与运算类似于二进制的乘法,只有当两个逻辑位都为 1 时,结果才为 1。逻辑与通常用符号"·"表示,在逻辑代数中常用字母"A"表示逻辑与。真值表是用来描述逻辑与的输入与输出关系的功能表。表 6-1 是逻辑与的真值表。真值表是数字逻辑中经常采用的表达输入与输出关系的功能表。

表 6-1　逻辑与的真值表

输　入		输　出
A	B	T
0	0	0
0	1	0
1	0	0
1	1	1

逻辑与指令 AND 将两个操作数按位进行逻辑与运算,结果返回目的操作数,格式如下:

```
and reg,imm/reg/mem                    ;逻辑与:reg=reg /\ imm/reg/mem
and mem,imm/reg                        ;逻辑与:mem=mem /\ imm/reg
```

AND 指令可以操作寄存器和存储单元作为目的操作数,而立即数、寄存器和存储单元可以作为源操作数,但目的操作数和源操作数中不能同时都是存储器操作数。当执行 AND 指令时,它会设置标志位 CF 和 OF 为 0,根据结果按照定义来影响标志位 SF、ZF 和 PF。

2. 逻辑或指令 OR

逻辑或运算的规则是,进行逻辑或运算的两个位如果有一个或者两个都是逻辑 1,则结果为 1;否则,结果为 0。逻辑或运算类似于二进制的无进位加法,只要其中至少一个位是 1,结果就为 1。在逻辑代数中,通常使用符号"∨"表示逻辑或,用字母"V"表示逻辑或。表 6-2 给出了逻辑或的真值表。

表 6-2　逻辑或的真值表

输　入		输　出
A	B	T
0	0	0
0	1	1
1	0	1
1	1	1

逻辑或指令 OR 将两个操作数按位进行逻辑或运算,结果返回目的操作数,格式如下:

```
or reg,imm/reg/mem                          ;逻辑或:reg=reg∨imm/reg/mem
or mem,imm/reg                              ;逻辑或:mem=mem∨imm/reg
```

OR 指令可以操作寄存器和存储单元作为目的操作数,而立即数、寄存器和存储单元可以作为源操作数,但目的操作数和源操作数中不能同时都是存储器操作数。当执行 OR 指令时,它会设置标志位 CF 和 OF 为 0,根据结果按照定义来影响标志位 SF、ZF 和 PF。

3. 逻辑非指令 NOT

逻辑非运算是针对单个位进行求反操作的,其规则是将原本为 0 的位变成 1,将原本为 1 的位变成 0。因此,逻辑非运算也被称为逻辑反。在逻辑代数中,通常使用加上画线的方式表示进行求反操作,而一般使用符号"～"表示逻辑非。表 6-3 展示了逻辑非运算的真值表。在数字电路中,通常使用一个小圆圈来表示求反操作或者表示低电平有效。

表 6-3　逻辑非的真值表

输　　入	输　　出
A	T
0	1
1	0

逻辑非指令 NOT 是单操作数指令,按位进行逻辑非运算,结果返回目的操作数,格式如下:

```
not reg/mem                                 ;逻辑非:reg/mem=~reg/mem
```

NOT 指令支持的操作数是寄存器和存储单元,不影响标志位。

4. 逻辑异或指令 XOR

逻辑异或运算规则是,当进行逻辑异或运算的两位相同时,结果为 0;当进行逻辑异或运算的两位不同时,结果为 1。换句话说,逻辑 0 和逻辑 0 相异或的结果为 0,逻辑 0 和逻辑 1 相异或的结果为 1,逻辑 1 和逻辑 0 相异或的结果为 1,逻辑 1 和逻辑 1 相异或的结果为 0。这个规则类似于不考虑进位的二进制加法,因此也称为逻辑半加。在逻辑代数中,通常使用⊕符号表示逻辑异或运算。如表 6-4 所示,该表呈现了逻辑异或运算的真值表。

表 6-4　逻辑异或真值表

输　　入		输　　出
A	B	T
0	0	0
0	1	1
1	0	1
1	1	0

逻辑异或指令 XOR 将两个操作数按位进行逻辑异或运算,结果返回目的操作数。XOR 指令支持的操作数组合、对标志的影响与 AND、OR 指令一样。格式如下:

```
xor reg,imm/reg/mem        ;逻辑异或:reg= reg ⊕ imm/reg/mem
xor mem,imm/reg            ;逻辑异或:mem=mem ⊕ imm/reg
```

例题 6-1:逻辑运算程序

```
;数据段
varA    dw 0101010101001101b
dw 0011010111100001b
varT1        dw?
varT2        dw?
;代码段
mov ax,var                 ;AX=0101010101001101B
not ax                     ;AX=1010101010110010B
and ax,varB                ;AX=0010000010100000B
mov bx,varB                ;BX=0011010111100001B
not bx                     ;BX=1100101000011110B
and bx,varA                ;BX=0100000000001100B
or ax,bx                   ;AX=0110000010101100B
mov varT1,ax
;
mov ax,varA
xor ax,varB                ;AX=0110000010101100B
mov varT2,ax
```

基本的逻辑运算是与、或、非,逻辑异或可以书写成如下逻辑表达式:

AB=A·B̄+Ā·B

本例程序的前一段(8 条指令)将 VARA 和 VARB 表达的逻辑变量按照上述公式的右侧进行运算,结果保存在 VART1 中。接着用异或指令实现 VARA 和 VARB 的异或运算,将结果保存在 VART2。所以本例程序运行后 VART1 和 VART2 的内容相同。

逻辑运算指令除可进行逻辑运算外,还经常用于设置某些位为 0、1 或求反。AND 指令可用于复位某些位(同"0"与),但不影响其他位(同"1"与)。OR 指令可用于置位某些位(同"1"或),而不影响其他位(同"0"或)。XOR 指令可用于求反某些位(同"1"异或),而不影响其他位(同"0"异或)。

6.1.3 测试指令 TEST

测试指令 TEST 将两个操作数按位进行逻辑与运算,格式如下:

```
test reg,imm/reg/mem       ;逻辑与:reg /\ imm/reg/mem
test mem,imm/reg           ;逻辑与:mem/\imm/reg
```

TEST 指令的作用是进行逻辑与操作,并根据结果设置状态标志,而不将逻辑与的结果返回。该指令通常用于检测条件是否满足,但不会改变原操作数的值,类似于 AND 指令。与 CMP 指令相似,TEST 指令通常结合条件转移指令使用,通过测试条件来选择不同的分支,其目的是根据条件进行跳转。

6.1.4　比较指令 CMP

比较指令 CMP(Compare)进行减法运算,将源操作数从目的操作数中减去,但不会将差值保存到目的操作数中,只会根据减法的结果来影响状态标志。CMP 指令的格式如下:

```
cmp reg,imm/reg/mem                        ;减法:reg-imm/reg/mem
cmp mem,imm/reg                            ;减法:mem-imm/reg
```

CMP 指令通过执行减法运算来影响状态标志,通过查看状态标志的值可以得知两个操作数的大小关系。该指令主要用于为条件转移等指令提供状态标志。

本节习题

(1) 使用逻辑运算指令 OR 和 AND 的主要区别是什么?

(2) 执行 NOT 指令对操作数的影响是什么?

(3) 异或运算(XOR)在逻辑运算中的特点是什么?

(4) 比较指令 CMP 的主要作用是什么?

(5) 比较指令 CMP 和逻辑运算指令的主要区别是什么?

(6) 假设寄存器 AX 的值为 0x3A5B,BX 的值为 0x7F81,执行 OR AX,BX 指令后,AX 的值为多少?

(7) 假设寄存器 AX 的初始值为 0x5C72,BX 的初始值为 0xB3FD,执行 AND AX, BX 指令后,AX 的值为多少? 假设寄存器 AL 的初始值为 0x5A,执行 NOT AL 指令后,AL 的值为多少? 假设寄存器 DL 的初始值为 0x3F,执行 XOR DL, DL 指令后,DL 的值为多少?

6.2　顺序程序结构

顺序程序结构按照指令书写的前后顺序执行每条指令,是最基本的程序片段,也是构成复杂程序的基础,如构成分支程序的分支体、循环结构的循环体等。

例题 6-2:自然数求和程序

知道"1+2+⋯+N"等于多少吗? 自然数求和可以采用循环累加的方法,也可利用等差数列的求和公式,这样能够避免重复相加,得到改进的算法。求和公式是

$$1+2+\cdots+N=(1+N)\times N\div 2$$

程序中,可以在数据段定义变量 NUM,作为 N 值,并预留保存求和结果的双倍长变量 SUM。以下代码段可以实现本例的求和运算。

为了配合调试程序详细分析整个程序的执行过程,本例给出了完整的源程序。

```
eg401.asm
    .model small
        .stack
        .data
num:    dw 3456                            ;假设一个 N 值
sum:    dd ?
        .code
```

```
                .startup
    mov ax,num                                ;AX=N
    add ax,1                                  ;AX=N+1
    mul num                                   ;DX.AX=(1+N)XN
    shr dx,1                                  ;32 位逻辑右移一位,相当于除以 2
    rcr ax,1                                  ;DX.AX=DX.AX+2
    mov word ptr sum.ax
    mov word ptr sum+2,dx                     ;按小端方式保存
    .exit
    end
```

程序按照公式顺序使用加法、乘法和移位指令实现加 1、乘以 N 和除以 2,最后保存结果。

6.3 分支程序结构

基本程序块是由一系列有序指令组成的程序片段,具有一个入口和一个出口,并且没有包含分支结构的顺序执行方式。通常,在机器语言或汇编语言中,一个基本程序块可以由 3 到 5 条指令组成。然而,在程序设计中,经常需要改变程序的执行顺序,形成分支、循环、调用等程序结构。

在高级语言中,通常使用 IF 等条件语句来表达条件,并根据条件的成立与否转向不同的程序分支。而在汇编语言中,需要使用比较指令如 CMP、测试指令如 TEST、加减运算和逻辑运算等指令来设置状态标志位,以表达条件。然后,通过条件转移指令来判断状态标志的条件,并根据标志状态来控制程序转移到不同的程序段。

6.3.1 无条件转移指令

程序代码由机器指令组成,并存储在代码段中。代码段寄存器 CS 指示代码段的基地址,而指令指针寄存器 IP 则指示将要执行的指令的偏移地址。随着程序代码的执行,指令指针 IP 的值会相应地改变。在顺序执行程序时,处理器会根据当前执行指令的字节长度自动增加 IP 的值。然而,当程序执行跳转到另一个位置时,IP 会相应改变。如果跳转到另一个代码段中,代码段寄存器 CS 的值也会相应改变。简而言之,改变指令指针 IP(以及可能的代码段寄存器 CS)即可改变程序的执行顺序,实现程序的控制转移。

1. 转移范围

程序转移的范围远近在 8086 处理器中分为段内和段间 2 种。

1) 段内转移

段内转移是指在当前代码段范围内进行的程序转移,因此不需要更改代码段寄存器 CS 的内容,只需要改变指令指针寄存器 IP 的偏移地址。由于段内转移距离较近,因此也被称为近跳转(Near Jump)。

大多数的程序转移都是在同一个代码段中进行的,转移范围通常很短,往往只在当前位置的前后不到 100 字节的距离之内。如果转移范围可以用 1 字节的编码来表达,即在向地址增大方向转移 127 字节以内或向地址减小方向转移 128 字节以内,则称为短跳转(Short

Jump)。引入短跳转的目的是减少转移指令的代码长度,从而减小程序代码的体积。

2) 段间转移

段间转移是指程序从当前代码段跳转到另一个代码段的过程。为了实现这种跳转,需要修改代码段寄存器 CS 的值和指令指针 IP 的偏移地址。段间转移可以使程序在整个存储空间内跳转,距离相对较远,因此也被称为远转移(Far Jump)。

2. 指令寻址方式

程序转移是指处理器从当前执行的指令跳转到目标指令进行执行的过程。目标指令所在的存储器地址被称为目的地址、目标地址或转移地址。指令寻址是获取转移目标地址的过程,以便执行目标指令,也被称为目标地址寻址。8086 处理器设计了 3 种指明目标地址的方式,包括相对寻址、直接寻址和间接寻址。这些寻址方式与存储器数据寻址方式类似,只是最终获取的是目标地址而不是数据。

1) 相对寻址方式

相对寻址是指令代码提供目标地址相对于当前指令指针 IP 的位移量,转移后的目标地址(转移后的 IP 值)就是当前 IP 值加上位移量。由于要基于同个基地址计算位置,所以相对寻址都是段内转移。

当同一个程序被操作系统安排到不同的存储区域执行时,指令间的位移并没有改变,不需要改变转移地址。相对寻址方式给操作系统的灵活调度提供了很大的方便,是最常用的目标地址寻址方式。

2) 直接寻址方式

直接寻址是由指令代码直接提供目标地址。8086 处理器只支持段间直接寻址。

3) 间接寻址方式

间接寻址是指令代码指示寄存器或存储单元,目标地址从寄存器或存储单元中间接获得。如果用寄存器保存目标地址,称为目标地址的寄存器间接寻址;如果用存储单元保存目标地址,则称为目标地址的存储器间接寻址。

3. JMP 指令

JMP 指令也被称为无条件转移(Jump)指令,这意味着程序可以在没有任何先决条件的情况下改变执行顺序。当处理器执行无条件转移指令 JMP 时,程序将跳转到指定的目标地址处并开始执行目标地址处的指令。因此,JMP 指令可以看作高级语言中的 GOTO 语句。尽管结构化的程序设计要求尽量避免使用 GOTO 语句,但是指令系统中必须要有 JMP 指令,因为在汇编语言编程中也不可避免地需要使用它。JMP 指令根据目标地址的转移范围和寻址方式,可以分成如下 4 种。

1) 段内转移、相对寻址

```
jmp label                                    ;IP=IP+位移量
```

段内相对转移 JMP 指令通常通过使用标号(Label)来指定目标地址。相对寻址的位移量是指从 JMP 指令后紧跟着的指令的偏移地址到目标指令的偏移地址之间的地址差。当进行向地址增大的转移时,位移量为正;当进行向地址减小的转移时,位移量为负(使用补码表示)。由于段内转移,只有指令指针 IP 所指向的偏移地址会发生改变,段寄存器 CS 的内容则不变。

2）段内转移、间接寻址

```
jmp r16                                 ;IP=r16,寄存器间接寻址
jmp m16                                 ;IP=m16,存储器间接寻址
```

段内间接转移 JMP 指令通过将一个 16 位通用寄存器或主存单元的内容加载到 IP 寄存器中，来作为新的指令指针，即偏移地址。但是，这个过程并不会修改 CS 寄存器的内容。

3）段间转移、直接寻址

```
jmp label                               ;IP=label 的偏移地址,CS=label 的段选择器
```

段间直接转移 JMP 指令是将标号所在的段选择器作为新的 CS 值，标号在该段内的偏移地址作为新的 IP 值。这样，程序会跳转到新的代码段执行。

4）段间转移、间接寻址

```
jmp m32                                 ;IP=m32, CS=m32+2
```

段间间接转移 JMP 指令使用一个 2 字节存储单元表示要跳转的目标地址，其中低字节被送入 IP 寄存器，高字节被送入 CS 寄存器（采用小端方式）。

类似于变量名，标号、段名和子程序名等标识符也具有地址和类型属性。因此，通过使用地址操作符 OFFSET 和 SEG，可以获取标号等的偏移地址和段地址。对应于短转移、近转移和远转移的类型名分别是 SHORT、NEAR 和 FAR，不同的类型在汇编时将产生不同的指令代码。利用类型操作符 TYPE，可以获取标号等的类型值，例如 NEAR 类型的标号返回 FF02H，FAR 类型的标号返回 FF0SH。

MASM 汇编程序会根据存储模型和目标地址等信息自动识别是段内还是段间转移，并根据位移量的大小自动生成短转移或近转移指令。同时，汇编程序提供了短转移 SHORT、近转移 NEARPTR 和远转移 FAR PTR 操作符，用于强制转换标号、段名或子程序名的类型，以生成相应的控制转移指令。

```
;数据段
0000    0000        nvar        dw?
0002    00000000    fvar        dd?
;代码段
0017    EB 01       labl0:      jmp labl1;段内(短)转移、相对寻址
0019    90                      nop
001A    E9 0001     labl1:      jmp near ptr labl2;段内(近)转移、相对寻址
001D    90                      nop
001E    88 0024 R   labl2:      mov ax.offset labl3
0021    FF EO                   jmp ax ;段内转移、寄存器间接寻址
0023    90                      nop
0024    B8 002F R   labl3:      mov ax.offset labl4
0027    A3 0000 R               mov nvar, ax
002A    FF 26 0000 R            jmp nvar ;段内转移、存储器间接寻址
002E    90                      nop
002F    EA--- 0035  labl4:      jmp far ptr labl5 ;段间转移、直接寻址
0034    90                      nop
0035    B8 0047 R   labl5:      mov ax,offset labl6
```

```
0038    A3 0002 R                       mov word ptr fvar,ax
0038    BA--- R                         mov dx,seg labl6
003E    89 16 0004 R                    mov word ptr fvar+2,dx
0042    FF 2E 0002 R                    jmp fvar ;段间转移、间接寻址
0046    90                              nop
0047                  labl6:
```

本例主要用于理解指令寻址,左边罗列了列表文件内容,右边是源程序本身。

本程序的第 1 条"jmp labl1"指令使处理器跳过一个空操作指令 NOP,执行标号 labl1 处的指令。由于 NOP 指令只有 1 字节,所以汇编程序将其作为一个相对寻址的短转移,其位移量用 1 字节表达为 01H。第 2 条 JMP 指令"jmp near ptr labl2"被强制生成相对寻址的近转移,因而其位移量用一个 16 位字表达,为 0001H。

指令"jmp ax"采用段内寄存器间接寻址转移到 AX 指向的位置,因为 AX 被赋值标号 labl3 的偏移地址,所以程序又跳过一个 NOP 指令,开始执行 labl3 处的指令。变量 nvar 保存了 labl4 的偏移地址,所以段内存储器间接寻址指令"jmp nvar"实现跳转到标号 labl4 处。

指令"jmp far ptr labl5"强制采用了段间直接寻址,转移到 labl5 标号处。

双字变量 fvar 依次保存了标号 labl6 的偏移地址和段地址。所以指令"jmp fvar"控制程序流程转移到标号 labl6 处,它也是一个段间转移,但采用存储器间接寻址。

注意,fvar 不要定义为字变量,否则 MASM 会将其汇编成段内间接寻址。另外,不要使用 FARPTR 操作符,否则会被汇编成段间直接寻址。

JMP 指令既存在目标地址的寻址问题,同时也存在数据的寻址问题,不要将二者混为一谈。例如,指令"jmp nvar"的指令寻址采用存储器间接寻址方式,而操作数 NVAR 的数据寻址则采用存储器直接寻址方式。存储器的寻址方式有多种,所以该 JMP 指令的操作数还可以采用其他存储器寻址方式,如寄存器间接寻址:

```
mov bx,offset nvar ,
jmp near ptr [bx]
```

6.3.2　条件转移指令

条件转移指令 JCC 根据指定的条件确定程序是否发生转移。如果满足条件,则程序将转移到目标地址去执行程序;不满足条件,则程序将顺序执行下一条指令。其通用格式为

```
jcc label         ;条件满足,发生转移,跳转到 LABEL 位置,即 IP=IP+位移量
                  ;否则,顺序执行
```

其中,label 表示目标地址,采用段内相对寻址方式。但是需要注意,在 8086 处理器中,位移量只能用 1 字节表示,因此只能实现 128 字节以内的短转移。

条件转移指令不会影响标志位,但是需要利用标志位。条件转移指令 JCC 中的 CC 表示通过对标志位的判断所得出的条件,一共有 16 种不同的条件,如表 6-5 所示。为了便于记忆,表格中使用斜线分隔了一条指令中多个助记符的不同形式。建议读者通过英文含义记忆助记符,以掌握每个条件转移指令的判定条件。

根据判定条件,条件转移指令可以分为两类。前 10 个指令是一类,它们采用 5 个常用的状态标志位(ZF、CF、SF、OF 和 PF)作为条件来判断。后 8 个是另一类指令,它们分别采

用两个无符号数据和有符号数据的 4 种大小关系作为条件(其中有两个指令与前一类重叠),如表 6-5 所示。

表 6-5　条件转移指令中的条件

助记符	标 志 位	英 文 含 义	中 文 说 明
jz/je	ZF＝1	Jump if Zero/Equal	等于零/相等
jnz/jne	ZF＝0	Jump if Not Zero I Not Equal	不等于零/不相等
js	SF＝1	Jump if Sign	符号为负
jns	SF＝0	Jump if Not Sign	符号为正
jp/jpe	PF＝1	Jump if Parity/Parity Even	"1"的个数为偶
jnp/jpo	PF＝0	Jump if Not Parity/Parity Odd	"1"的个数为奇
jo	OF＝1	Jump if Overflow	溢出
jno	OF＝0	Jump if Not Overflow	无溢出
jc/jb/jnae	CF＝1	Jump if Carry/Below/Not Above or Equal	进位/低于/不高于或等于
jnc/jnb/jae	CF＝0	Jump if Not Carry/Not Below/Above or Equal	无进位/不低于/高于或等于
jbe/jna	CF＝1 或 ZF＝1	Jump if Below or Equal/Not Above	低于或等于/不高于
jnbe/ja	CF＝0 且 ZF＝0	Jump if Not Below or Equal/Above	不低于或等于/高于
jl/jnge	SF≠OF	Jump if Less/Not Greater or Equal	小于/不大于或等于
jnl/jge	SF＝OF	Jump if Not Less/Greater or Equal	不小于/大于或等于
jle/jng	SF≠OF 或 ZF＝1	Jump if Less or Equal/Not Greater	小于或等于/不大于
jnle/jg	SF＝OF 且 ZF＝0	Jump if Not Less or Equal/Greater	不小于或等于/大于

1. 单个标志状态作为条件的条件转移指令

这组指令单独判断 5 个状态标志之一,根据某个状态标志是 0 或 1 决定是否跳转:

- JZ/JE 和 JNZ/JNE 利用零标志 ZF,分别判断结果是零(相等)还是非零(不等)。
- JS 和 JNS 利用符号标志 SF,分别判断结果是负还是正。
- JO 和 JNO 利用溢出标志 OF,分别判断结果是溢出还是没有溢出。
- JP/JPE 和 JNP/JPD 利用奇偶标志 PF,判断结果低字节中"1"的个数是偶数还是奇数。
- JC 和 JNC 利用进位标志 CF,判断结果是有进位(为 1)还是无进位(为 0)。

例题 6-3:个数折半程序

某个数组需要分成元素个数相当的两部分,所以需要对个数进行折半。个数折半就是无符号整数除以 2。如果个数是一个偶数,商就是需要的半数;如果个数是奇数,余数为 1,商加 1 后作为半数。

无符号数除法运算可以使用除法指令 DW,但使用逻辑右移指令 SHR 更加方便,被除数最低位就是余数,右移后进入 CF 标志。程序判断 CF 标志,CF＝1 进行加 1 操作,CF＝0 不需要再进行操作,直接获得结果。判断 CF 标志的指令是 JC 或 JNC。程序片段如下:

```
;代码段
mov ax,885              ;假设一个数据
shr ax,1               ;数据右移进行折半
    jnc goeven         ;余数为 0,即 CF=0 条件成立,不需要处理,转移到显示结果
    add ax,1           ;否则余数为 1,即 CF=1,进行加 1 操作
goeven: call dispuiw    ;显示结果
```

为了观察到程序的运行结果,本例程序最后调用了十进制无符号数显示子程序 DISPUIW,
需要在源程序开始加入"INCLUDEIO.INC"语句。

本例程序使用了无进位(即余数为 0)转移指令 JNC,指令"add ax,1"是分支体。习惯了
高级语言 IF 语句,也许会选择 JC 作为条件转移指令。程序片段如下:

```
;数据段
mov ax,886              ;假设一个数据
    shr ax,1           ;数据右移进行折半
    jc good            ;余数为 1,即 CF=1 条件成立,转移到分支体,进行加 1 操作
    jmp goeven         ;余数为 0,即 CF=0,不需要处理,转移到显示结果
goodd:  add ax, 1      ;进行加 1 操作
goeven:    call dispuiw ;显示结果
```

对比这两个程序片段,显然后者多了一个 JMP 指令。可能读者会认为这个 JMP 指令
是多余的。但如果没有这个 JMP 指令,当个数是偶数时,JC 指令的条件不成立,处理器将
顺序执行下一条"add ax,1"指令,则结果会被错误地多加 1。所以后一个程序片段看似符合
逻辑,但容易出错,且多了一条跳转指令。

在现代处理器中,程序分支(或条件转移指令)是影响程序性能的一个重要原因,频繁
的、复杂的分支会导致性能降低。程序员进行软件编程时可以运用一些编程技巧尽量避免
分支。例如,本例程序中可以用具有自动加 CF 特点的 ADC 指令替代 ADD 指令,从而避免
使用条件转移指令:

```
mov ax,887              ;假设一个数据
shr ax,1               ;数据右移进行折半
adc ax,0               ;余数=CF=1,进行加 1 操作;余数=CF=0,不需要处理,顺序执行
call dispuiw           ;显示结果
```

改进算法是提高性能的关键。例如,不论个数是奇数还是偶数,本例题都可以先将个数
加 1,然后除以 2 获得半数。这样避免了分支结构,从而提高了性能。

```
mov ax,888              ;假设一个数据
add ax,1               ;个数加 1
rcr ax, 1              ;数据右移进行折半
call dispuiw           ;显示结果
```

本程序片段采用 RCR 指令代替了 SHR 指令,能正确处理 AX＝FFFFH 时的特殊情
况。因为 AX＝FFFFH 加 1 后进位,AX＝0;SHR 指令右移 AX 一位,AX＝0;而 RCR 指令
带进位右移 AX 一位,AX＝8000H。显然 RCR 指令结果正确。这就要求采用 ADD 指令实
现加 1 来影响进位标志,而不能采用 INC 指令加 1,因为后者不影响进位标志。

例题 6-4：位测试程序

进行底层程序设计时，经常需要测试数据的某个位是 0 还是 1。例如进行打印前，要测试打印机状态。假设测试数据已经进入 AL，其 D1 位为 0 表示打印机没有处于联机打印的正常状态，D1 位为 1 表示可以进行打印。编程测试 AL，若 D1＝0，显示"Not Ready!"；若 D1＝1，显示"Ready to Go!"。

程序的主要问题是：如何判断 AL 的 D1 位呢？这个问题涉及数值中的某个位，可以考虑采用位操作类指令。例如，用逻辑与将除 D1 位外的其他位变成 0，保留 D1 位不变。而测试 TEST 指令进行逻辑与 AND 操作，且不改变操作数，就非常适合用于位测试。若判断逻辑与运算后的这个数据是 0，说明 D1＝0；否则，D1＝1。注意，判断运算结果是否为 0，应该用零标志 ZF，对应于 JZ 或 JNZ 指令。

```
;数据段
no_msg:    db'Not Ready!','$'
yes_msg:    db'Ready to Go!','$'
    ;代码段
mov al,56h
test al,02h                    ;测试 D1 位(使用 D1=1,其他位为 0 的数据)
jz nom                         ;D1=0,条件成立,转移
mov dx,offset yes msg          ;D1 = 1,显示"Ready to Go!"
jmp done                       ;跳转到另一个分支体
nom:    mov dx,offset no msg   ;显示"Not Ready!"
done:    mov ah,9
    int 21h
```

请留意程序中的无条件转移 JMP 指令。该指令是必不可少的，因为若没有转移指令，程序将顺序执行，但会在执行完一个分支后又进入另一个分支继续执行，产生错误。上述功能也可以使用不等于零转移指令 JNZ 实现，源程序如下：

```
mov al,58h                     ;假设一个数据
test al,02h                    ;测试 D1 位(使用 D1=1,其他位为 0 的数据)
jnz yesm                       ;D1 =1,条件成立,转移
mov dx,offset no_msg           ;D1 =0,显示"Not Ready!"
jmp done                       ;跳转到另一个分支
yesm:    mov dx,offset yes_msg ;显示"Ready to Go!"
done:    mov ah,9
    int 21h
```

位测试还可以通过使用移位指令将要测试的位移进 CF 标志，然后通过 JC 或 JNC 指令进行判断来实现。

2. 以两数大小关系作为条件的条件转移指令

判断两个无符号数的大小关系和判断两个有符号数的大小关系需要利用不同的标志位组合，因此存在对应的两组指令。

为了区别有符号数大小关系和无符号数大小关系，无符号数的大小关系使用"高"（Above）和"低"（Below）进行表示，并需要利用 CF 标志确定高低，利用 ZF 标志确定是否相等（Equal）。无符号数的大小关系可以分为 4 种情况：低于（不高于或相等）、不低于（高于

或相等)、低于或等于(不高于)和不低于或等于(高于)。对应的指令分别是 JB(JNAE)、JNB(JAE)、JBE(JNA)和 JNBE(JA)。

而判断有符号数的大小关系需要组合 OF 和 SF 标志,并利用 ZF 标志确定相等与否。有符号数的大小关系也可以分为 4 种情况:小于(不大于或相等)、不小于(大于或相等)、小于或等于(不大于)和不小于或等于(大于)。对应的指令分别是 JL(JNGE)、JNL(JGE)、JLE(JNG)和 JNLE(JG)。

当两个数据需要判断是否相等时,无论是无符号数还是有符号数,都可以使用 JE 和 JNE 指令。相等的两个数据相减的结果必然为零,因此 JE 等同于 JZ 指令;而不相等的两个数据相减的结果一定不为零,因此 JNE 等同于 JNZ 指令。

例题 6-5:数据大小比较程序

比较两个有符号数据之间的大小关系。如果两数相等,显示"Equal";如果第一个数大,显示"First";如果第二个数大,则显示"Second"。

```
;数据段
var1:       dw -3765
var2:       dw 8930
msg0:   db'Equal$'
msg1:   db'First$'
msg2:   db'Second$'
;代码段
mov ax,var1                    ;取第一个数
cmp ax,var2                    ;与第二个数比较
je equal                       ;两数相等,转移
jnl first                      ;第一个数大,转移
mov dx,offset msg2             ;第二个数大
jmp done
first:          mov dx,offset msg1
jmp done
equal:          mov dx,offset msg0
done:       mov ah,9           ;显示结果
int 21h
```

本例程序将数据作为有符号数,所以使用比较有符号数大小的条件转移指令 JNL。如果误用了比较无符号数大小的条件转移指令 JNB,则程序运行的结果错误(结合补码表达,思考原因)。

6.3.3　单分支结构

单分支程序结构是仅包含一个分支的程序结构,类似于高级语言中的 IF-THEN 语句结构(不包含 ELSE 语句)。例如,计算有符号数据的绝对值:如果数据是正数,则无须处理;而如果数据是负数,则需要执行求补操作。

例题 6-6:求绝对值程序

```
;数据段
var:        dw 0b422h              ;有符号数据
result:     dw?                    ;保存绝对值
```

```
            ;代码段
mov ax,var
cmp ax,0                              ;比较 AX 与 0
jge nonneg                            ;AX>=0,满足条件,转移
neg ax                                ;AX<0,不满足条件,为负数,需求补得正
nonneg:        mov result.ax          ;结束,保存结果
```

在使用单分支结构时,需要注意使用正确的条件转移指令。当条件成立时,会发生转移并跳过分支体;而当条件不成立时,会顺序执行分支体,如图 6-1 所示。因此,条件转移指令与高级语言中的 IF 语句恰好相反:IF 语句在条件成立时才会执行分支体。

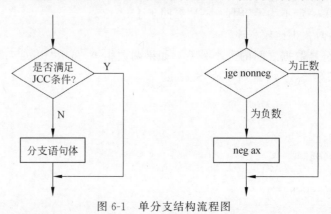

图 6-1　单分支结构流程图

6.3.4　双分支结构

双分支程序结构包含 2 个分支,根据条件的真假执行不同的分支,类似于高级语言中的 IF-THEN-ELSE 语句。例如,将数据的最高位显示出来:如果最高位为 0,则显示字符 0;如果最高位为 1,则显示字符 1。

例题 6-7:显示数据最高位程序

将最高位左移进入进位标志 CF,利用 JC(或者 JNC)判断出最高位是 1 还是 0,相应地显示"1"或者"0"。

```
;数据段
var    dw 0b422h                     ;有符号数据
;代码段
mov bx,var
shl.bx,1                             ;BX 最高位移入 CF 标志
jc one                              ;CF=1,即最高位为 1,转移
mov dl,'0'                           ;CF=0,即最高位为 0
jmp two                             ;一定要跳过另一个分支体
one:        mov dl,'1'               ;DL='1'
two:        mov ah,2
int 21 h                            ;显示
```

双分支程序结构有 2 个分支,条件满足时会执行分支体 2,条件不满足时则顺序执行分支体 1。分支体 1 的最后一条指令必须是一条跳转指令(JMP),以跳过分支体 2 的执行,否则会导致错误,如图 6-2 所示。JMP 指令在这里起到关键作用,它确保程序在结束前跳出分

支体 2,返回到共同的出口。相比之下,单分支结构需要选择一个条件去跳过分支的执行,而双分支结构中选择条件转移指令可以更加自由,只要正确对应分支体即可。

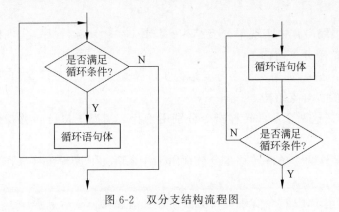

图 6-2　双分支结构流程图

双分支结构有时可以改变为单分支结构,只要事先执行其中一个分支(选择出现概率较高的分支),当条件满足时就不再需要处理这个分支了。

6.3.5　多分支结构

实际问题往往不能用单纯的单分支或双分支结构来解决,可能具有多个嵌套分支或多个分支走向,这可以看作逻辑上的多分支结构。通常情况下,我们可以基于单分支和双分支这 2 个基本结构来解决程序中的多个分支结构。

例如,如果我们要使用 DOS 功能调用来实现多个子功能,可以利用 AH 寄存器来指定每个子功能,如下所示的程序片段就可以实现多分支结构:

```
or ah,ah                        ;等效于 CMP AH,0
jz function0                    ;AH=0,转向 FUNCTION0
dec ah                          ;等效于 CMP AH,1
jz function1                    ;AH=1,转向 FUNCTION1
dec ah                          ;等效于 CMP AH,2
jz function2                    ;AH=2,转向 FUNCTION2
```

典型的多分支结构类似于高级语言的 SWITCH 语句。汇编语言中常采用入口地址表的方法实现多分支。

本节习题

(1) 下列哪个指令用于在汇编语言中进行条件跳转?

　　A. JMP　　　　　　B. RET　　　　　　C. JZ　　　　　　D. INT

(2) 当 AX 寄存器的值为 0 时,执行 JZ 指令将导致程序跳转到哪个标签?

　　A. label1　　　　　B. label2　　　　　C. label3　　　　　D. 无条件跳转

(3) 如果 CX 寄存器的值为 5,执行 JNZ 指令后,程序将跳转到哪个标签?

　　A. label4　　　　　　　　　　　　　B. label5

　　C. 无条件跳转　　　　　　　　　　　D. 程序将不进行跳转

(4) 下列哪个条件跳转指令用于判断两个数是否相等?

A. JE   B. JNE   C. JG   D. JL

（5）条件转移指令用于在什么情况下执行转移操作？请提供一个条件转移指令的示例及其作用。

（6）如何在汇编语言中实现单分支结构？请提供一个示例程序，实现根据某个条件判断进行不同处理的单分支结构。

（7）在汇编语言中，如何实现多分支结构？请提供一个示例程序，实现根据不同条件判断进行不同处理的多分支结构。

（8）JZ 和 JNZ 这两个条件转移指令分别用于什么情况下执行转移操作？请给出一个简单的例子说明。

（9）JG 和 JL 这两个条件转移指令分别用于什么情况下执行转移操作？请给出一个简单的例子说明。

（10）如何使用 JMP 指令实现一个无限循环？请提供一个示例程序。

（11）如何使用条件转移指令实现循环控制？请提供一个示例程序，实现一个简单的循环。

（12）如何使用条件转移指令实现条件选择？请提供一个示例程序，根据某个条件选择性地执行不同的代码块。

6.4 循环程序结构

程序设计中的许多问题都需要重复操作，如对字符串、数组等的操作。而机器最适合完成重复性工作。为了让计算机进行有规律的重复操作，不仅需要先做好初始化，还要安排好结束控制逻辑。完整的循环程序结构通常由 3 部分组成：

- **循环初始部分**：为开始循环准备必要的条件，如循环次数、循环体需要的初始值等。
- **循环体部分**：重复执行的程序代码，其中包括对循环条件的修改等。
- **循环控制部分**：判断循环条件是否成立，决定是否继续循环。

循环程序结构中，循环控制部分是编程中的关键和难点。循环控制可以在进入循环之前进行，这样就形成了"先判断、后循环"的循环程序结构，对应高级语言中的 WHILE 语句。如果循环之后再进行循环条件判断，则形成了"先循环、后判断"的循环程序结构，对应高级语言中的 DO 语句，如图 6-3 所示。

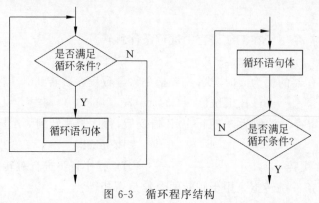

图 6-3　循环程序结构

在编写循环程序时,循环控制的实现方式通常使用条件判断指令(如 CMP、TEST 指令)和条件跳转指令(如 JE、JNE、JZ、JNZ 等指令)。同时,需要注意在编写循环程序时,尽可能地避免死循环(即循环条件永远成立或没有任何约束条件的循环),以保证程序的正确性和健壮性。

8086 处理器有一组循环控制指令,用于实现简单的计数循环,即用于循环次数已知或者最大循环次数已知的循环控制。复杂的循环程序则需配合无条件和有条件转移指令才能实现。

6.4.1　循环指令

8086 处理器最主要的循环指令是 LOOP,它使用 CX 寄存器作为计数器,每执行一次 LOOP 指令,EX 减 1(相当于指令 DECCX),然后判断 EX 是否为 0:如果不为 0,表示循环还没有结束,则转移到指定的标号处继续执行;如果为 0,则表示循环结束,顺序执行下条指令。前者相当于不为 0 条件转移指令 JNZ。

循环指令 LOOP 的格式如下:

```
loop label                                    ;CX=CX-1
;若 EX≠0,循环、跳转到 LABEL 位置,即:IP=IP+位移量;否则,顺序执行
```

除了常见的条件跳转指令,还有两组特殊的指令可以用于计数循环,它们是 LOOPE/LOOPZ 和 LOOPNE/LOOPNZ 指令。这些指令在计数循环的基础上增加了对 ZF 标志(零标志)的测试。

LOOPE/LOOPZ 指令在计数器不为零且 ZF 标志为 1(即结果为 0)的情况下继续循环,否则顺序执行。而 LOOPNE/LOOPNZ 指令在计数器不为零且 ZF 标志为 0(即结果不为 0)的情况下继续循环,否则顺序执行。

需要注意的是,LOOP 指令的目标地址采用相对短转移,因此只能在一个相对较小的范围内(128 字节的范围,即−127 到+127 字节)循环。此外,由于 LOOP 指令本身的指令代码平均占用 3 字节,因此一个循环平均最多只能包含大约 42 条指令。

有时候,我们可以使用 DEC(递减)和 JNZ(非零跳转)指令的组合来替代 LOOP 指令,这样可以灵活地利用其他寄存器作为计数器,而不一定非得使用 ECX 寄存器。这种组合使用的好处是可以更灵活地控制循环次数,但需要手动管理计数器的递减和 ZF 标志的测试。

例题 6-8:数组求和程序

对一个数组中的所有元素进行求和,结果保存在变量中。假设数组元素是 16 位有符号数,运算过程中不考虑溢出问题。

对已知元素个数的数组进行操作,显然可以将个数作为计数值赋给 CX,控制循环次数;同时,需要用一个通用寄存器作为元素的指针,并将求和的初值设置为 0,这些属于循环的初始部分,而在循环体内实现求和,其中计数循环的循环控制部分比较简单,就是将计数值减 1,当不为 0 时继续,对应 LOOP 指令。

```
;数据段
array  dw 136,-138,133,130,-161              ;数组
sum   dw ?                                    ;结果变量
;代码段
```

```
xor ax,ax                                    ;求和初值为 0
mov cx,lengthof array                        ;CX=数组元素个数
mov bx.offset array                          ;BX=数组元素指针
again:      add ax,[bx]                      ;求和
add bx.type array                            ;指向下一个数组元素
loop again
mov sum,ax                                   ;保存结果
```

由于数组 ARRAY 是字量类型,所以"type array"等于 2,即每个数组元素占 2 字节,BX加 2 指向下一个元素。

LOOP 指令先进行 CX 减 1 操作,然后进行判断。如果 CX 等于 0,则执行 LOOP 指令,共将循环 216 次。所以,如果数组元素的个数为 0,本程序将出错。为此,我们可以使用另一条循环指令 JCXZ 排除 CX 等于 0 的情况,该指令的格式为

```
jcxz label          ;CX=0,转移、跳转到 LABEL 位置,即 IP=IP+位移量
                    ;否则,顺序执行
```

在本例程序中,JCXZ 指令可以跟在设置 EX 的指令之后,跳转到保存结果。

6.4.2 计数控制循环

循环程序结构的关键是如何控制循环。比较简单的循环程序是通过次数控制循环,即计数控制循环。前面利用 LOOP 指令实现的程序都属于计数控制的循环程序。

例题 6-9：求最大值程序

假设数组 ARRAY 由 16 位有符号整数组成,元素个数已知,没有排序。现要求编程获得其中的最大值。

求最大值(最小值)的基本方法就是逐个元素进行比较。由于数组元素个数已知,所以可以采用计数控制循环,每次循环完成一个元素的比较。因而,循环体中包含分支程序结构。

```
;数据段
array   dw -3,0,20,900,587,-632, 777,234,-34,-56      ;假设一个数组
count   = lengthof array                     ;数组的元素个数
max dw?                                       ;存放最大值
    ;代码段
mov cx,count-1                                ;元素个数减 1 是循环次数
mov si,offset
array       mov ax,[si]                       ;取出第一个元素给 AX,用于暂存最大值
again:  add si,2
    cmp ax,[si]                               ;与下一个数据比较
    jge next                                  ;已经是较大值,继续下一个循环比较
    mov ax,[si]
next:  loop again
    mov max,ax                                ;保存最大值
```

可以参考条件转移指令和数组求和程序的调试过程,将求最大值程序在 DEBUG 中运行,直观体会分支和循环相结合的程序调试。

6.4.3 条件控制循环

复杂的循环程序结构可以利用条件转移指令来实现,根据给定的条件来决定是否进行循环,这被称为条件控制循环。而计数控制循环则是在至少执行一次循环体后才判断计数器是否为 0,这被称为"先循环、后判断"的循环结构。在实际应用中,条件控制循环更为常见,即先判断条件是否满足,再进行循环操作。

例题 6-10:斐波那契数列程序

斐波那契(Fibonacci)数列$(1,1,2,3,5,8,13,\cdots)$是用递推方法生成的一系列自然数:

```
F(1)=1
F(2)=1
F(N)=F(N-1)+F(N-2); N>=3
```

编写程序输出斐波那契数列,数列的规律是从第三个数开始,每一个数为前两个数的和,直到超出 16 位数据范围为止。每个斐波那契数应该单独占据一行输出。

```
;代码段
mov ax,1                        ;AX=F(1)=1
mov bx,ax                       ;BX=F(2)=1
again:      add ax,bx           ;AX=F(N)=F(N-2)+F(N-1)
jc done
xchg ax,bx                      ;AX=F(N-2), BX=F(N-1)
jmp again
done:
```

寄存器保存的是 16 位无符号整数,所以这里的超出范围是出现进位(不是有符号整数的溢出),需要利用条件转移指令 JC 退出循环。

如果想保存输出的斐波那契数列,可以使用 DOS 支持的重定向功能,即符号">"。假设本例程序的可执行文件是 EG417A.EXE,要将斐波那契数列保存在 EG417.TXT 文件中,在命令行输入如下命令即可:

```
eg417a.exe > eg417.TXT
```

6.4.4 多重循环

在实际应用中,一些复杂问题可能不仅包含单纯的简单分支或循环结构,而是同时包含这两种结构,形成循环内含分支、分支内含循环等复合结构。此外,循环体内部可能还会嵌套其他循环结构,形成多级循环结构。如果各级循环之间互相独立,则处理较为容易。但是如果需要在内部循环之间传递参数或者共享数据,问题将变得复杂。

例题 6-11:冒泡排序程序

以常见的"冒泡算法"为例,该算法从第一个元素开始,依次对相邻的两个元素做比较,确保前一个元素不大于后一个元素。这样,所有元素都要被比较一次,最大的元素就会排在最后。然后,除最大元素外的其他元素依照上述方法再次进行比较,这次得到的次大元素排在次后面。如此重复,直到所有元素都排好序为止。整个冒泡排序算法是一个双重循环结构,其中外循环的次数是已知的,可以使用 LOOP 指令来实现;而内循环的次数在每次外循环后就会减少一次,可以使用 DX 来表示。在循环体中比较两个元素大小,因而包含有一个分支结构,冒泡排序的过程数据如表 6-6 所示。

表 6-6　冒泡排序的过程数据

数　据	1	2	3	4
587	−632	−632	−632	−632
−632	587	234	−34	−34
777	234	−34	234	234
234	−34	587	587	587
−34	777	777	777	777

```
;数据段
array      dw 587,-632,777,234,-34          ;假设一个数组
count      = lengthof array                 ;数组的元素个数
;代码段
mov cx.count                                ;CX 数组元素个数
dec cx                                       ;元素个数减 1 为外循环次数
outlp:     mov dx,cx                         ;DX 内循环次数
mov bx.offset array
inlp:      mov ax,[bx]                       ;取前一个元素
cmp ax,[bx+1]                                ;与后一个元素比较
jng next
       ;若前一个元素不大于后一个元素,则不进行交换
xchg ax,[bx+1]                               ;否则,进行交换
mov [bx],ax
next:      inc bx                            ;下一对元素
dec dx
jnz inlp                                      ;内循环尾
loop outlp                                    ;外循环尾
```

本节习题

(1) 在汇编语言中,下列哪个指令是用于实现循环控制的条件跳转指令?
　　　A. JMP　　　　　B. LOOP　　　　　C. RET　　　　　D. INT
(2) 在使用条件跳转指令实现循环时,通常将循环计数器的初始值加载到哪个寄存器中?
　　　A. AX　　　　　B. CX　　　　　C. DX　　　　　D. BX
(3) 在汇编语言中,使用_____循环控制指令可以实现当计数器不为零时重复执行循环体。当使用条件跳转指令在汇编语言中实现循环时,通常在循环体代码之后使用_____指令来减少计数器的值。当使用 JMP 和条件跳转指令实现循环时,循环体的开始通常使用_____标签来标识。
(4) 简述循环指令的作用和用法。
(5) 什么是循环程序结构? 它在计算机编程中的作用是什么?

（6）简要介绍一下循环指令的作用和用法。

（7）什么是循环计数器？它在计数控制循环中的作用是什么？

（8）简述条件转移指令在条件控制循环中的用法。

（9）在计算机中，为什么需要使用循环结构来实现重复执行一组指令的功能？请提供一个实际应用的例子。

（10）循环程序结构中的状态寄存器扮演了什么角色？它与循环指令有什么关系？

6.5　本章小结

经过本章的学习，读者深入了解了位操作指令在汇编语言中的重要应用。这些指令，如 AND、OR、XOR、NOT 和 TEST，允许程序员在数据位的层面上进行操作，实现高效的位逻辑运算。它们根据源操作数和目的操作数对应位的状态进行操作，包括 AND、OR、XOR 等逻辑运算和 NOT 的位取反运算。这种精细的控制能力使程序员能够更加接近硬件，实现对数据的高效处理。

CMP 指令在比较源操作数和目的操作数时，其隐含的减法操作与状态标志的设置，反映了我们面对问题时，需要深入剖析、精确判断的思想。这与我们思政教育中强调的实事求是、深入实际的精神相契合。这一指令常常与条件跳转指令结合使用，根据比较结果决定程序的执行流程。条件跳转指令为读者提供了丰富的控制结构，允许程序根据特定条件执行不同的路径。

本章还重点介绍了基于不同条件的跳转指令，包括根据特定状态标志值、操作数相等性、无符号整数比较和有符号数比较等。条件跳转指令的丰富多样，为程序员提供了灵活多变的控制结构。这种根据条件执行不同路径的能力，正是我们国家在面对复杂多变的社会环境时，灵活应对、因势利导的智慧的体现。这些指令允许程序员根据程序的当前状态或其他条件来决定程序的执行路径，从而实现复杂的逻辑控制。

此外，读者还学习了循环控制指令的使用，如 LOOP、LOOPZ 和 LOOPNZ 等。这些指令允许程序员创建循环结构，重复执行一段代码，直到满足特定的条件。通过合理使用这些循环控制指令，可以提高程序的效率和性能。

综上所述，掌握状态标志、位操作类指令、条件跳转指令以及循环控制指令对于汇编语言编程至关重要。它们不仅允许程序员进行高效的位逻辑运算和程序流程控制，而且深入理解计算机底层工作原理。通过学习和实践这些知识，读者可以更好地利用汇编语言进行高效的底层编程，提升程序的性能和精确度。

第7章

华为鲲鹏处理器体系结构

中国作为全球第二大经济体,近年来在云计算、人工智能、物联网、边缘计算和5G方面的技术创新都已经接近甚至领先全球。随着数字化转型的加速,信息技术应用创新产业(信创产业)在全球范围内不断迎来新的机遇和挑战。在这一过程中,处理器作为信息技术基础设施的核心组成部分,其性能和稳定性直接影响着整个系统的运行效率和性能水平。

中国国产处理器的发展历程经历了较长时间的积累和沉淀,从最初的能够使用到现在的逐步走向成熟和市场认可,取得了显著的进步。国产处理器在自主的技术路线上进行尝试和探索,逐步形成了具有市场竞争力的产品,并在后续的产品上不断迭代创新,努力在国内外市场上占有一席之地。企业如华为海思、海光、飞腾、兆芯、龙芯、申威等,采用了高铁模式,在处理器研发过程中通过"引进—消化—吸收—再创新"的路线,成功研发出了具有市场竞争力的产品。这些国产处理器不仅在性能上逐步接近或达到国外同类产品的水平,而且在成本、可靠性、安全性等方面具有一定优势,满足了国内外市场的需求。

国产处理器的崛起为信创产业的发展提供了重要支撑。一方面,有助于提高中国的技术独立性,因为依赖进口处理器会使中国在技术上对外国公司产生依赖,存在被制约的风险。自主研发国产处理器可以增强中国在关键技术领域的自主掌控能力,降低技术封锁的风险,提高国家的技术主权和安全。降低整个产业链的依赖程度,提高国家在信息技术领域的自主创新能力和核心竞争力。另一方面,发展国产处理器产业可以推动中国的信息技术产业升级。这不仅包括处理器芯片本身的设计、生产和销售,还包括整个产业链上游和下游的配套产业,如芯片制造设备、EDA工具、半导体材料等,可以带动相关产业的发展和壮大。同时,国产处理器的发展也为中国在数字经济时代的战略布局提供了坚实基础,推动了信息技术产业的快速发展和升级转型。在推动创新方面,国产处理器的研发有助于推动中国在芯片设计、制造工艺、系统集成等方面的创新,这种创新不仅能够提高中国企业在国内外市场上的竞争力,还能够为中国科技发展注入新的动力。

华为鲲鹏处理器是华为海思自主研发的国产服务器处理器系列,专为数据中心和云计算场景而设计。该处理器以高性能、低功耗和丰富的功能特性而闻名,为华为服务器产品提供了强大的计算能力和性能支持。鲲鹏处理器的发展历程可以追溯到2004年,华为公司开始基于ARM技术自研芯片。到了今天,华为自主研发的处理器系列产品已经覆盖"算、存、传、管、智"(计算、存储、传输、管理、人工智能)5个应用领域。多年来,华为大力推动鲲鹏计算产业的发展,致力于构建自主生态,打造国产算力。华为鲲鹏芯片的历史,是一部不断创新、不断突破的历史。从鲲鹏 912 到鲲鹏 920、鲲鹏 950,再到如今的鲲鹏生态,华为鲲鹏处理器已经成为全球科技产业的一股强大力量。

　　本章将对服务器处理器的概念进行简要说明,然后介绍 Intel 处理器体系结构、ARM 处理器体系结构以及基于 ARM 架构的国产服务器处理器——华为鲲鹏处理器,最后详细描述基于 ARMv8 的处理器体系结构,帮助读者更全面地了解鲲鹏处理器的底层架构和性能优势。

7.1　服务器处理器

　　服务器处理器,也称为服务器中央处理器,是专为服务器计算任务设计的微处理器。与传统的桌面或移动处理器相比,服务器处理器在性能、可靠性、安全性和多任务处理能力上有着更高的要求。服务器处理器是构成数据中心、云计算平台、大型企业后端系统和其他高性能计算环境不可或缺的核心组件。

7.1.1　服务器体系结构

　　服务器(Server)是一种专门用于提供服务的计算机系统,通常用于提供各种服务、存储和管理数据、执行计算任务,并在网络中起到协调和中继数据流量的作用。不同类型的服务器服务于不同的需求。服务器通常配备有更强大的硬件,以处理大量的请求和数据,与个人计算机(Personal Computer,PC)相比,服务器通常具有更高的性能和可靠性。

　　作为一种计算机系统,服务器和个人计算机在组成结构上大体相同。首先,在基本架构方面,服务器和个人计算机都采用通用的计算机架构,包括中央处理器(Central Processing Unit,CPU)、内存、存储设备、总线、输入输出接口等基本组件;在操作系统方面,服务器和个人计算机通常都运行操作系统,如 Windows、Linux 或其他服务器操作系统,以管理硬件资源、提供服务和支持应用程序运行;在接口方面,服务器和个人计算机都使用标准的通用接口和协议,例如通用序列汇流排协议(Universal Serial Bus,USB)、以太网协议(Ethernet)等,以便连接外部设备和网络。

　　当然,为了满足服务器与个人计算机不同的用途和性能需求,服务器在结构上也必然存在一些显著的特点。首先,在性能和规模上,服务器通常需要配备更强大、高性能的处理器,更大的内存容量和更多的存储空间,以处理大规模和高并发的工作负载;同时,服务器也应具有更高的可靠性、可管理性、可扩展性和安全性,以适应不断增长的业务需求。因此,服务器的硬件一方面会使用专门设计的高性能、高可靠性的中央处理器、存储设备和总线,另一方面也会采用对称多处理器(Symmetric Multi-Processor,SMP)技术、冗余备份技术等,尽可能提升服务器系统持续可靠地提供高性能服务的能力。

7.1.2　服务器处理器并行组织结构

　　在云计算、大数据、人工智能技术高速发展的今天,为了适应各种应用场景和复杂的计算任务,服务器处理器需要提供更快速、高效的计算能力。但传统的单处理器受到半导体器件的限制,提升性能的方法受到制约。因此,更多地引入并行机制成为提高服务器性能的主流方法。

1. 指令流水线

指令级并行(Instruction-Level Parallelism,ILP)和任务级并行(Task-Level Parallelism, TLP)是计算机体系结构中两种不同的并行处理技术。指令级并行是指在单个程序中通过同时执行多条指令来提高整体性能,任务级并行是通过同时执行多个独立任务或线程来提高整体性能。

对于单个处理器来说,指令流水线(Instruction Pipeline)是实现指令级并行的一种常见方法。指令流水线是一种将指令处理过程分割为多个阶段,并在处理器中的不同部件上同时执行不同阶段的方法。每个阶段执行指令处理的一部分工作,这样在同一时钟周期内,多条指令可以同时位于不同的阶段,形成流水线。指令流水线的常见阶段包括取指令(Instruction Fetch,IF)、译码(Instruction Decode,ID)、执行(Execute,EX)、访存(Memory, MEM)、写回(Write Back,WB)等。指令流水线的优势在于可以提高吞吐量和资源利用率,多条指令可以同时在不同阶段执行,处理器在任何时刻都在执行某个指令的某个阶段。

一些流行的高性能处理器架构都使用了指令流水线技术,包括 Intel x86 架构、AMD 架构、ARM 架构、IBM Power 架构等。

2. 多处理器系统与多计算机系统

在单个处理器性能不变的情况下,最简单的提高计算机性能的方法就是多处理器协同工作。多处理器系统(Multiprocessor System)和多计算机系统(Multicomputer System)是两种不同的并行计算架构。

多处理器系统是一种在单个计算机系统中包含多个处理器的架构。这些处理器共享同一物理内存和其他系统资源,可以同时执行不同的指令。多处理器系统需要处理同步问题,确保处理器之间的协调和数据一致性,这项工作是由操作系统来完成的。多计算机系统是由多个独立的计算机系统(节点或处理器)组成的,这些计算机通过消息传递的方式进行通信。每个计算机系统都有自己的物理内存和资源。

3. 多线程处理器

如果想要提高单个芯片的处理能力,多线程技术也是一种高效的片内并行技术。针对处理器的硬件多线程类似于操作系统中的软件多线程并行技术,多个指令流能共享同一个支持多线程的处理器。

这里要特别提到同时多线程技术(Simultaneous Multi-Threading,SMT),它允许在一个处理器的时钟周期内执行来自多个线程的指令。这种技术充分利用了处理器的效率,挖掘了单个物理处理器的潜力,通过发射更多的指令来提高处理器的性能。同时多线程技术可以将两个或多个处理器看作一个处理器,从而在每个时钟周期内从多个线程中选择多条不相关的指令发射到相应的功能部件去执行。

Intel 处理器广泛使用的超线程技术(Hyper-Threading Technology,HTT)就是同时多线程技术的具体实现。它是一种在单个物理处理器核心上模拟多个逻辑处理器的技术,每个逻辑核心都有自己的寄存器和程序计数器。

4. 多核处理器

对于现代高性能服务器处理器来说,多核是必不可少的架构。多核处理器也称片上多处理器(Chip Multi-Processor,CMP),是一种在单个芯片(或芯片组)上集成多个处理器核心的计算机架构,多个处理器核心被集成到同一物理芯片上,以提供更高的并行性和整体性能。

为了满足现代社会对计算机性能不停增长的需求,处理器内部的核心数量一直在不断增加。集成了大量处理器核心(超过 32 个)的处理器称为众核处理器。英特尔至强(Intel Xeon)处理器和多数 ARM 架构多核服务器处理器都采用了众核架构。

本节习题

(1) 服务器与个人计算机在结构、用途等方面有什么异同?

(2) 什么是指令流水线技术?哪些典型的处理器架构使用了这种技术?它的优势体现在哪些方面?

7.2　处理器体系结构

处理器体系结构是指处理器内部的设计和结构,它决定了处理器如何执行指令、处理数据,以及与其他计算机组件交互。Intel 处理器体系结构和 ARM 处理器体系结构是当今被广泛使用的两种处理器体系结构,它们各自在不同的市场和应用领域占据重要地位。此外,MIPS、PowerPC、PARC 等架构也是主流的处理器体系结构。本节主要对 Intel 处理器体系结构、ARM 处理器体系结构及基于 ARM 架构的华为鲲鹏处理器进行介绍。

7.2.1　Intel 处理器体系结构

1. 32 位处理器体系架构

IA-32(Intel Architecture,32-bit),也称为 x86,是 Intel 公司推出的 32 位指令集架构,最初于 1985 年首次引入。这一架构成为个人计算机及服务器领域的主导架构,广泛应用于 Windows、Linux 等操作系统。

8086 处理器和 8088 处理器是 IA-32 架构的早期 16 位处理器,具有 16 位寄存器。当时的处理器芯片含有上万只晶体管,每次只执行一条指令,没有采用流水技术。Intel 386 处理器是 IA-32 架构家族的第一款 32 位处理器,引入了 32 位寄存器,用于保存操作数和寻址。该处理器同时提供了虚拟 8086 模式,允许以更高的性能执行为 8086/8088 处理器设计的程序。由于所有基于 IA-32 的微处理器都需要保持与 x86 指令系统的兼容,所以从整体上看,IA-32 是基于复杂指令集计算(Complex Instruction Set Computing,CISC)架构的处理器。不过精简指令集计算(Reduced Instruction Set Computing,RISC)处理器的性能优势明显,因而从 1993 年诞生的奔腾(Pentium)处理器开始,IA-32 开始采用 RISC 处理器的设计思想,采用超标量流水技术,允许两条指令同时执行。甚至在设计新的处理器体系结构时,Intel 采用了微操作或者微指令来执行 CISC 指令,这样的操作可以被视为对 RISC 风格指令的翻译,从而提高指令的执行速度和效率。

2. 64 位处理器体系架构

1994 年,Intel 和惠普(HP)公司合作设计了一种新的高性能处理器架构——IA-64

(Intel Architecture，64-bit)架构，后被 Intel 命名为安腾架构。安腾架构作为一种 64 位处理器架构，支持 64 位的寻址和数据处理。它最初被期望作为 IA-32 架构的后继者担当 64 位计算大任。安腾架构继承了支持并行计算的诸多先进特性，并且完全放弃了既有的 CISC 架构，转向了 RISC 架构。

2000 年，AMD 公司首次提出了一种新的 64 位扩展架构，称为 AMD64。该架构不仅提供了 64 位的寻址和数据处理能力，还保持了对 32 位 x86 指令集的完全兼容，所以该架构也被称为 x86-64 架构。Intel 看到了这一新架构的潜力，于 2004 年发布了首款支持 x86-64 的处理器，开始在自家的处理器产品线中推广这一架构。2006 年，Intel 将这款处理器架构正式更名为 Intel64。

当时，Intel 公司的这两种 64 位处理器体系结构各有其侧重的应用领域：安腾架构主要用于数据密集的商业应用，Intel64 架构适用于中小型企业主流应用基础架构和多服务器分布式计算环境。不过，即使安腾架构在某些高性能计算领域取得了一些成功，由于与 IA-32 架构竞争的失败、软件兼容性的问题以及市场趋势的变化，Intel 于 2021 年正式停止了安腾处理器的生产。Intel 公司的架构回归了统一，也就是 x86/IA-32/x86-64/Intel64 兼容架构。

7.2.2　ARM 处理器体系结构

ARM(Advanced RISC Machines Limited)是一家英国的半导体和软件设计公司，成立于 1990 年。ARM 的主要业务是设计低功耗、高性能的处理器架构，并将这些架构授权给其他公司用于生产各种类型的处理器芯片。ARM 的设计在移动设备、嵌入式系统、物联网(Internet of Things，IoT)、网络设备和其他领域得到了广泛应用。

ARM 除了指代设计处理器的 ARM 公司外，还代表着其设计的 ARM 体系结构、指令集、处理器内核等不同结构术语。ARM 体系结构的发展经历了多个版本和阶段，每个版本都引入了新的特性和改进，以版本号 v1～v9 表示，即 ARMv1～ARMv9。

1. ARM 指令集

在 ARMv8 架构之前的 32 位 ARM 体系结构中，主要使用的是 ARM 指令集、Thumb 指令集和 Thumb-2 指令集，这 3 种指令集共同构成了 ARM 处理器的基本操作指令。ARM 指令集是基于 32 位的原始 ARM 体系结构的指令集，这个指令集包含了一系列 32 位的基本指令，用于执行各种数据处理和控制流操作；Thumb 指令集是 ARM 指令集的一种压缩形式，通过使用 16 位的指令来减小程序的体积，提高代码密度；Thumb-2 是对 Thumb 指令集的扩展，引入了一些 32 位的指令，以提高性能和灵活性。

在 ARMv8 架构之后，ARM 引入了新的 64 位指令集，并重新命名了原有的指令集。A64 指令集是指 ARMv8-A 架构中 64 位执行状态(AArch64)下的指令集，T32 和 A32 则是 ARMv8-A 架构中 32 位执行状态(AArch32)下的两个指令集。A32 与之前的 32 位 ARM 架构兼容，T32 是 Thumb-2 指令集的一个变种。

2. ARM 架构的发展历程

表 7-1 为 ARM 公司的一些处理器架构的发布年份、主要特征、ARM 的处理器产品及第三方设计的处理器。

表 7-1　ARM 处理器架构的主要版本

架构版本	发布年份	数据/地址位宽	主 要 特 征	ARM 处理器产品	第三方处理器产品
ARMv1	1985	32/26	• 32 位指令宽度 • 16 个 32 位整数寄存器 • 仅有基本的数据处理指令，无乘除指令	ARM1（未商用）	
ARMv2	1986	32/26	• 增加了乘法指令 • 支持协处理器	ARM2 ARM3 ARM2As	Amber
ARMv3	1990	32/32	• 地址线扩展至 32 位 • 增加了两种处理器模式 • 支持存储管理单元（Memory Management Unit，MMU）	ARM6 系列 ARM7 系列	
ARMv4 ARMv4-T	1993	32	• 增加了半字加载/存储指令 • ARMv4-T 增加 16 位 Thumb 指令集	ARM8 ARM7TDMI ARM9TDMI	StrongARM
ARMv5 ARMv5-TE ARMv5-TEJ	1998	32	• 改进了 ARM 与 Thumb 指令集的互操作性 • 扩充了 DSP 指令 • 支持浮点运算 VFP20	ARM7EJ ARM9E ARM9EJ ARM10E	XScale
ARMv6	2001	32	• 增加对 Thumb-2 指令集的支持 • 提供 SIMD 指令	ARM11 系列	
ARMv6-M	2004	32	• 专注于嵌入式微控制器，裁剪了指令集	Cortex M0/M0＋/M1	
ARMv7-M	2004	32	• 仅支持 Thumb-2 指令集的子集	Cortex M3/m4	STM32 系列
ARMv7-R ARMv7-A	2004	32	• 支持高级 SIMD 技术 • 支持向量浮点运算 VFP30 • 配置 32 个 64 位寄存器 • 支持 1TB 物理地址空间 • ARMv7-R 支持存储保护，ARMv7-A 支持虚拟存储器	Cortex R4/R5/R7 Cortex A5/A7/A8/A9/A15/A17	
ARMv8-A	2011	64/32	• 使用 64 位通用寄存器 • 支持 64 位处理和扩展的虚拟寻址 • 支持指令集 A64、A32、T32 • 兼容 ARMv7 • 支持虚拟化技术	Cortex A53/A57/A72/A73/A76 Neoverse NI	华为鲲鹏 920 系列 Mavell/Cavium ThunderX 系列 三星 ExynosM 系列 苹果 Ax 系列 亚马逊 Gravito 富士通 A64FXn

续表

架构版本	发布年份	数据/地址位宽	主 要 特 征	ARM 处理器产品	第三方处理器产品
ARMv9-A	2021	64	• 引入了 SVE2 用于支持计算密集型应用 • 引入了新的安全内核级别 Secure EL2 • 硬件安全增强 • 高级的虚拟化支持	Cortex A510/A710/A715 Cortex X2/X3 Neoverse E2 Neoverse N2 Neoverse V2	

7.2.3 华为鲲鹏处理器

华为鲲鹏处理器的研发可以追溯到华为在云计算和数据中心领域的战略规划。随着数字化转型的加速,云计算和大数据处理成为各种应用场景的核心。为了提供更适合自家服务器和云服务的处理器,华为决定研发自己的服务器级处理器。

华为鲲鹏处理器的发展历程如图 7-1 所示。2004 年,华为公司开始基于 ARM 技术自研芯片。目前,华为自主研发的处理器系列产品已经覆盖"算、存、传、管、智"(计算、存储、传输、管理、人工智能)5 个应用领域。2014 年,华为公司发布了鲲鹏 912 处理器,这是华为第一颗基于 ARM 架构的 64 位 CPU 处理器。2016 年,鲲鹏 916 处理器诞生,它是业界第一颗支持多路互联的 ARM 处理器。2019 年 1 月,华为发布的第三代鲲鹏 920 处理器是业界第一颗采用 7nm 制作工艺的数据中心级 ARM 处理器。2019 年之前,华为海思的通用处理器产品中集成的是 ARM 公司设计的 Cortex A57/A72 等处理器内核。而 2019 年诞生的鲲鹏 920 处理器片上系统集成的 TaiShan V110 处理器内核则是华为海思自研的高性能、低功耗的 ARMv8.2-A 架构的实现实例,支持 ARMv8.1 和 ARMv8.2 的扩展。

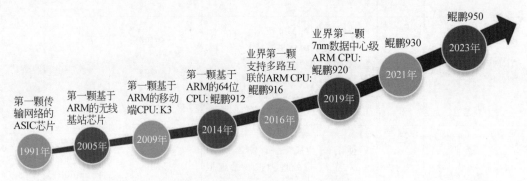

图 7-1 华为鲲鹏处理器的发展历程

华为鲲鹏 920 处理器具有如下主要特征:

1. 高性能

华为鲲鹏 920 处理器片上系统是华为海思全自研的 CPU 内核,在兼容 ARMv8-A 指令集的基础上,鲲鹏芯片集成了诸多革命性的改变。面对计算子系统的单核算力问题,鲲鹏

920 处理器片上系统针对每个核进行了优化设计,采用多发射、乱序执行、优化分支预测等技术,提升了 50％算力。鲲鹏 920 处理器片上系统支持 2 路和 4 路处理器间互连,通过提升运算单元数量、改进内存子系统架构等一系列 64 位 ARM 架构的诸多精巧设计,大幅提升了处理器性能。除此之外,鲲鹏 920 处理器片上系统还内置了包括加密算法加速引擎、安全套接字层(Secure Sockets Layer,SSL)加速引擎等在内的多种自研的加速引擎。

典型主频下,鲲鹏 920 的 SPECint Benchmark 评分超过 930,性能超出同档次业界主流 CPU 25％,能效比优于同档次业界主流 CPU 30％,创造了计算性能新纪录。

2. 高吞吐率

鲲鹏 920 处理器片上系统是业界首款基于 7nm 工艺的数据中心 ARM 处理器,采用业界领先的基底晶圆芯片(Chip on Wafer on Substrate,CoWoS)封装技术,实现多晶片合封,不仅可以提升器件生产制造的良率,有效控制每个晶片的面积,降低整体成本,而且更加灵活。

在内存带宽、IO 带宽及网络吞吐量方面,鲲鹏 920 处理器的表现十分优秀。在内存带宽方面,鲲鹏 920 攻克了芯片超大封装可靠性及单板可靠性难题,成功将 DDR4 的通道数从当前主流的 6 通道提升到 8 通道,带来 46％的内存带宽提升;在 IO 带宽方面,鲲鹏 920 处理器可以更高效地和外设或其他异构计算单元通信,有效提升了存储及各类加速器的性能,IO 总带宽提升了 66％,在网络吞吐量方面,鲲鹏 920 集成了 2 个 100Gb/s RoCE 端口,网络接口速率从业界主流的 25GE 标准提升到了 100GE 标准,网络带宽提升了 4 倍。

3. 高集成度

鲲鹏 920 处理器集成了 CPU、南桥、网卡、SAS 存储控制器等 4 颗芯片的功能,构成了功能完整的片上系统。单颗芯片实现了传统上需要 4 颗芯片才能实现的功能,能够释放出服务器更多槽位,用于扩展更多加速部件功能,大幅提高了系统的集成度。

4. 高能效

万物互联、万物感知和万物智能的智能社会正加速到来,基于 ARM 的智能终端应用加速发展并出现云端协同;与此同时,云计算下的新业务让数据类型越发多样性,如大数据应用、分布式存储和部分边缘计算等,这些场景应用对多核高能效计算提出明确需求,在性能和功耗方面具有优势的 ARM 计算系统将发挥作用。鲲鹏 920 处理器片上系统的能效比超过主流处理器 30％,以更低功耗为数据中心提供更强性能。

本节习题

(1) 请列出常见的 IA-32 架构的 16 位处理器和 32 位处理器。

(2) 什么是 ARM 指令集、Thumb 指令集和 Thumb-2 指令集? 它们有哪些不同?

(3) 华为鲲鹏 920 处理器诞生于哪一年? 它是基于哪种处理器架构设计和实现的?

7.3　基于 ARMv8 的处理器体系结构

ARM 架构的发展历程在 7.2 节中已经详细介绍过。ARMv8-A 是 ARM 体系结构的第 8 代版本,它引入了 64 位计算能力,是 ARM 架构中一项重大的演进。除此之外,ARMv8-A 架构还具备 32 位兼容性、更大的寄存器、更广泛的指令集、更强的硬件安全性、更高效的硬件虚拟化支持等优势。华为海思的鲲鹏系列通用计算处理器采用 ARMv8-A 架构,这使得鲲鹏处理器能够满足高性能计算、云计算和大数据处理等应用场景的需求。

7.3.1 执行状态

ARMv8-A 架构定义了两种执行状态,分别是 AArch64(64 位 ARM 体系结构)和 AArch32(32 位 ARM 体系结构)。这两种执行状态提供了对不同位宽指令集的支持,分别用于 64 位和 32 位的计算环境,两种状态下使用的寄存器也并不相同。

1. AArch32 执行状态

AArch32 是 ARMv8-A 架构的 32 位执行状态,支持 A32 和 T32 两种指令集。AArch32 提供 1 个 32 位计数器 PC、1 个堆栈指针 SP、1 个链接寄存器 LR、13 个 32 位通用寄存器以及 32 个用于增强 SIMD 向量和标量浮点运算的 64 位寄存器。这一执行状态允许在 ARMv8-A 架构上运行 32 位应用程序,并保持了对现有 32 位软件的兼容性。

2. AArch64 执行状态

AArch64 是 ARMv8-A 架构的 64 位执行状态,支持单一的 A64 位指令集,这种指令集的宽度为固定的 32bit。AArch64 提供 1 个 64 位程序计数器 PC、若干堆栈指针 SP 寄存器、若干异常链接寄存器 ELR、31 个 64 位通用寄存器以及 32 个用于增强 SIMD 向量和标量浮点运算的 128 位寄存器。这种执行状态提供了更大的寄存器容量、更广泛的内存寻址范围以及其他 64 位计算环境的特性。

表 7-2 描述了 AArch32 和 AArch64 两种执行状态的区别。

表 7-2   AArch32 与 AArch64 特性对比

	AArch32	AArch64
寄存器	13 个 32 位寄存器 R0~R12 1 个 32 位 PC 指针(R15) 1 个 32 位堆栈指针 SP(R13) 1 个 32 位链接寄存器 LR(R14) 1 个 32 位异常链接寄存器 ELR	31 个 64 位寄存器 X0~X30(W0~W30) 1 个 64 位 PC 指针 1 个 64 位程序链接寄存器 LR(X30) 若干堆栈指针 SPx 若干异常链接寄存器 ELRx
浮点运算	32 个 64 位 SIMD 向量和标量浮点运算支持	32 个 128 位 SIMD 向量和标量浮点运算支持
指令集	支持 A32(32 位)和 T32(16/32 位)两种指令集	支持单一的 A64(32 位)指令集
异常处理	兼容 ARMv7 的异常模型	定义 ARMv8 异常等级 ELx(x<4),x 越大,等级越高,权限越大
协处理器	协处理器只支持 CP10\CP11\CP14\CP15	没有协处理器概念

7.3.2 数据类型

ARMv8-A 支持多种数据类型,除了 32 位架构已经支持的整型数据类型,包括字节(Byte)数据类型、半字(Halfword)数据类型、字(Word)数据类型及双字(Doubleword)数据类型之外,还支持四字(Quadword)数据类型,如表 7-3 所示。不仅如此,在浮点数据类型上,ARMv8-A 也有 3 种扩展:半精度(Half-precision)浮点数据、单精度(Single-precision)浮点数据、双精度(Double-precision)浮点数据。

表 7-3 ARMv8-A 支持的整数数据类型

数 据 类 型	数 据 长 度
字节	8 位
半字	在 ARM 体系结构中,半字长度为 16 位
字	在 ARM 体系结构中,字的长度为 32 位
双字	在 ARM 体系结构中,双字长度为 64 位
四字	在 ARM 体系结构中,四字长度为 128 位

在 ARMv8-A 架构当中,寄存器文件被分成通用寄存器文件和 SIMD 与浮点寄存器文件,这种分离允许 ARMv8-A 同时支持整数运算和浮点/SIMD 运算。两种寄存器的宽度依赖于处理单元所处的执行状态。

AArch32 状态下,通用寄存器组包含 32 位通用寄存器,双字类型数据由 2 个 32 位寄存器组合支持。SIMD 与浮点寄存器包含 64 位寄存器,但不支持四字整型数据及浮点数据类型。

AArch64 状态下,通用寄存器组包含 64 位通用寄存器,指令可以选择以 64 位宽度访问寄存器,或者以 32 位宽度访问寄存器的低 32 位。SIMD 与浮点寄存器包含 128 位寄存器,支持四字整型数据类型和浮点数据类型。

7.3.3 异常等级与安全模型

ARMv8-A 体系结构定义了由 EL0～EL3 标识的异常等级以及与之关联的安全模型。在这个多层次的模型中,每个异常等级都有其独特的权限和访问能力。更高级别的异常等级能够访问更多的系统资源和提供更高级别的特权。这种分层模型有助于实现资源隔离、虚拟化和安全性。

(1) **EL0(Exception Level 0)**:EL0 是最低权限等级,通常也称为非特权等级,通常用于运行应用程序。在 EL0 模式下,没有特权级别的分隔,应用程序在最不受限制的环境中执行。

(2) **EL1(Exception Level 1)**:EL1 通常用于操作系统及需要特权才能实现的功能。在 EL1 模式下,操作系统内核拥有较高的特权级别,可以执行特权指令,访问设备和系统资源。

(3) **EL2(Exception Level 2)**:EL2 是用于虚拟化操作的异常等级。在 EL2 模式下,虚拟机管理器(Hypervisor)运行,它负责管理虚拟机和资源的分配。EL2 模式提供了对物理硬件的更直接的控制。

(4) **EL3(Exception Level 3)**:EL3 异常等级通常用于底层固件或者安全相关的代码。在 EL3 模式下,运行安全监控程序(Secure Monitor),可用于安全启动和安全操作。ARMv8-A 架构设置了 2 个不同安全状态等级:安全(Secure)状态和非安全(Non-Secure)状态,每个安全状态都有其对应的、隔离开的物理存储地址空间。EL3 异常等级支持在 2 种安全状态等级间切换。

7.3.4 寄存器

1. ARMv8-A 的系统寄存器

ARMv8-A 架构定义了一组系统寄存器,这些寄存器用于控制处理单元,并返回其状态信息,包含用于处理器状态、异常处理、虚拟内存管理、系统控制等的寄存器。具体的系统寄存器数量和功能会根据处理器的实现和 ARMv8-A 架构的特定版本而有所不同,通常,系统寄存器包含以下几个类别:

(1)**系统控制寄存器**(System Control Register,SCTLR_ELx):控制整个系统的行为,包括虚拟内存设置、缓存配置、对齐检查等。

(2)**异常向量寄存器**(Exception Vector Register,VBAR_ELx):存储异常向量表的基地址,用于确定处理异常时跳转到的地址。

(3)**异常链接寄存器**(Exception Link Register,ELR_ELx):用于存储在异常发生时要返回的地址,例如在发生异常时的程序计数器值。

(4)**程序状态寄存器**(Program Status Register,CPSR/SPSR_ELx):包含当前程序状态的信息,例如处理器模式、中断使能状态、条件码等。

(5)**系统计数器寄存器**(System Counter Registers):包括用于性能监测和调试的寄存器。

(6)**时钟寄存器**(Timer Registers):包括用于系统定时器的寄存器。

系统寄存器的访问会受到当前处理器所处异常等级的限制。每个系统寄存器都被分配给特定的异常等级(EL0、EL1、EL2、EL3),而访问这些寄存器通常需要处于相应的特权级别。为了使用时更直观,AArch64 状态下的大多数寄存器名中包含一个后缀,用来指示寄存器可以被访问的最低异常等级,命名格式为

```
<寄存器名>_Elx
```

例如,SCTLR_EL1 表示 EL1 异常等级下的系统控制寄存器,而 SCTLR_EL2 表示 EL2 异常等级下的系统控制寄存器。在 ARMv8-A 架构中,这两个相似的名称意味着它们具有相近的功能,然而它们是完全独立的,各自有其访问方式:SCTLR_EL1 用于 EL0、EL1 异常等级,而 SCTLR_EL2 则用于 EL2 异常等级。如有必要,在 EL2 异常等级下也可以访问 SCTLR_EL1 寄存器。

2. AArch32 状态下的通用寄存器

在 ARMv8-A 架构中,AArch32 执行状态下的通用寄存器包括 16 个 32 位的寄存器,编号从 R0 到 R15。不过,ARM 不建议使用具有特殊功能的 R13、R14、R15 当作通用寄存器使用。以下是通用寄存器的介绍。

(1)R0-R3:这 4 个寄存器通常用于存储函数的参数和返回值。在函数调用时,参数可以通过这些寄存器传递,而函数返回值通常存储在 R0 中。

(2)R4 到 R11:这八个寄存器通常用于存储局部变量和临时数据。在函数内部,编译器可以使用这些寄存器来保存和操作函数体内的数据。

(3)R12:R12 通常作为一个临时寄存器,用于存储一些中间计算结果或临时数据。它在指令序列中的使用比较灵活。

(4) R13：通常称 R13 为堆栈指针寄存器(Stack Pointer,SP)，用于存储当前栈的顶部地址。不同的执行模式和异常模式下，有不同的栈指针寄存器，除了用户模式(SP_usr)、系统模式(SP_svc)之外，其他各种模式下都有对应的 SP_x 寄存器：x＝{und/svc/abt/irq/fiq/hyp/mon}。

(5) R14：通常称 R14 为链接寄存器(Link Register,LR)，用于存储函数调用指令的返回地址。当发生函数调用时，LR 记录调用指令的下一条指令地址。在函数返回时，程序将跳转到 LR 中存储的地址。

(6) R15：通常称 R15 为程序计数器(Program Counter,PC)，AArch32 中 PC 寄存器指向取值地址，即执行指令地址＋8。在分支和跳转指令中，PC 被用于指定跳转的目标地址。

表 7-4 介绍了 AArch32 状态下的常见寄存器。

表 7-4　AArch32 状态下的常见寄存器

寄存器	位宽	说　明
R0～R15	32 位	通用寄存器，不过 ARM 不建议将具有特殊功能的 R13-R15 作为通用寄存器使用
SP_x	32 位	通常称 R13 为堆栈指针寄存器，除了用户模式和系统模式外，其他模式下也有对应的 SP_x 寄存器
LR_x	32 位	通常称 R14 为链接寄存器，除了用户模式和系统模式外，其他模式下也有对应的 LR_x 寄存器，用于保存程序返回链接信息地址，AArch32 环境下也用于保存异常返回地址
ELR_hyp	32 位	Hyp 模式下特有的异常链接寄存器，保存异常进入 Hyp 模式时的异常地址
PC	32 位	通常称 R15 为程序计数器，AArch32 环境下，PC 指向取值地址，即执行指令地址＋8
CPSR	32 位	记录当前 PE 的运行状态数据
APSR	32 位	应用程序状态寄存器，EL0 下可以使用 APSR 访问部分 PSTATE 值
SPSR_x	32 位	为 CPSR 的备份，除了用户模式和系统模式外，其他模式下也有对应的 SPSR_x 寄存器
HCR	32 位	EL2 特有，控制 EL0/EL1 的异常路由
SCR	32 位	EL3 特有，控制 EL0/EL1/EL2 的异常路由，EL3 始终不会路由
VBAR	32 位	用于存储任意异常进入非 Hyp 模式和非 Mon 模式的跳转向量基地址
HVBAR	32 位	用于存储任意异常进入 Hyp 模式的跳转向量基地址
MVBAR	32 位	用于存储任意异常进入 Mon 模式的跳转向量基地址
ESR_ELx	32 位	用于存储异常进入 ELx 时的异常综合信息，包含异常类型 EC 等
PSTATE	32 位	不是一个寄存器，而是用于存储当前 PE 状态的一组寄存器统称，属于 ARMv8 新增内容

3. AArch64 状态下的通用寄存器

在 ARMv8-A 架构中，AArch64 执行状态下的通用寄存器包括 31 个 64 位寄存器，编号从 R0 到 R30。从编译器和汇编语言程序员的角度来看，A64 指令集的明显特征之一是通用寄存器数量的增加，这意味着系统性能的提升和堆栈使用的减少。实际上，每个通用寄存器都可以通过 64 位和 32 位 2 种方式访问：进行 64 位访问时，寄存器用"X"前缀表示，即

X0～X30；进行 32 位访问时，寄存器用"W"前缀表示，即 W0～W30。如图 7-2 所示，32 位的 Wn 寄存器就是 64 位 Xn 寄存器的低有效位。例如，向 W0 寄存器写入 0xFFFFFFFF 时，X0 寄存器中的值将会是 0x00000000FFFFFFFF。

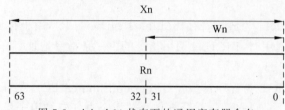

图 7-2　AArch64 状态下的通用寄存器命名

以下为进行 64 位访问时 AArch64 状态下的通用寄存器的介绍。

（1）X0 到 X7：这 8 个寄存器通常用于存储函数的返回值和前几个参数。在函数调用时，X0 到 X7 可以用于传递参数，并存储函数的返回值。

（2）X8 到 X28：这 21 个寄存器通常用于存储局部变量和临时数据。在函数内部，编译器可以使用这些寄存器来保存和操作函数体内的数据。

（3）X29：通常称 X29 为帧指针寄存器（Frame Pointer，FP），用于指向当前函数的栈帧。在一些情况下，它也被称为扩展的帧指针。

（4）X30：通常称 X30 为链接寄存器（LR），用于存储函数调用指令的返回地址。当发生函数调用时，X30 记录调用指令的下一条指令地址。

表 7-5 介绍了 AArch64 状态下的常见寄存器。

表 7-5　AArch64 状态下的常见寄存器

寄 存 器	位　　宽	说　　明
X0～X30	64 位	通用寄存器，如有需要可以 32 位方式访问：W0～W30
LR	64 位	通常称 X30 为程序链接寄存器，保存跳转返回信息地址
SP_ELx	64 位	堆栈指针寄存器，用于存储异常级别 ELx 对应的堆栈指针
ELR_ELx	64 位	异常链接寄存器，用于存储异常进入 ELx 的异常地址
PC	64 位	程序计数器，AArch64 环境下，PC 指向当前指令地址
SPSR_ELx	32 位	用于存储进入 ELx 的 PSTATE 状态信息
NZCV	32 位	允许访问的符号标志位
DIAF	32 位	缓存维护相关的标志
CurrentEL	32 位	记录当前的异常级别
SPSel	32 位	记录当前异常级别是否使用"SP_EL0"
HCR_EL2	32 位	控制 EL0/EL1 的异常路由
SCR_EL3	32 位	控制 EL0/EL1/EL2 的异常路由
ESR_ELx	32 位	保存异常进入 ELx 时的异常综合信息，包含异常类型 EC 等
VBAR_ELx	64 位	保存异常进入 ELx 的跳转向量基地址

152

续表

寄　存　器	位　　宽	说　　明
PSTATE	32 位	不是单个寄存器,而是保存当前 PE 状态的一组寄存器统称,属于 ARMv8 新增内容

7.3.5　异常处理

异常(Exception)是现代处理器体系结构中的重要机制之一,由外部事件引起的中断服务过程是其中的一种常见形式。通常来说,衡量 CPU 实时性的一个重要指标就是最短响应中断时间以及单位时间内响应中断的次数。在复杂系统中,异常机制还用于处理需要特权软件权限才能处理的系统事件,这些系统事件需要操作系统的介入,因为它们涉及系统资源的管理或需要执行特权指令。

在 ARMv8-A 架构中,异常被划分为同步异常(Synchronous Exception)和异步异常(Asynchronous Exception)。同步异常是由执行指令引发的异常,通常是由于指令执行期间的错误或特定条件的发生而引发的。例如,除零、非法指令、访问非法内存等都属于同步异常。这类异常与程序的执行直接相关,因此被称为同步异常。异步异常是由处理器外部的事件引发的异常,这些事件与当前指令的执行无关。典型的异步异常包括中断(Interrupt Request,IRQ)、异常(Fast Interrupt Request,FIQ)、系统错误(System Error,SError)等。这些异常是异步发生的,处理器需要在当前指令执行完毕后,根据中断控制器或其他外部设备的信号,及时响应这些事件。表 7-6 列出了一些常见的同步异常和异步异常。

表 7-6　常见的同步异常和异步异常

	异 常 类 型	说　　明
同步异常	Undefined Instruction	未定义指令异常
	Illegal Execution State	非常执行状态异常
	System Call	系统调用指令异常(SVC/HVC/SMC)
	Misaligned PC/SP	PC/SP 未对齐异常
	Instruction Abort	指令终止异常
	Data Abort	数据终止异常
	Debug Exception	软件断点指令/断点/观察点/向量捕获/软件单步等 Debug 异常
异步异常	SError or vSError	系统错误类型,包括外部数据终止
	IRQ or vIRQ	外部中断或虚拟外部中断
	FIQ or vFIQ	快速中断或虚拟快速中断

在 AArch64 执行状态下,下面几类事件可能引起异常。

1. 终止

终止(Aborts)是指在执行期间出现不可恢复的错误或违反条件时引发的异常。终止可以分为数据终止(Data Aborts)和指令终止(Instruction Aborts)两种主要类型。数据终止发生在数据访问期间,例如内存读取或写入。当发生无效的内存访问、缺页、权限错误等情况时,会触发数据终止。数据终止可能由于试图访问不存在的内存区域、访问非法的物理地址、权限不足等原因引发。指令终止发生在执行指令期间。类似于数据终止,当发生执行一个无效的指令、试图执行不存在的内存区域中的指令、权限错误等情况时,会触发指令终止。指令终止可能由于非法指令、非法操作码、访问非法地址等原因引发。

2. 复位

在 ARMv8-A 架构中,复位(Reset)是一种特殊的异常,通常由硬件引发,其目的是将处理器和系统恢复到一个已知的状态。复位异常是最高等级的异常,并且不能被屏蔽。

3. 执行异常产生指令

异常产生指令在这里指的是系统调用指令,执行异常产生指令系统通常会引起软中断。软中断指令包括用于用户程序请求操作系统服务的 SVC 指令(Supervisor Call)、用于在虚拟化环境中从客户虚拟机请求服务的 HVC 指令(Hypervisor Call)和在非安全状态请求安全状态服务的 SMC 指令(Secure Monitor Call)等。

4. 中断

ARMv8-A 架构支持两种主要类型的中断,分别是 IRQ(Interrupt Request)和 FIQ(Fast Interrupt Request)。IRQ 是普通的中断请求,通常用于处理设备请求或其他标准的中断事件。FIQ 是一种高优先级的中断请求,用于处理需要快速响应的紧急情况。IRQ 和 FIQ 中断的发生都不是直接由软件执行引起的,故两种中断都属于异步异常。

在 ARMv8-A 架构中,只有进入异常处理或从异常返回时才能够切换异常等级。进入异常处理时,异常等级可以保持不变或提升;从异常返回时,异常等级可以保持不变或降低。如果在异常等级 n 处处理异常,那么在异常发生时,处理器的硬件会自动执行异常处理的下列操作:

首先,更新 SPSR_ELn。当异常发生并且处理器跳转到异常处理程序时,当前的程序状态(PSTATE)会被保存到备份程序状态寄存器 SPSR_ELn 中。PSTATE 包含了执行状态信息,如条件标志、中断屏蔽状态等,这些信息对于恢复异常处理完成后的执行环境至关重要。

然后,更新 PSTATE。用新的处理器状态更新程序状态 PSTATE,包括更改表示当前的异常级别(ELn)的状态位和其他相关标志等。

最后,更新 ELR_ELn。将异常处理结束返回的地址保存在异常链接寄存器 ELR_ELn 中,这条地址就是异常发生时的下一条指令的地址(即异常发生后应该执行的下一条指令的地址)。

7.3.6　中断

ARMv8-A 架构通常与一种高级的中断控制器配合使用,这就是通用中断控制器(Generic Interrupt Controller,GIC)。GIC 是 ARM 处理器中用于管理和处理中断的关键组件。图 7-3 描述了外设通过中断请求信号线向通用中断控制器提交中断请求的传统方式:通用中断控制器接收到请求后进行优先级判断,然后发送给相应的处理器核心。

GIC 随着时间的推移经历了多个版本,每个新版本都提供了改进的特性和性能。

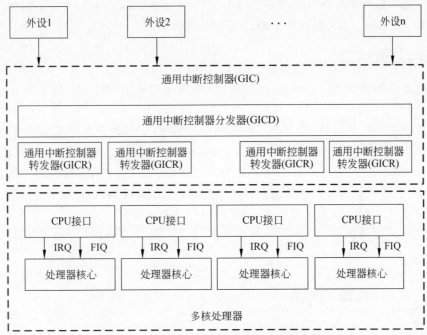

图 7-3　ARMv8-A 的通用中断控制器架构

GICv3 和 GICv4 是与 ARMv8-A 架构最为兼容的版本,提供了对大量中断和高效虚拟化的支持。在 GICv3 版本中,增加了一种通过消息提出中断请求的方式,称为消息信号中断(Message-Signaled Interrupts,MSI),如图 7-4 所示,当外设需要通知处理器中断时,将会对中断控制器中的寄存器执行写操作,使用这种中断请求方式的好处在于不再需要为每个设备或中断分配一个物理线路。

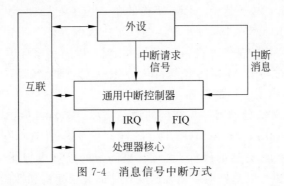

图 7-4　消息信号中断方式

中断控制器处理的中断源分为以下 4 种类型:

(1) **共享外设中断**(Shared Peripheral Interrupt,SPI):外设的这类中断请求可以被连接到任何一个处理器核。

(2) **私有外设中断**(Private Peripheral Interrupt,PPI):只属于某一个处理器核的外设的中断请求,例如通用定时器的中断请求。

(3) **软件产生的中断**(Software Generated Interrupt,SGI):由软件写入中断控制器内的 SGI 寄存器引发的中断请求,通常用于处理机间通信。

（4）**特定位置外设中断**（Locality-specific Peripheral Interrupt，LPI）：边沿触发的基于消息的中断，其编程模式与其他类中断源完全不同。

本节习题

（1）简述 AArch32 和 AArch64 两种执行状态在寄存器、浮点运算、指令集和异常处理、协处理器方面的区别。

（2）在 ARMv8-A 架构中，字节、半字、字、双字、四字类型的整数数据长度分别为多少位？

（3）在 ARMv8-A 架构的 AArch64 执行状态下，通用寄存器有 16 个，每个通用寄存器只能通过 64 位方式访问。以上描述是否正确？如果是错误的，如何修改成正确的描述？

（4）简述在 AArch64 执行状态下，哪些事件可能引起异常。

（5）进入异常处理时，异常等级可以如何变化？从异常返回时，异常等级可以如何变化？

7.4　本章小结

在本章中，我们主要介绍了服务器处理器的概念及其相关体系结构，并重点针对华为鲲鹏处理器及其使用的 ARMv8 处理器体系结构展开学习。

首先，我们认识了什么是服务器处理器，它是构成数据中心、云计算平台、大型企业后端系统和其他高性能计算环境不可或缺的核心组件。

然后，我们通过两种广泛使用的处理器体系结构了解了处理器如何执行指令、处理数据，以及与其他计算机组件交互，包括 Intel 处理器体系结构和 ARM 处理器体系结构。在此基础上，我们进一步了解了基于 ARM 架构的国产服务器处理器——华为鲲鹏处理器。鲲鹏处理器采用了 ARMv8 架构，为处理器提供了更大的寻址空间和更强的计算能力。鲲鹏处理器在 ARMv8 架构的基础上进行了优化和定制，以满足服务器和数据中心等高性能计算领域的需求。通过利用 ARMv8 架构的优势，鲲鹏处理器能够提供出色的性能、能效和可扩展性，成为了一款备受关注的服务器处理器。

最后，通过对 ARMv8 处理器体系结构的详细描述，读者可以更全面地了解这一架构。作为 ARM 架构的第八代版本，ARMv8 引入了 64 位指令集，并且具有 32 位兼容性、更大的寄存器、更广泛的指令集、更强的硬件安全性、更高效的硬件虚拟化支持等优势。通过对 ARMv8 的学习，读者也可以更好地掌握鲲鹏处理器的底层架构和性能优势。

通过本章的学习，我们希望读者可以对不同体系结构的服务器处理器有所了解，并对其在实际应用中的特点有所把握。

第 8 章

华为鲲鹏处理器汇编编程

华为鲲鹏处理器是基于 ARM 架构设计实现的,因此本章重点介绍 ARM 汇编语言基础,包括寻址方式、指令集、伪指令、程序结构等,最后以"Hello World"程序作为示例,帮助读者了解和掌握 ARM 汇编语言的程序结构及代码编写方法。

8.1 ARM 寻址方式

寻址方式(Addressing Mode)是计算机指令集架构中的一个概念,用于指定指令中操作数的获取方式。简单来说,寻址方式决定了一个指令如何定位其所需操作的数据的内存地址。ARM 架构支持多种寻址方式,允许指令以多种方式引用数据:数据既可以存储在寄存器或内存当中,也可以作为指令的一部分直接给出。多种灵活的寻址方式允许开发者和处理器以更灵活、高效的方式执行各种计算任务。

8.1.1 立即数寻址

立即数寻址(Immediate Addressing)指令中,操作数直接嵌入在指令本身当中。换句话说,指令当中的地址码就是操作数本身。这种方式使得指令的执行更加快速和直接,因为处理器不需要额外的步骤去从寄存器或内存中读取操作数。下面以两个简单的例子来说明立即数寻址方式的应用。

```
MOV R0,#5
```

上述指令执行的操作是将立即数 5 直接写入寄存器 R0 中,操作数被直接编码在指令中。需要注意的是,符号"#"用来表示紧随其后的数值是一个立即数。

```
ADD R0, R1, #0xF5
```

上述指令执行的操作是将寄存器 R1 的值与立即数 0xF5 相加,然后将结果存储到寄存器 R0 中。在 ARM 汇编语言中,立即数常以十进制或十六进制形式出现,十六进制数前使用"0x"前缀或"&"前缀。

虽然立即数寻址方式十分高效简洁,但在 ARM 架构中,立即数的大小和表示范围受到指令格式的限制。即使 ARM 架构通过一些编码技巧扩展了立即数的有效范围,但对于某些大数值,可能无法直接作为立即数来使用,仍需要通过其他方式来引用。

8.1.2　寄存器寻址

寄存器寻址(Register Addressing)方式是一种高效的数据访问模式,操作数存储在寄存器中,指令直接通过寄存器编号来引用数据。这种寻址方式的核心优势在于访问速度快,因为它不涉及内存访问的延迟。下面以两个简单的例子来说明寄存器寻址方式的应用。

```
MOV R0, R1
```

上述指令执行的操作是将 R1 寄存器中的值存入 R0 寄存器中。其中,R1 中的值是通过寄存器寻址方式直接访问的。

```
ADD R0, R1, R2
```

上述指令执行的操作是将寄存器 R1 和 R2 的值相加,然后将结果存储到寄存器 R0 中。其中,R1 和 R2 的值都是通过寄存器寻址方式直接访问的。

寄存器寻址方式对于提高指令的执行效率和简化程序逻辑具有重要意义。然而,由于寄存器数量的限制,开发者需要在寄存器使用和内存访问之间找到合适的平衡,以优化程序的性能和资源利用率。

8.1.3　寄存器间接寻址

在寄存器间接寻址(Register Indirect Addressing)方式中,寄存器中存储的是内存地址,指令通过这个地址来读取或写入内存中的数据。这种方式通常用于访问数组、结构体或链表等数据结构。下面以两个简单的例子来说明寄存器间接寻址方式的应用。

```
LDR R0, [R1]
```

上述指令执行的操作是加载寄存器 R1 指向的内存地址中的数据到寄存器 R0 中。其中,LDR 指令用于读取内存数据,[R1]表示使用寄存器间接寻址方式,R1 寄存器中包含了要访问的内存地址。

```
STR R0, [R1]
```

上述指令执行的操作是将寄存器 R0 中的数据存储寄存器 R1 指向的内存地址当中。其中,STR 指令用于写入内存数据,[R1]表示使用寄存器间接寻址方式,R1 寄存器中包含了要访问的内存地址。这条指令没有改变任何寄存器的值,仅仅是将 R0 寄存器中的数据复制到内存中。

这种寻址方式非常适合实现对数组、链表和其他复杂数据结构的高效访问和遍历。不过,相比立即数寻址或寄存器寻址,寄存器间接寻址可能会由于增加额外的地址计算开销和内存访问延迟,减慢程序的执行速度。

8.1.4　基址寻址

基址寻址(Base Addressing)方式使用一个基址寄存器和一个可选的偏移量来确定内存地址。基址寄存器通常包含数组或其他数据结构的起始地址,而偏移量则指定了从这个起始地址开始的位置。偏移量可以是立即数,也可以是另一个寄存器的值。基址寻址方式分为 3 种:

前索引、自动索引和后索引。下面以三个简单的例子来说明基址寻址方式的应用。

```
LDR R0, [R1, #8]
```

上述指令是前索引方式,执行的操作是将 R1 为基址,偏移量为 8 字节的内存地址中的数据赋值给寄存器 R0。其中,[R1,♯8] 表示使用基址寻址方式,将 R1 中的内存地址加 8 得到的是要访问的内存地址。

```
LDR R0, [R1, #8]!
```

上述指令是自动索引方式,执行的操作是在前索引的基础上,将要访问的内存地址写回 R1 寄存器当中。其中,"!"表示将地址写回寄存器。假设 R1 寄存器中原本存储的值是 0x1000,执行上述指令后,R0 寄存器将包含地址 0x1008 处的数据,并且 R1 的值会被更新为 0x1008。

```
LDR R0, [R1], #8
```

上述指令是后索引方式,执行的操作是将寄存器 R1 指向的内存地址中的数据赋值给寄存器 R0,然后将寄存器 R1 中的地址加 8 后写回 R1 寄存器中。假设 R1 寄存器中原本存储的值是 0x1000,执行上述指令后,R0 寄存器将包含地址 0x1000 处的数据,而 R1 的值会被更新为 0x1008。

基址寻址提供了一种灵活且高效的方式来访问数据结构中的元素,非常适合于数组和结构体的访问。这种方式的局限性主要在于可能受限于偏移量大小,增加了寄存器使用和计算的开销,以及在处理大型数据结构或更新基址时可能引入的性能和增强了编程复杂性。

8.1.5　多寄存器寻址

多寄存器寻址(Multiple Register Addressing)方式是 ARM 指令中一种强大的寻址机制,也称为块拷贝寻址。在多寄存器寻址方式中,一条指令可以指定一个寄存器列表,从而可以在单个操作中加载或存储这些寄存器中的数据。寄存器列表中最多可以包含 16 个寄存器。下面以两个简单的例子来说明多寄存器寻址方式的应用。

```
LDMIA R0!, {R1-R7, R12}
```

以上指令执行的操作是将 R0 指向的内存地址中的数据赋值给 R1~R7 及 R12 共八个寄存器,R0 寄存器中的值自加 1。其中,LDMIA 指令用于从内存中加载多个数据到寄存器中,在加载数据后,基址寄存器 R0 中的地址会自动增加。

```
STMIA R0!, {R1-R7, R12}
```

以上指令执行的操作是将 R1~R7 及 R12 共八个寄存器中的数据保存到 R0 指向的内存地址中,R0 寄存器中的值自加 1。其中,STMIA 指令用于将多个寄存器的数据存储到连续的内存地址中,在存储数据后,基址寄存器中 R0 的地址会自动增加。需要注意的是,R15 为程序计数器,不能作为基址寄存器。寄存器列表可以是 R0~R15 的任意组合。

多寄存器寻址方式在进行大量数据传输、函数调用参数传递以及上下文切换等操作时特别有用,可以显著减少所需指令的数量,提高代码的效率和执行速度。不过,这种寻址方式要求数据在内存中连续存放,且在处理非连续数据结构时可能不够灵活,同时对内存对齐和寄存器可用性有一定要求。

8.1.6 堆栈寻址

堆栈寻址（Stack Addressing）方式主要涉及使用堆栈指针寄存器（SP 寄存器）来管理堆栈操作。堆栈是一种特殊的线性数据结构，支持后进先出（Last In First Out，LIFO）的数据管理模式。在堆栈寻址方式中，SP 寄存器会追踪当前堆栈顶部的内存地址，按照后进先出的原则存取存储区。下面以两个简单的例子来说明堆栈寻址方式的应用。

```
LDMIA SP!, {R1-R7}
```

以上指令执行的操作是将栈内的数据赋值给 R1～R7 七个寄存器中，下一个地址成为栈顶。其中，"SP!"表示使用 SP 作为起始地址，并在操作后更新 SP 寄存器的值。

```
STMIA SP!, {R1-R7}
```

以上指令执行的操作是将 R1～R7 七个寄存器中的值保存到 SP 寄存器的栈中，并在操作完成后更新 SP 寄存器的值。

堆栈寻址通过高效的多寄存器加载和存储指令，提供了一种简便的方法来实现快速的数据保存和恢复，尤其适用于函数调用和上下文切换。不过由于这种寻址方式依赖于连续的内存空间和正确的堆栈指针管理，不当使用可能导致堆栈溢出或数据错乱。

8.1.7 PC 相对寻址

PC 相对寻址（PC-relative Addressing）（也称为程序计数器相对寻址）方式是一种通过程序计数器（Program Counter，PC）来定位指令或数据的内存地址的寻址方式。在 PC 相对寻址方式中，由 PC 提供基准地址，指令中的地址码字段作为偏移量，二者相加后得到的地址则为目标操作数的有效地址。下面以一个简单的例子来说明 PC 相对寻址方式的应用。

```
LDR R0, [PC, #8]
```

以上指令执行的操作是将 PC 的当前值加上 8 作为目标地址，从该地址加载数据到寄存器 R0 中。这种方式常用于从靠近当前指令的内存位置读取数据。

PC 相对寻址提供了一种高效的方式来访问代码附近的数据或进行相对跳转，不需要预先知道数据或目标指令的绝对地址。不过这种寻址方式的寻址范围受到指令格式的限制，且需要考虑 PC 预取偏移，可能会在某些情况下限制其使用的灵活性和准确性。

8.1.8 寄存器移位寻址

寄存器移位寻址（Register Shift Addressing）方式是一种灵活的寻址模式，允许在执行数据处理指令时动态地对寄存器中的数据进行移位或旋转操作，用作操作的源操作数。这个移位操作可以是逻辑左移（Logical Shift Left，LSL）、逻辑右移（Logical Shift Right，LSR）、算术右移（Arithmetic Shift Right，ASR）或循环右移（Rotation Right，ROR）。移位量可以是立即数，也可以是另一个寄存器的值。下面以一个简单的例子来说明 PC 相对寻址方式的应用。

```
ADD R2, R1, R0, LSL #2
```

以上指令执行的操作是将 R0 寄存器中的值左移 2 位,然后将结果与 R1 寄存器中的值相加,最后将最终结果存储到 R2 寄存器中。其中,LSL 指令执行逻辑左移操作。

寄存器移位寻址方式不仅增加了 ARM 指令集的灵活性和表达能力,也提高了代码的密度和执行效率,因为它允许在单一指令中结合数据移位和处理操作。

本节习题

(1) 以下两条汇编代码执行了哪些操作? 执行完毕后 R1 寄存器中的内容是什么?

```
MOV R0, #0x13
LDR R1, [R0]
```

(2) ARM 汇编语言中,基址寻址方式中的前索引、自动索引和后索引在使用中有哪些区别? 请举例说明。

(3) 以下汇编代码段执行了哪些操作? R0 的值会自动增加吗?

```
MOV R0, #0x1000
MOV R1, #0x2000
MOV R2, #0x3000
STMIA R0!, {R1, R2}
```

(4) 以下汇编代码为使用 PC 相对寻址方式的代码片段,假设当前 PC 中存储的值为 0x4000,那么 LDR 指令的目标操作数所在的有效地址是多少?

```
LDR R1, [PC, #32]
```

8.2　ARM 指令集

ARM 指令集是 ARM 处理器支持的一组基本操作和命令,定义了处理器能够执行的所有操作,包括数据处理、分支、内存访问等。ARM 指令集的设计遵循 RISC 原则,以其高效的性能、低功耗特性而广泛应用于移动设备、嵌入式系统等领域。

8.2.1　GNU ARM 汇编语言语法格式

GNU ARM 汇编语言是一种为 ARM 处理器设计的汇编语言,它使用一套符号命令(Mnemonics)来表示 ARM 指令集中的指令,使得开发者能够直接控制 ARM 处理器的操作。这种汇编语言是基于 GNU 工具链(尤其是 GNU 汇编器)的一部分,它使得开发者能够以接近机器语言的形式编写代码,同时提供了一些便利的抽象,以简化编程过程。

GNU ARM 汇编语言的语法格式如下:

```
{<label>:} {<instruction or directive or pseudo-instruction> } {@comment}
```

(1) **label(标签)**: 标签是用来标识一个内存位置的名称,通常用于跳转指令的目标、函数入口点或数据段的开始。在 GNU ARM 汇编中,标签的使用需要遵循以下规则: 标签不一定非要在一行的起始处,任何以冒号结尾的标识符都被认为是一个标签;标签可以是全局的(在整个程序中唯一)或局部的(只在某个特定区域内有效);标签不能使用汇编器的关键字或指令名作为名称。

（2）**instruction**（指令）：指令是 CPU 可直接执行的低级命令，是处理器指令集的一部分，由硬件直接实现。指令用于执行各种操作，如算术运算（ADD、SUB）、数据传输（LDR、STR）、控制流（B、BL）等。每条指令通常包括操作码和操作数，操作码表示要执行的操作类型，操作数提供该操作所需的数据或操作对象的地址。

（3）**directive**（伪操作）：伪操作是汇编器用来正确解析和组织汇编语言程序的命令。它们不是处理器执行的指令，而是在汇编时由汇编器识别和执行的。伪操作用于控制汇编过程，如分配存储空间（.DATA）、定义常量（.EQU）、组织代码段（.TEXT）或数据段（.DATA）、设置全局符号（.GLOBAL）等。它们对最终生成的机器码格式和布局有直接影响。

（4）**pseudo-instruction**（伪指令）：伪指令是在源代码中使用的标记，由汇编器转换为实际的一条或多条指令。伪指令通常用于简化汇编语言编程，提供诸如数据移动、分支、子程序调用等复杂操作的高级表示，这样开发者无须编写多条指令来实现相同的功能。在 ARM 中，MOV 通常是一个有效的指令，但在某些情况下，如果操作数超出直接操作的范围，MOV 可以作为伪指令存在，由汇编器转换为一系列设置和操作寄存器的指令。

（5）**comment**（注释）：注释是用来提供代码说明的，它们不会被汇编器编译成机器代码。GNU ARM 汇编使用@符号作为注释开始的标志。注释可以独占一行，也可以跟在指令、伪操作、伪指令之后。注释直到行尾都是有效的。

在编写 GNU ARM 汇编语言程序时，还需要注意以下几点：①汇编源代码格式中，花括号（{}）中的内容都是可选的，使用空行可以使代码更具有可读性；②ARM 指令、伪操作、伪指令、寄存器名可以全部用大写字母，也可以全部用小写字母，但不允许大小写混合使用；③为了使汇编代码文件更容易阅读，可以通过在行尾放置反斜杠符（\），将较长的源代码拆分为多行，反斜杠后不得有任何其他字符（包括空格和制表符），汇编器会将反斜杠和行尾序列视为空白；④GNU ARM 汇编特殊字符和语法包括："@"为代码行中的注释符号；"#"可作为整行注释符号；";"为语句分离符号；"#"或"$"可作为立即数前缀。

GNU ARM 汇编语言既支持 ARM 的传统 32 位指令集，也支持其较新的 64 位指令集。A64 指令集是 ARMv8-A 架构中针对 64 位处理器引入的一套指令集，用于 AArch64 执行状态。这种状态允许处理器执行 64 位指令，以支持更广泛的数据类型和更大的地址空间。相比 32 位指令集，A64 指令引入了一些新的特性：第一，不同于 AArch32 状态下 Thumb 指令集的可变长度指令，所有 A64 指令都是 32 位固定长度；第二，A64 指令集将通用寄存器的数量扩展到 31 个（从 X0 到 X30），每个寄存器都是 64 位宽（如果用作 32 位时，寄存器名称为 W0～W30）；第三，A64 指令支持 48 位虚拟寻址空间，能够提供对 256 TB（2^{48} 字节）的虚拟地址空间的寻址能力；第四，在 A64 指令集中，不能将程序计数器（PC）用作数据处理或加载指令的目的寄存器，且 X30 寄存器通常作为链接寄存器（LR）使用，用于保存函数调用时的返回地址。

8.2.2 跳转指令

在 ARM 指令集中，跳转指令用于改变程序的执行流程，允许程序执行非顺序的代码段。跳转指令是控制流指令的重要组成部分，帮助实现循环、条件执行和函数调用等程序逻辑。跳转指令可以根据是否依赖于特定条件来执行分为两大类：条件跳转和绝对跳转。

1. 条件跳转

条件跳转是汇编语言中一种根据特定条件判断结果来决定程序执行路径的机制。在 ARM 架构中，条件跳转通过评估状态寄存器(Current Program Status Register，CPSR)中的标志位来执行或跳过某段代码。

1) B<cond>指令

B<cond>指令是最基本的条件跳转指令，<cond>是一个条件码，它指定了执行跳转的条件。这些条件基于 CPSR 中的标志位，如零标志(Z)、负标志(N)、进位标志(C)和溢出标志(V)的状态。ARM 架构下的条件码的说明如表 8-1 所示。

表 8-1　ARM 架构下的条件码的说明

条件码	说明	标志位
EQ	等于	Z 标志位为 1
NE	不等于	Z 标志位为 0
CS/HS	进位设置/无符号高于或相同	C 标志位为 1
CC/LO	进位清除/无符号低于	C 标志位为 0
MI	负	N 标志位为 1
PL	正或零	N 标志位为 0
VS	溢出	V 标志位为 1
VC	未溢出	V 标志位为 0
HI	无符号高于	C 标志位为 1 且 Z 标志位为 0
LS	无符号低于或相同	C 标志位为 0 或 Z 标志位为 1
GE	大于或等于	N 标志位等于 V 标志位
LT	小于	N 标志位不等于 V 标志位
GT	大于	Z 标志位为 0 且 N 标志位等于 V 标志位
LE	小于或等于	Z 标志位为 1 或 N 标志位不等于 V 标志位

B<cond>指令的语法如下：

```
B<cond> <label>
```

其中，<cond>是条件码，它指定了跳转发生的条件；<label>是跳转的目标(标签)。下面以一个简单的例子来说明 B<cond>指令的应用。

```
CMP R0, R1        @比较寄存器 R0 和 R1 的值
BEQ equal         @如果 R0 等于 R1,跳转到标签 equal
BGT greater       @如果 R0 大于 R1,跳转到标签 greater
BLT less          @如果 R0 小于 R1,跳转到标签 less
```

在以上代码片段中，CMP 指令首先比较 R0 寄存器和 R1 寄存器中的值，并设置 CPSR

中的标志位。BEQ 在两值相等时执行跳转,转到标签 equal 位置继续执行;BGT 在 R0 寄存器值大于 R1 寄存器值时跳转,转到标签 greater 位置继续执行;BLT 在 R0 寄存器值小于 R1 寄存器值时跳转,转到标签 less 位置继续执行。

2) CBNZ 指令和 CBZ 指令

CBNZ 指令用于检查指定寄存器的值是否非零,并在非零时跳转到程序中的另一个位置。CBNZ 指令包含 2 个操作数:一个寄存器和一个跳转目标(标签)。相对应地,CBZ 指令则是用于检查指定寄存器的值是否为零,并在为零时跳转到程序中的另一个位置,它的指令构成与 CBNZ 指令相同。CBNZ 指令和 CBZ 指令的语法如下:

```
CBNZ <Rn>, <label>
CBZ <Rn>, <label>
```

其中,<Rn>是要检查的寄存器;<label> 是满足条件时跳转的目标地址。为了方便理解,以 CBNZ 指令为例说明两种跳转指令的使用方式。

```
loop:                @标签指示循环的开始
    ...              @循环体内其他代码
    SUBS R0, R0, #1  @将 R0 的值减 1 并更新状态寄存器
    CBNZ R0, loop    @如果 R0 非零,则跳回 loop 位置处继续循环
```

在以上代码片段中,SUBS 指令用于递减 R0 寄存器的值,并更新状态寄存器。如果 R0 寄存器值在减 1 后仍然非零,则 CBNZ 指令使得程序跳回到 loop 标签处,继续执行循环体。当 R0 寄存器值减到 0 时,循环结束,程序继续向下执行。

3) TBNZ 指令和 TBZ 指令

TBNZ 指令用于检查指定寄存器中特定位的状态,并在该位为非零时跳转到程序中的另一个位置。TBNZ 指令包含 3 个操作数:一个寄存器、寄存器特定位的位置和一个跳转目标(标签)。TBZ 指令执行时则是在寄存器目标检测位为零时跳转到程序中的另一个位置,它的指令构成与 TBNZ 指令相同。TBNZ 指令和 TBZ 指令的语法如下:

```
TBNZ <Rn>, #<b>, <label>
TBZ <Rn>, #<b>, <label>
```

其中,<Rn> 是要检查的寄存器;♯<b>是要检查的位的位置,从 0 开始计数;<label> 是满足条件时跳转的目标地址。为了方便理解,以 TBNZ 指令为例说明两种跳转指令的使用方式。

```
loop:                @标签指示循环的开始
    ...              @循环体内其他代码
    TBNZ R0, #5, loop  @如果 R0 寄存器值的第 5 位为 1,则跳回 loop 位置处继续循环
```

在以上代码片段中,SUBS 指令用于递减 R0 寄存器的值,并更新状态寄存器。如果 R0 寄存器值的第 5 位为 1,则 TBNZ 指令使得程序跳回到 loop 标签处,继续执行循环体。如果 R0 寄存器值的第 5 位为 0,循环结束,程序继续向下执行。

2. 绝对跳转

绝对跳转指令用于无条件地改变程序的执行流程,即使得程序跳转到指定的地址或标签

处继续执行。这种跳转是无条件的,不依赖于任何条件标志或寄存器的值,总是会发生跳转。

1) B 指令

B 指令是 ARM 指令集中的一种基本的绝对跳转指令,通过修改程序计数器(PC)来实现跳转功能。B 指令只包含一个操作数,即跳转目标(标签)。B 指令的语法如下:

```
B <label>
```

其中,<label> 是满足条件时跳转的目标地址。下面以一个简单的例子来说明 B 指令的应用。

```
loop:
    ...                  @循环体内其他代码
    CMP R0, #0           @比较 R0 寄存器值是否为 0
    BNE loop             @如果 R0 寄存器值不为 0,继续循环
    B endloop            @如果 R0 寄存器值为 0,跳出循环
endloop:
    ...                  @循环结束后要执行的代码
```

在以上代码片段中,CMP 指令用于检查 R0 寄存器中的值是否为 0。如果 R0 寄存器值不为 0,则通过 BNE 指令调回 loop 标签处继续执行循环;如果 R0 寄存器值为 0,则通过 B 指令无条件跳转到 endloop 标签处执行之后的代码。

2) BL 指令

与 B 指令相比,BL 指令不仅可以改变程序的执行流程,跳转到指定的地址或标签处继续执行,而且会在跳转前将返回地址保存到链接寄存器(LR)中。BL 指令只包含一个操作数,即跳转目标(标签)。BL 指令的语法如下:

```
BL <label>
```

其中,<label> 是满足条件时跳转的目标地址。下面以一个简单的例子来说明 BL 指令的应用

```
main:
    BL myfunc            @跳转到 myfunc 处执行
    ...                  @主程序继续执行的代码
myfunc:                  @声明 myfunc 函数
    BR LR                @返回到调用点
```

在以上代码片段中,使用 BL 指令跳转到 myfunc 函数处执行。在跳转前,BL 指令自动将返回地址(即 BL 指令后的地址)保存到 LR 寄存器。执行完毕后,可以使用 BR LR 指令返回原调用点。

3) BR 指令

BR 指令是在 ARMv8 架构中引入的无条件跳转指令。与 B 指令(无条件跳转到指定标签)和 BL 指令(无条件跳转到指定标签并链接)不同,BR 指令直接使用一个寄存器的值作为下一条指令的地址。BR 指令只包含一个操作数,即存储目标跳转地址的寄存器。BR 指令的语法如下:

```
BR <Xn>
```

其中,<Xn>表示用作跳转目标地址的寄存器,在 64 位模式下,通常使用 Xn 寄存器系列表示通用寄存器。BR 指令的使用方式请参考 BL 指令的示例。

4) BLR 指令

BLR 指令也是在 ARMv8 架构中引入的指令。它与 BL 指令类似,不同之处在于 BLR 使用寄存器中的地址作为跳转目标,而 BL 指令则直接跳转到指定的标签或地址。在跳转之前,BLR 指令也会在跳转前将返回地址保存到 LR 寄存器。BLR 指令只包含一个操作数,即存储目标跳转地址的寄存器。BLR 指令的语法如下:

```
BLR <Xn>
```

其中,<Xn>表示用作跳转目标地址的寄存器,在 64 位模式下,通常使用 Xn 寄存器系列表示通用寄存器。下面以一个简单的例子来说明 BLR 指令的应用。

```
BLR X0                    @跳转到 X0 寄存器存储的地址处执行
...                       @主程序继续执行的代码
```

以上代码片段中,BLR 指令根据 X0 寄存器中的地址跳转到对应函数执行。与此同时,BLR 指令将当前指令的下一条指令地址保存到 LR 寄存器,确保函数执行完后可以返回并继续向下执行。

5) RET 指令

RET 指令是 ARMv8 架构中引入的一种直接跳转指令,专门用于从函数或子程序返回。它是 BR 指令的特化形式,用于无条件地跳转回到 LR 寄存器中保存的地址。RET 指令的语法如下:

```
RET {Xn}
```

其中,{Xn}是可选参数,表示用作返回地址的寄存器。如果缺省,则默认使用 LR 寄存器作为返回地址寄存器。下面以一个简单的例子来说明 RET 指令的应用。

```
main:
    BL myfunc             @跳转到 myfunc 处执行
    ...                   @主程序继续执行的代码
myfunc:                   @声明 myfunc 函数
    RET                   @返回到调用点
```

在以上代码片段中,使用 BL 指令跳转到 myfunc 函数处执行。进入 myfunc 函数后,立即使用 RET 指令返回原调用点,继续执行下面的代码。

8.2.3 异常产生指令

在 ARM 架构中,异常产生指令用于显式地触发异常。异常是指在正常程序执行流程之外发生的事件,它们可能由硬件错误、软件错误、系统调用请求或其他特殊操作触发。ARM 提供了几种不同的异常产生指令,用于触发不同类型的异常。通过这些指令,软件可以主动与操作系统的底层机制或硬件功能进行交互。

1. SVC 指令

SVC 指令在 ARM 架构中用于触发一个软件中断,从用户模式切换到超级用户模式。

这种机制允许用户空间的应用程序安全地请求操作系统提供的服务,例如文件操作、进程控制、网络通信等。SVC 指令的语法如下:

```
SVC #<imm>
```

其中,#<imm>指的是一个立即数参数,用于指示具体的系统调用编号或其他操作指示符。下面以一个简单的例子来说明 SVC 指令的应用。

```
MOV R0, #1              @系统调用号 1,假设代表打印字符串
LDR R1, =message        @R1 指向要打印的字符串
SVC #0                  @触发软件中断,请求操作系统服务
```

在上述代码片段中,假设操作系统定义了一个系统调用,其服务号为 1,用于打印字符串到控制台。将系统调用号(这里假设为 1)和待输出字符串地址写入寄存器后,执行 SVC #0 指令触发软件中断,操作系统的异常处理程序接管控制权,根据寄存器中的信息执行打印字符串的操作。完成后,控制权交还给应用程序,继续执行后续指令。

2. HVC 指令和 SMC 指令

HVC 指令是 ARM 架构中用于触发从虚拟机到虚拟机监视器(Hypervisor)的中断的指令。HVC 指令类似于 SVC 指令,但它是专门设计用于虚拟化环境中,允许虚拟机请求虚拟机监视器层提供服务或执行操作。当执行 HVC 指令时,处理器会产生一个异常,将控制权转移给虚拟机监视器。虚拟机监视器根据 HVC 指令提供的参数来执行相应的服务或操作。完成后,虚拟机监视器将控制权返回给虚拟机,继续执行其余的指令。

SMC 指令是 ARM 架构中用于触发从非安全世界(Normal World)到安全世界(Secure World)的转换的系统调用指令。当执行 SMC 指令时,处理器会产生一个异常,从当前的非安全状态切换到安全状态,并跳转到预先配置的安全监视器代码执行。操作完成后,仍会返回非安全世界的执行流中。

HVC 指令和 SMC 指令的语法与 SVC 指令基本一致。三者之间的区别在于 HVC 主要关注虚拟化支持和虚拟机与虚拟机监视器之间的交互,目标异常等级为 EL2;SMC 关注安全相关的操作,目标异常等级为 EL3;而 SVC 则是最通用的系统调用机制,用于用户空间应用程序与操作系统内核之间的交互,目标异常等级为 EL1。

3. ERET 指令

ERET 是 ARM 架构中用于从异常处理程序返回到正常执行流的指令。它标志着异常处理的结束,确保处理器从当前的异常级别安全返回到调用异常的上下文中。当执行 ERET 指令时,处理器会进行一系列操作,包括恢复程序计数器(PC)和程序状态寄存器(CPSR 或对应的 ELR_ELx 和 SPSR_ELx 寄存器)的值等,从异常状态切换回之前的执行状态。下面以一个简单的例子来说明 ERET 指令的应用。

```
ISR_HANDLER:            @中断服务例程
    ...                 @处理中断
    ERET                @返回正常执行流
```

在上述代码片段中,处理器在中断发生时跳转到 ISR_HANDLER 执行中断处理逻辑。处理完成后,使用 ERET 指令从中断服务例程返回。

8.2.4　系统寄存器指令

在 ARM 架构中,系统寄存器指令是一组专门用于访问和控制处理器的系统寄存器的指令。这些寄存器包含了处理器的当前状态信息、控制和配置信息,它们对于操作系统和低级软件在管理硬件资源、配置处理器行为以及处理异常和中断等方面至关重要。这里我们主要对读写系统寄存器的指令进行介绍。

1. MRS 指令

MRS 指令用于将系统寄存器的值读取到一个通用寄存器中,以便查询处理器的当前状态,如当前的异常级别、中断状态等。MRS 指令的语法如下:

```
MRS <Rn>, <sysreg>
```

其中,<Rn>是目的通用寄存器,用于存储读取的系统寄存器值;<sysreg>是源系统寄存器。下面以一个简单的例子来说明 MRS 指令的应用。

```
MRS R0, CPSR
```

以上这条指令执行的操作是读取当前程序状态寄存器(CPSR)的值到 R0 寄存器中。通过这条指令可以检查当前的状态标志。

2. MSR 指令

MSR 指令用于将一个通用寄存器的值或立即数写入系统寄存器中,以便配置处理器的行为,如修改中断使能状态、更改系统控制设置等。MSR 指令的语法如下:

```
MSR <sysreg>, <Rn>
```

其中,<Rn>和<sysreg>如上文所述,分别代表通用寄存器和系统寄存器。下面以一个简单的例子来说明 MSR 指令的应用。

```
MSR CPSR_c, R0
```

以上这条指令执行的操作是用 R0 寄存器的值更新 CPSR 的控制字段。

8.2.5　数据处理指令

数据处理指令是指直接操作 CPU 内部寄存器或内存中数据的指令,它们构成了 ARM 汇编语言中用于执行运算、数据传输等基本操作的基础。在 ARM 架构中,数据处理指令可以大致分为 6 个类型:算术运算指令、逻辑运算指令、数据传输指令、地址生成指令、位段移动指令、移位运算指令。每一类指令都支持特定的操作,使得 ARM 处理器能够执行复杂的计算和数据管理任务。

1. 算术运算指令

算术运算指令用于执行基本的算术运算,如加法、减法、乘法和除法等,如表 8-2 所示。这里仅针对部分常用的指令作简要介绍。

表 8-2　算术运算指令及说明

指　　令	说　　明
ADD	加法运算指令
ADC	带进位的加法运算指令
SUB	减法运算指令
SBC	带借位的减法运算指令,操作数 1 减操作数 2,再减去标志位 C 的取反值
RSB	逆向减法运算指令,操作数 2 减操作数 1
RSC	带借位的逆向减法指令,操作数 2 减操作数 1,再减去标志位 C 的取反值
CMP	比较相等指令
CMN	比较不等指令
NEG	取负数运算指令
MUL	乘法运算指令
MADD	乘加运算指令
MSUB	乘减运算指令
SMADDL	有符号乘加运算指令
UDIV	无符号除法运算指令
SDIV	有符号除法运算指令

1) ADD/ADDS 指令

ADD 指令执行基本的加法操作,将两个操作数相加,并将结果存储在目标寄存器中。ADDS 指令同样执行加法操作,与 ADD 不同的是,执行 ADDS 指令会根据加法结果更新处理器的状态标志。如果加法结果为零,则设置零标志 Z;如果结果为负,则设置负标志 N;如果加法操作产生了进位,则设置进位标志 C;如果加法操作导致了溢出,则设置溢出标志 V。ADD 指令和 ADDS 指令的语法如下:

```
ADD <Rd>, <Rn>, <Operand2>
ADDS <Rd>, <Rn>, <Operand2>
```

其中,<Rd>是目标寄存器,用于存储加法操作的结果;<Rn>是第一个操作数,只能是寄存器;<Operand2>是第二个操作数,可以是寄存器或立即数。以 ADD 指令为例,下面的汇编语句说明了加法指令的应用方法。

```
ADD R0, R1, R2
```

上述指令执行的操作是将寄存器 R1 和 R2 的值相加,将结果存储在 R0 寄存器中。

2) SUB/SUBS 指令

SUB 指令用于执行减法操作,将两个操作数相减(第一个操作数减去第二个操作数),并将结果存储在目标寄存器中。SUBS 指令也用于执行减法操作,同时还会根据结果更新零标志、负标志、进位标志和溢出标志。SUB 指令和 SUBS 指令的语法如下:

```
SUB <Rd>, <Rn>, <Operand2>
SUBS <Rd>, <Rn>, <Operand2>
```

其中,<Rd>是目标寄存器,用于存储减法结果;<Rn>是第一个操作数,为存放被减数的寄存器;<Operand2>是第二个操作数,表示减数,可以是减数所在的寄存器或立即数。以 SUB 指令为例,下面的汇编语句说明了减法指令的应用方法。

```
SUB R0, R1, R2
```

上述指令执行的操作是将 R1 寄存器的值减去 R2 寄存器的值,将结果存储在 R0 寄存器中。

3)SBC 指令

SBC 指令用于执行带借位的减法运算操作。执行 SBC 指令时,从第一个操作数中减去第二个操作数和进位标志 C 的取反值。如果进位标志为 0(表示上一个算术操作产生了借位),则实际上是在第二个操作数上加 1 再进行减法操作;如果进位标志为 1(表示上一个算术操作没有产生借位),则直接执行减法。SBC 指令常用于链式减法操作中。SBC 指令的语法如下:

```
SBC <Rd>, <Rn>, <Rm>
```

其中,<Rd>是目标寄存器,用于存储操作的结果;<Rn>是第一个操作数,为被减数所在的寄存器;<Rm>是第二个操作数,为减数所在的寄存器。下面以一个简单的例子来说明 SBC 指令的应用。

```
SUBS R2, R0, R1          @R2 = R0-R1,执行减法操作并更新状态标志
SBC R3, R2, R4           @R3 = R2-R4-(1-C)
```

在上述代码片段中,首先通过 SUBS 指令执行减法计算 R0−R1,并更新进位标志。然后,SBC 基于 SUBS 操作的结果(存储在 R2 寄存器中),从 R2 中减去 R4 以及进位标志的取反值。如果 SUBS 指令没有产生借位,SBC 就相当于 R2−R4;如果产生了借位,SBC 操作就相当于 R2−R4−1。

4)CMP 指令

CMP 指令是用于执行比较操作的指令之一,它将两个操作数相减(第一个操作数减去第二个操作数),但不将结果存储在任何寄存器中。CMP 指令的主要目的是根据比较的结果更新处理器的状态标志,这些状态标志之后可用于控制程序流,如条件分支指令的执行。CMP 指令的语法如下:

```
CMP <Rn>, <Operand2>
```

其中,<Rn>是第一个操作数,为存放被减数的寄存器;<Operand2>是第二个操作数,表示减数,可以是减数所在的寄存器或立即数。下面以一个简单的例子来说明 CMP 指令的应用。

```
CMP R0, #10
```

上述指令执行的操作是将 R0 寄存器值和立即数 10 相减,并根据结果更新状态标志。如果 R0 寄存器值等于 10,则设置零标志 Z。

5) NEG 指令

NEG 指令用于计算操作数的负值(二进制补码)。该指令会将一个寄存器中的数值取反,并将结果存回到另一个寄存器(或相同寄存器)中。执行后,它会更新处理器的状态标志。NEG 指令的语法如下:

```
NEG <Rd>, <Rn>
```

其中,<Rd>是目标寄存器,用于存储操作结果;<Rn>是源寄存器,包含要执行取反操作的值。下面以一个简单的例子来说明 NEG 指令的应用。

```
NEG R0, R1
```

以上这条指令执行的操作是将寄存器 R1 中的值取反,然后将结果存储到寄存器 R0 中。

6) MUL 指令

MUL 指令用于执行乘法运算操作,将两个操作数相乘,并将乘积结果存储在一个目标寄存器中。MUL 是处理整数乘法的基础指令,适用于无符号和有符号整数运算。MUL 指令通常只返回乘法操作的低 32 位结果(在 32 位 ARM 架构中)或低 64 位结果(在 64 位 ARM 架构中)。MUL 指令的语法如下:

```
MUL <Rd>, <Rn>, <Rm>
```

其中,<Rd>是目标寄存器,用于存储乘法运算的结果;<Rn>是存放第一个乘数的寄存器;<Rm>是存放第二个乘数的寄存器。下面以一个简单的例子来说明 MUL 指令的应用。

```
MUL R0, R1, R2
```

以上这条指令执行的操作是将寄存器 R1 和 R2 中的值相乘,然后将结果存储在寄存器 R0 中。

7) UDIV/SDIV 指令

在 ARM 架构中,UDIV 指令和 SDIV 指令用于执行除法运算,分别代表无符号除法和有符号除法运算。UDIV 指令和 SDIV 指令只计算并返回商,不返回余数。如果除数为 0,ARM 架构规范并没有定义 UDIV 指令和 SDIV 指令的行为,不同的实现可能有不同的处理方式,但通常不会引发异常或错误中断。UDIV 指令和 SDIV 指令的语法如下:

```
UDIV <Rd>, <Rn>, <Rm>
SDIV <Rd>, <Rn>, <Rm>
```

其中,<Rd>是目标寄存器,用于存储除法运算的结果,即商;<Rn>是第一个操作数,为存放被除数的寄存器;<Rm>是第二个操作数,为存放除数的寄存器。以 UDIV 指令为例,下面的汇编语句说明了除法指令的应用方法。

```
UDIV R0, R1, R2
```

这条指令执行的操作是使用 R1 寄存器中的无符号整数除以 R2 寄存器中的无符号整数,然后将商存储在 R0 寄存器中。

2. 逻辑运算指令

在 ARM 架构中,逻辑运算指令是用于执行基本逻辑操作的一组指令,包括按位与、按位或、按位异或等。这些逻辑运算指令对寄存器中的位进行操作,根据特定的逻辑规则生成结果。与部分算术运算指令一样,一些逻辑运算指令也支持选择性地更新条件标志位,如 ANDS 指令就是在 AND 指令的基础上增加了更新处理器的状态标志的功能。

1) AND 指令

AND 指令是用来执行按位与(也称逻辑与)操作的基本指令。该指令将两个操作数进行按位与操作,并将结果存储在目标寄存器中。AND 指令广泛应用于位掩码操作,如清除(置 0)特定位、检测特定位的状态,以及执行权限检查等。AND 指令的语法如下:

```
AND <Rd>, <Rn>, <Operand2>
```

其中,<Rd>是目标寄存器,用于存储操作结果;<Rn>是第一个操作数,是一个寄存器;<Operand2>是第二个操作数,可以是另一个寄存器或立即数。下面以一个简单的例子来说明 AND 指令的应用。

```
AND R0, R1, #0xFFFFFFFE
```

以上这条指令执行的操作是将 R1 寄存器值和立即数 0xFFFFFFFE 按位与,即清除 R1 寄存器值的第 0 位,然后将得到的结果存储在寄存器 R0 中。

2) ORR 指令、EOR 指令

ORR 指令是用来执行按位或(也称逻辑或)操作的指令。该指令将两个操作数进行按位或操作,并将结果存储在目标寄存器中。ORR 指令常用于设置(置 1)特定位、合并标志位或者构建特定的值。

EOR 指令是用来执行按位异或(也称逻辑异或)操作的指令。该指令将两个操作数进行按位异或操作,并将结果存储在目标寄存器中。EOR 指令在处理位反转、数据加密、条件判断等场景中非常有用。

ORR 指令和 EOR 指令的语法结构与 AND 指令一致,此处不再赘述。

3) TST 指令

TST 指令是 ARM 架构中的逻辑运算指令之一,该指令执行两个操作数之间的按位与操作,但不将结果保存到任何寄存器中。TST 指令的主要目的是根据执行结果更新处理器的状态标志,特别是零标志 Z 和负标志 N。所以,TST 指令非常适用于条件分支前的标志位检查。TST 指令的语法如下:

```
TST <Rn>, <Operand2>
```

其中,<Rn>是第一个操作数,是一个寄存器;<Operand2>是第二个操作数,可以是另一个寄存器或立即数。下面以一个简单的例子来说明 TST 指令的应用。

```
TST R0, #0x8
```

以上这条指令执行的操作是将 R0 寄存器值与立即数 0x8(二进制表示为 1000)进行逻辑与操作。如果 R0 的第 3 位为 1(从第 0 位开始计数),则逻辑与的结果不为零,零标志 Z 不会被设置;如果 R0 的第 3 位为 0,则结果为 0,零标志 Z 会被设置。

3. 数据传输指令

ARM 指令集提供了多种指令用于实现寄存器之间的数据传输,这些指令通常用于数据移动、状态传递或函数调用参数的设置等场景。

1) MOV 指令

MOV 指令是一种基本的数据传输指令,用于将数据从一个源移动到一个目标寄存器。源数据可以是立即数,也可以是另一个寄存器中的值。MOV 指令的核心用途在于数据的移动和复制操作,它是实现寄存器间数据传输的基础工具。MOV 指令的语法如下:

```
MOV <Rd>, <Operand1>
```

其中,<Rd>是目标寄存器,用于存储移动操作的结果;<Operand1>是源数据,可以是立即数或另一个寄存器。下面以一个简单的例子来说明 MOV 指令的应用。

```
MOV R0, #5
```

上述指令执行的操作是将立即数 5 复制到寄存器 R0 中。

2) MOVZ 指令、MOVN 指令、MOVK 指令

在 ARMv8 架构中,引入了 MOVZ、MOVN 和 MOVK 指令,提供了更灵活的方式来构造寄存器中的值。这三个指令共同提供了一种构造大型立即数和精确控制 64 位寄存器内容的机制。MOVZ 指令用于将一个立即数移动到寄存器中,同时将寄存器中的其他位设置为 0;MOVN 指令用于将一个立即数的取反值移动到寄存器中,同时将寄存器中的其他位设置为 1;MOVK 指令用于在不改变寄存器中其他位的情况下,将一个立即数移动到寄存器的指定部分。三种指令的语法基本一致,以 MOVZ 指令为例,其语法如下:

```
MOVZ <Xn>, #<imm> ,{ LSL #<shift>}
```

其中,<Xn>是目标寄存器,在 64 位模式下,通常使用 Xn 寄存器系列表示通用寄存器;♯<imm>是 16 位立即数;{LSL ♯<shift>}是可选的左移操作,允许将立即数值移动到寄存器的高位部分。移位量通常是 0、16、32 或 48,以适应 64 位寄存器。以下为一个应用示例。

```
MOVZ X0, #0x5678, LSL #0        @设置低 16 位
MOVK X0, #0x1234, LSL #16       @在次低 16 位位置插入值
```

上述代码片段执行的操作是,首先通过 MOVZ 指令将 X0 寄存器的低 16 位设置为立即数 0x5678,其余位置为 0,随后通过 MOVK 指令在保持 X0 其他位不变的情况下,设置其次低 16 位为 0x1234。两条指令执行过后,X0 寄存器中的值将为 0x12345678。

4. 地址生成指令

在 ARM 指令集中,地址生成指令主要用于计算或生成用于访问内存的地址。这些指令对于实现基于寄存器的地址计算、管理动态数据结构、访问数组和执行内存操作等任务至关重要。

1) ADR 指令

ADR 指令用于生成一个相对于当前指令地址的小范围偏移地址,这个偏移是基于当前指令的位置计算的,可以是前向或后向的,并将该地址加载到寄存器中。ADR 指令能够用

于高效地访问近距离的数据或代码标签,如局部变量、数组、结构体成员或小段代码的跳转点。ADR 指令的语法如下:

```
ADR <Rn>, <label>
```

其中,<Rn>是目标寄存器,用于存储生成的地址;<label>是引用的代码或数据段的标签,指令将计算当前位置到该标签的偏移。下面以一个简单的例子来说明 ADR 指令的应用。

```
ADR R0, local_data
```

假设标签 local_data 位于当前执行代码的附近,以上指令执行的操作是计算 local_data 的偏移地址并将其加载到寄存器 R0 中。

2) ADRP 指令

ADRP 指令在 ARMv8 架构中引入,用于生成相对于当前指令所在页的偏移地址,并将该地址加载到寄存器中。ADRP 指令计算的是当前指令所在的 4KB 页面与目标标签所在 4KB 页面之间的偏移,因此它用于生成更大范围内的偏移地址,适用于访问跨越较大地址空间的全局变量、函数等。ADRP 指令的语法如下,与 ADR 指令基本一致:

```
ADRP <Xn>, <label>
```

其中,<Xn>是目标寄存器,用于存储生成的地址;<label>是引用的代码或数据段的标签,指令将计算当前页面到该标签所在页面的偏移。该指令的具体应用方式不再赘述。

5. 位段移动指令

ARM 指令集包括了一系列专门用于位段移动的指令,这些指令允许在寄存器之间高效地移动、插入和提取位字段。在 ARMv8-A 架构(AArch64)中,这些能力得到了显著的扩展和增强,提供了更大的灵活性和更高的精度用于处理位操作。这些指令对于执行位掩码、状态标志的设置、清除或测试,以及对数据进行编码或解码等操作非常有用。

1) BFM 指令

BFM 指令是在 ARMv8 架构中引入的,使用该指令可以从源寄存器中提取一个位段,并将其插入目标寄存器的指定位置,同时可以选择性地保留目标寄存器中的其他位。BFM 指令特别适用于执行精细的位操作任务,如位掩码设置、状态位更新、位段提取和替换等。BFM 指令的语法如下:

```
BFM <Xd>, <Xn>, #<immr>, #<imms>
```

其中,<Xd>是目标寄存器;<Xn>是源寄存器;♯<immr>是指定从哪里开始提取位段的旋转量,这个值决定了源寄存器中的位如何被旋转和提取;♯<imms>定义了要插入目标寄存器中的位段的大小和位置。imms 指定了位段的结束位置,与 immr 共同定义了位段的宽度。下面以一个简单的例子来说明 BFM 指令的应用。

```
BFM X0, X1, #16, #31
```

上述指令执行的操作是将 X1 寄存器的低 16 位(位 0 到位 15)提取出来,并将这个位段插入 X0 寄存器的位 16 到位 31 的位置,同时 X0 寄存器的其他位保持不变。

2) SBFX、UBFX 指令

SBFX 和 UBFX 指令用于从寄存器中提取一个位段,并将其作为有符号或无符号数扩展到整个寄存器。SBFX 会将符号扩展到目标寄存器的整个宽度,而 UBFX 则是将零扩展到目标寄存器的整个宽度。SBFM 和 UBFX 指令的语法如下:

```
SBFX <Rd>, <Rn>, #<lsb>, #<width>
UBFX <Rd>, <Rn>, #<lsb>, #<width>
```

其中,<Rd>是目标寄存器;<Rn>是源寄存器;♯<lsb>是提取开始的最低位;♯<width>是提取的位宽。以下为 SBFX 指令的一个应用示例,UBFX 指令同理。

```
SBFX R0, R1, #0, #16
```

以上这条指令执行的操作是从 R1 寄存器的第 0 位开始,提取长度为 16 位的位段,然后将这个位段作为有符号数扩展到 R0 寄存器中。

在 ARMv8(AArch64)架构中,SBFX 和 UBFX 功能由 SBFM 和 UBFM 指令的变体提供。SBFM 和 UBFM 指令的语法与 BFM 指令基本一致。

6. 移位运算指令

ARM 指令集支持多种移位运算指令,这些指令对于执行位级操作、数据处理、性能优化等任务非常重要。移位指令可以改变数据的位模式,通过逻辑或算术方式移动位,用于实现乘除运算的快捷方式、调整数据格式、位掩码操作等。

1) ASR 指令

ASR 指令用于执行算术右移操作。该指令将寄存器中的值向右移动指定的位数,左侧空出的位用最高位(符号位)的值填充。算术右移考虑了数值的符号,使得有符号数在位移过程中保持其符号不变,因此适用于有符号整数的处理。ASR 指令的语法如下:

```
ASR <Rd>, <Rn>, <Operand2>
```

其中,<Rd>是目标寄存器,用于存储右移结果;<Rn>是源寄存器,包含要右移的值;<Operand2>可以是包含右移位数的寄存器或立即数,通常为立即数。以下为 ASR 指令的一个应用示例。

```
ASR R0, R1, #2
```

假设 R1 寄存器中存储了一个有符号整数−8(在 32 位状态下,二进制表示为 11111111 11111111 11111111 11111000),以上指令执行的操作是将 R1 的值算术右移 2 位,结果是−2(二进制表示为 11111111 11111111 11111111 11111110),并将这个结果存储在 R0 中。

2) LSL 指令、LSR 指令

LSL 和 LSR 指令用于将寄存器中的数据左移或右移指定的位数,并在移位过程中用零填充或舍弃位。LSL、LSR 指令的语法如下:

```
LSL <Rd>, <Rn>, <Operand2>
```

其中,<Rd>是目标寄存器,用于存储左移/右移后的结果;<Rn>是源寄存器,包含要左移/右移的值;<Operand2>可以是包含左移/右移位数的寄存器或立即数,通常为立即数。

以下为 LSR 指令的一个应用示例,LSL 指令同理。

```
LSR R0, R2, #2
```

假设 R1 寄存器中存储了整数 8(在 32 位状态下,二进制表示为 00000000 00000000 00000000 00001000),以上指令执行的操作是将 R1 的值右移 2 位,结果为 2(二进制表示为 00000000 00000000 00000000 00000010)。

3) ROR 指令

ROR 指令用于数据的循环右移操作。该指令将寄存器中的值向右循环移位,并将最右边的位移动到最左边,同时其他位按顺序移动。ROR 指令在处理循环移位或数据旋转时非常有用,特别是在密码学算法和位操作中。ROR 指令的语法与 ASR、LSL、LSR 指令一致,此处不再赘述。

4) SXTB 指令、UXTB 指令

SXTB 和 UXTB 指令,用于将 1 字节(8 位)的数据从一个寄存器中提取并将其作为有符号或无符号数扩展为 32 位。SXTB 指令使用符号位扩展到 32 位,而 UXTN 则是用零扩展到 32 位。SXTB 和 UXTB 指令的语法如下:

```
SXTB <Rd>, <Rn>
UXTB <Rd>, <Rn>
```

其中,Rd 是目标寄存器,用于存储扩展后的结果;Rn 是源寄存器,包含要进行扩展的字节数据。以下为 SXTB 指令的一个应用示例,UXTB 指令同理。

```
SXTB R0, R1
```

假设 R1 寄存器中包含有符号的字节数据-123,上述指令执行的操作是将 R1 寄存器中的数据扩展为 32 位整数,存储到 R0 寄存器中。指令执行后 R0 寄存器中包含数值-123,以 32 位有符号整数表示。

若想要对一个半字(16 位)的数据提取并进行有符号或无符号扩展为 32 位,对应使用的指令是 SXTH 和 UXTH 指令。若想要对一个字(32 位)的数据提取并进行有符号或无符号扩展为 64 位,对应使用的指令是 SXTW 和 UXTW 指令。

8.2.6 Load/Store 内存访问指令

在 ARM 架构中,Load/Store 指令是用于在寄存器和内存之间进行数据传输的指令。这些指令负责将数据从内存加载到寄存器(Load)中或将数据从寄存器存储到内存(Store)中。Load/Store 指令是 ARM 汇编语言中非常重要和常用的一类指令,它们用于实现数据的读取和存储操作。

1. Load 指令

Load 指令将从内存地址计算出的数据加载到目标寄存器中。

1) LDR 指令

LDR 指令用于加载一个 32 位的数据(一个字)到寄存器中。它可以用于加载整数、浮点数等。LDR 指令的语法如下:

```
LDR <Rd>, [<Rn> ,{ < Operand2>}]
```

其中,<Rd>是目标寄存器,这个寄存器将接收从内存中读取的数据;<Rn>是用于计算内存地址的基址寄存器,加载操作将在这个寄存器指定的内存地址处进行;{< Operand2>}是一个可选的偏移量,表示从基址寄存器指定的地址开始的偏移量,用于计算内存地址的偏移,它既可以是一个立即数,也可以是寄存器。以下是 LDR 指令的用法示例。

```
LDR R0, [R1]
LDR R2, [R3, #4]
LDR R4, [R5, R6]
```

以上代码片段展示了如何使用 LDR 指令加载不同地址的数据,并将其存储到不同的寄存器中。首先,第一条指令从 R1 中地址对应的内存处加载数据到 R0。然后,第二条指令从地址(R3＋4)对应的内存处加载数据到 R2。最后,第三条指令从地址(R5＋R6)对应的内存处加载数据到 R4。

2) LDR 指令的变体

LDRB 指令用于加载 8 位的数据(1 字节)到寄存器中,这个指令通常用于加载字符或无符号整数等。LDRH 指令用于加载 16 位的数据(半字)到寄存器中,通常用于加载半字整数。LDRB 和 LDRH 指令不执行符号扩展,所以无论内存中的字节是有符号还是无符号,都会用零扩展为 32 位。

LDRSB 指令用于加载有符号的 8 位的数据(1 字节)到寄存器中。LDRSH 指令用于加载一个有符号的 16 位的数据(半字)到寄存器中。在调用这两个指令时,会对内存中的数据进行符号扩展,将其扩展为 32 位有符号整数。

LDRB 指令、LDRH 指令、LDRSB 指令和 LDRSH 指令的语法与 LDR 指令一致。

2. Store 指令

Store 指令将源寄存器中的数据存储到内存地址中计算得到的位置。

1) STR 指令

STR 指令用于将寄存器中的 32 位的数据(一个字)存储到内存中。STR 指令的语法如下:

```
STR <Rd>, [<Rn> ,{ < Operand2>}]
```

其中,<Rd>是要存储到内存中的数据所在的寄存器;<Rn>是用于计算内存地址的基址寄存器;{< Operand2>}是一个可选的偏移量,表示从基址寄存器指定的地址开始的偏移量,用于计算内存地址的偏移,它既可以是一个立即数,也可以是寄存器。

2) STR 指令的变体

STRB 指令用于将 8 位的数据(1 字节)从寄存器存储到内存中,常用于处理字符数据、无符号整数或其他需要按字节操作内存的情况。STRH 指令用于将 16 位的数据(半字)从寄存器存储到内存中,常用于处理需要按 16 位边界存取的数据类型,如短整型。

STRB 和 STRH 指令的语法与 STR 指令一致。

8.2.7　SIMD 指令

单指令多数据流(Single Instruction Multiple Data,SIMD)是一种并行计算架构的组

成部分,允许一条指令同时对多个数据元素执行相同的操作。这种技术能够显著提高对于数据并行任务的处理效率,特别适用于向量计算、图形处理、数字信号处理、科学计算以及任何需要大量重复数据操作的应用场景。ARM 架构通过 NEON 技术(也称为 Advanced SIMD)和更早的架构中的向量浮点(Vector Float Point,VFP)扩展,提供了 SIMD 的支持。

如图 8-1 所示,采用标量运算时,一次只能对一对数据执行乘法操作,而采用 SIMD 乘法指令,则可以一次性对四对数据同时执行乘法操作。

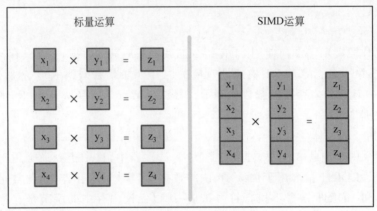

图 8-1　SIMD 运算示意图

SIMD 指令在同步执行方面具有如下特点。

(1) **并行性**:SIMD 技术通过在单个操作周期内同时处理多个数据点来实现高度的并行性。例如,一个 128 位宽的 SIMD 指令可以同时对 4 个 32 位的整数执行加法操作。

(2) **一致性**:SIMD 指令集设计使所有数据元素按照相同的指令执行操作,无论是加法、乘法还是逻辑运算。这种设计简化了并行处理的复杂性,因为开发者只需指定单一操作,处理器硬件会负责并行执行。SIMD 的一致性确保了同步执行,即所有元素在同一时刻开始执行相同的操作,并且在同一时刻完成。

(3) **高效性**:通过利用 SIMD 执行,可以减少需要执行的指令总数,从而降低程序的执行时间和提高处理器的效率。对于图像处理、数字信号处理等重复性高的数据密集型任务,效率提升尤为显著。

本节习题

(1) 在 ARM 汇编语言中,"@""♯"";""＄"符号有哪些特殊含义,请分别说明。

(2) 以下汇编代码片段执行了哪些操作?执行完毕后,寄存器 R0 中存储的值是多少?

```
...
MOV R1, #10
B label
label:
    MOV R0, R1
```

(3) 以下汇编代码片段执行了哪些操作?执行过程中,各个寄存器中存储的值有哪些变化?

```
MOV R0, #10
```

```
MOV R1, #5

ADD R2, R0, R1
SUB R3, R0, R1
MUL R4, R0, R1
SDIV R5, R0, R1
```

（4）按位与、按位或、按位异或 3 种操作分别要使用哪些汇编指令来实现，请举例说明。

（5）请编写一段汇编代码，实现以下功能：声明一个包含 4 字节的数组 Array，数组内容为十进制数 10、20、30、40，将数组 Array 的地址加载到寄存器 R0 中，使用寄存器间接寻址的方式，将数组首元素的值加载到寄存器 R1 中。

8.3　ARM 伪指令

在 ARM 架构中，伪指令集通常包括伪操作和伪指令。这两类汇编语言元素都不直接对应于 ARM 处理器执行的单条机器指令，而是在汇编时期被汇编器解释和处理，用于指导汇编过程或生成特定的机器代码模式。

伪操作提供了控制汇编器行为的手段，不会生成直接可由 ARM 处理器执行的机器代码。这些操作通常用于组织汇编代码、控制汇编输出以及进行条件编译等。常见的 ARM 汇编伪操作可以分为数据定义伪操作、汇编控制伪操作和其他伪操作。

8.3.1　数据定义伪操作

数据定义伪操作的作用是在汇编程序中定义不同类型的数据，包括整数、字符、字符串、数组等，以供程序使用。这种伪操作通常用于声明和初始化全局变量、常量、数据结构等。下面是 ARM 汇编语言中一些常见的数据定义伪操作。

1. .BYTE

.BYTE 是一种用于定义和初始化字节（8 位）数据的伪操作。开发者可以通过.BYTE 明确指定一个或多字节的初始值，并将这些字节存储在程序的数据段中，以供程序在执行过程中使用。.BYTE 的语法如下：

```
.BYTE <value1>, <value2>, …
```

其中，＜value1＞，＜value2＞，…是需要存储的字节值，可以以十进制、十六进制或其他形式表示。以下为.BYTE 的应用示例。

```
.DATA
my_byte_data:
    .BYTE 0x12, 0x34, 0x56, 0x78
```

上述代码片段执行的操作是在数据段中定义了标签"my_byte_data"，并使用.BYTE 伪操作初始化了 4 字节，分别是 0x12、0x34、0x56 和 0x78。

2. .SHORT、.LONG/.WORD、.QUAD

与上文提到的.BYTE 伪操作类似，.SHORT、.LONG/.WORD、.QUAD 也是用于定义和初始化不同宽度数据的伪操作。其中,.SHORT 伪操作用于定义并初始化半字(16 位)数据;.LONG/.WORD 伪操作用于定义并初始化字类型(32 位)数据;.QUAD 伪操作用于定义并初始化双字(32 位)数据。这些伪操作的语法可参考.BYTE 语法,其中<value1>,<value2>,…需要替换成相应类型的数据。以下为应用示例。

```
.DATA
my_short_data:
    .SHORT 0x1234, 0x5678
my_word_data:
    .WORD 0x12345678, 0x90ABCDEF
my_quad_data:
    .QUAD 0x1234567890ABCDEF
```

上述代码片段在数据段中执行了一系列数据定义和初始化操作。首先,定义了标签"my_short_data",并使用 .SHORT 伪操作初始化了 2 个半字,分别是 0x1234 和 0x5678;然后,定义了标签"my_word_data",并使用.WORD 伪操作初始化了 2 个字,分别是 0x12345678 和 0x90ABCDEF。最后,定义了标签"my_quad_data",并使用.QUAD 伪操作初始化一个双字 0x1234567890ABCDEF。

3. .FLOAT

.FLOAT 是一种用于定义和初始化单精度浮点数数据的伪操作。开发者可以通过.FLOAT 明确指定一个或多个单精度浮点数的值,并将这些值存储在程序的数据段中,以供程序在执行过程中使用。.FLOAT 的语法如下:

```
.FLOAT <value1>, <value2>, …
```

其中,<value1>,<value2>,…是需要存储的单精度浮点数值。以下为.FLOAT 的应用示例。

```
.DATA
my_float_data:
    .FLOAT 3.14, -1.59, 26.0
```

上述代码片段执行的操作是在数据段中定义了标签"my_float_data",并使用 .FLOAT 伪操作初始化了 3 个单精度浮点数,分别是 3.14,-1.59,26.0。

4. .STRING/.ASCIZ/.ASCII

.STRING/.ASCIZ/.ASCII 都是用于定义字符串的伪操作。三者有细微不同:使用.STRING 伪操作定义的字符串在内存中以空字符'\0'结尾的形式存储,这种字符串也称为 null-terminated 字符串;.ASCIZ 是.STRING 的一个变种,也用于定义 null-terminated 字符串;.ASCII 伪操作用于定义字符串,但不会自动添加结尾空字符'\0'。一般来说,.STRING、.ASCIZ 和.ASCII 的语法一致,如下所示:

```
.STRING "<string>"
.ASCIZ "<string>"
.ASCII "<string>"
```

其中,"<string>"是要定义的字符串,可以是双引号括起来的任何字符序列。以.ASCII 为例,给出以下应用示例。

```
.DATA
my_string:
    .ASCII "Hello, World\0"
```

上述代码片段执行的操作是在数据段中定义了标签"my_string",并使用.ASCII 初始化一个字符串"Hello,World\0"。其中,'\0'为手动添加的结尾空字符。

8.3.2　汇编控制伪操作

在 ARM 汇编语言中,控制伪操作是一类用于控制程序流程和程序结构的伪操作,用于实现分支、循环和其他控制流操作。下面是 ARM 汇编语言中一些常见的汇编定义伪操作。

1. .IF、.ELSE 和.ENDIF

.IF、.ELSE、.ENDIF 这组伪操作在汇编代码中用来实现条件执行。.IF 后面跟着一个条件表达式,如果条件成立,就执行.IF 和.ELSE 之间的代码块,否则执行.ELSE 和.ENFIF 之间的代码块。.IF、.ELSE、.ENDIF 的语法如下:

```
.IF <condition>
    ...             @代码块 1
.ELSE
    ...             @代码块 2
.ENDIF
```

其中,<condition>是一个条件表达式。如果条件为真,则执行.IF 和 .ELSE 之间的代码块 1;如果条件为假,且代码中有.ELSE 伪操作,则执行.ELSE 和.ENDIF 之间的代码块 2;如果条件为假,且代码中没有.ELSE 伪操作,则直接跳转到.ENDIF 结束条件块。以下是这组伪操作的应用示例。

```
.IF R0 > 0
    MOV R1, R0, LSL #1      @将 R0 的值左移一位,相当于乘以 2
.ELSE
    MOV R1, R0, ASR #1      @将 R0 的值右移一位,相当于除以 2
.ENDIF
```

上述代码片段首先使用.IF 伪操作判断 R0 的值是否大于 0,如果 R0 值大于 0,则执行逻辑左移一位操作,相当于将这个值做乘以 2 的操作,并将结果放到 R1 寄存器中;如果 R0 值小于或等于 0,则执行算数右移一位操作,相当于将这个值做除以 2 的操作,并将结果放到 R1 寄存器中。

2. .WHILE 和.ENDW

.WHILE、.ENDW 这组伪操作用来实现循环结构。.WHILE 后面跟着一个条件表达式,如果条件成立,则执行.WHILE 和.ENDW 之间的代码块。循环体每执行一次后都会重新检查条件,当条件不再成立时,循环结束。.WHILE 和.ENDW 的语法如下:

```
.WHILE <condition>
    ...             @循环体代码块
```

```
    .ENDW
```

其中,<condition>是一个条件表达式。如果条件为真,则执行.WHILE 和.ENDW 之间的循环体代码块,并在每次执行后重新检查条件。这样就实现了循环结构,直到条件不再满足为止。以下是这组伪操作的应用示例。

```
.WHILE R0 < 10
    ADD R0, R0, #1
.ENDW
```

上述代码片段首先使用.WHILE 伪操作判断 R0 的值是否小于 10,如果成立,则将 R0 中的值与立即数 1 相加后重新写回 R0 寄存器,重复执行上述操作直到 R0 中的值等于 10,结束循环。

3. .MACRO 和.MEND

.MACRO 和.MEND 是用于定义和结束宏的控制伪操作。开发者可以利用这组伪操作将一段代码定义为一个整体,称为宏指令,在程序中可以多次调用该段代码,类似于高级语言中的宏函数。.MACRO 和.MEND 的语法如下:

```
.MACRO <macro_name> <parameter1>, <parameter2>, ...
    ...                    @宏指令代码块
.MEND
```

其中,<macro_name>是宏的名称,用于在程序中调用宏。<parameter1>,<parameter2>,…是宏的参数,可以在宏内部使用。以下是这组伪操作的应用示例。

```
.MACRO add_registers destination, source1, source2
    ADD \destination, \source1, \source2
.MEND

.GLOBAL main
main:
    MOV R1, #5
    MOV R2, #10
    add_registers R3, R1, R2
```

以上代码片段首先通过.MACRO 和.MEND 伪操作定义了名为"add_registers"的宏,它接收 3 个参数:destination(目标寄存器)、source1(第一个源寄存器)和 source2(第二个源寄存器)。这个宏实现的功能是将 source1 和 source2 的值相加,并将结果存储到 destination 寄存器中。在主函数中,R1 寄存器的值和 R2 寄存器的值分别被设置为 5 和 10。调用新定义的宏 add_registers 执行加法操作后,R1 和 R2 的值相加得到的结果 15 会保存到寄存器 R3 中。

8.3.3 其他伪操作

除了数据定义伪操作、汇编控制伪操作外,ARM 汇编语言还提供了其他类型的伪操作,用于帮助开发者更有效地编写和管理汇编代码。

1. .ARM 和.THUMB

.ARM 和.THUMB 伪操作用于指定汇编器生成的机器码的指令集,通俗来讲,就是告诉汇编器使用哪种指令集来编译汇编代码。.ARM 伪操作用于指示汇编器使用 ARM 指令集来编译汇编代码。ARM 指令集是 ARM 架构的原生指令集,它包含了大部分 ARM 处理器支持的指令。.THUMB 伪操作用于指示汇编器使用 Thumb 指令集来编译汇编代码。Thumb 指令集是一种压缩指令集,可以使得代码更加紧凑,适用于资源受限的环境和嵌入式系统。在实际的汇编代码中,.ARM 和.THUMB 通常放置在汇编文件的开头。

2. .SECTION

.SECTION 伪操作用于定义新的段(section)。段是一种组织和分类代码和数据的方式,开发者通过段的使用可以将代码和数据分组存放,使得程序结构更加合理,提高程序的可维护性。通常情况下,.SECTION 用于定义代码段(text section)、数据段(data section)和其他类型的段。.SECTION 伪操作的语法如下:

```
.SECTION <section_name> ,{ "flags"}
```

其中,<section_name> 是要定义的段的名称,用于标识段的类型,通常是预定义的段名称,如 .TEXT、.DATA、.BSS 等,也可以是用户自定义的段名称,常用的段名称及说明如表 8-3 所示。{"flags"}是一个可选的字符串参数,通常用于指定段的特性,如可读、可写、可执行等。它可以是以下一些标志之一或其组合。

- a:表示段是可执行的。
- w:表示段是可写的。
- x:表示段是可读的。
- nocache:表示段不会被缓存。
- progbits:表示段包含程序信息(代码或数据)。

表 8-3　常用的段名称及说明

段　名	说　明
.text	代码段,用于存放程序的可执行代码
.data	数据段,用于存放程序的初始化数据
.bss	未初始化的数据段,用于存放未初始化的全局变量和静态变量
.rodata	只读数据段,用于存放程序中的只读数据
.data.rel.ro	具有相对偏移的只读数据段
.stack	堆栈段,用于存放程序的栈空间

8.3.4　伪指令

伪指令看起来与指令类似,但不会对应于单一的机器指令,通常由汇编器转换成一条或多条实际的机器指令。当汇编器解析到伪指令时,会根据伪指令的语义和目标架构将其转换为一条或多条具体的机器指令。这种转换过程涉及汇编器的智能分析和优化,以确保生成的机器代码既符合伪指令指定的操作,又能在目标架构上高效执行。常见的伪指令包括 ADRL 伪指令、LDR 伪指令等。

1. ADRL 伪指令

ADRL 伪指令用于加载一个相对于当前程序计数器(PC)的地址,然后将该地址存储到目标寄存器中。ADRL 伪指令的功能与 ADR 指令相似,但由于 ADRL 伪指令可以生成两个数据处理指令所加载的地址,所以它比 ADR 所加载的地址更宽。在汇编器编译源程序时,ADRL 伪指令被替换成 LDR 和 ADD 指令来执行。ADRL 的语法如下:

```
ADRL <Rn>, <label>
```

其中,<Rn>是目标寄存器,用于存储生成的地址;<label>是引用的代码或数据段的标签,伪指令将计算当前位置到该标签的偏移。以下是 ADRL 伪指令的应用示例。

```
ADRL R0, local_data
```

在上述代码中,假设标签 local_data 位于当前执行代码的附近,ADRL 指令用来加载 local_data 的地址到寄存器 R0 中。当汇编器遇到这条指令时,它会将 ADRL 指令转换成下面两条指令来执行:

```
LDR R0, = local_data
ADD R0, PC, R0
```

2. LDR 伪指令

在 ARM 汇编中,LDR 可以是指令,也可以是伪指令,具体取决于它的使用方式。LDR 作为伪指令时,通常用于加载立即数或者常量到寄存器中。这种伪指令的作用是为了方便地将常量加载到寄存器中,不需要使用额外的指令来加载地址,再通过加载指令加载数据。LDR 伪指令的语法如下:

```
LDR <Rn>, =<Operand1>
```

其中,<Rn> 是目标寄存器,用来存储将要加载的常量或立即数;<Operand1>是要加载到寄存器中的 32 位立即数,或基于 PC 的地址表达式/外部表达式。以下为 LDR 伪指令的应用示例。

```
LDR R0, = 0x12345678
LDR R1, =my_label
```

假设"my_label"是在代码段中声明的标签,上述两条汇编语句执行的操作时,首先将 32 位立即数 0x12345678 加载到寄存器 R0 中,然后将"my_label"标签的地址加载到寄存器 R1 中。

本节习题

(1) 以下代码片段是否存在错误?如果没有错误,这段代码的作用是什么?如果存在错误,是怎样的错误,会造成什么结果?

```
.DATA
my_short_data:
    .SHORT 0x1111FFFF, 0xFFFF1111
```

（2）假设执行以下代码片段前，R0 寄存器中的值为十进制数 10，那么该代码片段执行完毕后，R0 寄存器中的值会变为多少？

```
.WHILE R0 < 0x100
    MOV R0, R0, LSL #1
.ENDW
```

（3）.SECTION 伪操作有什么作用？常用的段名包括哪些？分别用于存放哪些内容？

8.4　ARM 汇编语言的程序结构

一个好的程序应该具有结构化、简明、易读、易调试、易维护、执行速度快和占用存储空间尽量少等特点，这些特点有助于提高程序的质量、性能和可维护性，满足用户的需求和期望。尽管 ARM 汇编语言的表达方式相对于高级编程语言更加低级和直接，但 ARM 汇编程序通常也遵循常见的编程结构。

常用的程序结构包括顺序结构、分支结构、循环结构、子程序结构等。

8.4.1　顺序结构

顺序结构程序是最简单也是最基本的一种程序结构形式。在顺序结构的程序中，每条指令按照它们在程序中出现的顺序依次执行，没有分支或循环，如图 8-2 所示。在实际编程中，顺序结构通常被用来描述程序的初始化过程、数据的输入和输出以及一系列的操作步骤等。不过，虽然顺序结构简单直观，但在复杂的程序中，常常需要结合其他结构（如分支结构和循环结构）来完成更复杂的任务。

在 ARM 汇编程序中，顺序结构的程序按照指令的顺序逐条执行，从程序的入口开始，依次执行每一条指令，直至到达程序的结束点。以下是一个简单的 ARM 汇编程序示例，展示了顺序结构的编程方式。

```
.TEXT
.GLOBAL _start

_start:
    MOV R0, #5       @将立即数 5 加载到 R0 寄存器中
    MOV R1, #3       @将立即数 3 加载到 R1 寄存器中
    ADD R2, R0, R1   @将 R0 和 R1 中的值相加,结果存储到 R2 寄存器中
    MOV R3, #7       @将立即数 7 加载到 R3 寄存器中
    ADD R2, R2, R3   @将 R2 中的值加上 R3 中的值,结果存储到 R2 寄存器中
```

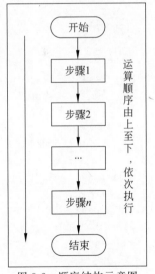

图 8-2　顺序结构示意图

```
MOV R7, #1              @设置退出状态码
SWI 0x11               @退出程序
```

如程序注释所示,程序从开始 _start 标签处顺序执行每条指令。首先将立即数 5 加载到 R0 寄存器中,然后将立即数 3 加载到 R1 寄存器中。接着将 R0 和 R1 寄存器中的值相加,结果存储到 R2 寄存器中。然后将立即数 7 加载到 R3 寄存器中,最后将 R2 寄存器中的值加上 R3 寄存器中的值,结果存储到 R2 寄存器中。最后两条指令用于结束程序。

8.4.2 分支结构

分支结构也是编程中常见的控制结构之一,用于根据条件选择不同的执行路径。在分支结构中,根据条件的真假,程序会选择执行不同的代码分支。根据条件分支的数量,分支结构可以分为双分支结构和多分支结构。

1. 双分支结构

双分支结构是指根据条件的真假选择两个不同的执行路径,如图 8-3 所示。最常见的双分支结构是 if-else 语句,即在条件满足时执行一个分支,条件不满足时执行另一个分支。

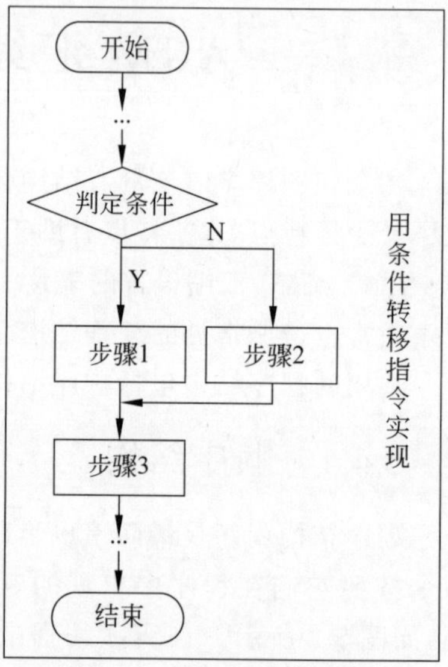

在 ARM 汇编语言中,双分支结构通常由两条跳转指令(如 BEQ、BNE 等)实现。以下是一个简单的双分支结构的程序示例。

```
.TEXT
.GLOBAL _start

_start:
    MOV R0, #10            @将立即数 10 加载到 R0 寄存器中
    MOV R1, #20            @将立即数 20 加载到 R1 寄存器中
    CMP R0, R1             @比较 R0 和 R1 的值
    BEQ equal              @如果 R0 等于 R1,则跳转到 equal 标签处
    BNE not_equal          @如果 R0 不等于 R1,则跳转到 not_equal 标签处

equal:
    MOV R2, #1             @将立即数 1 加载到 R2 寄存器中
    B exit                 @跳转到 exit 标签处

not_equal:
    MOV R2, #0             @将立即数 0 加载到 R2 寄存器中
    B exit                 @跳转到 exit 标签处

exit:
    MOV R7, #1             @设置退出状态码
    SWI 0x11              @退出程序
```

图 8-3 双分支结构示意图

如注释所示,程序首先将立即数 10 和立即数 20 分别加载到 R0、R1 寄存器中。然后使

用 CMP 指令比较 R0 和 R1 的值,根据比较的结果选择不同的分支执行。如果 R0 等于 R1,则跳转到 equal 标签处执行相应的处理逻辑;如果 R0 不等于 R1,则跳转到"not_equal"标签处执行相应的处理逻辑。最后,无论是哪个分支执行完毕,都会跳转到 exit 标签处结束程序。

2. 多分支结构

多分支结构是指根据条件的不同选择多个不同的执行路径,如图 8-4 所示。最常见的多分支结构是 switch-case 语句,即根据表达式的值选择不同的分支执行。

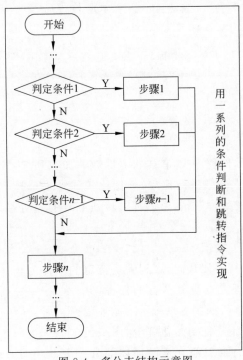

图 8-4　多分支结构示意图

在汇编语言中,多分支结构通常由一系列的条件判断和跳转指令实现。以下是一个简单的多分支结构的 ARM 汇编程序示例,演示了如何使用多个条件分支来选择不同的执行路径。

```
.TEXT
.GLOBAL _start

_start:
    MOV R0, #3          @将立即数 3 加载到 R0 寄存器中
    CMP R0, #1
    BEQ case_1          @如果 R0 等于 1,则跳转到 case_1 标签处
    CMP R0, #2
    BEQ case_2          @如果 R0 等于 2,则跳转到 case_2 标签处
    CMP R0, #3
    BEQ case_3          @如果 R0 等于 3,则跳转到 case_3 标签处
    B default_case      @否则跳转到 default_case 标签处
```

```
case_1:
    MOV R1, #10                  @将立即数 10 加载到 R1 寄存器中
    B exit                       @跳转到 exit 标签处

case_2:
    MOV R1, #20                  @将立即数 20 加载到 R1 寄存器中
    B exit                       @跳转到 exit 标签处

case_3:
    MOV R1, #30                  @将立即数 30 加载到 R1 寄存器中
    B exit                       @跳转到 exit 标签处

default_case:
    MOV R1, #0                   @将立即数 0 加载到 R1 寄存器中
    B exit                       @跳转到 exit 标签处

exit:
    MOV R7, #1                   @设置退出状态码
    SWI 0x11                     @退出程序
```

如注释所示,在以上示例程序中,首先将立即数 3 加载到 R0 寄存器中,然后使用 CMP 指令将 R0 的值与不同的立即数进行比较,根据比较的结果选择不同的分支执行。根据不同的条件,分别执行对应的处理逻辑,最后都跳转到 exit 标签处结束程序。

8.4.3　循环结构

循环结构用于重复执行一段代码,直到满足特定的条件为止。它是实现程序重复执行的一种有效方式,能够处理需要重复执行的任务,并在满足退出条件时结束执行,如图 8-5 所示。循环程序通常包括 3 部分:第一部分是初始化部分,用来设置循环执行的初始化状态;第二部分是循环体部分,即需要多次重复执行的程序部分;第三部分是循环控制部分,用于控制循环体执行的次数,循环体每次执行后都应该修改循环条件,使得循环可以在适当的时候终止执行。常用的循环控制方法包括计数控制法(for 循环)、条件控制法(while 循环)和混合控制法。

在 ARM 汇编语言中,循环结构通常也是通过条件判断和跳转指令来实现的。以下是一个使用循环结构实现的 ARM 汇编程序简单示例。

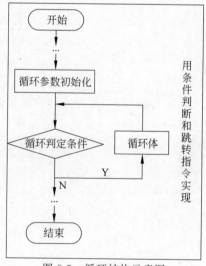

图 8-5　循环结构示意图

```
.TEXT
.GLOBAL _start

_start:
    MOV R0, #0                   @初始化寄存器 R0 作为计数器
loop_start:
    CMP R0, #10                  @检查计数器的值是否达到 10
```

```
    BEQ loop_end              @如果计数器达到10,则退出循环
    ADD R0, R0, #1            @更新计数器
    B loop_start             @返回检查计数器是否达到10
loop_end:                    @结束循环,程序继续执行
    MOV R7, #1               @设置退出状态码
    SWI 0x11                 @退出程序
```

如注释所示,以上这段代码实现了一个计数循环。首先,将寄存器 R0 作为计数器,初始化为 0。每次循环将计数器的值加一,之后跳到 loop_start 标签处重新检查循环执行条件,直到计数器的值达到 10 时跳转到 loop_end 标签退出循环,继续执行后续程序。

8.4.4　子程序

在 ARM 汇编语言中,主程序负责初始化程序的运行环境,执行一些全局的初始化工作,并调用其他子程序来完成具体的任务。子程序又称为子过程,在一个实际程序中,有些操作要执行多次,将需要重复执行的操作编为子程序可以提高代码的重用性、可读性和可维护性。以下是一个 ARM 汇编子程序的示例。

```
.TEXT
.GLOBAL _start

_start:
    MOV R1, #5               @R1 寄存器的值设置为 5
    MOV R2, #10              @R2 寄存器的值设置为 10
    BL calculate_expression  @调用子程序
    MOV R7, #1               @设置退出状态码
    SWI 0x11                 @退出程序

.GLOOBAL calculate_expression

calculate_expression:
    MOV R3, #2               @将立即数 2 加载到 R3 寄存器中,作为乘数
    MUL R3, R3, R1           @将 R1 中的值乘以 2,结果存入 R3 寄存器中
    SUB R0, R2, R3           @将 R2 中的值减去 R3 中的值,结果存入 R0 寄存器中
    BX LR                    @返回到调用地址
```

如注释所示,在以上示例程序中,定义了一个子程序"calculate_expression",该子程序实现的功能是计算"R2−R1 * 2"。在主程序中,R1 寄存器和 R2 寄存器中的值分别被设置为 5 和 10,调用子程序"calculate_expression"后,R0 寄存器中的值应为"10−5 * 2"的值,也就是 0。

本节习题

请编写一段 ARM 汇编代码,遍历 0~10 的数字,并进行如下操作:如果该数字为奇数,直接打印到控制台;如果该数字为偶数,将其与数字 5 相加,并将结果打印到控制台。请结合分支结构和循环结构实现以上功能。

8.5 ARM 的编译与调试工具

ARM 汇编程序的编译和调试工具有很多种,常用的编译器包括 GNU 工具链(GNU Compiler Collection,GCC)和 ARM 编译器工具链(Arm Compiler)等。GCC 是一个开源的编译器套件,提供了用于 ARM 体系结构的编译器,它支持 C、C++ 和汇编语言,并且可在多个平台上运行。Arm Compiler 是由 Arm 公司提供的专有编译器套件,支持 ARM 体系结构的编译优化和调试功能,它提供了针对 ARM Cortex 处理器优化的编译器。常用的调试器包括 GNU 调试器、OpenOCD、CMSIS-DA 等。除了以上工具外,Keil MDK 和 Eclipse 等集成开发环境也常用作 ARM 开发的 IDE。

本节主要对如何使用 GCC 编译器进行 ARM 汇编程序编译展开讲解,并提供一个汇编实验程序"Hello World"作为示例。

8.5.1 GCC 编译器套件

GCC 是由 GNU 项目开发的自由软件编译器套件。它是一个功能强大的编译器集合,支持多种编程语言,包括 C、C++ 、Objective-C、Fortran、Ada、Go 等。GCC 包括了前端编译器(用于处理高级语言源代码)和后端编译器(用于生成目标代码),以及一些辅助工具。在 ARM 开发中,GCC 通常被用作主要的编译器工具,提供了可靠的编译优化和调试支持。

GCC 编译器套件的主要组件包括编译器、汇编器和链接器。

1. 编译器

编译器(GNU Compiler)是 GCC 的核心组件,用于将高级编程语言的源代码编译成可执行文件或目标文件。GCC 编译器支持多种编程语言。

以 C 文件为例,使用 GCC 编译器编译 C 文件的流程是这样的:①预编译处理,将源文件转换为经过宏替换、头文件包含等处理后的中间文件,预处理后的文件通常以".i"或".ii"为后缀;②编译处理,将源文件的 C 代码转换为汇编代码,编译后的文件通常以".s"为后缀;③汇编处理,将汇编代码转换为机器代码,生成目标文件,目标文件通常以".o"为后缀;④链接处理,将所有的目标文件以及可能用到的库文件链接在一起,生成最终的可执行文件。

整个编译过程可以通过 GCC 编译器一次性完成,通常的编译命令为

```
gcc source.c -o executable
```

这个命令会对源文件 source.c 进行预处理、编译、汇编、链接,并生成可执行文件 executable。

2. 汇编器

汇编器(GNU Assembler)用于将汇编语言的源代码转换为目标文件(通常是机器代码)。它将汇编语言的源代码翻译成二进制指令,生成与特定平台相关的目标文件。

使用 GNU 汇编器 as 汇编一个 ASM 汇编程序通常可以分为以下几个步骤:①编写汇编语言源代码,通常以".s"或".asm"为后缀;②调用汇编器,使用 GNU 汇编器 as 对汇编语言源代码文件进行汇编;③生成目标文件,汇编器生成的目标文件是汇编程序的编译结果,可以与其他目标文件一起链接成可执行文件,也可以直接加载和执行,通常以".o"为后缀。

汇编过程可以通过在命令行中执行以下命令完成：

```
as source.s -o output.o
```

汇编器会将源代码文件 source.s 中的汇编指令翻译成二进制机器指令，并生成目标文件 output.o。

3. 链接器

链接器(GNU Linker)负责将多个目标文件链接在一起，生成可执行文件或共享库。它会将各个目标文件中的函数、变量等符号解析为相应的内存地址，将相互引用的符号进行连接，使得整个程序能够正确地运行。

使用 GNU 链接器将目标文件生成可执行文件的流程一般包括以下几个步骤：①准备目标文件，这些目标文件通常是由编译器或汇编器生成的，包含了程序的代码和数据；②调用链接器，使用 GNU 链接器 ld 对目标文件进行链接；③生成可执行文件，链接器将解析和重定位后的目标文件组合起来，生成一个完整的可执行文件。

连接过程可以通过在命令行中执行以下命令完成：

```
ld -o executable output1.o output2.o ...
```

在这个命令中，executable 是生成的可执行文件，output1.o、output2.o 等是要链接的目标文件。

8.5.2　汇编程序示例——Hello World

1. 实验简介

本次实验将实现 ARM 平台精简指令集(Reduced Instruction Set Computer, RISC)编写的 Hello World 程序的编译和运行。本实验适用于 ARM 汇编语言学习者进行实验练习，有助于学习者深入理解 GNU ARM 汇编程序的编写、运行环境的搭建、配置及编译运行。

2. 实验环境

学习者可以搭建基于 ARMv8 架构的开发环境，即原生实验环境。原生实验环境既可以使用如亚马逊(Amazon)、飞腾、华为等公司生产的物理服务器，也可以使用亚马逊(Amazon)云服务器 EC2 或华为公司鲲鹏系列云服务器。本实验使用华为鲲鹏云服务器作为实验环境。具体环境如下：

- 华为鲲鹏云主机。
- openEuler20.03 操作系统。
- GCC7.3＋版本。

3. 实验步骤

以下步骤以在华为鲲鹏云服务器上执行为例。

步骤一：创建 hello 目录。

执行以下命令，创建 hello 目录，存放该程序的所有文件，并进入 hello 目录。

```
mkdir hello
cd hello
```

步骤二：创建示例程序代码 hello.s。

执行以下命令，使用 vim 编辑器创建示例程序源码 hello.s。

```
vim hello.s
```

代码内容如下：

```
.TEXT
.GLOBAL _start

_start:
    MOV X0, #0                  @x0 寄存器存放标准屏幕输出 stdout 的描述符 0
    LDR X1, =msg                @x1 寄存器存放待输出字符串首地址
    MOV X2, len                 @x2 寄存器存放待输出字符串长度
    MOV X8, #64                 @系统功能调用号 64 表示系统写功能 sys_write()
    SVC #0                      @通过 svc 软中断实现系统调用

    MOV X0, #123                @x0 寄存器存放退出操作码 123
    MOV X8, #93                 @系统功能调用号 93 表示系统退出功能 sys_exit()
    SVC #0                      @通过 svc 软中断实现系统调用

.DATA
msg:
    .ASCII "Hello World!\n"     @声明字符串
len = .-msg                     @计算字符串长度
```

需要注意的是，以上代码为 AArch64 体系结构的汇编代码，需要在 ARMv8 处理器上运行。寄存器 Xn 是 AArch64 体系结构中的寄存器，SVC 是 AArch64 体系结构中的指令。

步骤三：汇编、链接和运行。

保存示例源码文件，然后退出 vim 编辑器。在当前目录中依次执行以下命令，使用 GCC 汇编器和链接器进行代码的汇编、链接，最后运行得到的可执行文件。

```
as hello.s -o hello.o
ld hello.o -o hello
./hello
```

4. 实验结果

示例程序可以在华为鲲鹏云服务器上通过汇编和链接，得到可执行文件。运行可执行文件可以在命令行中输出结果"Hello World!"，如图 8-6 所示。

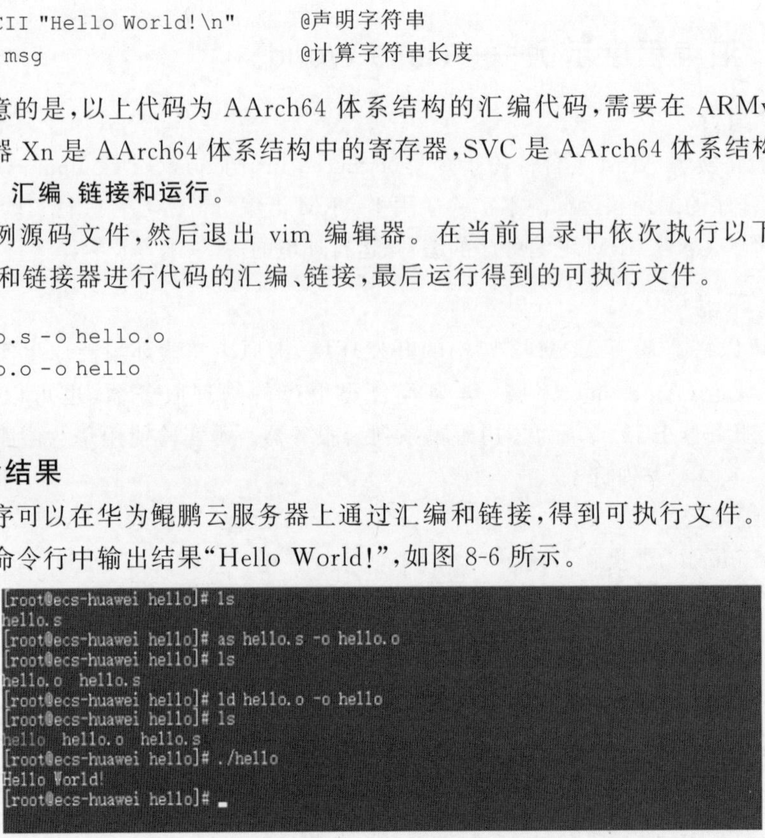

图 8-6　实验结果

本节习题

（1）编译器、汇编器、链接器的功能分别是什么？以下描述是否准确：编译器负责将高级语言代码转换为机器码；汇编器负责将机器码转换为汇编语言代码；链接器负责将目标文件合并成最终的可执行程序或共享库。

（2）上一节中给出的 Hello World 示例程序能否在 x86 平台直接运行？为什么？

8.6　本章小结

在本章中，我们主要介绍了华为鲲鹏处理器支持的 ARM 汇编语言的基础知识。由于鲲鹏处理器采用了 ARM 架构的设计理念和指令集，因此开发者可以使用 ARM 汇编语言来编写和优化针对鲲鹏处理器的程序。本章主要从寻址方式、指令集、伪指令到程序结构等方面对 ARM 汇编语言展开了讲解。

首先，我们介绍了 ARM 汇编的多种寻址方式，包括直接寻址、间接寻址、寄存器寻址、立即数寻址等。寻址方式是指程序如何访问内存中的数据，不同的寻址方式适用于不同的场景，掌握各种寻址方式对于编写高效的汇编代码至关重要。

接着，我们详细介绍了 ARM 汇编语言的指令集。ARM 指令集包括数据处理指令、加载存储指令、分支指令等多种类型，每种指令都有其特定的功能和用法。通过学习指令集，读者可以了解如何在汇编程序中执行各种操作，实现各种功能。

然后，我们一起学习了一些常用的伪操作和伪指令，这些伪操作和伪指令在汇编过程中起到了重要的辅助作用，可以帮助开发者更好地组织代码结构。

另外，我们还讲解了 ARM 汇编语言的程序结构，包括常用的顺序结构、分支结构、循环结构等。了解程序结构对于编写可维护、可扩展的汇编代码至关重要。

最后，本章以"Hello World"程序作为示例，展示了 ARM 汇编语言的实际应用。通过分析这个简单的程序，读者可以了解如何编写基本的 ARM 汇编程序，并且掌握 ARM 汇编语言的程序结构及代码编写方法。

总之，本章通过系统地介绍 ARM 汇编语言的基础知识，帮助读者全面了解和掌握这门编程语言。希望读者通过本章的学习，能够在实践中灵活运用 ARM 汇编语言，编写出高效、可靠的汇编代码。

第 9 章

PE 文件结构

可执行文件是一种包含了计算机程序代码的文件,可以直接在计算机上执行。它是编译后的源代码经过链接、装载等处理步骤生成的二进制文件。从某种意义上讲,可执行文件的格式反映了操作系统本身的执行机制。目前,在 Windows 平台上使用的主流可执行文件结构就是 PE(Portable Executable)结构。虽然研究可执行文件格式不是开发者的首要任务,但这一过程能够提供深入理解操作系统工作原理的宝贵机会。本章将带领读者理解可执行文件的数据结构及其运行机理,加深读者对操作系统底层机制的理解。

9.1　可执行文件

可执行文件是一种特殊类型的二进制文件,可以被操作系统直接加载和执行,以进行各种计算和任务处理。可执行文件与文本文件(如 TXT、Word 文档、Excel 电子表格等)形成鲜明对比,后者主要用于存储和展示文本信息,需要特定的应用程序来解析和显示其内容。可执行文件包含了机器语言代码,这种代码可以直接由计算机的中央处理器解读和执行,无须经过编译或解释过程。

在不同的操作系统环境下,可执行文件的格式不一样。每个操作系统都有其特定的文件结构要求、安全策略、执行方式和系统调用接口,这些差异导致了各种不同的可执行文件格式的诞生,其中最常见的包括:操作系统使用的标准格式 PE,支持 32 位和 64 位体系结构;UNIX/Linux 中广泛使用的标准格式 ELF(Executable and Linkable Format),支持静态链接和动态链接,也被用于可重定位代码和共享库文件;还有 Mach-O 格式(macOS 和 iOS 等 Apple 操作系统使用)、a.out(较旧的 UNIX 系统使用)、COFF(早期 UNIX 系统以及 Windows 的前身使用)等。

9.1.1　Windows 系统可执行文件

在 Windows 操作系统中,可执行文件可以采用多种不同的扩展名,代表了不同类型或用途的可执行代码。尽管这些文件在用途和行为上有所差异,但它们大多数都遵循 PE 格式的结构。

1. .com

.com 是一种简单的可执行文件格式,最初用于 CP/M 操作系统,后来被 MS-DOS 及一些早期的 Windows 版本继承。.com 文件格式的设计非常简单,它不包含任何元数据、重定位信息或是文件头,直接从文件的第一字节开始执行。这种设计使得.com 文件的创建和加载过程非常直接和高效。

.com 文件在内存中采用单一段模型运行,即代码、数据和堆栈共享同一个 64KB 的内存段(段寄存器指向同一个段地址)。这是因为早期的 Intel 8086 和 8088 处理器以及相关的操作系统(如 MS-DOS)是基于 16 位架构的,且主要操作在一个单一的 64KB 内存段内。

由于其内存模型的限制,.com 文件的最大大小限制为 65280 字节(64KB),所以.com 格式适合用于较小的程序,例如简单的命令行工具和实用程序。这些程序通常用于执行一些基本的任务,如文件管理操作、系统状态显示等。

如图 9-1 所示,more.com 是一个在 MS-DOS 和早期 Windows 版本中使用的命令行实用程序,用于分页显示文本文件的内容。这个工具对于当时的用户来说非常有用,它解决了直接在命令行中查看长文本文件时内容迅速滚动过屏幕的问题。通过 more 命令,用户可以控制文本的显示,逐页或逐行地查看内容,更方便地阅读和分析数据。在现代 Windows 系统(如 Windows 10 系统)中,依然可以在 C:\Windows\System32 路径下找到这一程序。

图 9-1 more.com 文件信息

2. .exe、.dll、.sys

在 Windows 操作系统中,.exe、.dll 和.sys 文件都是采用 PE 文件结构的可执行文件类型。

.exe 文件扩展名代表“可执行文件”,是最常见的可执行文件类型,用于安装和运行应用程序。用户直接双击或通过命令行启动这些文件,就可以运行应用程序或进程。.exe 文件遵循 PE 文件结构,包含了程序执行所需的所有代码、数据、资源和元数据。如图 9-2 所示,attrib.exe 是 Windows 操作系统中的一个命令行工具,用于显示或更改文件和目录的属性。通过这个工具,用户可以控制文件的只读、存档、系统和隐藏属性。这些属性可以帮助系统或用户管理文件的使用方式。

.dll 文件扩展名代表"动态链接库",这种文件包含可以被多个程序共享的代码和数据。DLL 文件提供了一种模块化程序设计的方式,软件应用可以通过这种方式共享代码,实现功能。尽管 DLL 文件不是独立运行的程序,但也遵循 PE 文件结构,方便操作系统正确地加载和链接这些库文件。如图 9-3 所示,kernel32.dll 是 Windows 的核心操作系统(Operating System,OS)库文件之一,提供系统级服务,如内存管理、进程和线程操作、文件操作等。

图 9-2　attrib.exe 文件信息　　　　图 9-3　kernel32.dll 文件信息

.sys 文件扩展名代表"系统文件",这些文件通常是操作系统的设备驱动程序。它们提供了操作系统与计算机硬件之间的接口,使得硬件设备(如打印机、显卡等)能够正常工作。与.exe 和.dll 文件一样,.sys 文件也采用 PE 结构。这种格式支持包含设备驱动程序所需的所有信息,使操作系统能够识别和使用硬件设备。如图 9-4 所示,ntfs.sys 是 Windows 操作系统中的一个关键系统文件,作为 NT 文件系统的驱动程序,它负责管理和访问使用 NTFS 格式的硬盘分区。NTFS 提供了许多高级特性,如元数据支持、数据压缩、文件加密(Encrypting File System,EFS)、磁盘配额、稀疏文件支持、重解析点、日志文件系统恢复等。

3. PE 结构二进制文件

PE 文件结构是一种在 Windows 操作系统中广泛使用的文件结构,用于存储在 32 位和

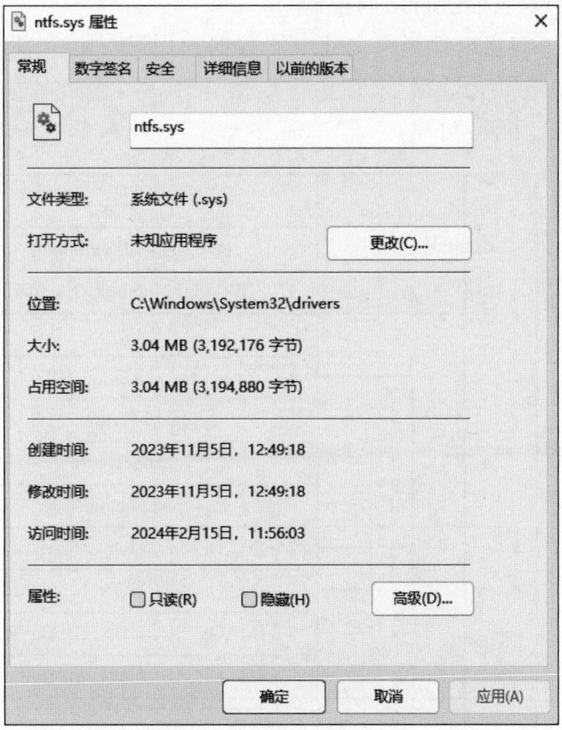

图 9-4　ntfs.sys 文件信息

64 位 Windows 系统上运行的程序的信息。

　　PE 文件结构的诞生与 Microsoft Windows 操作系统的发展密切相关。在 PE 文件出现之前，早期的 Windows 操作系统（如 16 位的 Windows 3.x）使用的是 NE（New Executable）格式。随着设计用于企业级应用的操作系统 Windows NT 的开发，需要一种新的文件格式来支持新的 32 位体系结构和功能，如更好的内存管理、更高的安全性和更强的多任务处理能力。PE 文件首次出现在 Windows NT 3.1 中，并随着 Windows 操作系统的版本更新而不断演进。它衍生于早期建立在 VAX/VMS 上的 COFF（Common Object File Format）格式，并进行了扩展，以满足 Windows 操作系统的特定需求。PE 文件的引入标志着 Windows 对 32 位应用程序支持的正式开始，随后又扩展到了 64 位。

　　PE 文件结构包括多个部分和段，每个部分都有特定的角色，支持操作系统加载和执行文件。PE 文件的大致布局可以参考图 9-5，其中，主要结构包括如下几部分。

- **DOS 部分**：DOS 部分包含 DOS 头（DOS Header）和 DOS 存根（DOS Stub）两个主要组成部分。它的存在目的是保持向后兼容性，确保在不支持 PE 结构的旧 DOS 系统上尝试执行这些文件时，能够给出一个用户友好的提示消息。
- **PE 文件头**：PE 文件头是 PE 结构的核心部分，用于描述文件的基本结构和属性，指示操作系统如何映射文件到内存、解析文件中的符号，以及定位和利用文件中的资源和代码。PE 文件头主要由 PE 标识、文件头、可选头构成。
- **节表**：紧跟在可选头之后，列出了文件中的所有节。节表的主要作用是描述文件中的所有节，包括节的名称、大小、位置、对齐以及与内存相关的属性等。操作系统根据这些信息将文件的不同部分映射到进程的地址空间中，并根据定义的属性（例如只读或可执行）对它们进行访问控制。

- **节数据**：节用于有逻辑地组织文件中的数据和代码。每个节包含特定类型的信息，例如程序代码、初始化数据、未初始化数据、资源等，它们在内存中有各自的属性和权限（如可执行、可读、可写）。

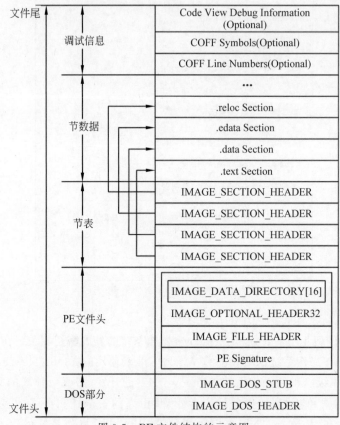

图 9-5　PE 文件结构的示意图

9.1.2　Linux 系统可执行文件

在 Linux 系统中，最常见的可执行文件格式是 ELF。ELF 格式是一种广泛使用的标准文件格式，用于可执行文件、可重定位的对象文件（.o 文件）、共享库（.so 文件）和核心转储。自从它在 20 世纪 90 年代初被引入以来，ELF 格式由于其灵活性、可扩展性和跨平台兼容性，已经成为基于 UNIX 的操作系统中标准的文件格式。

ELF 文件主要由以下几部分组成。

- **ELF 头**：位于文件的最开始位置，包含了描述整个文件的基本信息，如文件的类型（可执行文件、共享库或对象文件）、机器架构类型（如 x86、ARM）、入口点地址（程序开始执行的位置）等。
- **程序头表**：对于可执行文件和共享库，此表描述了文件的各个段（Segments）在内存中如何映射。它指导操作系统如何创建进程映像。
- **节头表**：描述了文件中的节（Sections），每个节包含特定类型的数据，如程序代码、数据、符号表、重定位信息等。对于链接和调试等操作尤为重要。

- **节**：ELF 文件中的数据被组织为一系列的节，每个节有特定的用途，如.text 节存放程序代码，.data 节存放初始化的全局变量，.bss 节用于未初始化的全局变量，.symtab 节存放符号表，.strtab 节存放字符串表，等等。
- **段**：通常对应于程序执行时在内存中的布局。一个段可以包含多个节，例如，一个可加载的段可能包含.text、.data 和.bss 节。

常见的 ELF 格式如图 9-6 所示，左边为链接视图，右边为执行视图。静态链接器会以链接视图解析 ELF 文件。编译时生成的可重定位的对象文件(.o 文件)以及链接后的共享库(.so 文件)均可通过链接视图解析，链接视图可以没有程序头表。动态链接器会以执行视图解析 ELF 文件并动态链接，执行视图可以没有节头表。

图 9-6　常见的 ELF 格式

本节习题

(1) Windows 操作系统、Linux 操作系统上的可执行文件格式是否是一样的？（使用相同的 CPU，Windows 上的可执行程序是否可以在 Linux 上运行？）

(2) Windows 操作系统中常见的可执行文件扩展名有哪些，请至少列出三个。

9.2　PE 的基本概念

PE 文件使用的是一个平面地址空间，所有代码和数据都合并在一起，组成了一个很大的结构。文件的内容被分割为不同的节（Section，又称区段、区块等），节中包含代码或数据，各个节按页边界对齐。节没有大小限制，是一个连续结构。

PE 文件不是作为单一内存映射文件被载入内存中的。Windows 加载器负责解析 PE 文件，将文件的各部分映射到进程的地址空间中。当 PE 文件被加载到内存时，其磁盘上的结构（节的布局和数据组织）被保留在内存映射中。也就是说磁盘文件的数据结构布局和内存中的布局是一致的，便于程序执行和数据访问。虽然某些区块在内存中动态重定位时数据的相对位置可能会改变，但加载器会调整这些引用，确保程序运行时引用的正确性。

理解 PE 文件的加载和映射机制对于软件开发、逆向工程和安全分析非常重要。这部分内容不仅涉及程序如何被操作系统加载和执行，还包括如何在内存中定位和分析运行时数据。

9.2.1 基地址

在 Windows 环境下,当 PE 文件被操作系统加载器载入内存后,它在内存中的表示被称为模块(Module)。映射文件的起始地址称为模块句柄(hModule)。这个过程涉及将 PE 文件的不同部分(如代码、数据、资源、导入表、导出表以及其他重要的数据结构等)映射到进程的虚拟地址空间内。在 Windows 系统中,可以使用 GetModuleHandle 函数获取当前进程中已加载模块(DLL 或 EXE 文件)的句柄,语法如下:

```
HMODULE GetModuleHandle (LPCSTR lpModuleName);
```

其中,lpModuleName 为模块的名称。如果此参数为 NULL,GetModuleHandle 返回调用进程的可执行文件的句柄。

参与映射的部分为 PE 文件的关键部分,加载器需要确保这些部分可以被 CPU 执行或访问。除此之外,PE 文件的某些非映射部分,如调试信息,可能不会被加载到进程的地址空间中。这些信息虽然对调试过程很重要,但在程序运行时并不需要直接访问。这些非映射的数据通常被放置在文件的尾部,PE 文件中会设置一个字段会告知系统在映射文件到内存时需要使用多少内存空间。PE 文件在内存中完成加载后,这个模块在内存中的起始地址,称为模块的基地址(ImageBase),程序能够通过基地址访问内存中的各部分,如图 9-7 所示。

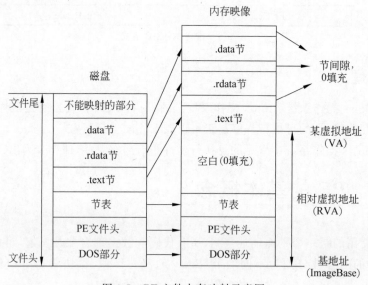

图 9-7　PE 文件内存映射示意图

基地址是模块被加载到内存中的初始虚拟地址,提供了文件内所有相对地址计算的基准点,也就是说,可执行文件内部的代码和数据在引用自身的其他部分时,都是基于这个地址进行偏移计算的。PE 文件头中的 ImageBase 字段指定了文件作者期望该文件被加载到的地址。如果操作系统能够将可执行文件加载到这个指定的地址,那么就无须对文件内的地址引用进行重定位,减少了加载过程中的处理时间,提高了程序的启动速度。如果由于地址空间已被占用或其他原因使得指定的基地址不可用,操作系统加载器将选择一个不同的地址加载该模块,并根据重定位表对模块内的地址引用进行调整。

对于不同类型的 PE 文件(如表示应用程序的 EXE 文件或表示动态链接库的 DLL 文件),链接器提供了默认的基地址值。例如,对于 EXE 文件,常见的默认基地址值是 0x00400000,而对于 DLL 文件,基地址一般是 0x10000000。如果需要避免与特定模块地址冲突或优化内存布局,开发者也可以通过链接器选项显式指定基地址的值。

9.2.2　虚拟地址

在 PE 文件格式中,虚拟地址(Virtual Address,VA)是一个核心概念,指的是模块加载到进程的虚拟地址空间后,模块内部各元素(例如函数、变量、资源等)的地址。虚拟地址空间是操作系统提供给应用程序的一种抽象,使用虚拟地址的每个进程看似拥有连续的内存区域,但实际上这些区域在物理内存中可能是分散的。

9.2.3　相对虚拟地址

在 PE 文件运行时,存在这样一个挑战:尽管 PE 文件有一个首选的载入地址(基地址),但由于多种原因(如地址空间冲突、地址空间布局随机化等),实际加载的地址可能与基地址不同,依赖于静态的、绝对的内存地址是不切实际的。因此,需要一种机制来确保文件中的地址引用一直能够正确解析,这就是相对虚拟地址(Relative Virtual Address,RVA)的作用。

RVA 描述了一个从 PE 文件的基地址开始的偏移量,用于定位文件内部的数据、函数、资源等,它是一个"相对"地址。假设有一个 EXE 文件,其预定的载入基地址是 0x400000,并且假定该文件的.text 代码段在内存中的起始地址是 0x401000。要计算.text 代码段的 RVA,就需要用节的实际内存地址减去文件的载入地址。计算过程如下:

```
RVA = 目标地址 - 载入地址
    = 0x401000-0x400000
    = 0x1000
```

当需要将相对虚拟地址(RVA)转换成实际的虚拟地址(VA)时,只需将上述过程倒转,使用模块的基地址(ImageBase)加上相对虚拟地址(RVA)来计算结果,公式如下:

```
虚拟地址(VA) = 基地址(ImageBase)+ 相对虚拟地址(RVA)
```

9.2.4　文件偏移地址

文件偏移地址用于直接定位存储在磁盘上的 PE 文件内的数据、代码段、资源或其他任何结构的精确位置。它是从文件的开始(第一字节)到目标数据起始点的字节计数。在使用十六进制编辑器(如 Hex Workshop、WinHex 等)打开 PE 文件时,显示的地址通常就是文件偏移地址,如图 9-8 所示,左侧 Offset 栏即为文件偏移地址。为了展现完整的分析过程,在本章第 2 节至第 6 节中分析的.exe 文件均为示例可执行文件 MyEXE.exe。

计算文件偏移地址涉及将 PE 文件中的相对虚拟地址(RVA)转换为相对于文件开头的偏移量。这个转换过程需要考虑 PE 文件的结构,特别是节的布局,在本章第 5 节中将会进一步介绍。

```
Offset    0 1 2 3 4 5 6 7   8 9 A B C D E F   ANSI ASCII
00000000  4D 5A 90 00 03 00 00 00  04 00 00 00 FF FF 00 00   MZ        ÿÿ
00000010  B8 00 00 00 00 00 00 00  40 00 00 00 00 00 00 00   .        @
00000020  00 00 00 00 00 00 00 00  00 00 00 00 00 00 00 00
00000030  00 00 00 00 00 00 00 00  00 00 00 00 C0 00 00 00                À
00000040  0E 1F BA 0E 00 B4 09 CD  21 B8 01 4C CD 21 54 68   º   ´ Í! L Í!Th
00000050  69 73 20 70 72 6F 67 72  61 6D 20 63 61 6E 6E 6F   is program canno
00000060  74 20 62 65 20 72 75 6E  20 69 6E 20 44 4F 53 20   t be run in DOS
00000070  6D 6F 64 65 2E 0D 0D 0A  24 00 00 00 00 00 00 00   mode.   $
00000080  A5 B0 FE CF E1 D1 90 9C  E1 D1 90 9C E1 D1 90 9C   ¥°þÏáÑ  áÑ  áÑ  œ
00000090  6F CE 83 9C E9 D1 90 9C  1D F1 82 9C E5 D1 90 9C   oÎ ƒœéÑ  œ ñ ,œåÑ  œ
000000A0  52 69 63 68 E1 D1 90 9C  00 00 00 00 00 00 00 00   RicháÑ  œ
000000B0  00 00 00 00 00 00 00 00  00 00 00 00 00 00 00 00
000000C0  50 45 00 00 4C 01 03 00  0D 30 3A 65 00 00 00 00   PE  L    0:e
000000D0  00 00 00 00 E0 00 0F 01  0B 01 05 0C 00 02 00 00       à
000000E0  00 04 00 00 00 00 00 00  00 10 00 00 00 10 00 00
000000F0  00 20 00 00 00 00 40 00  00 10 00 00 00 02 00 00        @
```

图 9-8   使用 WinHex 分析示例可执行文件

本节习题

（1）一个进程的虚拟地址空间中是否只有一个 PE 文件结构？

（2）PE 文件结构为什么要使用相对虚拟地址？这样的好处是什么？

（3）假设 hello.exe 在内存中的基地址（ImageBase）是 00400000h，入口点的相对虚拟地址 RVA（hello.exe 执行的第一条 CPU 指令的相对虚拟地址）是 00001000h，那么 hello.exe 的入口点虚拟地址 VA 是什么？请给出计算过程。

9.3 DOS 部分

PE 文件的 DOS 部分位于文件的最开始位置。这部分由一个 DOS MZ 头和一个可选的 DOS 存根程序（DOS Stub）组成。这种 DOS 程序的开头是一个称为 DOS MZ 头的结构。一旦程序在 DOS 环境下执行，系统识别出 DOS MZ 头后，就会运行紧随其后的 DOS 存根。

9.3.1 DOS MZ 头

DOS MZ 头（也称为 DOS 头）位于文件的开头。它的名称"MZ"来自两字节的标识符，用于指示这是一个 DOS 可执行文件。DOS MZ 头部分包含了一些基本信息，其结构如下所示，左边的数字是到文件头的偏移量。

```
typedef struct _IMAGE_DOS_HEADER {
+0h    WORD e_magic;          //DOS 签名,固定为 0x5A4D,即 "MZ"
+2h    WORD e_cblp;           //最后一个扇区的大小
+4h    WORD e_cp;             //DOS 程序的长度
+6h    WORD e_crlc;           //保留字段,一般为 0
+8h    WORD e_cparhdr;        //PE 头的大小,以段为单位
+0Ah   WORD e_minalloc;       //保留字段,一般为 0
+0Ch   WORD e_maxalloc;       //保留字段,一般为 0xFFFF
+0Eh   WORD e_ss;             //初始的堆栈段寄存器值,一般为 0
+10h   WORD e_sp;             //初始的堆栈指针寄存器值,一般为 0xB8
+12h   WORD e_csum;           //校验和,一般为 0
+14h   WORD e_ip;             //初始的指令指针寄存器值,一般为 0
```

```
+16h    WORD e_cs;                //初始的代码段寄存器值,一般为 0
+18h    WORD e_lfarlc;            //节表的偏移量
+1ah    WORD e_ovno;              //保留字段,一般为 0
+1Ch    WORD e_res[4];            //保留字段,一般为 0
+24h    WORD e_oemid;             //OEM 标识,一般为 0
+26h    WORD e_oeminfo;           //OEM 信息,一般为 0
+28h    WORD e_res2[10];          //保留字段,一般为 0
+3Ch    LONG e_lfanew;            //PE 文件头的偏移量
} IMAGE_DOS_HEADER, * PIMAGE_DOS_HEADER;
```

在这个结构体中,有两个字段非常重要,分别是第一个字段 e_magic 和最后一个字段 e_lfanew。e_magic 字段是一个 16 位的无符号整数,用于表示 DOS MZ 头的签名是一个固定的值,通常为 0x5A4D(字符"M"和"Z"的 ASCII 码,"MZ"是 MS-DOS 的最初创建者之一 Mark Zbikowski 字母的缩写),用于标识文件是一个 DOS 可执行文件,如图 9-9 所示。需要注意的是,由于 Intel 处理器使用小端模式,多字节数据储存时低位在前,高位在后。

Offset	0	1	2	3	4	5	6	7	8	9	A	B	C	D	E	F	ANSI ASCII
00000000	4D	5A	90	00	03	00	00	00	04	00	00	00	FF	FF	00	00	MZ　　　ÿÿ
00000010	B8	00	00	00	00	00	00	00	40	00	00	00	00	00	00	00	.　　　@
00000020	00	00	00	00	00	00	00	00	00	00	00	00	00	00	00	00	
00000030	00	00	00	00	00	00	00	00	00	00	00	00	C0	00	00	00	À
00000040	0E	1F	BA	0E	00	B4	09	CD	21	B8	01	4C	CD	21	54	68	°　´í!,　Lí!Th
00000050	69	73	20	70	72	6F	67	72	61	6D	20	63	61	6E	6E	6F	is program canno
00000060	74	20	62	65	20	72	75	6E	20	69	6E	20	44	4F	53	20	t be run in DOS
00000070	6D	6F	64	65	2E	0D	0D	0A	24	00	00	00	00	00	00	00	mode.　　$
00000080	A5	B0	FE	CF	E1	D1	90	9C	E1	D1	90	9C	E1	D1	90	9C	¥°þÏáÑ œáÑ œáÑ œ
00000090	6F	CE	83	9C	E9	D1	90	9C	1D	F1	82	9C	E5	D1	90	9C	oÎƒœéÑ œ ñ‚œåÑ œ
000000A0	52	69	63	68	E1	D1	90	9C	00	00	00	00	00	00	00	00	RicháÑ œ
000000B0	00	00	00	00	00	00	00	00	00	00	00	00	00	00	00	00	
000000C0	50	45	00	00	4C	01	03	00	0D	30	3A	65	00	00	00	00	PE　L　　0:e
000000D0	00	00	00	00	E0	00	0F	01	0B	01	05	0C	00	02	00	00	à
000000E0	00	04	00	00	00	00	00	00	00	10	00	00	00	10	00	00	
000000F0	00	20	00	00	00	00	40	00	00	10	00	00	00	02	00	00	@

图 9-9　示例可执行文件的 e_magic 字段

e_lfanew 字段是一个 32 位的长整型,表示 PE 文件头的偏移量。它指示了 PE 文件头相对于文件开头以字节为单位的位置。以图 9-10 为例,偏移量 0000003Ch 就是 e_lfanew 的值,在这里显示为"C0 00 00 00",实际值为 000000C0h,这个值就是真正的 PE 文件头偏移量。

9.3.2　DOS 存根

DOS 存根(DOS Stub)是 PE 文件中的一段特殊代码,位于 DOS MZ 头和 PE 头之间。DOS 存根实际上是一个有效的 DOS 可执行程序,在不支持 PE 文件结构的操作系统中会显示一个错误提示,例如"This program cannot be run in MS-DOS mode"。通常情况下,DOS 存根是由汇编器或编译器自动生成的,不过开发者也可以根据需要编写自己的 DOS 代码。

本节习题

(1) 请思考,为什么 Windows 系统要用一个 16 位的 DOS 程序作为 32 位 PE 文件的头部?

(2) 一般来说,所有 PE 文件的前两字节是确定的。以上描述是否正确?

Offset	0 1 2 3 4 5 6 7	8 9 A B C D E F	ANSI ASCII
00000000	4D 5A 90 00 03 00 00 00	04 00 00 00 FF FF 00 00	MZ ÿÿ
00000010	B8 00 00 00 00 00 00 00	40 00 00 00 00 00 00 00	, @
00000020	00 00 00 00 00 00 00 00	00 00 00 00 00 00 00 00	
00000030	00 00 00 00 00 00 00 00	00 00 00 00 C0 00 00 00	À
00000040	0E 1F BA 0E 00 B4 09 CD	21 B8 01 4C CD 21 54 68	° ´ Í!.Lí!Th
00000050	69 73 20 70 72 6F 67 72	61 6D 20 63 61 6E 6E 6F	is program canno
00000060	74 20 62 65 20 72 75 6E	20 69 6E 20 44 4F 53 20	t be run in DOS
00000070	6D 6F 64 65 2E 0D 0D 0A	24 00 00 00 00 00 00 00	mode. $
00000080	A5 B0 FE CF E1 D1 90 9C	E1 D1 90 9C E1 D1 90 9C	¥°þÏáÑ αáÑ αáÑ œ
00000090	6F CE 83 9C E9 D1 90 9C	1D F1 82 9C E5 D1 90 9C	oÎƒœÑ α ñ,œáÑ œ
000000A0	52 69 63 68 E1 D1 90 9C	00 00 00 00 00 00 00 00	RicháÑ œ
000000B0	00 00 00 00 00 00 00 00	00 00 00 00 00 00 00 00	
000000C0	50 45 00 00 4C 01 03 00	0D 30 3A 65 00 00 00 00	PE L 0:e
000000D0	00 00 00 00 E0 00 0F 01	0B 01 05 0C 00 02 00 00	à
000000E0	00 04 00 00 00 00 00 00	00 10 00 00 00 10 00 00	
000000F0	00 20 00 00 00 00 40 00	00 10 00 00 00 02 00 00	@

图 9-10　示例可执行文件的 e_lfanew 字段

9.4　PE 文件头

PE 文件头(PE Header)紧跟在 DOS 存根后面,它是 PE 相关结构 NT 映像头(IMAGE_NT_HEADERS)的简称,定义了 PE 文件的整体格式和属性。当 PE 文件在支持 PE 文件结构的操作系统中执行时,PE 装载器会从 DOS MZ 头的 e_lfanew 字段中找到 PE 文件头的起始偏移量,然后根据这个偏移量加上基址,得到 PE 文件头的指针。从 PE 文件头开始,PE 装载器可以解析 PE 文件的各种信息,并开始加载和执行程序。下面是 NT 映像头的结构,左边的数字是到 PE 文件头的偏移量。

```
typedef struct _IMAGE_NT_HEADERS {
+0h    DWORD Signature;                        //PE 标识,为固定值 0x00004550,即"PE\0\0"
+4h    IMAGE_FILE_HEADER FileHeader;            //文件头部分
+18h   IMAGE_OPTIONAL_HEADER32 OptionalHeader;  //可选头部分
} IMAGE_NT_HEADERS32, * PIMAGE_NT_HEADERS32;
```

9.4.1　Signature 字段

Signature 字段是一个 32 位的固定值 0x00004550,即 ASCII 字符串 "PE\0\0",用于标识这是一个 PE 文件,如图 9-11 所示。

9.4.2　IMAGE_FILE_HEADER 结构

映像文件头(IMAGE_FILE_HEADER)结构定义了 PE 文件的基本特征,如文件类型、平台类型、节数量等。值得注意的是,其中一个字段指出了可选头(IMAGE_FILE_HEADER)的大小。以下是映像文件头的结构,左边的数字是到 PE 文件头的偏移量。

```
typedef struct _IMAGE_FILE_HEADER {
+04h   WORD  Machine;                 //平台类型
+06h   WORD  NumberOfSections;        //文件的节数量
+08h   DWORD TimeDateStamp;           //创建时间戳
```

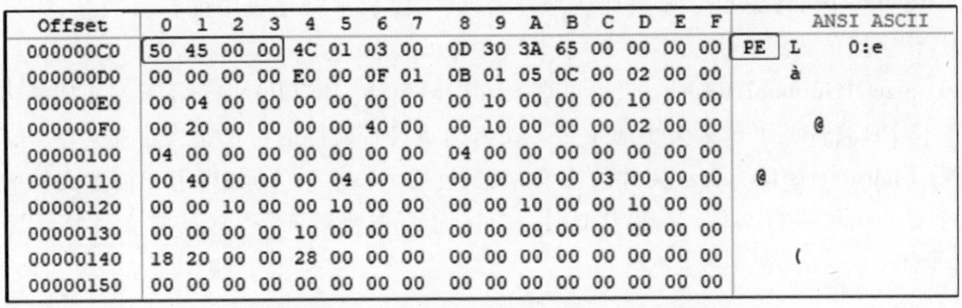

Offset	0	1	2	3	4	5	6	7	8	9	A	B	C	D	E	F	ANSI ASCII
000000C0	50	45	00	00	4C	01	03	00	0D	30	3A	65	00	00	00	00	PE L 0:e
000000D0	00	00	00	00	E0	00	0F	01	0B	01	05	0C	00	02	00	00	à
000000E0	00	04	00	00	00	00	00	00	00	10	00	00	00	10	00	00	
000000F0	00	20	00	00	00	00	40	00	00	10	00	00	00	02	00	00	@
00000100	04	00	00	00	00	00	00	00	04	00	00	00	00	00	00	00	
00000110	00	40	00	00	00	04	00	00	00	00	00	00	03	00	00	00	@
00000120	00	00	10	00	00	10	00	00	00	00	10	00	00	10	00	00	
00000130	00	00	00	00	00	10	00	00	00	00	00	00	00	00	00	00	
00000140	18	20	00	00	28	00	00	00	00	00	00	00	00	00	00	00	(
00000150	00	00	00	00	00	00	00	00	00	00	00	00	00	00	00	00	

图 9-11　示例可执行文件的 Signature 字段

```
+0Ch    DWORD PointerToSymbolTable;        //符号表的文件偏移
+10h    DWORD NumberOfSymbols;             //符号表的符号数量
+14h    WORD  SizeOfOptionalHeader;        //可选头的大小
+16h    WORD  Characteristics;             //文件的特征标志
} IMAGE_FILE_HEADER, * PIMAGE_FILE_HEADER;
```

使用 WinHex 查看示例可执行文件的 IMAGE_FILE_HEADER 结构,如图 9-12 所示。

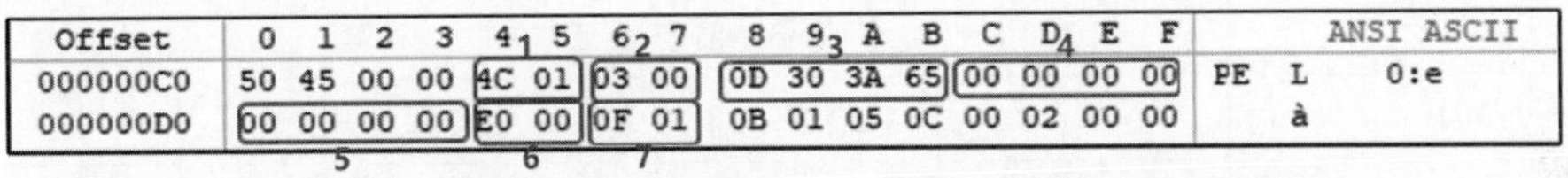

Offset	0	1	2	3	4	5	6	7	8	9	A	B	C	D	E	F	ANSI ASCII
000000C0	50	45	00	00	4C	01	03	00	0D	30	3A	65	00	00	00	00	PE L 0:e
000000D0	00	00	00	00	E0	00	0F	01	0B	01	05	0C	00	02	00	00	à

图 9-12　示例可执行文件的 IMAGE_FILE_HEADER 结构

以下是对于 7 个字段的解释。

(1) **Machine**:表示可执行文件目标平台的类型,即程序在哪种 CPU 架构上运行。不同平台对应不同的标志,如表 9-1 所示。

表 9-1　运行平台标志

标　　志	运 行 平 台
0x014C	Intel 386 及其兼容处理器
0x0162	MIPS R3000
0x0166	MIPS R4000
0x01A2	Alpha AXP
0x01C0	ARM
0x01F0	PowerPC
0x0200	Intel IA-64(Itanium)
0x8664	x64(AMD64),也被称为 x86-64。

(2) **NumberOfSections**:表示 PE 文件中的节的数量。

(3) **TimeDateStamp**:表示 PE 文件的创建时间戳,通常用于指示文件的创建日期和时间。这个值是一个 32 位的整数,通常表示为自 1970 年 1 月 1 日以来的秒数。

(4) **PointerToSymbolTable**:如果存在符号表,该字段表示符号表在文件中的偏移量;如果没有符号表,该字段值为零。符号表通常包含文件中定义的各种符号,如函数名、变量名等。

（5）**NumberOfSymbols**：如果存在符号表,该字段表示符号表中的符号数量;如果没有符号表,该字段值为零。

（6）**SizeOfOptionalHeader**：表示可选头,即 IMAGE_OPTIONAL_HEADER 结构的大小。32 位 PE 文件的可选头大小通常是 0xE0,64 位 PE 文件的可选头大小通常是 0xF0。

（7）**Characteristics**：表示文件的特征标志,包括了一系列位标志,用于描述文件的一些特性,如是否为可执行文件、是否为 DLL 文件、是否需要对齐等,常见的文件特征标志如表 9-2 所示。

表 9-2　常见的文件特征标志

特　征　值	说　　明
0x0000	未知的机器类型
0x0001	重定位信息已被移除
0x0002	可执行文件
0x0004	行号信息已被移除
0x0008	本地符号信息已被移除
0x0010	内存使用策略为最小化内存使用
0x0020	支持大地址空间的可执行文件
0x0080	字节反转,低字节在前
0x0100	32 位机器类型
0x0200	调试信息已被移除
0x0400	可移动文件,可从交换文件中运行
0x0800	网络文件,可从交换文件中运行
0x1000	系统文件
0x2000	DLL 文件
0x4000	该文件应该仅运行在单处理器系统上
0x8000	字节反转,高字节在前

9.4.3　IMAGE_OPTIONAL_HEADER 结构

可选头(Optional Header)包含了 PE 文件的许多关键属性,如程序入口点地址、文件对齐方式、图像基址、数据目录等。这些属性对于操作系统来说是非常重要的,直接影响 PE 文件的加载和执行过程。可选头的结构体通常根据不同的文件类型和目标平台而有所不同。在 32 位的 PE 文件中,可选头被定义为 IMAGE_OPTIONAL_HEADER32,而在 64 位的 PE 文件中,则是 IMAGE_OPTIONAL_HEADER64。以下是 IMAGE_OPTIONAL_HEADER32 结构的主要字段,左边的数字为字段相对于 PE 文件头的偏移量。对于 IMAGE_OPTIONAL_HEADER64 结构,其字段与 IMAGE_OPTIONAL_HEADER32 类似,但有些字段的类型可能会有所不同。本书主要以 32 位 PE 文件为例做分析。

```
typedef struct _IMAGE_OPTIONAL_HEADER32 {
+18h      WORD  Magic;                                    //标志字
+1Ah      BYTE  MajorLinkerVersion;                       //链接器主版本号
+1Bh      BYTE  MinorLinkerVersion;                       //链接器次版本号
+1Ch      DWORD SizeOfCode;                               //代码段大小
+20h      DWORD SizeOfInitializedData;                    //初始化数据段大小
+24h      DWORD SizeOfUninitializedData;                  //未初始化数据段大小
+28h      DWORD AddressOfEntryPoint;                      //程序入口点 RVA
+2Ch      DWORD BaseOfCode;                               //代码段起始 RVA
+30h      DWORD BaseOfData;                               //数据段起始 RVA
+34h      DWORD ImageBase;                                //基地址
+38h      DWORD SectionAlignment;                         //节的内存对齐值
+3Ch      DWORD FileAlignment;                            //节的文件对齐值
+40h      WORD  MajorOperatingSystemVersion;              //操作系统主版本号
+42h      WORD  MinorOperatingSystemVersion;              //操作系统次版本号
+44h      WORD  MajorImageVersion;                        //PE 文件主版本号
+46h      WORD  MinorImageVersion;                        //PE 文件次版本号
+48h      WORD  MajorSubsystemVersion;                    //子系统主版本号
+4Ah      WORD  MinorSubsystemVersion;                    //子系统次版本号
+4Ch      DWORD Win32VersionValue;                        //Win32 版本值
+50h      DWORD SizeOfImage;                              //映像大小
+54h      DWORD SizeOfHeaders;                            //头部大小
+58h      DWORD CheckSum;                                 //校验和
+5Ch      WORD  Subsystem;                                //子系统类型
+5Eh      WORD  DllCharacteristics;                       //DLL 特性标志
+60h      DWORD SizeOfStackReserve;                       //堆栈保留大小
+64h      DWORD SizeOfStackCommit;                        //堆栈提交大小
+68h      DWORD SizeOfHeapReserve;                        //堆保留大小
+6Ch      DWORD SizeOfHeapCommit;                         //堆提交大小
+70h      DWORD LoaderFlags;                              //装载器标志
+74h      DWORD NumberOfRvaAndSizes;                      //数据目录条目数
+78h      IMAGE_DATA_DIRECTORY DataDirectory[16];         //数据目录数组
} IMAGE_OPTIONAL_HEADER32, * PIMAGE_OPTIONAL_HEADER32;
```

使用 WinHex 查看示例可执行文件的 IMAGE_OPTIONAL_HEADER32 结构，如图 9-13 所示。

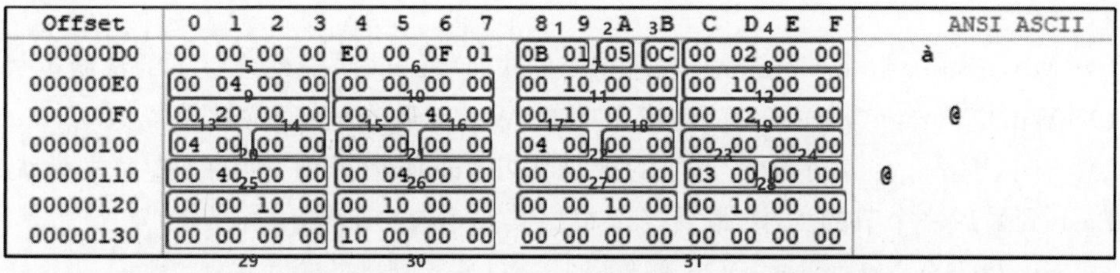

图 9-13　示例可执行文件的 IMAGE_OPTIONAL_HEADER32 结构

以下是对于 31 个字段的解释。

（1）Magic：表示 PE 文件的类型的标志字，0x107 表示 ROM 映像，0x10B 表示可执行文件（PE32＋中 0x20B 表示可执行文件）。

（2）MajorLinkerVersion：表示创建 PE 文件时所使用的链接器的主版本号。

（3）MinorLinkerVersion：表示创建 PE 文件时所使用的链接器的次版本号。

（4）SizeOfCode：指定代码段的大小，用于指示操作系统和加载器在加载和执行 PE 文件时分配内存空间的大小，以字节为单位。

（5）SizeOfInitializedData：表示已初始化数据段的大小，以字节为单位。

（6）SizeOfUninitializedData：表示未初始化数据段的大小，以字节为单位。未初始化数据通常在.bss 节中。

（7）AddressOfEntryPoint：表示程序入口点的相对虚拟地址（RVA），即程序开始执行的地方。对于可执行文件（EXE）和动态链接库（DLL），AddressOfEntryPoint 是一个非常重要的属性。对于 EXE 文件，加载器会直接跳转到 AddressOfEntryPoint 指定的地址开始执行程序；对于 DLL 文件，AddressOfEntryPoint 通常是一个特殊的启动函数，它会在 DLL 被加载到内存时自动执行。

（8）BaseOfCode：表示代码段的起始相对虚拟地址（RVA）。在 Microsoft 链接器生成的可执行文件中，BaseOfCode 的值通常是 0x1000。

（9）BaseOfData：表示数据段的起始相对虚拟地址（RVA）。

（10）ImageBase：表示程序的首选装载地址，即程序在内存中加载时的首选基地址。如果加载器成功在这个地址载入了 PE 文件，就将跳过应用基址重定位的步骤。

（11）SectionAlignment：表示内存中节的对齐值，每个节被载入的地址必定是本字段指定数值的整数倍。该字段默认的对齐值为目标 CPU 的页尺寸。

（12）FileAlignment：表示磁盘上 PE 文件内节的对齐值。对于 x86 可执行文件，这个值通常是 0x200 或 0x1000，这是为了保证节总是从磁盘的扇区开始。

（13）MajorOperatingSystemVersion：表示 PE 文件期望操作系统最低版本的主版本号。

（14）MinorOperatingSystemVersion：表示 PE 文件期望操作系统最低版本的次版本号。

（15）MajorImageVersion：表示 PE 文件的主版本号，由开发者定义。这个字段不会被系统使用，可以设置为 0。

（16）MinorImageVersion：表示 PE 文件的次版本号，由开发者定义。

（17）MajorSubsystemVersion：表示 PE 文件期望的最低子系统版本的主版本号，通常被设置为 0x4。

（18）MinorSubsystemVersion：表示 PE 文件期望的最低子系统版本的次版本号。

（19）Win32VersionValue：表示 PE 文件的 Win32 版本值，通常被设置为 0。

（20）SizeOfImage：表示 PE 文件的映像大小，即加载到内存中的整个文件大小，从 ImageBase 到最后一个节的大小，最后一节根据其大小向上取整。

（21）SizeOfHeaders：表示 DOS 部分、PE 文件头、节表的总尺寸。

（22）CheckSum：表示映像的校验和，用于检测文件是否被篡改。对于一般的 EXE 文件来说,该字段值可以为 0,但对于一些内核模式的驱动程序和系统 DLL 文件来说,必须有一个校验和。

(23) Subsystem:表示 PE 文件期望的子系统(用户界面)类型,如 GUI、CUI 等,如表 9-3 所示,该字段值对于 EXE 文件较重要。

表 9-3　常见的子系统及说明

字　段　值	说　　明
0x0000	未知的子系统类型
0x0001	不需要子系统
0x0002	Windows 图形用户界面子系统(GUI)
0x0003	Windows 控制台用户界面子系统(CUI)
0x0005	OS/2 控制台用户界面子系统
0x0007	POSIX 控制台用户界面子系统
0x0009	Windows CE 图形用户界面子系统
0x000A	EFI 应用程序子系统
0x000B	EFI 引导服务驱动程序子系统
0x000C	EFI 运行时驱动程序子系统
0x0010	POSIX 图形用户界面子系统
0x0011	Xbox 子系统

(24) DllCharacteristics:表示 DllMain()函数何时被调用,默认值为 0。

(25) SizeOfStackReserve:EXE 文件里为线程保留堆栈的大小,一开始只分配其中一部分,只有在必要时才分配剩下的部分,默认值为 0x100000。

(26) SizeOfStackCommit:EXE 文件里一开始委派给堆栈的内存,默认值为 0x1000。

(27) SizeOfHeapReserve:EXE 文件里为进程保留堆的内存大小,默认值为 0x100000。

(28) SizeOfHeapCommit:EXE 文件里委派给堆的内存,默认值为 0x1000。

(29) LoaderFlags:指定 PE 文件的装载器标志,默认值为 0。

(30) NumberOfRvaAndSizes:表示数据目录的条目数,该字段的值从 Windows NT 发布以来一直是 0x10。

(31) DataDirectory:数据目录表,包含了 PE 文件的一些重要数据结构的位置和大小。它由多个相同的 IMAGE_DATA_DIRECTORY 结构体组成,指向导出表、导入表、资源块等数据。

9.4.4　目录

在 PE 文件中,数据目录位于可选头结构的末尾,包含一个或多个数据目录项(IMAGE_DATA_DIRECTORY),每个数据目录项对应着一个特定类型的数据块。IMAGE_DATA_DIRECTORY 包含两个字段:VirtualAddress 和 Size。其中,VirtualAddress 表示该数据块在内存中的相对虚拟地址,而 Size 表示该数据块的大小(以字节为单位),IMAGE_

DATA_DIRECTORY 的定义如下。

```
typedef struct _IMAGE_DATA_DIRECTORY {
    DWORD   VirtualAddress;                                    //数据块的 RVA
    DWORD   Size;                                              //数据块大小
} IMAGE_DATA_DIRECTORY, * PIMAGE_DATA_DIRECTORY;
```

在标准的 32 位 PE 文件中，常见的数据目录成员及在可选头中的偏移量如表 9-4 所示。

表 9-4　常见的数据目录成员及在可选头中的偏移量

数据目录成员	数　据　块	偏　移　量
导出表(Export Table)	IMAGE_DIRECTORY_ENTRY_EXPORT	0x78
导入表(Import Table)	IMAGE_DIRECTORY_ENTRY_IMPORT	0x80
资源表(Resource Table)	IMAGE_DIRECTORY_ENTRY_RESOURCE	0x88
重定位表(Base Relocation Table)	IMAGE_DIRECTORY_ENTRY_BASERELOC	0x90
调试表(Debug Table)	IMAGE_DIRECTORY_ENTRY_DEBUG	0xA0

以图 9-14 为例，示例可执行文件的数据目录位于 0x00000138 至 0x000001B7 处。0x00000138 开始的 8 字节为第一个数据目录成员，对应的是导出表，导出表的 RVA 及大小均为 0，表示该可执行文件不存在导出表。0x00000140 开始的 8 字节为第二个数据目录成员，对应的是导入表，导入表 RVA 为 0x00002018，大小是 40(0x28)字节。

Offset	0	1	2	3	4	5	6	7	8	9	A	B	C	D	E	F	ANSI ASCII
00000130	00	00	00	00	10	00	00	00	00	00	00	00	00	00	00	00	
00000140	18	20	00	00	28	00	00	00	00	00	00	00	00	00	00	00	(
00000150	00	00	00	00	00	00	00	00	00	00	00	00	00	00	00	00	
00000160	00	00	00	00	00	00	00	00	00	00	00	00	00	00	00	00	
00000170	00	00	00	00	00	00	00	00	00	00	00	00	00	00	00	00	
00000180	00	00	00	00	00	00	00	00	00	00	00	00	00	00	00	00	
00000190	00	00	00	00	00	00	00	00	00	20	00	00	18	00	00	00	
000001A0	00	00	00	00	00	00	00	00	00	00	00	00	00	00	00	00	
000001B0	00	00	00	00	00	00	00	00	2E	74	65	78	74	00	00	00	.text

图 9-14　示例可执行文件的数据目录

本节习题

(1) PE 文件头包括哪几部分？

(2) PE 文件头在文件中的偏移地址由 DOS MZ 头中的哪一个字段指出？图 9-15 为某个 PE 文件的 DOS MZ 头部分，该 PE 文件的 PE 文件头在文件中的偏移地址是多少？

Offset	0	1	2	3	4	5	6	7	8	9	A	B	C	D	E	F	ANSI ASCII
00000000	4D	5A	90	00	03	00	00	00	04	00	00	00	FF	FF	00	00	MZ ÿÿ
00000010	B8	00	00	00	00	00	00	00	40	00	00	00	00	00	00	00	¸ @
00000020	00	00	00	00	00	00	00	00	00	00	00	00	00	00	00	00	
00000030	00	00	00	00	00	00	00	00	00	00	00	00	80	00	00	00	€

图 9-15　某 PE 文件的 DOS MZ 头部分

(3) 某个 PE 文件映像文件头部分的 Characteristics 字段值为 0x2000，代表什么？

9.5　节

节(Section)是一种组织文件内容的逻辑单元。节由处于 PE 文件头与数据块中间位置的节表描述,包含了可执行代码、数据、资源以及其他信息。

9.5.1　节表

PE 文件头后紧跟着的结构就是节表,用于描述文件中各个节的信息,由多个节表项(IMAGE_SECTION_HEADER)数组构成。每个节表项对应一个节,它包含了该节的名称、大小、在文件中的偏移量、在内存中的虚拟地址等信息。节表项的数量由映像文件头(IMAGE_FILE_HEADER)中的 NumberOfSections 字段给出。节表的结构如下。

```
typedef struct _IMAGE_SECTION_HEADER {
    BYTE   Name[IMAGE_SIZEOF_SHORT_NAME];      //节的名称
    DWORD VirtualSize;                          //节在内存中的大小
    DWORD VirtualAddress;                       //节在内存中的起始虚拟地址
    DWORD SizeOfRawData;                        //节在文件中的大小
    DWORD PointerToRawData;                     //节在文件中的偏移量
    DWORD PointerToRelocations;                 //重定位信息的偏移量
    DWORD PointerToLinenumbers;                 //行号信息的偏移量
    WORD  NumberOfRelocations;                  //重定位项数目
    WORD  NumberOfLinenumbers;                  //行号项数目
    DWORD Characteristics;                      //节的特性
} IMAGE_SECTION_HEADER, * PIMAGE_SECTION_HEADER;
```

以图 9-16 为例,介绍 PE 文件的节表项结构。

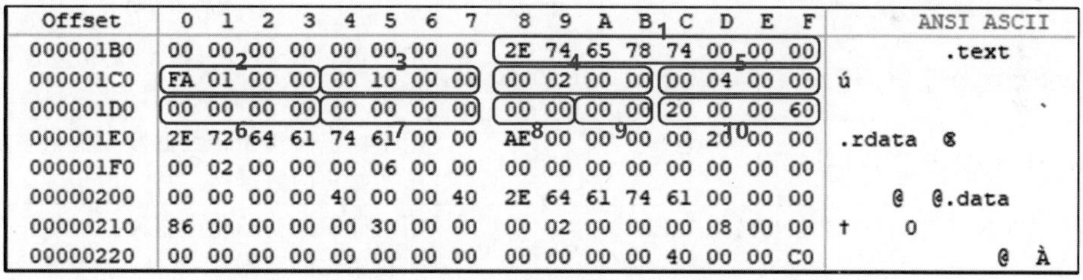

图 9-16　示例可执行文件的节表

(1) Name:节名,通常是一个长度为 8 字节的 ASCII 字符串,但由于名称长度固定,因此可能被截断或填充。虽然很多节名都是由字符“.”开始(例如本示例中展示的.text 节),但这个字符“.”并不是必要的。

(2) VirtualSize:指被实际使用的节的大小(以字节为单位),即节在内存中所占据的空间大小。对于未初始化的节(如.bss 节),它的 VirtualSize 字段值通常为 0。

(3) VirtualAddress:节在内存中的起始虚拟地址(Relative Virtual Address,RVA),即在内存中的偏移量。当操作系统加载 PE 文件时,会根据 VirtualAddress 字段确定节在内存中的位置,并将其映射到合适的虚拟地址空间中。通过将基地址(ImageBase)与 RVA 相加,可以计算出节在内存中的实际虚拟地址(Virtual Address,VA)。如图 9-16 所示,本示例中 PE 文件的基地址为 0x400000,而图 9-16 中.text 节的 RVA 为 0x1000,那么,在加载这个 PE 文件时,操作系统会将.text 节映射到内存中的虚拟地址 0x401000 处。

(4) SizeOfRawData:节在磁盘文件中的大小(以字节为单位),即在磁盘中所占据的空间大小。在某些情况下,为了满足对齐要求,节在文件中可能会包含一些填充空间,这会导致 SizeOfRawData 大于 VirtualSize。对于未初始化的节,它的 SizeOfRawData 字段值通常为 0。

(5) PointerToRawData:节在磁盘中的起始偏移量。这个字段指示了节的数据在 PE 文件中的起始位置,通常是相对于文件头的偏移量。操作系统在加载 PE 文件时会根据这个字段来读取节的数据。

(6) PointerToRelocations:节的重定位表的文件偏移量。重定位表是用于存储需要在加载时进行重定位的位置信息的数据结构。在 PE 文件中,此字段指向节的重定位表,用于指示需要在加载时进行重定位的位置。本示例可执行文件为 EXE 文件,其中没有重定位表。

(7) PointerToLinenumbers:用于指示节的行号表的文件偏移地址。行号表用于存储源代码行号与代码地址之间的映射关系,通常用于调试和错误定位。本示例可执行文件中没有行号表。

(8) NumberOfRelocations:节的重定位表条目数。

(9) NumberOfLinenumbers:节的行号表条目数。

(10) Characteristics:节的特性,该字段是一个 32 位的标志位,每个位表示一个特定的属性,如是否包含代码、是否可读、是否可写、是否可执行等。常见的字段值及说明如表 9-5 所示。本示例中 Characteristics 字段的值为 0x60000020,表示该节是可读且可执行的代码段。其中,0x20 位表示该节是一个代码段,0x60000000 表示该节可读且可执行。

表 9-5 Characteristics 常见的字段值及说明

字 段 值	标志位	说 明
IMAGE_SCN_CNT_CODE	0x00000020	用于标识代码段。指示该节包含可执行代码
IMAGE_SCN_CNT_INITIALIZED_DATA	0x00000040	用于标识已初始化数据段。指示该节包含已初始化的数据
IMAGE _ SCN _ CNT _ UNINITIALIZED _ DATA	0x00000080	用于标识未初始化数据段。指示该节包含未初始化的数据
IMAGE_SCN_MEM_READ	0x40000000	用于标识可读性。指示该节的内容可以被读取
IMAGE_SCN_MEM_WRITE	0x80000000	用于标识可写性。指示该节的内容可以被写入
IMAGE_SCN_MEM_EXECUTE	0x20000000	用于标识可执行性。指示该节的内容可以被执行
IMAGE_SCN_MEM_SHARED	0x10000000	用于标识共享性。指示该节的内容可以被多个进程共享
IMAGE_SCN_MEM_DISCARDABLE	0x2000000	用于标识可丢弃性。指示该节的内容在程序执行时可以被丢弃,释放内存

字　段　值	标志位	说　　明
IMAGE_SCN_LNK_INFO	0x00000200	用于标识调试信息节。指示该节包含调试信息
IMAGE_SCN_LNK_REMOVE	0x00000800	用于标识可移除性。指示该节在加载时可以从内存中移除

9.5.2　常见的节

节在 PE 文件中扮演着不同的角色,存储了程序运行所需的代码、数据、导入导出信息、资源等内容。PE 文件通常至少包含 2 个重要的节,即代码节(.text)和数据节(.data)。

代码节包含程序的可执行代码,即程序的指令集。这些指令是程序的主要逻辑和功能代码,定义了程序的行为和操作。在代码节中,存储着程序的各种函数、方法以及相关的控制流程,包括条件语句、循环语句等。操作系统在加载 PE 文件时会将代码节中的指令加载到内存中,并开始执行程序的主体逻辑。

数据节包含了程序所使用的已初始化的全局变量和静态变量的数据。这些数据在程序运行之前会被初始化,并在程序执行过程中可能会被修改。在数据节中,存储着程序所需的各种全局变量、静态变量、常量等数据,用于存储程序的状态信息和动态数据。操作系统在加载 PE 文件时会将数据节中的数据加载到内存中,以供程序在运行时使用和修改。

除了代码节和数据节之外,PE 文件可能还包含其他一些重要的节,如导入表节(.idata)、导出表节(.edata)、资源节(.rsrc)等,如表 9-6 所示。

表 9-6　常见的节

节名称	说　　明
.text	包含了程序的可执行代码,是程序的主要逻辑和功能代码所在的节。程序需要根据.text 节中的指令来执行相应的操作
.data	通常存储已初始化的全局变量和静态变量的数据。这些数据在程序运行之前会被初始化
.rdata	通常存储只读数据,如常量字符串和只读的全局变量。这些数据在程序运行期间不会被修改。它在内存中通常是只读的,并且可以与代码段共享相同的内存页面
.bss	通常存储未初始化的全局变量和静态变量的数据。这个节中的数据在程序运行期间会被初始化为零值。它在内存中通常是可写的
.idata	存储了导入表(Import Table),用于存储程序所依赖的外部函数的引用信息,以及 DLL 的名称和导入地址表。在执行时,操作系统会根据导入表中的信息加载所需的 DLL,并将其中的函数地址填充到相应的调用位置
.edata	存储了导出表(Export Table),用于存储程序所导出的函数和数据的信息,以及导出地址表。这些信息对于其他程序或模块调用当前程序提供的接口是必需的
.rsrc	存储了资源(Resource)信息,如图标、位图、字符串、对话框等资源数据。这些资源在程序运行时可能会被使用,例如用于图形界面的显示、多语言支持等
.reloc	存储了重定位表(Relocation Table),用于存储程序在加载时需要进行重定位的位置信息。当程序加载到不同的内存地址时,这些重定位信息会被用来修改程序的指令和数据地址,以使其适应新的内存地址

9.5.3 节的对齐值

PE 文件节的大小需要对齐。对齐是指将节的数据按照一定的规则对齐到文件中的某个位置，以便于操作系统在加载和执行时能够高效地访问这些数据。在 PE 文件中，节的对齐是由操作系统在加载和执行时进行处理的，未对齐的节可能会导致加载错误或不正确的行为。节的对齐通常有两种方式：文件对齐(File Alignment)和内存对齐(Memory Alignment)。

文件对齐指的是将节的数据在文件中按照一定的字节边界对齐，以便于文件系统和磁盘的存储和访问。文件对齐可以提高文件的读写性能，减少磁盘 I/O 操作的次数。节的文件对齐值是通过 PE 文件头中的 FileAlignment 字段来定义的。回顾图 9-13 和图 9-16，在给出的示例可执行文件中，代码节的 SizeOfRawData 字段值为 0x200，FileAlignment 字段值被设置为 0x200。因此，代码节在文件中的大小会被向上对齐到最接近的 0x200 的倍数，也就是 0x200。假设代码节的真实长度为 0x90 而非 0x200，它在文件中的大小仍会被向上对齐到 0x200，剩余空间会被 0 填充，这段空间称为节间隙。

内存对齐指的是将节的数据在内存中按照一定的字节边界对齐，以便于操作系统在加载和执行时能够高效地访问这些数据。内存对齐可以提高程序的执行性能，减少内存访问时的地址计算和数据复制操作。节的内存对齐值是通过 PE 文件头中的 SectionAlignment 字段来实现的。当 PE 文件被映射到内存中时，节总是至少从一个页边界处开始。也就是说，PE 文件被映射到内存中时，每个节的第一字节总是对应于某个内存页。在 x86 系列 CPU 中，内存页是按 4KB(0x1000)排列的；在 x64 系列 CPU 中，内存页是按照 8KB(0x2000) 排列的。回顾图 9-16，在给出的示例 PE 文件中，代码节的 VirtualAddress 字段值是 0x1000。根据图 9-13，PE 文件的 SectionAlignment 字段值为 0x1000，那么代码节的内存对齐方式是将代码节的 VirtualAddress 向上对齐到最接近的 0x1000 的倍数，仍为 0x1000。

9.5.4 文件偏移与虚拟内存地址转换

一些 PE 文件为了减小体积，将节的文件对齐值设置为 0x200，而非一个内存页的大小 0x1000。当这类文件被映射到内存中之后，同一数据相对于文件头的偏移量在内存中和磁盘文件中是不一样的，所以就出现了文件偏移地址与虚拟地址的转换问题。如果节的文件对齐值与内存对齐值相同，就意味着同一数据相对于文件头的偏移量在内存和磁盘文件中是相同的，不涉及这一转换过程。

通过图 9-16 查看节表内容，各个节在磁盘与内存中的地址、大小信息都可以获取到，包括虚拟地址和虚拟大小(节在内存中的地址和大小)和物理地址和物理大小(节在磁盘文件中的地址和大小)。由于示例 PE 文件的节文件对齐值为 0x200，与节内存对齐值 0x1000 不同，所以它的磁盘映像和内存映像是不同的，如图 9-17 所示。

从图 9-17 中可以看出，当 PE 文件被映射到内存中后，DOS 头部、PE 文件头和节表的偏移位置和大小都没有发生变化，但当各个节被映射到内存中后，它们的偏移位置就发生了变化。例如，磁盘文件中.text 节起始位置与文件头的偏移量为 add1，映射到内存后，.text 节起始位置与文件头(基地址)的偏移量为 add2。add2 的值大于 add1 的值，这是因为映射到内存后，.text 节与节表之间形成了一大段用 0 填充的空隙。我们所说的 add1 的值其实就是.text 节的文件偏移地址(RAW)，而 add2 的值就是.text 节在内存中的相对虚拟地址

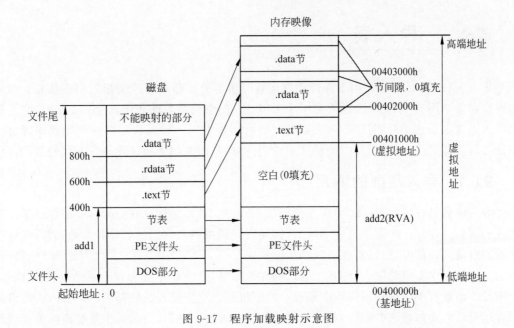

图 9-17　程序加载映射示意图

（RVA）。已知节表中的 PointerToRawData 字段（节在内存中的起始地址）和 VirtualAddress 字段值（节在文件中的起始偏移量），可以得到 RVA 和 RAW 两个地址的换算公式：

$$RAW-PointerToRawData=RVA-VirtualAddress$$

$$RAW=RVA-VirtualAddress+PointerToRawData$$

例如，某个数据映射到内存中的相对虚拟地址 RVA 为 0x2123，位于.rdata 节。查询.rdata 节的节表可知，.rdata 节的 VirtualAddress 字段值为 0x2000，PointerToRawData 字段值为 0x600，那么该数据的文件偏移地址计算过程如下：

```
RAW = RVA-VirtualAddress + PointerToRawData
    = 0x2123-0x2000+0x600
    = 0x723
```

通过 RAW 和 RVA 的相互转换，可以在文件和内存中准确地定位各个节中的数据。对于操作系统来说，这个过程在加载和执行 PE 文件时非常重要。

本节习题

（1）PE 文件格式将内存属性相同的数据统一保存在节中。节表中应该记录哪些节的相关信息？

（2）使用 WinHex 查看某个 PE 文件的第一个节表项，内容如下：

2E 74 65 78 74 00 00 00　　B0 EE 0D 00 00 10 00 00　　00 F0 0D 00 00 04 00 00
00 00 00 00 00 00 00 00　　00 00 00 00 60 00 50 60

我们可以从中获取到该节表项对应节的哪些信息（注意多字节数据以小端模式存储）？

（3）节的 VirtualSize 字段值是否需要与 SizeOfRawData 字段值一致，为什么？

（4）.rdata 节的属性值是 40000040h，则.rdata 节的内存属性是什么？

9.6 导入表

导入表(Import Table)用于存储程序运行时所需的外部函数或变量的引用信息。当一个程序需要调用另一个模块(通常是一个 DLL 文件)中的函数或访问其全局变量时,它会使用导入表来跟踪这些外部符号,并在运行时解析这些引用。导入表的存在使得程序能够动态链接到外部模块,并调用其中的函数或访问变量,从而实现了模块化开发和代码复用。

9.6.1 导入函数的调用

导入函数是在编写程序时引用其他模块(通常是 DLL 文件)中的函数,而非自己定义和实现的函数。在程序中调用这些函数时,需要在代码中声明它们的名称和参数,然后在运行时动态链接到外部模块,以实现对其功能的调用。

当应用程序需要调用一个 DLL 的代码和数据时,这个程序就会被隐式地链接到 DLL。使用导入函数首先要在程序代码中通过一定的机制指定要导入的外部 DLL 文件,告诉编译器在运行时需要加载这些模块,并获取其中的函数地址。然后,在代码中按照声明的函数原型调用导入的函数,编译器在编译时并不知道这些导入函数的确切位置,因此编译器生成的是对函数地址的引用。在程序运行时,操作系统负责将程序中对导入函数的引用解析为实际的函数地址,这个过程被称为动态链接。操作系统会根据导入表中的信息加载相应的 DLL 文件,并获取其中的函数地址。函数地址被成功解析后,程序就可以通过调用这些函数来执行相应的操作了。

在 PE 文件内有一类数据结构,用于存储程序在运行时动态链接到外部 DLL 文件中函数的地址,称为导入地址表(Import Address Table,IAT)。IAT 是导入表(Import Table)的一个子集,用于记录程序中所有导入函数的地址。在程序加载时,操作系统会根据导入表中的信息加载所需的 DLL 文件,并解析其中的函数地址,然后将这些地址填充到 IAT 中。当程序调用某个导入函数时,实际上是通过 IAT 中存储的函数地址来执行对应的功能。IAT 是一个数组,其中每个元素对应一个导入函数的地址。

9.6.2 IMAGE_IMPORT_DESCRIPTOR 结构

在 PE 文件的可选头中,数据目录的第一个成员指向导出表,第二个成员指向导入表。导入表是由一个 IMAGE_IMPORT_DESCRIPTOR(IID)数组开始的,每一个被 PE 文件隐式链接的 DLL 文件都有一个相应的 IID。在可选头中,并没有特别指定一个字段来指出 IID 数组的条目数,不过 IID 数组通常都以 NULL 单元结尾,故可以通过这个空单元来确定是否已经读取到 IID 数组的尾部。例如,一个 PE 文件从两个 DLL 文件中引入函数,那么这个 PE 文件中就会存在两个 IID 结构来描述这两个 DLL 文件,其后还会再跟着一个内容为 0 的空单元,表示结束。IID 的数据结构如下:

```
typedef struct _IMAGE_IMPORT_DESCRIPTOR {
    DWORD   OriginalFirstThunk;      //指向 INT 的 RVA
    DWORD   TimeDateStamp;           //DLL 文件的时间戳
    DWORD   ForwarderChain;          //转发链表索引
```

```
    DWORD    Name;                          //指向被导入模块的名称 RVA
    DWORD    FirstThunk;                     //指向 IAT 的 RVA
} IMAGE_IMPORT_DESCRIPTOR, * PIMAGE_IMPORT_DESCRIPTOR;
```

（1）OriginalFirstThunk：包含指向导入名称表（Import Name Table，INT）的 RVA（Relative Virtual Address），该表中存储了被导入模块中每个导入函数的名称或序号。INT 是一个 IMAGE_THUNK_DATA 结构的数组，数组中每个 IMAGE_THUNK_DATA 结构都指向 IMAGE_IMPORT_BY_NAME 结构，INT 数组也是以一个空单元作为结束标志。

（2）TimeDateStamp：一个 32 位的 DLL 文件时间戳，表示 DLL 文件的创建时间。

（3）ForwarderChain：如果 DLL 文件是一个转发（Forwarding）DLL，则该字段存储了转发链表的索引，否则为 0。

（4）Name：包含指向被导入模块名称的 RVA。被导入模块的名称是一个以 NULL 结尾的字符串。

（5）FirstThunk：包含指向导入地址表（IAT）的 RVA。IAT 存储了被导入模块中每个导入函数的地址。

其中，OriginalFirstThunk 和 FirstThunk 两个字段很相似，它们分别指向两个本质上相同的数组，描述了导入模块的导入名称表（INT）和导入地址表（IAT）的位置。前者用于获取导入函数的名称，后者用于获取导入函数的地址。这两个字段是动态链接和函数调用过程中非常重要的组成部分。图 9-18 表示一个可执行文件如何从 USER32.dll 文件中导入 API。

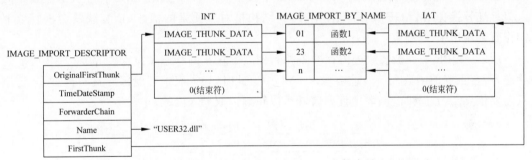

图 9-18　可执行文件如何从 USER32.dll 文件中导入 API

INT 和 IAT 数组中都包含 IMAGE_THUNK_DATA 结构类型的元素，每个 IMAGE_THUNK_DATA 元素对应于一个从其他 DLL 文件中导入的函数。两个数组的结束都是由一个空单元来表示。IMAGE_THUNK_DATA 实际上是一个双字结构，如下所示：

```
typedef struct _IMAGE_THUNK_DATA {
    union {
        DWORD ForwarderString;           //指向转发字符串的 RVA
        DWORD Function;                  //导入函数的地址
        DWORD Ordinal;                   //导入函数的序号
        DWORD AddressOfData;             //指向 IMAGE_IMPORT_BY_NAME 结构的 RVA
    } u1;
} IMAGE_THUNK_DATA, * PIMAGE_THUNK_DATA;
```

当 IMAGE_THUNK_DATA 结构的最高位为 1 时，表示函数是以序号的方式导入，此时第一个字段的低 31 位被看作是一个函数序号。当这个字段的最高位为 0 时,表示函数以字符串类型的函数名方式导入,此时这个字段的值是一个 RVA,指向一个 IMAGE_IMPORT_BY_NAME 结构:

```
typedef struct _IMAGE_IMPORT_BY_NAME {
    WORD Hint;                          //函数的序号
    BYTE Name[1];                       //函数的名称,以 NULL 结尾的字符串
} IMAGE_IMPORT_BY_NAME, * PIMAGE_IMPORT_BY_NAME;
```

IMAGE_IMPORT_BY_NAME 结构包含两个字段。其中,Hint 为函数的序号,即函数在导入模块中的序号。这个字段用于加速函数的查找,避免对导入函数名称进行完整的字符串匹配。但是在实际使用过程中,通常会忽略这个字段,直接通过名称进行匹配。Name 为函数的名称,是以 NULL 结尾的字符串。这个字段存储了被导入函数的名称,用于在导入表中进行函数的查找和匹配。

9.6.3　PE 装载器

INT 和 IAT 这两个并行的指针数组都指向 IMAGE_IMPORT_BY_NAME 结构。其中 INT 是单独的一项,不可改写,而 IAT 是由 PE 装载器重写的。PE 装载器会进行如下操作:首先,PE 装载器会搜索 OriginalFirstThunk 字段,如果通过这个字段找到了 INT,则迭代搜索 INT 数组中的每个指针,找出每个 IMAGE_IMPORT_BY_NAME 结构所指向的导入函数地址。然后,加载器找到 FirstThunk 字段指向的 IAT 数组,用所有导入函数真正的入口地址替换掉 IMAGE_THUNK_DATA 结构里对应元素的值。PE 装载器会重复以上操作直到遍历 INT 结束。

所以,在 PE 文件被装载进内存准备执行时,图 9-18 的状态就会装变成图 9-19 所示的状态,所有正确的函数入口地址被写入 IAT 中。此时,导入表中其他部分就不再重要,程序只需要依靠 IAT 提供的函数地址列表就可以正确读取导入函数,正常运行。

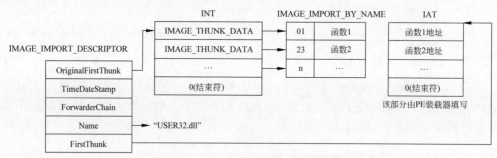

图 9-19　PE 文件装载进内存后的 IAT

还有一种情况,如果 PE 装载器发现 OriginalFirstThunk 字段的值为 0,那么在初始化时,就会根据 FirstThunk 的值找到指向函数名的地址串,再根据地址串找到函数名,从而找到导入函数的入口地址,最后用入口地址替换掉 FirstThunk 指向的地址串中的原值。

9.6.4　导入表实例分析

以本书前文给出的示例可执行文件为例,分析它的导入表。如图 9-20 所示,PE 文件头

的起始位置为 0xC0。导入表作为数据目录表的第二个成员，在 PE 文件头的 0x80 偏移位置，所以导入表的地址可以计算得到，为 0xC0＋0x80＝0x140。如图 9-20 所示，在 0x140 的位置处读取到 4 字节的内容"18 20 00 00"，即为导入表的 RVA，实际值为 0x2018。不过，想要在十六进制编辑器中找到导入表，还需要将这个 RVA 值转换为磁盘文件中的绝对偏移量（RAW），这就涉及 9.5.4 节中讲到的文件偏移与虚拟内存地址转换。

Offset	0	1	2	3	4	5	6	7	8	9	A	B	C	D	E	F	ANSI ASCII
00000130	00	00	00	00	10	00	00	00	00	00	00	00	00	00	00	00	
00000140	18	20	00	00	28	00	00	00	00	00	00	00	00	00	00	00	(
00000150	00	00	00	00	00	00	00	00	00	00	00	00	00	00	00	00	
00000160	00	00	00	00	00	00	00	00	00	00	00	00	00	00	00	00	
00000170	00	00	00	00	00	00	00	00	00	00	00	00	00	00	00	00	
00000180	00	00	00	00	00	00	00	00	00	00	00	00	00	00	00	00	
00000190	00	00	00	00	00	00	00	00	00	20	00	00	18	00	00	00	
000001A0	00	00	00	00	00	00	00	00	00	00	00	00	00	00	00	00	
000001B0	00	00	00	00	00	00	2E	74	65	78	74	00	00	00	00	00	.text

图 9-20　示例可执行文件的导入表 RVA

为了强化理解，在此进行手动转换。如图 9-21 所示，.rdata 节的起始 RVA 为 0x2000，所以我们要找的 0x2018 在 .rdata 节，根据 .rdata 节的 VirtualAddress 及 PointerToRawData 字段值，可以计算出导入表在磁盘文件中的偏移地址：

```
RAW = RVA-VirtualAddress+PointerToRawData
    = 0x2018-0x2000+0x600
    = 0x618
```

Offset	0	1	2	3	4	5	6	7	8	9	A	B	C	D	E	F	ANSI ASCII
000001E0	2E	72	64	61	74	61	00	00	AE	00	00	00	00	20	00	00	.rdata ®
000001F0	00	02	00	00	00	06	00	00	00	00	00	00	00	00	00	00	
00000200	00	00	00	00	40	00	00	40	2E	64	61	74	61	00	00	00	@ @.data
00000210	86	00	00	00	00	30	00	00	00	02	00	00	00	08	00	00	† 0
00000220	00	00	00	00	00	00	00	00	00	00	00	00	40	00	00	C0	@ À

图 9-21　.rdata 节的 VirtualAddress 及 PointerToRawData 字段

如图 9-22 所示，跳转到偏移 0x618 处，读取到导入表的内容。每一个 IID 结构包含 5 个双字，即长度为 20 字节，并以一个长度为 20 字节的空单元结束。

Offset	0	1	2	3	4	5	6	7	8	9	A	B	C	D	E	F	ANSI ASCII
00000610	58	20	00	00	00	00	00	00	40	20	00	00	00	00	00	00	X @
00000620	00	00	00	00	66	20	00	00	00	20	00	00	00	00	00	00	f
00000630	00	00	00	00	00	00	00	00	00	00	00	00	00	00	00	00	
00000640	74	20	00	00	84	20	00	00	90	20	00	00	9C	20	00	00	t „ œ
00000650	58	20	00	00	00	00	00	00	9B	00	45	78	69	74	50	72	X › ExitPr
00000660	6F	63	65	73	73	00	6B	65	72	6E	65	6C	33	32	2E	64	ocess kernel32.d
00000670	6C	6C	00	00	6A	01	47	65	74	53	74	64	48	61	6E	64	ll j GetStdHand
00000680	6C	65	00	00	F7	02	57	72	69	74	65	46	69	6C	65	00	le ÷ WriteFile
00000690	3D	02	52	65	61	64	46	69	6C	65	00	00	6E	02	53	65	= ReadFile n Se
000006A0	74	43	6F	6E	73	6F	6C	65	4D	6F	64	65	00	00	00	00	tConsoleMode

图 9-22　导入表（包含两个 IID 结构，其中一个为空单元）

将图 9-22 中导入表的 IID 结构都整理到表 9-7 两个 IID 结构的字段值中，每个 IID 都包含一个 DLL 文件的描述信息。很明显，示例可执行文件中只引入了 1 个 DLL 文件，第 2 个 IID 是空单元，作为结束标志。

表 9-7　两个 IID 结构的字段值

OriginalFirstThunk	TimeDateStamp	ForwarderChain	Name	FirstThunk
0x00002040	0x00000000	0x00000000	0x00002066	0x00002000
0x00000000	0x00000000	0x00000000	0x00000000	0x00000000

IID 结构中的第四个字段,即 Name 字段,是指向 DLL 文件名称的指针。示例可执行文件的第一个 IID 中,Name 字段值为 0x2066,这是一个 RVA,经过如上文所示的地址转换过程后,可以得到这个名称所在的文件偏移地址 0x2066－0x2000＋0x600＝0x666。查看文件偏移 0x666 处的数据,并将它转换成字符串,可以得到"kernel32.dll",如图 9-23 所示。

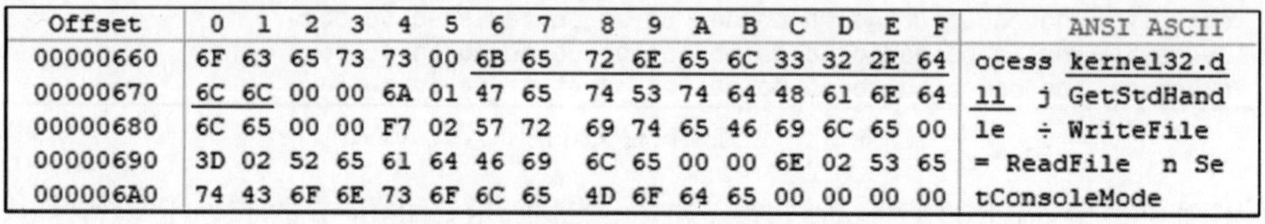

```
Offset     0  1  2  3  4  5  6  7   8  9  A  B  C  D  E  F     ANSI ASCII
00000660  6F 63 65 73 73 00 6B 65  72 6E 65 6C 33 32 2E 64   ocess kernel32.d
00000670  6C 6C 00 00 6A 01 47 65  74 53 74 64 48 61 6E 64   ll  j GetStdHand
00000680  6C 65 00 00 F7 02 57 72  69 74 65 46 69 6C 65 00   le ÷ WriteFile
00000690  3D 02 52 65 61 64 46 69  6C 65 00 00 6E 02 53 65   = ReadFile  n Se
000006A0  74 43 6F 6E 73 6F 6C 65  4D 6F 64 65 00 00 00 00   tConsoleMode
```
图 9-23　第一个 DLL 文件的名称

接下来查看 kernel32.dll 中被调用了哪些函数。第一个 IID 结构中的 OriginalFirstThunk 字段是导入名称表(INT)的 RVA,为 0x2040。通过计算可以得到导入名称表的文件偏移地址 0x2040－0x2000＋0x600＝0x640。在文件的 0x640 处就是 IMAGE_THUNK_DATA 数组,存储的是指向 IMAGE_IMPORT_BY_NAME 结构的地址,以一串"00"结束。如果查看同一 IID 结构中 FirstThunk 字段值,是导入地址表(IAT)的 RVA,为 0x2020。通过计算可以得到导入地址表的文件偏移地址 0x600。该偏移地址处的数据与 OriginalFirstThunk 字段指向的数据完全相同,如图 9-24 所示。

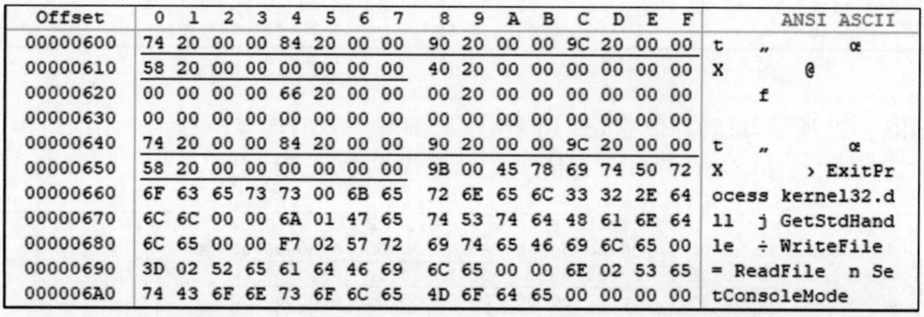

```
Offset     0  1  2  3  4  5  6  7   8  9  A  B  C  D  E  F     ANSI ASCII
00000600  74 20 00 00 84 20 00 00  90 20 00 00 9C 20 00 00   t  „     œ
00000610  58 20 00 00 00 00 00 00  40 20 00 00 00 00 00 00   X       @
00000620  00 00 00 00 66 20 00 00  20 20 00 00 00 00 00 00       f
00000630  00 00 00 00 00 00 00 00  00 00 00 00 00 00 00 00
00000640  74 20 00 00 84 20 00 00  90 20 00 00 9C 20 00 00   t  „     œ
00000650  58 20 00 00 00 00 00 00  9B 00 45 78 69 74 50 72   X       › ExitPr
00000660  6F 63 65 73 73 00 6B 65  72 6E 65 6C 33 32 2E 64   ocess kernel32.d
00000670  6C 6C 00 00 6A 01 47 65  74 53 74 64 48 61 6E 64   ll  j GetStdHand
00000680  6C 65 00 00 F7 02 57 72  69 74 65 46 69 6C 65 00   le ÷ WriteFile
00000690  3D 02 52 65 61 64 46 69  6C 65 00 00 6E 02 53 65   = ReadFile  n Se
000006A0  74 43 6F 6E 73 6F 6C 65  4D 6F 64 65 00 00 00 00   tConsoleMode
```
图 9-24　FirstThunk 字段和 OriginalFirstThunk 字段值

在图 9-24 中,可以找到 5 个 IMAGE_THUNK_DATA 结构,表示有 3 个函数调用,经过地址转换后得到文件偏移,就可以找到对应的 IMAGE_IMPORT_BY_NAME 结构,读取各个导入函数的序号值和名称字符串,见表 9-8。

表 9-8　kernel32.dll 文件导入函数信息

IMAGE_IMPORT_BY_NAME 的 RVA	IMAGE_IMPORT_BY_NAME 的文件偏移	导入函数序号	导入函数名称
0x00002074	0x00000674	0x016A	GetStdHandle

IMAGE_IMPORT_BY_NAME 的 RVA	IMAGE_IMPORT_BY_NAME 的文件偏移	导入函数序号	导入函数名称
0x00002084	0x00000684	0x02F7	WriteFile
0x00002090	0x00000690	0x023D	ReadFile
0x0000209C	0x0000069C	0x026E	SetConsoleMode
0x00002058	0x00000658	0x009B	ExitProcess

　　示例文件在运行前的第一个 IID 的结构示意图如图 9-25 所示。在程序载入内存空间之前,它的 FirsThunk 字段值和 OriginalFirstThunk 字段值指向的数据值相同。系统在程序初始化时可以根据 OriginalFirstThunk 的值找到导入函数名,并根据函数名取得导入函数的入口地址,使用真正的函数入口地址代替 FirstThunk 指向的 IAT 中对应的值。

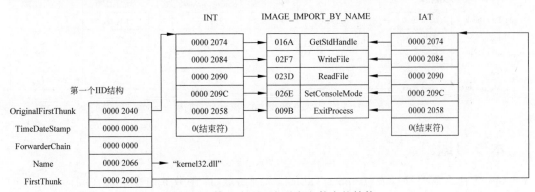

图 9-25　第一个 IID 在磁盘文件中的结构

　　图 9-26 是运行示例可执行文件后抓取的进程内存镜像文件,其结构就是示例可执行文件映射到内存的状态。在内存中,节的对齐值与内存页大小相同,所以数据在内存中的偏移地址与其相对虚拟地址(RVA)的值相同。

```
Offset      0  1  2  3  4  5  6  7   8  9  A  B  C  D  E  F    ANSI ASCII
00002000   F0 98 23 76 D0 3E 24 76  E0 3D 24 76 C0 42 24 76   ð˜#vÐ>$và=$vÀB$v
00002010   C0 88 24 76 00 00 00 00  40 20 00 00 00 00 00 00   À^$v    @
00002020   00 00 00 00 66 20 00 00  00 20 00 00 00 00 00 00       f
00002030   00 00 00 00 00 00 00 00  00 00 00 00 00 00 00 00
00002040   74 20 00 00 84 20 00 00  90 20 00 00 9C 20 00 00   t   „     œ
00002050   58 20 00 00 00 00 00 00  9B 00 45 78 69 74 50 72   X        › ExitPr
00002060   6F 63 65 73 73 00 6B 65  72 6E 65 6C 33 32 2E 64   ocess kernel32.d
00002070   6C 6C 00 00 6A 01 47 65  74 53 74 64 48 61 6E 64   ll  j GetStdHand
00002080   6C 65 00 00 F7 02 57 72  69 74 65 46 69 6C 65 00   le  ÷ WriteFile
00002090   3D 02 52 65 61 64 46 69  6C 65 00 00 6E 02 53 65   = ReadFile  n Se
000020A0   74 43 6F 6E 73 6F 6C 65  4D 6F 64 65 00 00 00 00   tConsoleMode
```

图 9-26　内存镜像中的导入表

　　查看位于 0x2040 偏移地址处的 OriginalFirstThunk 字段,发现与磁盘中没有任何不同。与此同时,位于 0x2000 偏移地址处的 FirstThunk 字段值发生了变化,其指向的数据已经从导入函数的名称变成了导入函数的入口地址。以其中第一个地址"0x762398F0"为例,使用反汇编工具 Ollydbg 对 kernel32.dll 进行反汇编,跳转到 0x762398F0 位置,显示反汇编代码,如

图 9-27 所示,为函数 GetStdHandle 的入口。相应的,0x76243ED0、0x76243DE0、0x762442C0 和 0x762488C0 分别为函数 WriteFile、ReadFile、SetConsoleMode 和 ExitProcess 的入口地址。

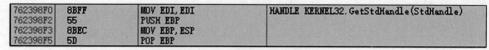

图 9-27 kernel32.dll 反汇编代码

所以,当示例可执行文件装载到内存后,第一个 IID 的结构如图 9-28 所示。程序装载到内存中之后,就只需要依靠 IAT 来提供函数地址列表,导入表的其他部分不再重要。

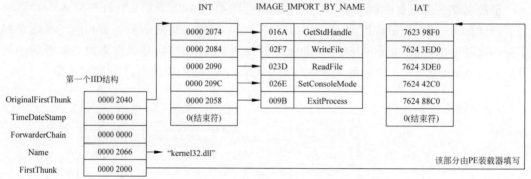

图 9-28 第一个 IID 在内存中的结构

本节习题

(1) 为什么需要导入表(Import Table),系统函数、库函数的内存地址在编译和链接时是不是已经确定了?

(2) 以下哪个结构的数据,在 PE 文件装载到内存以后会发生变化?

A. INT   B. IAT

C. IID   D. IMAGE_IMPORT_BY_NAME

(3) 库函数的内存地址存储在哪个数据结构中?

A. INT   B. IAT

C. IID   D. IMAGE_IMPORT_BY_NAME

(4) Windows 系统在装载 PE 文件时,将库函数的内存地址动态地写入 PE 文件的导入表。在这个过程中,对 IAT、INT、IID、IMAGE_IMPORT_BY_NAME 四个数据结构的访问顺序是怎样的?

(5) 请尝试画出 PE 文件调用导入函数的流程图。

9.7 导出表

导出表(Export Table)用于记录 PE 文件所导出的函数和数据,使得其他 DLL 文件或者可执行文件够访问和调用这些导出的函数和数据。一般情况下,可执行文件中并不存在导出表,导出表通常是 DLL 文件中的一部分。但这不是绝对的,也存在例外情况。有时,特定的可执行文件可能会包含导出表,尤其是一些特殊用途的可执行文件,例如一些插件系统或者特殊的应用程序。

如果一个程序想要使用其他 DLL 文件中的函数,在程序运行时,操作系统会将程序和 DLL 文件加载到内存中,PE 装载器会根据 DLL 文件的导出表重新填充正在被执行程序的 IAT,据此建立程序和 DLL 之间的链接关系。

9.7.1　IMAGE_EXPORT_DESCRIPTOR 结构

```
typedef struct _IMAGE_EXPORT_DIRECTORY {
    DWORD   Characteristics;            //特征标志
    DWORD   TimeDateStamp;              //时间戳
    WORD    MajorVersion;               //主版本号
    WORD    MinorVersion;               //次版本号
    DWORD   Name;                       //指向导出模块的名称 RVA
    DWORD   Base;                       //导出函数序号的基准值
    DWORD   NumberOfFunctions;          //EAT 的条目数量
    DWORD   NumberOfNames;              //ENT 的条目数量
    DWORD   AddressOfFunctions;         //指向导出地址表的 RVA
    DWORD   AddressOfNames;             //指向导出名称表的 RVA
    DWORD   AddressOfNameOrdinals;      //指向导出序号表的 RVA
} IMAGE_EXPORT_DIRECTORY, * PIMAGE_EXPORT_DIRECTORY;
```

在 PE 文件的可选头中,数据目录的第一个成员就是导出表。导出表指向一个 IMAGE_ EXPORT_DESCRIPTOR(IED)结构,其中包含了导出表头、导出地址表、导出名称表、导出序号表等内容。IED 的数据结构如下所示:

(1) Characteristics:导出表的特征标志,用于描述导出表的属性,例如是否是可执行的,是否是只读的等。

(2) TimeDateStamp:导出表的时间戳,表示导出表的创建或修改时间。

(3) MajorVersion:导出表的主版本号,用于标识导出表的版本信息。

(4) MinorVersion:导出表的次版本号,用于标识导出表的版本信息。

(5) Name:指向导出模块(通常是 DLL)名称的 RVA,用于定位导出模块的名称字符串,例如"kernel32.dll"。

(6) Base:导出函数序号的基准值,用于计算导出函数的序号,通常为 1。如果需要通过函数序号来查询一个导出函数,应在函数序号的基础上减去 Base 字段的值,得到的结果作为导出地址表(EAT)的索引。

(7) NumberOfFunctions:导出函数的总数,也即导出地址表(EAT)中的条目总数。

(8) NumberOfNames:导出名称表(ENT)中的条目总数。一般情况下,NumberOfNames 字段值总是小于或等于 NumberOfFunctions 字段值,这是因为按照名称导出的函数数量不会超过所有导出函数的总数。如果所有函数都是按名称导出,那么这两个字段的值将相等;如果只有一部分函数按名称导出,那么 NumberOfNames 字段的值将小于 NumberOfFunctions 字段的值。

(9) AddressOfFunctions:EAT 的 RVA。EAT 是一个数组,其中每一个非零元素都对应一个被导出函数的 RVA。

（10）AddressOfNames：ENT 的 RVA。ENT 也是一个数组，其中每一个元素都对应一个被导出函数名称的 ASCII 字符串。

（11）AddressOfNameOrdinals：导出序号表的 RVA，可以将 ENT 中的条目根据索引映射到 EAT 中相应的条目，从而定位到被导出函数的 RVA。

在导出表中，EAT 负责存储所有导出函数的 RVA，以供 PE 装载器查询。导出函数的数量（即 EAT 的条目数）会存储在导出表的 NumberOfFunctions 字段中。如果一个 DLL 文件一共导出了 30 个函数，那么在 EAT 中必定存储着 30 个元素，NumberOfFunctions 字段的值就是 30。在这些导出函数中，假设有 20 个函数是通过函数名称导出的，那么这 20 个函数名称的 RVA 就会存储在 ENT 中，NumberOfNames 字段值为 20。

在加载导入函数时，如果 PE 装载器想要通过导出函数的名称来获取到这个函数的地址，就需要借助导出序号表来实现。如图 9-29 所示，PE 装载器在 ENT 中匹配导出函数名称的同时，可以在导出序号表中获取到这一条目对应的索引值，通过这个索引值，PE 装载器就可以成功找到 EAT 中对应的条目，获取导出函数的 RVA。导出序号表起到了链接 ENT 和 EAT 的作用。需要注意的是，一个导出函数名称只能对应一个导出函数地址，而一个导出函数地址却可以对应多个导出函数名称。导出序号表中的元素是与 ENT 一一对应的，所以导出序号表的条目数一定与 ENT 中的条目数相同。

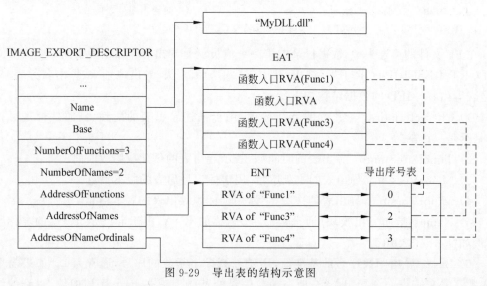

图 9-29　导出表的结构示意图

9.7.2　导出表实例分析

下面，我们以一个简单的 MyDLL.dll 文件为例，分析它的导出表。首先，如图 9-30 所示，该文件的 PE 文件头的起始位置为 0x100。

Offset	0	1	2	3	4	5	6	7	8	9	A	B	C	D	E	F	ANSI ASCII	
00000000	4D	5A	90	00	03	00	00	00	04	00	00	00	FF	FF	00	00	MZ	ÿÿ
00000010	B8	00	00	00	00	00	00	00	40	00	00	00	00	00	00	00	，	@
00000020	00	00	00	00	00	00	00	00	00	00	00	00	00	00	00	00		
00000030	00	00	00	00	00	00	00	00	00	00	00	00	00 01 00 00					

图 9-30　MyDLL.dll 文件的 PE 文件头起始地址

导出表作为数据目录表的第一个成员,在 PE 文件头的 0x78 偏移位置,所以导出表的地址可以计算得到,为 0x100+0x78=0x178。如图 9-31 所示,在 0x178 的位置处读取到 4 字节的内容"E0 24 00 00",即为导出表的 RVA,实际值为 0x24E0,位于 .rdata 节。.rdata 节的 VirtualAddress 及 PointerToRawData 字段值分别为 0x2000 和 0x1200。经换算后,得到导出表在磁盘文件中的偏移地址,为 0x16E0。

```
Offset     0  1  2  3  4  5  6  7   8  9  A  B  C  D  E  F     ANSI ASCII
00000170   00 00 00 00 10 00 00 00  E0 24 00 00 64 00 00 00        à$   d
00000180   44 25 00 00 50 00 00 00  00 40 00 00 F8 00 00 00   D% P    @  ø
00000190   00 00 00 00 00 00 00 00  00 00 00 00 00 00 00 00
000001A0   00 50 00 00 34 01 00 00  A0 20 00 00 70 00 00 00    P  4       p
000001B0   00 00 00 00 00 00 00 00  00 00 00 00 00 00 00 00
000001C0   00 00 00 00 00 00 00 00  10 21 00 00 40 00 00 00           !  @
000001D0   00 00 00 00 00 00 00 00  00 20 00 00 68 00 00 00              h
000001E0   00 00 00 00 00 00 00 00  00 00 00 00 00 00 00 00
000001F0   00 00 00 00 00 00 00 00  2E 74 65 78 74 00 00 00        .text
00000200   F8 0C 00 00 00 10 00 00  00 0E 00 00 00 04 00 00   ø
00000210   00 00 00 00 00 00 00 00  00 00 00 00 20 00 00 60
00000220   2E 72 64 61 74 61 00 00  4C 08 00 00 00 20 00 00   .rdata  L
00000230   00 0A 00 00 00 12 00 00  00 00 00 00 00 00 00 00
00000240   00 00 00 00 40 00 00 40  2E 64 61 74 61 00 00 00       @  @.data
00000250   8C 03 00 00 00 30 00 00  00 02 00 00 00 1C 00 00   Œ    0
```

图 9-31　MyDLL.dll 文件的导出表 RVA

导出表的内容如图 9-32 所示。

```
Offset     0  1  2  3  4  5  6  7   8  9  A  B  C  D  E  F     ANSI ASCII
000016E0   00 00 00 00 FF FF FF FF  00 00 00 00 1C 25 00 00        ÿÿÿÿ      %
000016F0   01 00 00 00 02 00 00 00  02 00 00 00 08 25 00 00                  %
00001700   10 25 00 00 18 25 00 00  00 10 00 00 10 10 00 00    %    %
00001710   26 25 00 00 34 25 00 00  00 00 01 00 4D 79 44 4C   &%  4%       MyDL
00001720   4C 2E 64 6C 6C 00 3F 41  64 64 40 40 59 41 48 48   L.dll ?Add@@YAHH
00001730   48 40 5A 00 3F 53 75 62  40 40 59 41 48 48 48 40   H@Z ?Sub@@YAHHH@
00001740   5A 00 00 00 C8 25 00 00  00 00 00 00 00 00 00 00   Z   È%
00001750   40 26 00 00 34 20 00 00  D8 25 00 00 00 00 00 00   @&  4    Ø%
00001760   00 00 00 00 F8 26 00 00  44 20 00 00 94 25 00 00       ø&   D   "%
00001770   00 00 00 00 00 00 00 00  3E 28 00 00 00 20 00 00           >(
```

图 9-32　MyDLL.dll 文件的导出表内容

IED 结构中的每一个字段值如表 9-9 所示。

表 9-9　IED 结构的字段值

Characteristics	TimeDateStamp	MajorVersion	MinorVersion	Name	Base
0x00000000	0xFFFFFFFF	0x0000	0x0000	0x0000251C	0x00000001

NumberOfFunctions	NumberOfNames	AddressOfFunctions	AddressOfNames	AddressOfNameOrdinals	
0x00000002	0x00000002	0x00002508	0x00002510	0x00002518	

可以看到,导出函数总数由 NumberOfFunctions 字段指出,共两个。文件的名称字符串 RVA 为 0x251C,换算后得到其在磁盘中的偏移地址,为 0x171C,指向字符串"MyDLL.dll"。AddressOfNames 字段值是 EAT 的 RVA,换算成磁盘偏移地址为 0x1710,从 EAT 中再次解析函数名称字符串所在的地址,可以得到两个函数名称"Add"和"Sub"。AddressOfNameOrdinals 字段值是导出序号表的 RVA,换算成磁盘偏移地址为 0x1718。

其他程序试图调用 MyDLL.dll 中的 Sub 函数时，PE 装载器会根据函数名称在 ENT 中进行查找。当 PE 装载器匹配到字符串"Sub"时，可以确定这个函数名称条目是 ENT 中的第二个条目，接着在导出序号表中寻找对应的第二个条目，内容为序号值 0x01。PE 装载器将这一序号作为索引，可以正确定位到 EAT 中 Sub 函数的载入地址，实现对 Sub 函数的正确调用。

本节习题

（1）在 DLL 文件的 IMAGE_EXPORT_DIRECTORY 结构中，哪两个字段指向该的 DLL 的导出名称表 ENT 和导出地址表 EAT？

（2）给定库函数的函数名，在定位该函数起始地址的过程中，访问 IMAGE_EXPORT_DIRECTORY 结构中 AddressOfFunctions、AddressOfNames、AddressOfNameOrdinals 三个成员的顺序是怎样的？

9.8 本章小结

在本章中，我们着重介绍了 Windows 系统下主流可执行文件结构——PE 文件结构。帮助读者深入理解可执行文件的数据结构及其运行机理，从而加深对操作系统底层机制的理解。

首先，我们一起学习了什么是可执行文件，了解了 Windows 系统和 Linux 系统下常见的可执行文件格式。

随后，我们深入剖析了 PE 文件中的基本概念，包括基地址、虚拟地址、相对虚拟地址、文件偏移地址等，以及它们之间的相互转换方式，为读者提供了解 PE 文件加载和映射机制的基础，这对于软件开发、逆向工程和安全分析非常重要。这部分内容不仅涉及程序如何被操作系统加载和执行，还包括如何在内存中定位和分析运行时数据。

进一步地，我们详细介绍了 PE 文件结构的各个组成部分，包括 DOS 部分、PE 文件头、节、导入表、导出表等。这些组成部分构成了 PE 文件的基本框架，每个部分都承载着不同的功能和信息。通过对这些部分的深入解析，读者能够全面了解 PE 文件的内部结构和各个部分的作用。

为了帮助读者更好地理解所学知识，我们在本章的第 2 节至第 6 节给出了示例可执行文件 MyEXE.exe 的完整分析过程，并在第 7 节也给出了示例库文件 MyDLL.dll 导出表的分析过程。通过对两个示例文件的分析，读者可以加深对 PE 文件结构和内容的理解，掌握分析可执行文件的方法和技巧。

通过本章的学习，读者可以更加深入地理解可执行文件的数据结构及其运行机理，从而加深对操作系统底层机制的理解，为进一步深入学习和研究打下坚实的基础。

第 10 章   C 语言程序逆向分析

通过前面的章节,我们陆续学习了 x86 和 arm 汇编语言的基础知识和 PE 文件的结构,为真正开始逆向分析打下了基础。这一章我们来学习 C 语言程序的逆向分析。

C 语言是目前应用最广泛的编程语言之一,也是除汇编语言外最接近底层硬件的语言。C 语言经过编译之后生成的汇编指令,与源代码对应度高,非常适合刚刚学习完汇编语言的学生进行学习。

C 语言程序与汇编语言程序的不同之处在于,编译器在生成汇编代码时,会引入若干特定的模式。比如在函数的开头,会有一段相对固定的代码来开辟栈空间,以便存储函数的局部变量。在函数的末尾,也会有相应的代码还原栈帧。通过学习和识别这些模式,可以强化对于 C 语言程序的逆向分析技巧。

由于 C 语言程序逆向分析具有一定的挑战性,所以在一个程序或者单个函数的分析上花费大量时间甚至暂时失败都是正常的。可以将这个例子记录下来,日后再进行分析;也可以与同学讨论,或者向老师请教。分析的时候,如果仅靠头脑想象无法解决,可以尝试画出指令的执行过程。或者参照后续两章的内容,动态调试和静态分析相结合。长此以往,逐渐就会感觉到自己看 C 语言程序的汇编代码能"看懂"了,看到一段代码,脑海里浮现的是整段代码的含义,而不是单条指令的行为。

学习 C 语言程序逆向分析,除了阅读本章给出的示例,还可以自行编译 C 语言程序,然后对产生的汇编代码进行逆向分析。纸上得来终觉浅,绝知此事要躬行。只有通过大量的练习,才能熟能生巧,真正掌握 C 语言程序逆向分析的能力。

10.1   函数与堆栈

10.1.1   函数调用与返回

C 语言一般以函数为单位组织代码,我们首先学习函数调用和返回在汇编语言的表示。假设有如下 C 代码:

```
#include <stdio.h>
int func(int a, int b, int c)
{
    return a + b + c;
```

```
}

int main()
{
    int value = func(1, 2, 3);
    printf("value: %d", value);
    return 0;
}
```

经过编译后,与调用 func 函数相关的汇编代码如下:

```
0040101b  push    0x3
0040101d  push    0x2
0040101f  push    0x1
00401021  call    func
00401026  add     esp, 0xc
```

其中,前三条指令分别将函数的三个参数压入堆栈,然后第四条指令通过 call 指令调用 func 函数。我们稍后介绍堆栈与函数的参数传递,这里着重介绍 call 指令。

call 指令用于函数调用,其后跟着目标函数的地址。在上面的反汇编片段中,该指令显示为 call func,这是因为反汇编器根据对文件的整体分析得知该地址的函数为 func。于是,为了提高可读性,反汇编器用函数名替换了其地址。该指令的原始形式为"call 0x401000",其中 0x401000 为 func 函数的地址。

当 CPU 遇到 call 指令时,就会跳转到该指令指定的地址处继续执行指令。在函数的末尾,需要通过 ret 指令进行返回。我们查看 func 函数的汇编代码:

```
_func:
00401000  push    ebp
00401001  mov     ebp, esp
00401003  mov     eax, dword [ebp+0x8]
00401006  add     eax, dword [ebp+0xc]
00401009  add     eax, dword [ebp+0x10]
0040100c  pop     ebp
0040100d  retn
```

其中,最后一条指令 retn,用于函数返回。执行这条指令之后,CPU 会返回到调用函数的地方继续执行。retn 中的 n 表示 near,也就是"近过程调用返回"。相应的还有 retf,用于"远过程调用返回"。注意这里所说的远或近,并不是表示调用函数和被调用函数的距离远近。可以这样理解,近过程调用就是我们通常所说的函数调用,而远过程调用还涉及段寄存器的切换。一般用户模式的程序较少涉及远过程调用,这里不再详细展开。本书中提及的函数调用均为近过程调用。

call 指令和 retn 指令的配对即可实现函数调用。但这里有一个问题,即 retn 指令执行后,CPU 如何确定自己应该返回到哪里继续执行? 在上面我们展示的代码片段里,由于只有一条指令会调用 func 函数,似乎返回到其下一条指令(0x401026)就是顺理成章的。但假如有两条指令都会调用 func 函数,那 func 函数该返回到哪里呢?

这里的秘密是 call 指令除了会跳转到新的函数继续执行,还会把返回地址——也就是下一条指令的地址(0x401026)存储在堆栈顶部。ret 指令在返回时,会从堆栈顶部取出该地址,然后作为新的指令地址,继续执行。接下来我们介绍什么是堆栈。

10.1.2　堆栈

栈(Stack)计算机科学中十分重要的数据结构。简单来说,栈是一种存储容器,可以将其想象成一摞元素的集合。栈中的元素依放入次序堆叠,其顶部简称为栈顶。理想的栈仅可以进行两种操作,即压入(Push)和弹出(Pop)。压入会在栈的顶部放入一个新的元素,而弹出会从栈顶取出一个元素。也就是说,栈的访问遵循后进先出(Last In First Out,LIFO)原则。桌子上的一摞书就是一个最简单的栈,我们可以在其顶部放一本书,或者拿走一本书。

x86 体系结构实现了栈。首先,寄存器 esp 始终指向栈顶,所以我们也称它为栈指针。当我们通过 push 指令向栈中压入数据时,esp 会自动减少。当通过 pop 指令从栈中弹出数据的时候,esp 的值会自动增加。因此,我们常称 x86 的栈是向低地址方向增长——即当栈中的元素增加时,栈指针 esp 的值会变小。

此外,x86 中的栈比上述理想情况下的栈更为灵活,除了 push 和 pop 时 esp 指针会自动更新,我们可以直接任意修改 esp 的值,从而在栈上批量分配或释放空间,而无须单个压入和弹出元素。

栈不能无限的增大,默认情况下其大小为 1MB。如果需要更大的栈空间,可以在链接器中进行设置。操作系统在创建一个进程时,会自动在其地址空间内开辟一片区域作为栈并设置栈指针,开发者无须自己编写相关代码。

回到 10.1.1 节的 call 和 ret 指令。call 指令除了跳转到新的地址执行外,还会把下一条指令的地址压入堆栈。以 10.1.1 节的代码为例,call 指令会将地址 0x401026 压入堆栈。我们也将该地址称为返回地址。函数 func 执行完毕后,ret 指令会自动从栈顶取出一个地址,即 0x401026,并将 EIP 指针设置为该值。接下来代码就会继续从 0x401026 执行。

可以看出,压入并弹出返回地址的机制依赖于 call 和 ret 指令的协作。并且,如果被调用函数(func)因为自身需求调整了栈指针,它必须在返回前将其恢复;否则,ret 指令弹出的就不是原定的返回地址,程序执行多半会出错。我们称这种维护栈指针的目标为栈指针平衡。后面我们会看到,为了保持栈指针平衡,函数调用者和被调用者必须就栈指针的维护进行一定的约定,也就是调用约定。

10.1.3　函数的参数

我们继续分析对 func 函数的调用。func 函数本身有 3 个参数,在 C 代码中,我们看到它们分别是 1,2,3。在相应的汇编代码中,在 call 指令之前,它们被分别压入栈中:

```
0040101b  push      0x3
0040101d  push      0x2
0040101f  push      0x1
```

有趣的是,函数参数被压入堆栈的顺序与其在 C 语言中的顺序相反。这是为什么呢?

原因在于,每次向栈中压入数据时,该值都压在栈的顶部。按照逆序压入参数,可以保证在 C 语言中靠前的参数位于栈中靠近顶部(地址低)的位置,符合人们通常的习惯。图 10-1 是压入参数后栈的状态:

其中左侧为地址,右侧为该地址的 DWROD 整数数值。注意这里的地址仅作示意,实际执行时该值可能不同。

我们接下来看被调用函数需要如何使用这些参数。首先,我们知道 call func 指令会将返回地址压入堆栈,所以执行完该指令后,堆栈如图 10-2 所示。

```
0093FD18 00000001
0093FD1C 00000002
0093FD20 00000003
```

图 10-1　压入参数后的堆栈

```
0093FD14 00401026
0093FD18 00000001
0093FD1C 00000002
0093FD20 00000003
```

图 10-2　执行 call 指令之后的堆栈

接下来开始执行 func 函数的代码。它的前两条指令耐人寻味:

```
00401000  push  ebp
00401001  mov   ebp, esp
```

这两条指令并不是由用户编写的代码生成的,而是编译器根据需要自动插入的。通常我们称这样的代码片段为函数序言(Function Prologue)。对应的,编译器也会在函数末尾插入若干指令,我们称其为函数尾声(Function Epilogue)。执行函数序言之后的堆栈如图 10-3 所示。

```
0093FD10 0093FD28
0093FD14 00401026
0093FD18 00000001
0093FD1C 00000002
0093FD20 00000003
```

图 10-3　执行函数序言之后的堆栈

就 func 函数来说,其序言的作用是首先保存当前 ebp 寄存器的值,然后将新的栈顶指针赋值给 esp。这里我们暂时不分析为什么要执行这两条执行,而是先理解其行为。该片段执行后,栈的状态如下:

ebp 寄存器的值为 0093FD10,即当前的栈顶位置。接下来,汇编代码计算了 a+b+c 的值:

```
00401003  mov  eax, dword [ebp+0x8]
00401006  add  eax, dword [ebp+0xc]
00401009  add  eax, dword [ebp+0x10]
```

可以看出,此时 ebp+0x8 正是第一个参数(0x1),ebp+0xc 是第二个参数(0x2),ebp+0xc 是第三个参数(0x3)。这三条指令不会改变栈的状态,只是将 3 个参数的值累加到 eax 寄存器中。通常情况下,函数的返回值保存在 eax 寄存器中。所以经过上述三条指令,func 函数的计算已经完成,可以准备返回。

接下来的两条指令属于函数尾声。pop ebp 指令从栈顶弹出一个 DWORD,然后将其赋值给 ebp。值得注意的是,该值正是 func 函数第一条指令压入的 ebp 值,这里将其值恢复。总的来说,这样做的目的是实现保存 ebp 寄存器的值,并在函数执行完毕后将其恢复。该指令执行完毕后,esp 的值自动加 4,变为 0x93fd14。

接下来,ret 指令从栈顶弹出一个值并作为新的指令指针继续执行。可以看出,该值为 0x401026,也就是之前执行 call 指令时压入的返回地址。

func 函数返回后,先前压入的 3 个参数仍在栈上。如果不进行处理,后续会影响栈平衡,导致程序出错。因此,00401026 处的 add esp, 0xc 指令一次性将 esp 指针的值加 0xc,也就是 3 个参数的大小。这样,函数调用后,栈就保持了平衡。

10.1.4　栈帧与函数的局部变量

上述代码中还有一个谜团,即为什么要在函数的开始保存 ebp 的值,并在函数的末尾恢复？如果仅就 func 函数来说，完全可以移除这两条指令，并且采用基于 esp 的偏移来访问局部变量。

问题的关键在于，func 没有使用任何局部变量。如果 func 函数有局部变量，就可以理解使用 ebp 寄存器的妙处。

在 x86 体系架构中，ebp 寄存器一般称为帧指针（Frame Pointer）。通常编译器在生成代码时，会为每一个函数生成一个栈帧（Stack Frame）。栈指针 esp 指向栈顶（低地址），ebp 指向栈的底部（高地址）。栈帧中不仅包含函数的返回地址和参数，还包括局部变量。我们考虑以下的 C 函数：

```c
int func(int a, int b)
{
    int x = a + b;
    int y = a * b;
    return x + y;
}
```

与先前的代码相比，该函数只有两个参数，但是新添加了两个局部变量。编译生成的汇编代码如下：

```
_func:
00401000    push    ebp
00401001    mov     ebp, esp
00401003    sub     esp, 0x8

00401006    mov     eax, dword [ebp+0x8]
00401009    add     eax, dword [ebp+0xc]
0040100c    mov     dword [ebp-0x4], eax

0040100f    mov     ecx, dword [ebp+0x8]
00401012    imul    ecx, dword [ebp+0xc]
00401016    mov     dword [ebp-0x8], ecx

00401019    mov     eax, dword [ebp-0x4]
0040101c    add     eax, dword [ebp-0x8]

0040101f    mov     esp, ebp
00401021    pop     ebp
00401022    retn
```

我们可以看出，函数序言变成了三条指令：

```
00401000    push    ebp
00401001    mov     ebp, esp
00401003    sub     esp, 0x8
```

这里 sub esp，0x8 在栈上开辟了 8 字节的空间用于存储局部变量，其大小正好与两个 4 字节的 int 变量对应。序言执行完毕后，常见的堆栈布局如图 10-4 所示。

接下来的三条指令计算了 int x = a + b：

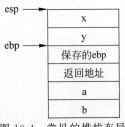

图 10-4　常见的堆栈布局

```
00401006  mov    eax, dword [ebp+0x8]
00401009  add    eax, dword [ebp+0xc]
0040100c  mov    dword [ebp-0x4], eax
```

其中,第一条指令取出了位于 ebp+0x8 的参数 a,然后与位于 ebp+0xc 的参数 b 相加。接下来,将其保存到位于 ebp-0x4 的 x 变量中。

接下来的三条指令类似,分别取出 a 和 b 的值,并将其相乘,并保存在位于 ebp-0x8 的 y 变量中。

最后,代码取出 x 和 y,将其相加,并保存在 eax 寄存器中,用于函数返回:

```
00401019  mov    eax, dword [ebp-0x4]
0040101c  add    eax, dword [ebp-0x8]
```

可以看出,上述代码中始终在使用帧指针 ebp 来进行变量和参数的寻址。而且由于 ebp 靠近栈帧底部,相对于 ebp 正偏移的是函数参数,相对于 ebp 负偏移的是函数的局部变量。这样可以大幅提升汇编代码的可读性,有利于调试。理论上仍然可以在使用局部变量的情况下仅使用 esp 寄存器,但此时 esp 寄存器既要负责标记栈顶,又要负责局部变量/函数参数的寻址,所以会增加额外的复杂性。故大多数编译器会选择 esp 和 ebp 相结合的栈帧。

函数的尾声也略有不同:

```
0040101f  mov    esp, ebp
00401021  pop    ebp
00401022  retn
```

唯一的变化是多出了一条 mov esp, ebp 指令。这是因为函数序言通过将 esp 减 8 为局部变量分配了空间,在返回前,必须进行相应的还原。结合图 10-4 可以看出,ebp 所在的位置就是 esp 减 8 前的位置,所以编译器使用较为简单的 mov esp, ebp 进行还原。通过 add esp, 0x8 亦可得到同样的目的。

综上,理解栈帧是 C 语言程序逆向分析的基础。栈帧涉及参数的传递,函数地址和寄存器的保存,以及局部变量的分配。如果仅仅阅读代码无法完全理解整个动态过程,可以结合第 11 章的知识,通过动态调试加强对栈帧的理解。

10.1.5 全局变量与局部变量

在 C 语言程序中,为了提高程序的可维护性,我们通常尽量使用局部变量。但有时我们也不得不使用全局变量。我们通过以下 C 代码考察全局变量在编译后的形态:

```c
int global = 1234;
int main()
{
    int local = 10;
    printf("global: %d, local: %d", global, local);
    return 0;
}
```

其中,声明了全局变量 global,以及 main 函数声明了局部变量 local。生成的汇编代码如下:

```
0040100b    mov     dword [ebp-0x4], 0xa
00401012    mov     eax, dword [ebp-0x4]
00401015    push    eax
00401016    mov     ecx, dword [_global]
0040101c    push    ecx
0040101d    push    data_407004 {"global: %d, local: %d"}
00401022    call    _printf
```

根据前面的学习,我们可以看出变量 local 位于 ebp-0x4。它首先被赋值为 10,然后其值被读取到 eax 寄存器中。接下来 eax 被压入栈中,作为 printf 函数的参数。

接下来两条指令读取 global 变量的值。与局部变量不同,全局变量都有其各自的地址。0x401016 处的指令显示为 mov ecx, dword [_global]。其原始形式为 mov ecx, dword [0x407000]。即 global 变量的地址位于 0x407000。查看该地址的数据可以看出其值被指定为 1234(0x4d2):

```
00407000  int32_t _global = 0x4d2
```

查看该 PE 文件的节表发现,0x407000 位于.data 节区,其中存储已初始化的数据。

本节习题

(1)什么是堆栈?理想情况下的堆栈可以进行哪两种操作?其效果是什么?

(2)在汇编层面,C 语言程序如何实现函数调用和返回?

(3)假设当前 esp 寄存器的值为 0x80000,执行 call 0x401000 指令后,esp 的值变为多少?接下来 CPU 会从哪里(地址)继续执行?

(4)假设当前 esp 寄存器的值为 0x60000,且 0x60000 处的 DWROD 值为 0x801000,那么执行 ret 指令后,esp 寄存器的值是多少?接下来 CPU 会从哪里(地址)继续执行?

(5)在汇编层面,C 语言程序如何传递函数参数?

(6)在汇编层面,C 语言程序如何使用局部变量?

(7)什么是函数序言?什么是函数尾声?它们的作用通常是什么?

(8)在汇编层面,C 语言程序局部变量与全局变量有何不同?

10.2　调用约定

前面的讲解中已经隐含了调用约定的概念,这里对其进行更详细的分析。调用约定是函数调用者和被调用函数之间就如何传递参数等事宜进行的约定。它通常涉及以下几方面:

- 参数的传递方式。
- 返回值的传递方式。
- 栈平衡责任。
- 寄存器值的保存与恢复。

C 语言默认的调用约定为 cdecl(即 C declaration,C 声明)。cdecl 约定参数由右向左依次压栈，返回值保存在 eax 中，并且由调用方进行栈平衡，即由调用方负责清除栈上的函数参数。在前面给出的代码片段中，三个参数会在栈上占用 12 字节空间。子函数 func 不会负责清除它们——它只是保证自身的栈平衡，即函数执行前后栈指针位置不变。所以调用者需要通过 add esp, 0xc 来进行栈平衡。

```
0040101b    push    0x3
0040101d    push    0x2
0040101f    push    0x1
00401021    call    func
00401026    add     esp, 0xc
```

func 函数的返回值保存在 eax 寄存器中。我们查看 func 函数的有关代码可以发现其计算过程是直接在 eax 寄存器上进行累加：

```
00401003    mov     eax, dword [ebp+0x8]
00401006    add     eax, dword [ebp+0xc]
00401009    add     eax, dword [ebp+0x10]
```

取决于具体的情况，汇编代码也有可能先将结果保存在其他寄存器或内存中，最后在函数返回前再将其保存到 eax 寄存器中。返回后，main 函数中的代码直接将 eax 的值作为参数压栈，并调用 printf 打印：

```
0040102f    push    eax
00401030    push    data_406000 {"value: %d"}
00401035    call    _printf
```

寄存器的保存与恢复是一个更为微妙的概念。前面讲过，子函数需要在函数序言保存 ebp 寄存器的值，并在函数尾声进行恢复。这说明，根据调用约定，ebp 寄存器是非易失的（non-volatile）。也就是说，子函数如果想要使用这样的寄存器，就必须进行保存和恢复。

为什么要有非易失寄存器的概念呢？我们考虑这样一种情况，即在调用子函数前，某个寄存器内保存了一个变量的值。这时候，如果子函数盲目的使用该寄存器，那么其本身的值就丢失了。所以，通常来说，子函数在使用一个寄存器之前，需要对其值进行备份，并在函数返回前将其恢复。

但是，对寄存器就行备份和恢复会带来一定的性能损失，所以调用预定通常会约定一部分寄存器是易失（volatile）的，即调用者应该假定该寄存器的值经过函数调用可能丢失。对于这样的寄存器，子函数可以直接使用，无须进行保存和恢复。

cdecl 约定 eax、ecx 和 edx 寄存器是易失的。从前面的代码可以看到，func 函数在使用 eax 和 ecx 寄存器时，都是直接使用的，而没有进行保存和恢复。

另一种常见的调用约定是 stdcall。stdcall 主要用于 Windows API，它与 cdecl 的主要不同在于 stdcall 是被调用者负责栈平衡。假如我们在 func 的函数原型中添加 __stdcall，指定其使用 stdcall：

```
int __stdcall func(int a, int b)
{
    int x = a + b;
```

```
    int y = a * b;
    return x + y;
}
```

编译得到的代码会有两处不同，一是调用 func 的地方不会再有用于栈平衡的 add esp，0x8，二是在 func 的尾声，retn 指令会略有不同：

```
0040103b    push    0x2
0040103d    push    0x1
0040103f    call    _func
0040101f    mov     esp, ebp
00401021    pop     ebp
00401022    retn    0x8
```

这里的 retn 0x8 表示首先对 esp 加 8，然后再进行函数返回。其效果与"add esp，0x8；retn"相同。也就是说，func 函数会在返回其调整 esp 指针，清理栈上的两个参数。

本节习题

（1）什么是调用约定？调用约定规定了哪些内容？

（2）为什么函数的调用双方需要遵守同一调用约定？如果有一方不遵守调用约定，可能带来什么问题？

（3）什么是易失寄存器？调用约定为什么需要规定易失寄存器？

（4）什么是 cdecl 调用约定？其中规定了哪些内容？

（5）什么是 stdcall 调用约定？其中规定了哪些内容？

（6）如果一个 C 语言函数的返回值无法在 eax 寄存器中保存，该如何传递该返回值？编写一段 C 代码，其中包含一个将结构体作为返回值的函数，并查看其汇编代码进行验证。

（7）在互联网上搜索"调用约定"，并了解 cdecl 和 stdcall 之外的调用约定。

10.3　数组和结构体

数组和结构体是两种 C 语言中常用的数据结构，能够在汇编语言下识别它们是 C 语言程序逆向工程的重要能力。

10.3.1　数组

数组在内存中占用一片连续的空间。以整型（int）数组为例，每个元素的大小为 4 字节。假设数组的起始地址为 0x1000，共有 32（0x20）个元素，则第一个元素位于 0x1000，第二个元素位于 0x1004，第三个元素位于 0x1008，以此类推。整个数组占据 0x1000-0x1080 的空间。

数组根据其作用域可以分为全局数组和局部数组。这里先给出一个全局数组的例子：

```
int a[3] = {1, 3, 4};
int main(int argc, char** argv)
```

```
{
    printf("a[0]: %d, a[1]: %d, a[2]: %d", a[0], a[1], a[2]);
    return 0;
}
```

对应的汇编代码如下所示：

```
00401003  mov      eax, 0x4
00401008  shl      eax, 0x1
0040100a  mov      ecx, dword [eax+0x407000]   {_a[2]}
00401010  push     ecx
00401011  mov      edx, 0x4
00401016  shl      edx, 0x0
00401019  mov      eax, dword [edx+0x407000]   {_a[1]}
0040101f  push     eax
00401020  mov      ecx, 0x4
00401025  imul     edx, ecx, 0x0
00401028  mov      eax, dword [edx+0x407000]
0040102e  push     eax
0040102f  push     data_40700c {"a[0]: %d, a[1]: %d, a[2]: %d"}
00401034  call     _printf
```

首先查看前四行代码。第一条指令将 eax 寄存器赋值为 0x4，第二条指令将 eax 寄存器左移一位，其值变成 0x8。接下来，从 eax＋0x407000 处——也就是 0x8＋0x407000＝0x407008 处，取出一个 dword。最后将取得的值压入堆栈，作为 printf 函数的参数。

由于全局数组在编译器期间就可以知道其元素大小和元素个数，所以编译器一般会为其预先分配空间。我们查看 0x407000 处的数据，发现该地址恰好是数组 a 的起始地址：

```
00407000  int32_t _a[0x3] =
00407000  {
00407000      [0x0] =  0x00000001
00407004      [0x1] =  0x00000003
00407008      [0x2] =  0x00000004
0040700c  }
```

于是，上述代码其实就是将 a[2] 压入堆栈。后面两条指令可以类似的分析，它们分别将 a[1] 和 a[0] 压入堆栈。

总结来说，对于全局整型数组，经常会出现类似 dword[C＋4＊N]形式的代码，这就是表示在访问首地址在 C 的数组的第 N 个元素。如果数组元素的大小不是 0x4（例如数组的元素是结构体），则上述代码中的 4 就会替换为数组元素的实际大小。

从访问数组的汇编指令还可以解释为什么 C 语言规定数组的序号从 0 开始。正是因为数组的首地址就是第一个元素的位置，所以可以直接采用"首地址＋元素大小＊元素序数"的方式进行访问。如果数组序号从 1 开始，则计算时必须先从想要访问的元素的序号减去 1 才能进行访问，会带来一定的性能损失。

接下来考虑局部数组的情况。局部数组通常也是通过首地址加元素序数的方式访问，但由于局部数组不能在编译期间确定其位置，所以其首地址一般位于栈上的某个位置。考虑以下代码：

```
int main(int argc, char** argv)
{
    int a[] = {1, 3, 4};
    printf("a[0]: %d, a[1]: %d, a[2]: %d", a[0], a[1], a[2]);
    return 0;
}
```

其对应的汇编代码如下：

```
00401027  mov    dword [ebp-0x14], 0x1
0040102e  mov    dword [ebp-0x10], 0x3
00401035  mov    dword [ebp-0xc], 0x4
0040103c  mov    eax, 0x4
00401041  shl    eax, 0x1
00401043  mov    ecx, dword [ebp+eax-0x14]
00401047  push   ecx
00401048  mov    edx, 0x4
0040104d  shl    edx, 0x0
00401050  mov    eax, dword [ebp+edx-0x14]
00401054  push   eax
00401055  mov    ecx, 0x4
0040105a  imul   edx, ecx, 0x0
0040105d  mov    eax, dword [ebp+edx-0x14]
00401061  push   eax
00401062  push   data_407000  {"a[0]: %d, a[1]: %d, a[2]: %d"}
00401067  call   _printf
0040106c  add    esp, 0x10
```

上述代码中，数组 a 的首地址位于 ebp−0x14，其三个元素分别位于 ebp−0x14，ebp−0x10，ebp−0xc。前三条指令分别对它们进行了赋值。

接下来的四条指令对数组进行访问。与前面的全局数组不同，这里采用了 dword [ebp+eax−0x14] 的形式。我们知道 ebp−0x14 是数组的首地址，并且 eax 的值是 8（即 2 ∗ 4），所以这里是在访问 a[2]。

后续对于 a[1] 和 a[0] 的访问可以类似分析。

值得注意的是，栈上的数组由于没有明确的起始地址和边界，判断起来有一定难度。事实上，如果我们只考虑前三条指令，即

```
00401027  mov    dword [ebp-0x14], 0x1
0040102e  mov    dword [ebp-0x10], 0x3
00401035  mov    dword [ebp-0xc], 0x4
```

那么我们完全可以认为原始代码中声明了三个整型变量。但如果它们确实是三个互相独立的变量，编译器就不会生成诸如"mov ecx，dword [ebp+eax−0x14]"的代码，而是会直接采用"ebp-常量偏移"的形式访问这些变量。

10.3.2　结构体

结构体是 C 语言中另一种十分常见的数据结构。与数组相比，结构体的成员既可以是相同的类型，也可以是不同的类型。结构体的识别相比于数组的识别更有挑战性。我们首

先考虑如下代码：

```
struct S
{
    bool a;
    int b;
    char* c;
};

int main(int argc, char** argv)
{
    struct S st;
    st.a = true;
    st.b = 100;
    st.c = "hello";
    return 0;
}
```

结构体相关的汇编代码如下所示：

```
0040101a  mov     byte [ebp-0x10], 0x1
0040101e  mov     dword [ebp-0xc], 0x64
00401025  mov     dword [ebp-0x8], data_406000  {"hello"}
```

注意这里 S 的第一个成员是 bool，它在栈上的位置是 ebp−0x10，占用一字节。值得注意的是成员 b，它位于 ebp−0xc，也就是说，它并没有紧跟在成员 a 身后（否则它应位于 ebp−0xf）。因此，S 结构体共占据 12 字节空间，而不是 9 字节。

一般来说，编译器会使得结构体成员的偏移是其大小的倍数。比如对于 int 成员，其大小为 4 字节，所以编译器会设法使其偏移是 4 的倍数。在上面的例子中，成员 a 只有一字节，但是如果成员 b 紧跟其后，b 的偏移就不是 4 的倍数了。为此，编译器先插入 3 字节的填充，然后再放入成员 b。编译器这样做是为了提升代码的执行效率。有关 C 结构体对齐的详细规则，请参阅 C 语言相关书籍，这里不再深入讲解。

通过 #pragma pack 可以强制 Visual Studio 以最紧凑的方式安排结构体的成员，也就是避免进行填充。我们对上面的代码稍加修改：

```
#pragma pack(1)
struct S
{
    bool a;
    int b;
    char* c;
};
```

上述代码生成的汇编指令如下所示：

```
0040101a  mov     byte [ebp-0x10], 0x1
0040101e  mov     dword [ebp-0xf], 0x64
00401025  mov     dword [ebp-0xb], data_406000  {"hello"}
```

不难看出，此时成员 b 位于 ebp−0xf，紧跟在成员 a 后面。即编译器没有对结构体成员进行对齐。

本节习题

(1) 从汇编语言角度来看,为什么 C 语言规定数组的首个元素下标为 0?

(2) 从汇编层面来看,全局数组与局部数组有什么区别?

(3) 如何从汇编代码中识别数组访问?

(4) 如何根据汇编代码确定数组的大小?

(5) 编写一段 C 语言程序,其中采用多重数组。查看生成的汇编指令,并理解其含义。

(6) 编写一段 C 语言程序,其中包含对数组的越界访问。例如,声明一个含有 10 个元素的数组,并尝试访问该数组的第 20 个元素。查看生成的汇编指令,分析其行为,并讨论其可能带来的问题。

(7) 如何从汇编代码中识别结构体?

(8) 简述对齐如何影响结构体成员的布局。

(9) 编写一段 C 代码,其中一个函数接受一个结构体作为参数。观察生成的汇编代码如何传递该参数。

10.4　常见的控制流结构

识别程序的控制流是逆向工程的重要工作。若能够快速的理解程序的控制流,则可以在不逐条分析指令的情况下,对程序的逻辑取得大致的了解。C 语言中有多种常见的控制流结构,本节将分别分析它们编译后的形式。

10.4.1　分支结构

分支结构是 C 语言中最常见的控制流结构,也是许多高级控制流结构的基础。在汇编语言中,分支结构一般通过两条指令实现。第一条指令进行比较,第二条指令根据上一条指令的比较结果进行跳转。随后,在两个分支的末尾,会有一条跳转指令跳转到分支结构之后的指令继续执行。这里以下面的 C 代码为例:

```c
int main()
{
    int a = 10;
    if (a > 20)
        printf("larger");
    else
        printf("smaller");
    return 0;
}
```

编译后得到的汇编代码如下所示:

```
0040100b  mov     dword [ebp-0x4], 0xa
00401012  cmp     dword [ebp-0x4], 0x14
00401016  jle     0x401027
```

```
00401018  push     data_407000  {"larger"}
0040101d  call     _printf
00401022  add      esp, 0x4
00401025  jmp      0x401034

00401027  push     data_407008 {"smaller"}
0040102c  call     _printf
00401031  add      esp, 0x4

00401034  xor      eax, eax
```

上述代码中,变量 a 的地址位于 ebp－0x4。第一条指令将其赋值为 10;第二条指令将其与 20 比较。cmp 指令会自动比较 a 与 20 的大小,并根据结果设置 eflags 寄存器中的位。接下来,jle 指令根据上一条指令的结果决定是否跳转。

如果 a 的值大于 20,就不会进行跳转,而是继续从 0x401018 处执行,并调用 printf 打印"larger"字符串。接下来的 jmp 指令会跳转到 0x401034 处继续执行,也就是该分支结构的结束处。

反之,如果 a 小于或等于 20,就会进行跳转,直接跳到 0x402027 处执行,调用 printf 打印出"smaller"字符串,然后接着执行 0x401034。

总之,C 语言程序的分支结构总是先有一个比较和条件跳转指令,接着代码根据比较结果执行不同的代码。最后,在两个分支全部代码的后面,执行路径会合二为一,接着顺序执行。

上面的示例代码中,只给出了一种条件表达式,即 a＞b。读者可以自行编写代码测试不同的条件表达式对应的汇编语言代码,举一反三。

10.4.2 循环结构

循环结构是另一种常用的控制流结构。C 语言中的循环结构涉及初始条件、循环体,以及最重要的——循环条件。其中,循环条件经过编译后,通常会成为一个分支结构。我们考虑如下的 C 代码:

```c
int main()
{
    int sum = 0;
    for (int i = 0; i < 100; i++)
        sum += i;
    printf("sum: %d", sum);
    return 0;
}
```

编译后得到的汇编代码如下:

```
00401014  mov      dword [ebp-0x4], 0x0
0040101b  mov      dword [ebp-0x8], 0x0
00401022  jmp      0x40102d
```

```
00401024   mov      eax, dword [ebp-0x8]
00401027   add      eax, 0x1
0040102a   mov      dword [ebp-0x8], eax

0040102d   cmp      dword [ebp-0x8], 0x64
00401031   jge      0x40103e

00401033   mov      ecx, dword [ebp-0x4]
00401036   add      ecx, dword [ebp-0x8]
00401039   mov      dword [ebp-0x4], ecx
0040103c   jmp      0x401024

0040103e   mov      edx, dword [ebp-0x4]
00401041   push     edx
00401042   push     data_407000 {"sum: %d"}
00401047   call     _printf
00401039   add      esp, 0x10
```

其中,变量 sum 位于 ebp-0x4,i 位于 ebp-0x8。前两条指令分别把 sum 和 i 初始化为 0。接下来首先是一个无条件跳转,跳到 0x40102d 处,然后比较 i 与 100 的大小。如果 i 已经大于或等于 100,就会跳转到 0x40103e 结束循环,并打印 sum 的值。

如果 sum 的值比 100 小,就会执行 0x401033 处开始的代码,将 sum 与 i 的值相加。随后跳转到 0x401024,将 i 的值与 100 比较。同样,如果 i 已经大于或等于 100,就结束循环;如果 i 仍然小于 100,就会继续累加并循环。由于每次循环 i 的值都会加 1,经过 100 次循环后,i 就会成为 100,并最终结束循环。

上述循环使用 for 语句实现的,那么用 while 或者 do…while 语句实现的循环是怎样的呢? 实际上,由于汇编语言中并没有 for 和 while 语句,有的只是分支和跳转,所以 for 和 while 语句经过编译后得到的代码是类似的。这里我们首先把上述 C 代码用 while 语句改写,然后查看其汇编代码:

```c
int main()
{
    int sum = 0;
    int i = 0;
    while (i < 100)
    {
        sum += i;
        i++;
    }
    printf("sum: %d", sum);
    return 0;
}
```

编译后得到的汇编代码如下:

```
00401014   mov      dword [ebp-0x4], 0x0
0040101b   mov      dword [ebp-0x8], 0x0

00401022   cmp      dword [ebp-0x8], 0x64
```

```
00401026   jge        0x40103c

00401028   mov        eax, dword [ebp-0x4]
0040102b   add        eax, dword [ebp-0x8]
0040102e   mov        dword [ebp-0x4], eax
00401031   mov        ecx, dword [ebp-0x8]
00401034   add        ecx, 0x1
00401037   mov        dword [ebp-0x8], ecx
0040103a   jmp        0x401022

0040103c   mov        edx, dword [ebp-0x4]
0040103f   push       edx
00401040   push       data_407000 {"sum: %d"}
00401045   call       _printf
```

读者可以自行分析上述代码,并验证它与之前 for 循环的汇编代码是等价的。

10.4.3　switch-case 结构

switch-case 结构是 C 语言具有代表性的特性。编译器在处理 switch-case 代码时,如果条件允许,会生成极为高效的代码,避免因为查询带来性能损失。考虑如下 C 代码:

```c
int main(int argc, char** argv)
{
    switch (argc)
    {
    case 0:
        printf("0\n");
        break;
    case 1:
        printf("1\n");
        break;
    case 2:
        printf("2\n");
        break;
    case 3:
        printf("3\n");
        break;
    default:
        break;
    }
}
```

上述代码根据 argc 的值不同,打印出不同的字符串。编译后得到的汇编代码如下:

```
0040100b   mov        eax, dword [ebp+0x8]
0040100e   mov        dword [ebp-0x4], eax
00401011   cmp        dword [ebp-0x4], 0x3
00401015   ja         0x40105b

00401017   mov        ecx, dword [ebp-0x4]
```

```
0040101a   jmp      dword [ecx * 4+0x40106c]

00401021   push     data_407000 {"0\n"}
00401026   call     _printf
0040102b   add      esp, 0x4
0040102e   jmp      0x40105b

00401030   push     data_407004 {"1\n"}
00401035   call     _printf
0040103a   add      esp, 0x4
0040103d   jmp      0x40105b

0040103f   push     data_407008 {"2\n"}
00401044   call     _printf
00401049   add      esp, 0x4
0040104c   jmp      0x40105b

0040104e   push     data_40700c {"3\n"}
00401053   call     _printf
00401058   add      esp, 0x4

0040105b   xor      eax, eax
```

由于 argc 是 main 函数的第一个参数，所以其位置位于 ebp＋0x8。接下来，argc 的值被复制到 ebp－0x4。虽然在 C 语言代码中我们并没有创建局部变量，但是编译器自动为 argc 创建了一份拷贝，其位置位于 ebp－0x4。

接下来，代码首先比较 argc 与 0x3 的大小。如果 argc 已经大于 0x3，就跳转到 0x40105b 结束 switch-case。这是比较简单的情况。

如果 argc 没有大于 0x3，会执行以下这两条执行：

```
00401017   mov      ecx, dword [ebp-0x4]
0040101a   jmp      dword [ecx * 4+0x40106c]
```

该代码片段会用 argc 的值作为索引，从 0x40106c 所在的数组中读取一个指针，并跳转到该地址执行。我们查看该数组的值，会发现它其实对应的恰好是四个条件对应的代码：

```
uint32_t jump_table_40106c[0x4] =
{
    [0x0] =   0x00401021
    [0x1] =   0x00401030
    [0x2] =   0x0040103f
    [0x3] =   0x0040104e
}
```

我们通常称这样的数组为跳转表。假如 argc 的值是 0x1，就会从数组中读取第一个元素，其值为 0x401030。如果我们浏览 0x401030 处的代码，会发现它用 printf 打印出"1\n"：

```
00401030   push     data_407004 {"1\n"}
00401035   call     _printf
0040103a   add      esp, 0x4
```

```
0040103d  jmp       0x40105b
```

对于其他的 argc 可以类似的进行分析。

在上面这种 case 值较小且连续的情况下,编译器巧妙地通过跳转表把 switch-case 查找转换成常量时间 $O(1)$ 操作,而无须逐个与 case 值比较。后者的时间复杂度是 $O(n)$,其中 n 为 case 的个数。这是一个典型的空间换时间优化。

然而,并不是任何 switch-case 都可以采用上述方式进行优化。考虑如下代码,其中 case 的值都较大且没有规律,编译器也只能将 switch-case 当作一组 if-else 来编译:

```c
int main(int argc, char** argv)
{
    switch (argc)
    {
    case 629:
        printf("0\n");
        break;
    case 2972:
        printf("1\n");
        break;
    case 97293:
        printf("2\n");
        break;
    case 12731:
        printf("3\n");
        break;
    default:
        break;
    }
}
```

```
0040100b  mov       eax, dword [ebp+0x8 ]
0040100e  mov       dword [ebp-0x4], eax
00401011  cmp       dword [ebp-0x4], 0x31bb
00401018  jg        0x401037

0040101a  cmp       dword [ebp-0x4], 0x31bb
00401021  je        0x40106f

00401023  cmp       dword [ebp-0x4], 0x275
0040102a  je        0x401042

0040102c  cmp       dword [ebp-0x4], 0xb9c
00401033  je        0x401051

00401035  jmp       0x40107c

00401037  cmp       dword [ebp-0x4], 0x17c0d
0040103e  je        0x401060

00401040  jmp       0x40107c
```

注:printf 相关代码省略。

本节习题

(1) 简述 C 语言程序生成的汇编代码如何实现分支结构。

(2) 简述 C 语言程序生成的汇编代码如何实现循环结构。

(3) 如何识别循环结构中的循环变量？以及其初始值、增量和末值？

(4) 为什么在汇编语言层面下难以区分 for 和 while 循环？

(5) 就分支与循环结构，C 语言程序编译得到的汇编代码与手工编写的汇编代码有何异同？

(6) 简述 C 语言程序生成的汇编代码如何实现 switch-case 结构。

(7) 查阅有关 switch-case 结构汇编代码的资料，了解编译器处理该模式的更多细节。

10.5　其他事项

除了前面几节介绍的情况外，C 语言程序逆向分析还常常涉及以下几种情况。接下来我们结合示例进行讲解。

10.5.1　识别 main 函数

前面给出的例子中，我们都是直接列出了 main 函数对应的汇编代码。虽然我们在学习 C 语言时，习惯的认为 main 函数是程序执行的起点。但实际上，编译生成的可执行文件并不是立刻从 main 函数开始执行。以 PE 文件为例，其入口点一般是一段固定的、编译器插入的代码。这段代码需要进行一系列初始化操作，才能将控制权交给 main 函数，进而执行我们编写的代码。

那这段初始化代码的作用是什么呢？首先，我们知道，当 main 函数接收参数时，其原型如下：

```
int main(int argc, char * argv[])
```

其中，第一个参数是命令行参数的个数，第二个是命令行字符串数组。但是操作系统在创建进程时，并没有提供上述信息。事实上，操作系统只是以一个字符串的形式将我们提供的命令行提供给进程。进程需要自行对其进行解析，并转换为字符串数组的形式。这一过程是确定的、重复的，所以编译器会插入一段固定的代码帮助我们完成这一工作。

另外，main 函数还有一种形式，可以额外接收环境变量作为参数：

```
int main(int argc, char * argv[], char * envp[])
```

同样，编译器生成的代码需要将环境变量转换为字符串数组的形式，以备 main 函数使用。

此外，初始化代码还需要对全局对象进行初始化，如果开启了栈溢出保护，还要随机生成相应的堆栈 cookie 等。好在由于编译器插入的代码通常是固定的，其编译后的形式也基本是不变的。我们掌握了识别 main 函数的原理就可以准确地找到 main 函数。

根据环境变量、argv、argc 寻找 main 函数是最为有效的方法。这里略举一例，某 PE 文件的入口点代码如下：

```
_start:
004012a5  call    ___security_init_cookie
004012aa  jmp     sub_401123
```

该函数一共只有两条指令，第一条指令用于初始化栈溢出保护相关的随机数（cookie），这里我们不做分析。紧接着代码便跳转到函数 sub_401123 继续执行。

sub_401123 本身的代码较长，这里不完整列出。不过其中有这样一段代码：

```
00401201  call    _get_initial_narrow_environment
00401206  mov     edi, eax
00401208  call    __p___argv
0040120d  mov     esi, dword [eax]
0040120f  call    __p___argc
00401214  push    edi
00401215  push    esi
00401216  push    dword [eax]
00401218  call    sub_401010
0040121d  add     esp, 0xc
```

我们不难看出，该代码依次获取了环境变量、argv、argc，并将结果压入堆栈，并调用 sub_401010 函数。这里 sub_401010 就是我们要找的 main 函数。

当然，并不是每一款编译器生成的代码都是完全一样的。上述代码是 Visual Studio 在 Release 模式下生成的。如 10.5.2 节将要介绍的，不同编译器、不同编译器版本、不同优化级别都可能导致生成的代码有所不同。我们要做的是掌握识别 main 函数的方法，然后尽可能分析多种可能组合下初始化代码的形式，举一反三。

10.5.2　不同优化级别生成的代码

编译器是一个复杂的系统工程。同样作为符合 C 语言标准的编译器，不同的编译器可能生成风格迥异的代码。甚至对同一款编译器，随着版本更迭，生成的代码也会有所不同。此外，编译时指定的选项，例如优化级别，对于最终生成的代码也有很大影响。相关内容，如果想要完全展开，恐怕一本专著也难以全面覆盖。限于篇幅本节只以优化级别为例进行分析。

本节所采用的汇编代码，除最后一个 main 函数识别案例外，均是使用 Visual Studio 在调试（Debug）模式下编译的。调试模式下编译的代码，进行的优化较少，与源代码更为接近，非常适合调试。一般程序员在开发过程中会使用调试模式进行编译。另外一种常见的优化级别是发行（Release）模式。发行模式进行了大量的优化，以提高代码的执行速度。一般在程序对外发布的时候，会采用发行模式编译。

仍然以本章最初的代码作为例子：

```
#include <stdio.h>
int func(int a, int b, int c)
{
    return a + b + c;
}
```

```
int main()
{
    int value = func(1, 2, 3);
    printf("value: %d", value);
    return 0;
}
```

如果用发行模式编译上述代码,我们会得到如下的汇编指令:

```
sub_401010:
00401010  push      0x6 {var_4}
00401012  push      data_4020f8 {"value: %d"}
00401017  call      sub_401030
0040101c  add       esp, 0x8
0040101f  xor       eax, eax
00401021  retn
```

整个 main 函数被压缩到了六条指令,并且完全去掉了对 func 函数的调用。这是因为编译器发现 func 函数的参数都是常量,于是直接将最终结果计算出来,而不是等到程序运行时再进行计算。所以 main 函数的第一条指令直接将 1+2+3 的结果,也就是 6,压入堆栈,随后调用 printf 函数进行打印。

细心的读者还会发现,发行模式下的 main 函数甚至没有创建栈帧。这是因为 main 函数用到的唯一的局部变量 value 已经被优化掉了,所以完全没有必要创建栈帧。

如果读者希望在发行模式下查看编译器生成的代码(我强烈建议你这样做),可能会意外的遇到困难:编译器太聪明、太勤劳了,总是直接计算出结果,而不生成相应的计算过程代码。为此,可以使用 rand 函数生成随机数,然后进行计算。因为 rand 函数返回的结果是随机的,即使在发行模式下也不会被优化掉。以上面的代码为例,我们可以做如下修改:

```
#include <stdio.h>
#include <stdlib.h>

int func(int a, int b, int c)
{
    return a + b + c;
}

int main()
{
    int value = func(rand(), rand(), rand());
    printf("value: %d", value);
    return 0;
}
```

得到的汇编代码如下:

```
main:
00401010  push      ebx
```

```
00401011  push      esi
00401012  push      edi
00401013  mov       edi, dword [rand]
00401019  call      edi
0040101b  mov       ebx, eax
0040101d  call      edi
0040101f  mov       esi, eax
00401021  call      edi
00401023  lea       ecx, [eax+esi]
00401026  add       ecx, ebx
00401028  push      ecx
00401029  push      data_402100 {"value: %d"}
0040102e  call      sub_401040
00401033  add       esp, 0x8
00401036  xor       eax, eax
00401038  pop       edi
00401039  pop       esi
0040103a  pop       ebx
0040103b  retn
```

感兴趣的读者可以自行对上述代码进行分析。

本节习题

（1）C 语言程序在执行 main 函数前需要进行哪些操作？

（2）编写 C 语言程序，以不同的优化级别进行编译，查看得到的汇编指令，并比较其异同。

（3）编写 C 语言程序，用不同的编译器（如 gcc、clang 等）进行编译，查看得到的汇编指令，并比较其异同。

10.6 本章小结

本章内容主要涉及 C 语言程序逆向工程。本章首先分析 C 语言程序如何借助堆栈实现函数调用和返回，以及函数参数的传递和局部变量的分配。堆栈的使用是 C 语言程序与汇编语言程序的显著不同。

接下来本章介绍了 C 语言程序逆向工程中另一个重要的概念——调用约定。理解调用约定，尤其是维持堆栈平衡的方式，也是理解 C 语言程序不可或缺的知识。

接下来的两节分别介绍了 C 语言程序中最为常用的语法特性及对应其汇编代码的模式。它们是 C 语言程序逆向分析中最常见到的模式，熟练识别这些模式有助于提高逆向工程的能力。部分内容具有一定的挑战性，读者应多加练习，夯实基础。

最后一节介绍了 main 函数的识别和编译器的优化，它们也是 C 语言程序逆向分析中常见的问题。两者都是比较灵活的问题，需要读者随着逆向工程经验的增加逐步掌握。

综上，本章介绍了 C 语言程序逆向工程的基本原理，读者已经初步掌握了逆向工程的能力。接下来的两章将介绍静态和动态逆向分析的方法。

第 11 章 静态逆向分析技术

在第 10 章中,我们学习了 C 语言程序逆向工程,并了解了常见的 C 语言代码对应的汇编语言代码,初步掌握了理解汇编代码的能力。然而,第 10 章中分析的代码片段普遍比较简短。而在实际逆向工程中,往往需要分析更长、更具有挑战性的代码。此时,如果只是逐条阅读汇编指令,效率偏低,甚至无法正确分析。因此,我们通常需要借助专门的工具进行逆向分析。

本章主要介绍静态逆向分析技术和相应的工具。静态逆向分析是指在不运行被分析对象的情况下,通过反汇编、反编译等手段对其进行分析。良好的静态分析工具还通常具有与用户交互的能力,即允许用户对当前的分析结果进行编辑、修改,从而逐步加深对被分析代码的理解。

本章将以 Binary Ninja 免费版为例讲解静态逆向分析工具的使用方法。作为一款主流的逆向分析工具,Binary Ninja 不仅可以对代码进行反汇编、反编译,还提供了优雅便捷的用户界面和强大的 API。近年来,Binary Ninja 在恶意代码分析、漏洞挖掘、科学研究等领域获得了广泛的应用。

自 4.0 版本起,Binary Ninja 提供了免费(Free)版本。相比于完整版本,免费版有一定的功能限制,但它对 x86 及 x64 代码提供了完整的支持,并且可以保存和加载分析数据库,非常适合教育用途。本章所用的截图和操作方法均来自 Binary Ninja 4.0 免费版。读者阅读本书时该软件可能已有新版本,新版本的操作方法和界面可能有所不同。Binary Ninja 免费版可以由 https://binary.ninja/free/下载。

11.1 初次使用 Binary Ninja

运行 Binary Ninja 后,会看到如图 11-1 所示的默认界面。

此时,可以直接将想要分析的文件拖入主窗体中,也可以单击 Open...按钮,然后选择相应的文件。Binary Ninja 会自动加载选定的二进制文件并对其进行初始分析。初始分析的速度取决于输入文件大小,本章中的例子都会在很短的时间内完成。随后,Binary Ninja 会进入主界面,如图 11-2 所示。

主界面视觉上主要分为以下 4 个区域。其中,中间的是主视图,用于显示反汇编或反编译的结果,也是我们最常用到的区域。主视图默认情况下显示 Binary Ninja 特有的 HLIL

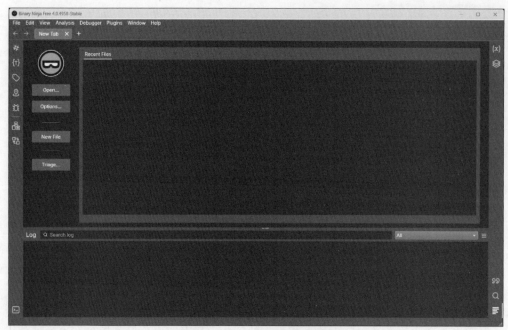

图 11-1　Binary Ninja 默认界面

图 11-2　Binary Ninja 主界面

（High Level IL，高级中间语言）。HLIL 的语法与 C 语言类似，即使读者初次接触 HLIL，也往往可以直接阅读并理解其含义。

　　虽然 Binary Ninja 已经可以自动地将二进制代码反编译到可读性极高的 HLIL 代码，但在初学阶段，仍建议读者首先阅读汇编语言代码。等到可以熟练阅读汇编语言并理解其含义后,再阅读反编译得到的 HLIL 或者 C 伪代码。为此,可以单击主视图并按 I 键切换到熟悉的反汇编代码。或者单击"High Level IL",然后从弹出的下拉菜单中选择反汇编(Disassembly),如图 11-3 所示。

　　主视图可以以线性(Linear)和图形(Graph)两种方式显示代码。默认情况下为线性显示,按空格键可以在线性和图形显示之间切换。也可以在主视图左上方的第二个下拉菜单中进行选择,如图 11-4 所示。

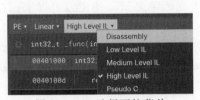

图 11-3　IL 选择下拉菜单　　　　　　　　图 11-4　视图选择下拉菜单

　　线性显示有利于快速浏览大量代码,而图形显示有利于分析程序的控制流(Control-flow)。图 11-5 是以图形显示的一段代码,其中包含一个循环。

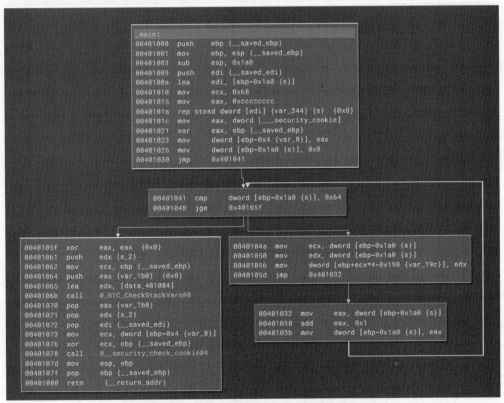

图 11-5　包含循环的代码示例

　　左边的侧边栏(Side Bar)默认情况下显示符号列表(Symbols)和交叉引用(Cross References),也可以根据需求调整。其中,符号列表列出了当前文件中的符号,以函数名居多。如果有感兴趣的函数,双击即可以在主视图中查看其代码。下方的交叉引用区域显示当前选中区域的交叉引用情况。例如,如果有其他代码调用当前函数,就会在这里显示出来。

底部侧边栏默认情况下显示日志(Log),会显示分析与交互过程中的一些信息。比如图 11-5 最后一行显示,当前文件的分析总共花费了 0.477s。

右侧边栏默认情况下没有展开,但是右上部显示了特征概览视图(Feature Map),即以不同颜色的色块表示文件中不同的区域,有助于快速了解文件的布局。

Binary Ninja 的图形界面非常灵活,其左侧、下方、右侧三个侧边栏中的视图均可以通过拖曳移动到其他侧边栏,部分视图也可以在主视图中显示。使用者可以根据自己的分析需求和屏幕大小灵活的组织界面布局。

通常情况下,接下来我们会阅读反汇编或反编译代码,并对其进行分析。如果需要,可以对其进行一定的标注,例如添加注释,修改函数名、变量名等。我们当然不希望丢失这些进度,所以需要将其保存到分析数据库。

按下 Ctrl+S 组合键,或者在菜单中单击"File"→"Save",然后选择一个存储路径和文件名,即可保存分析数据库。分析数据库后缀名为.bndb。如果我们想要重新加载数据库,既可以在文件浏览器中双击该文件,也可以直接将其拖到 Binary Ninja 主窗口中打开。

本节习题

(1) 下载并安装 Binary Ninja 免费版。
(2) 用 Binary Ninja 打开任意文件,熟悉其窗体布局。
(3) 保存分析数据库并重新打开。

11.2　导航与浏览代码

使用 Binary Ninja 首先要掌握导航(navigation)的方法,即找到我们感兴趣的代码。常用的导航方式有以下几种,我们可以根据实际情况,综合运用。

11.2.1　双击导航

Binary Ninja 中有大量 UI 元素中的地址都可以响应双击——双击它们即可导航到对应的地址。这样的元素包括地址、符号名等。例如在图 11-6 所示的代码中,最左侧的一列数字均为地址,所以双击它们即可导航到该地址。不过由于导航的目标与当前地址相同,所以不会有任何效果。

```
0040101b  push    0x3
0040101d  push    0x2 {var_10}
0040101f  push    0x1 {var_14}
00401021  call    _func
00401026  add     esp, 0xc
00401029  mov     dword [ebp-0x4 {var_8_2}], eax
0040102c  mov     eax, dword [ebp-0x4 {var_8_2}]
0040102f  push    eax {var_c}
00401030  push    data_406000 {var_10}  {"value: %d"}
00401035  call    _printf
```

图 11-6　汇编代码示例

图 11-6 中还有两个函数,分别是 func 和 printf(其名字前的下画线为编译器添加,这里不作深入介绍),双击它们即可导航到该函数。

在 0x401030 处,有一条 push data_406000 指令,将一个字符串压栈。我们可以双击 data_406000,即可转到该字符串所在的地址,如图 11-7 所示。

图 11-7　字符串示例

11.2.2　符号列表

如果被分析的文件带有符号信息,那么最直观的方式就是在符号列表中找到函数名,然后双击,即可在主视图中导航到该函数,如图 11-8 所示。如果列出的函数较多,可以在右上方的输入框中输入函数名的关键字进行搜索。

图 11-8　符号列表

为了学习方便,本章中的例子均带有符号信息。然而,在实际逆向工程过程中,通常无法获得符号信息。此时,符号列表中的函数均以"sub_"加函数地址的方式显示,例如 sub_401010。这种情况下就难以通过函数名进行导航。

11.2.3　导航对话框

如果我们明确知道自己想要前往的地址,可以直接按下 G 键打开导航对话框。在该对话框中,我们可输入一个地址,然后按下 Enter 键,即可跳转到该地址。图 11-9 所示是输入 0x401010 后的效果。

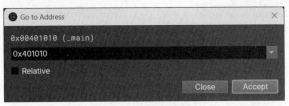

图 11-9　导航对话框

作为一个增强用户体验的特性,该对话框会对输入的地址进行验证。如果该地址有效,就会在输入框上方以绿色显示该地址。如果该地址处有函数,还会显示出函数的名字。

该对话框不仅接受数字,也可以直接输入函数的名字,例如我们可以直接输入"_main"并按下 Enter 键,也可以导航到 main 函数。

11.2.4　字符串与交叉引用

在缺失符号信息的情况下,根据字符串找到相关代码是一种行之有效的方法。我们考虑第 10 章中使用的代码:

```
int func(int a, int b, int c)
```

```
{
    return a + b + c;
}
int main()
{
    int value = func(1, 2, 3);
    printf("value: %d, value);
    return 0;
}
```

假设我们感兴趣的函数是 main，我们希望找到它的地址。main 函数中包含常量字符串"value：%d"。这种情况下，我们可以首先找到该字符串的地址，并且通过交叉引用找到 main 函数。

在 Binary Ninja 中，有两种方法可以显示字符串列表。一是单击主窗体右下方的 String 按钮，如图 11-10 所示，在底部侧边栏显示字符串列表。

另一种是在主视图的视图下拉菜单中，选择 Strings，即可在主视图中显示字符串列表，如图 11-11 所示。

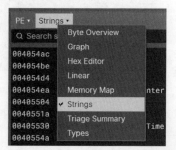

通常一个程序中有大量的字符串，所以我们可以输入关键字进行搜索。这里我们输入"value"，即可列出所有包含 value 的字符串，如图 11-12 所示。

图 11-10　窗体右下方的 String 按钮

图 11-11　在视图下拉菜单中选择字符串

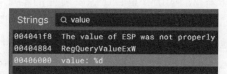

图 11-12　在字符串列表中搜索

如果我们想要导航到该字符串所在的地址，可以双击该行。Binary Ninja 会导航到该字符串所在的位置，并展示其定义。值得注意的是，当我们在字符串视图中选中该字符串，或者通过双击导航到该字符串所在的地址后，窗体左下角的交叉引用视图都会列出有关该字符串的交叉引用，如图 11-13 所示。

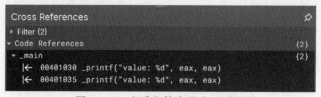

图 11-13　查看字符串的交叉引用

这里列出了_main 函数的 0x401030 指令引用了该字符串，该地址的语句恰好是我们预期的 printf 调用。此时双击该交叉引用即可导航到相关的代码。

在 CTF 竞赛的逆向工程题目中，通常来说目标程序会接受一个输入并显示相应的结果。在输入错误时，会显示类似"Failed"的字符串。那么首先找到该文件中引用该字符串的代码，并浏览它之前的代码，就极有可能发现实际判断输入是否正确的地方，从而快速定位需要分析的核心代码。

11.2.5　导入函数与导出函数

在第 8 章中我们学习了 PE 文件结构，其中介绍了 PE 文件如何导入 DLL 中的函数。我们可以通过查看导入函数的交叉引用快速找到想要分析的代码。例如我们知道一个程序会打开并读取一个文件，那我们就可以查看 CreateFileA 和 ReadFile 函数的交叉引用，找到它们在哪里被调用，然后找到实际进行文件操作的函数代码。

我们可以在主视图中切换到摘要（Triage）视图。摘要视图的中部列出了导入的 DLL 和函数。下图显示该 PE 文件导入了 3 个 DLL（VCRUNTIME140D.dll、ucrtbased.dll、KERNEL32.dll）。下方还列出了导入的函数及其所在的 DLL。单击其中任意一个条目即可转向该函数在 IAT 中的位置，并显示其交叉引用。

例如，第 10 章中，我们提到编译器会在调用 main 函数之前插入适当的代码获取命令行参数。当前 PE 文件是通过___p___argc 和___p___argv 函数实现这一操作的。我们查看___p___argc 函数的交叉引用，就可以找到调用该导入函数的代码，进而快速地找到 main 函数，如图 11-14 所示。

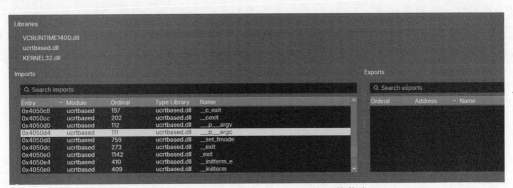

图 11-14　摘要视图中的导入、导出函数信息

此外，即使用 C 语言编写一个最简单的 hello world 程序，编译得到的 PE 文件也会导入大量的函数。这些函数并不是被我们编写的代码调用，而是被编译器自动插入的代码调用。从这个角度来说，编译器在把控制权交给 main 函数前，其实做了大量的初始化工作。这些工作对于不了解逆向工程技术的开发者来说，都是不可见的。

11.2.6　搜索

搜索有助于快速寻找某种特定的模式。Binary Ninja 支持 3 种搜索类型：字节搜索、代码搜索和常量搜索。与大多数软件的设计一样，按下 Ctrl＋F 可以打开搜索界面，如图 11-15 所示。

Find type 指搜索的类型。该下拉菜单通常有以下

图 11-15　搜索对话框

5 个条目：

- Escaped String。
- Hex String。
- Raw String。
- Text。
- Constant。

其中，前三种都是字节搜索，只不过输入的方式不同。如果需要搜索的字节是可打印字符，可以采用最直观的 Raw String，即输入的字符串为搜索对象。如果希望搜索的内容包含不可打印字符，如换行符，就可以用 Escaped String，此时输入\n\n 可以搜索两个连续的换行符。最灵活的情况是 Hex String，可以按照十六进制字符串搜索。例如我们希望搜索一段汇编指令"push ebp；mov ebp，esp"（他们通常位于函数的开头），就可以搜索"558bec"。

后两种搜索模式主要支持搜索汇编代码或 IL。Text 模式用于搜索汇编或 IL 指令的文本，Constant 用于搜索代码中的常量。需要注意的是，后两种模式总是在当前的 IL 级别上进行搜索，即如果当前浏览的 IL 为 HLIL，就会在 HLIL 中进行搜索。相应的，搜索类型也会显示为 Text(HLIL)。

下方的 Case insensitive 表示不区分大小写，默认不勾选。这个只对可打印字符有效，对于不可打印字符无效。

Find all 选项表示是否查找全部匹配。默认情况下已经勾选，即查找所有匹配。如果取消勾选，则会查找下一个匹配，然后通过 Find Next(Ctrl＋G 或 Command＋G)可以依次查找后面的匹配。

Search range 表示搜索的范围，可以指定为

- All，全部，即整个二进制文件。
- Current function，当前函数。
- Custom range，自定义区域，可以在下方输入范围。

如果勾选了 Find All，单击搜索后，会弹出一个搜索结果对话框，如图 11-16 所示。

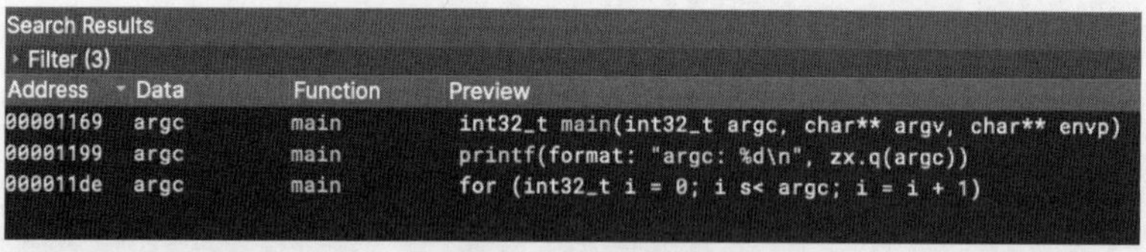

```
Search Results
▸ Filter (3)
Address    ▾ Data    Function    Preview
00001169    argc      main        int32_t main(int32_t argc, char** argv, char** envp)
00001199    argc      main        printf(format: "argc: %d\n", zx.q(argc))
000011de    argc      main        for (int32_t i = 0; i s< argc; i = i + 1)
```

图 11-16　搜索结果

搜索结果最初为空，随着搜索的过程，结果会不断被添加进来。对于每一条搜索结果，都会显示其地址、所在函数与预览。如果所在地址为函数，预览会显示为该条指令。如果所在地址为数据，就会显示其定义。若都没有，就会显示一段十六进制转储。

11.2.7　前进与后退

在实际的逆向工程过程中，我们经常需要试探性的浏览大量函数代码来找寻找有意义的线索。前面介绍了跳转到特定函数或者地址的方式，这里介绍如何后退到先前的位置。

首先,最常用的方式是按 Escape 键回到前一个位置。如果连续按多次 Escape 键,即可连续后退到之前的地址。

此外,窗体的左上角还有两个前进和后退按钮。单击它们就可以响应的回到前一个或者下一个地址,如图 11-17 所示。

图 11-17 前进与后退按钮

本节习题

在完成本节习题前,请用 Binary Ninja 打开任意 PE 文件。可以切换不同的 PE 文件并重复进行练习。

(1)在 Binary Ninja 主视图中,寻找可用于导航的地址和符号标签,双击它们以进行导航。

(2)浏览符号列表,找到感兴趣的函数,并双击导航到该函数。

(3)按 G 键打开导航对话框,输入一个地址或符号名,然后导航到该地址。

(4)浏览字符串列表,找到感兴趣的字符串,并双击导航到该字符串所在的位置。

(5)通过搜索功能找到该 PE 文件中已知的字符串。

(6)浏览字符串的交叉引用,并双击导航到其中一项。

(7)浏览导入与导出函数,并回答该 PE 文件导出了哪些函数?它们来自哪些 DLL?

(8)双击其中任意一个导入函数导航到该函数,并浏览器交叉引用。任意导航到其中一处,并查看该函数如何被调用。

(9)搜索十六进制字符串"558bec",查看所得结果,并回答它们通常出现在什么位置?

(10)熟练掌握导航过程中前进和后退的方法。

11.3 使用 Binary Ninja 的主视图

主视图是 Binary Ninja 通常用来显示代码的区域,这里也是用户最常交互的区域。默认情况下,主视图会以线性视图显示 HLIL 的代码(图 11-18),但我们可以切换各种不同的显示。

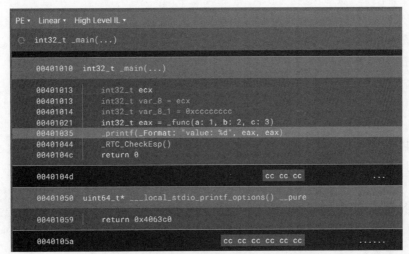

图 11-18 默认情况下的 Binary Ninja 主视图

Binary Ninja 的主视图采用页签显示,每一个页签代表一个打开的文件,可同时打开多个文件。页签下方有一排设置选项。其中,左侧有三个下拉菜单,单击时会列出可选的选项。

左侧第一个选项菜单用于选择当前的二进制视图(Binary View)。二进制视图是 Binary Ninja 中一个核心的概念。简单来说,二进制视图是对一个二进制文件的抽象表示。通过二进制视图可以访问二进制文件的具体信息,比如函数、节区和段等。值得注意的是,二进制视图名字中虽然有一个"视图",但它与图形界面没有任何关系。Binary Ninja 中用于显示代码或数据的图形界面被称作 UI 视图,例如图形(Graph)视图与线性(Linear)视图。

图 11-18 中所示的二进制视图为 PE,即 Windows 上最常用的可执行文件格式。在创建 PE 视图的过程中,PE 加载器会根据 PE 头部的信息将可执行文件的节区与段映射到其相应的地址。也就是说,在 PE 视图中的可执行文件的布局与实际执行过程中的是相同的。

另一个常用的视图为原始(Raw)视图。原始视图展示输入文件的原始样貌,这时我们看到的内容与该文件在十六进制编辑器中看到的类似。

对于 PE 可执行文件来说,默认情况下 Binary Ninja 会自动创建 2 个二进制视图,一个

图 11-19　二进制视图选
择下拉菜单

为原始视图,一个为 PE 视图,如图 11-19 所示。用户可根据需要自行切换不同的视图。

左侧第二个下拉菜单用于选择显示的 UI 视图(View)。UI 视图侧重于如何将二进制视图中的信息展现给用户。例如,前面已经介绍过的线性和图形视图,就分别以线性和图形的方式显示代码。并不是所有的 UI 视图都会显示代码,例如字符串视图就会列出二进制视图中的所有字符串。

常用的 UI 视图如下。

- 图形视图(Graph):以控制流程图(control-flow graph)的形式显示代码,有助于快速理解代码的流程与逻辑。
- 线性视图(Linear):以线性列表的形式显示代码,并显示数据变量的类型与值。
- 十六进制编辑器视图(Hex):以十六进制转储的形式显示当前的二进制视图。
- 字符串视图(Strings):显示当前二进制视图中的字符串。
- 类型视图(Types):显示当前二进制视图中的类型。
- 摘要视图(Triage):显示当前二进制视图的摘要信息,如哈希值、节区和段信息。
- 内存映射(Memory Map):显示当前二进制视图的内存映射信息,如段(Segment)和节区(Section)。

按空格键可以在图形视图与线性视图之间快速切换。

左侧第三个下拉菜单仅在第二个选项为图形视图或线性视图时显示。该菜单用于选择当前代码的 BNIL(Binary Ninja IL,Binary Ninja 中间语言)级别。默认情况下显示 HLIL 的代码,可以通过下拉菜单选择其他级别的 BNIL,或者按 I 键在可用的 BNIL 级别间循环。免费版中可供选择的选项有反汇编(Disassembly),HLIL,或者 C 伪代码(Pseudo-C)。

主视图右侧同样有三个按钮,如图 11-20 所示。其中,左边的两个按钮用于分割视图,最后一个按钮提供一些视图相关的选项。

单击第二个按钮就可以将当前视图分割为两个面板,如图 11-21
所示。

图 11-20　视图选项菜单

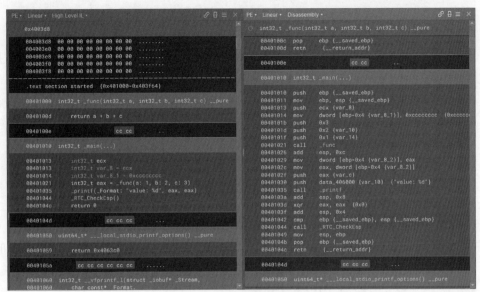

图 11-21　左右分割视图

　　两个面板可以分别显示不同的信息。如图 11-21 中左侧显示的是 HLIL 代码,右侧显示的是汇编代码。这两个比较,可以对反编译的过程有更深入的理解。

　　如果屏幕空间允许,还可以继续单击该按钮将主视图分为更多的面板。

　　默认情况下,面板之间是同步的,即在一个面板中选择一行代码,另一个面板中相对应的代码就会被高亮选中。在一个面板中导航到其他函数,另一个面板也会一同切换。同步模式适合同时查看同一个函数的不同 IL 代码,如反汇编代码与 HLIL 代码。

　　也可以取消两个面板的同步,即两个面板都可以独立地进行选择与导航。非同步模式适合同时浏览不同函数的代码,或者一个面板浏览代码,另一个面板浏览数据。

　　单击位置同步按钮,然后在弹出的下拉菜单中选择"No Sync(无同步)",就可以切换到非同步模式,如图 11-22 所示。

　　最右侧的菜单提供了一些有用的选项。比如"Show Address"可以显示每一行的地址,这个功能默认是开启的状态。"Show Opcode Bytes"可以查看每条指令对应的字节,如图 11-23 所示。

图 11-22　视图同步选项下拉菜单

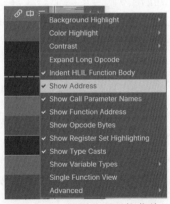

图 11-23　视图选项下拉菜单

本节习题

在完成本节习题前,请用 Binary Ninja 打开任意 PE 文件,可以切换不同的 PE 文件并重复进行练习。

(1)什么是二进制视图?通常情况下,在 Binary Ninja 中打开一个 PE 文件,会创建哪些二进制视图?它们的内容有什么异同?

(2)如何在主视图中切换不同的二进制视图?

(3)图形视图和线性视图显示的内容有什么异同?如何在两者之间切换?

(4)除了图形视图和线性视图,Binary Ninja 还有哪些常见的 UI 视图?它们分别显示什么内容?

(5)如何切换显示的 IL 级别?

(6)将主视图切换为两个面板,浏览代码,并观察两个面板的位置是如何保持同步的。

11.4 分析与标注代码

我们在逆向工程的过程中,需要不断地对代码进行分析,然后逐步理解代码的含义。为此,我们需要对代码进行恰当的标注,以帮助我们总结归纳当前得出的信息。以下分别介绍几种常用的操作。

11.4.1 重命名函数或变量

当我们通过分析理解一个函数的行为或一个变量的作用后,我们应当为它们取一个更

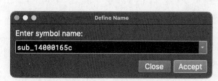

图 11-24 重命名对话框

有意义的名字。可以通过右击菜单,选择"Rename Current Function"来重命名函数。也可以选择函数当前的名字,然后按快捷键 N。在弹出的对话框中输入新的名字即可,如图 11-24 所示。

重命名后,所有引用该函数的地方,例如调用该函数的指令,均会以新的名字显示。

重命名变量的方式与之类似。在反汇编中,Binary Ninja 会将指令访问的变量用花括号 {} 标注出来。例如下面的指令当中,ebp−0x4 处存储的是变量 var_8_2。我们首先单击变量,然后按 N 键,即可输入新的名字。

```
00401026  add    esp, 0xc
00401029  mov    dword [ebp-0x4 {var_8_2}], eax
0040102c  mov    eax, dword [ebp-0x4 {var_8_2}]
```

随后,反汇编代码括号中也会用新的变量名做出标注:

```
00401026  add    esp, 0xc
00401029  mov    dword [ebp-0x4 {sum}], eax
0040102c  mov    eax, dword [ebp-0x4 {sum}]
```

如果查看的是 HLIL 或 C 伪代码,则可以直接单击变量并按下 N 键。以下面代码

为例：

```
00401014        int32_t var_8_1 = 0
00401026        int32_t i
00401026        for (i = 0; i s< 0x64; i = i + 1)
0040102e         var_8_1 = var_8_1 + i
```

不难看出，var_8_1 的实际作用是保存求和的结果。所以我们可以将其重命名为"sum"。相应的，HLIL 也会更新显示：

```
00401014        int32_t var_8_1 = 0
00401026        int32_t i
00401026        for (i = 0; i s< 0x64; i = i + 1)
0040102e        sum = sum + i
```

11.4.2　修改函数或变量的类型

Binary Ninja 会在分析过程中自动推断变量和函数的类型。但由于反汇编及程序分析的复杂性，自动推断得到的类型往往是不准确的。当我们通过分析代码得出了更准确的信息时，可以手动修改函数或者变量的类型。

与修改名称类似，选中一个函数或者变量并且按 Y 键即可输入新的类型。

11.4.3　添加注释

如同编写代码一样，在逆向过程中随时添加注释是一个好的习惯。编写注释有助于将思考的过程落实到文字，避免遗忘。

在图形或线性视图中，都可以按分号键";"开始编辑注释，如图 11-25 所示。

默认情况下输入的注释为单行注释，如果需要输入多行注释，可以按 Shift＋Enter 组合键换行。单击 Comment 按钮或者按 Enter 键可以保存注释。

如果想要编辑注释，可以再次在该地址按下";"，或者双击现有的注释。将当前注释的内容设置为空可以删除当前注释。

11.4.4　添加书签或者标签

添加书签或标签是标注代码的另一种有效方式。如果想要添加书签，可以右击，选择 Tags and Bookmarks→Add Bookmark。添加书签后，该行代码左侧会显示一个书签图标，如图 11-26 所示。

图 11-25　编辑注释对话框

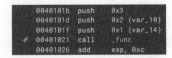

图 11-26　在代码中添加书签

如果想要浏览当前文件的全部书签,可以单击左侧的侧边栏,展开 Tags 面板,如图 11-27 所示。

双击书签即可导航到该书签所在的地址。

事实上,书签只是一种特殊的标签。Binary Ninja 支持在代码中添加多种不同的标签。切换到 Tag Types 页签就可以查看所有已经定义的标签类型,如图 11-28 所示。

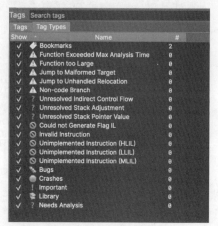

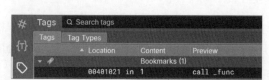

图 11-27　查看所有书签

图 11-28　标签类型列表

Binary Ninja 也会在分析的过程中添加一部分标签。比如在反汇编的过程中,如果遇到无法反汇编的指令,就会在该处添加一个 Invalid Instruction 标签。如果在一段代码中遇到大量这样的情况,那么这段代码极有可能是经过加密的,必须将其解密,才能正确进行分析。

11.4.5　设置高亮显示的颜色

另一种有效的方法是对指令或基本块设置高亮显示。选择一条指令,右击,选择 Highlight Instruction,如图 11-29 所示。该菜单列出了若干种可供选择的颜色,可以根据实际需要选择。

任意选择一种颜色后,该条指令会以这种颜色高亮显示,效果如图 11-30 所示。

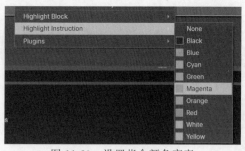

图 11-29　设置指令颜色高亮

图 11-30　设置指令高亮的效果

类似的,可以通过选择 Highlight Block 来为基本块设置高亮显示。

11.4.6　撤销与重做

逆向工程是一项具有探索性的工作,在实际逆向工程中,我们往往想要撤销先前的操作。和大多数软件一样,Binary Ninja 支持撤销与重做。按 Ctrl+Z 组合键即可撤销最近的一次操作,按 Ctrl+Y 组合键可以重做刚刚撤销的操作。

Binary Ninja 将撤销与重做相关的信息保存到了分析数据库中,这意味着我们甚至可以撤销几天前添加的标注。

本节习题

(1) 如何重命名一个变量或者函数? 做出修改后,分析结果有哪些改动?

(2) 如何修改一个函数或者变量的类型? 做出修改后,分析结果有哪些改动?

(3) 逆向分析一段代码,并在每条指令后用注释解释其作用。

(4) 如何为感兴趣的代码添加书签? 如何浏览已有的书签并导航到其所在位置?

(5) 如何为指令或者基本块设置高亮显示?

(6) 如何撤销与重做标注?

11.5 使用类型

类型(Type)及其工作流程是逆向工程的重要话题。在逆向工程的过程中,我们不仅要分析和理解代码的行为,还往往需要由代码推断变量的类型,并恢复结构体和数组等非标量类型。这一点在分析中型和大型程序时尤为突出。

在 Binary Ninja 中,可以在侧边栏或主视图中查看已有的类型,如图 11-31 所示。

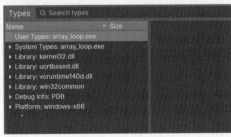

图 11-31 类型列表

Binary Ninja 会根据当前 PE 文件导入的 DLL 和 API 函数自动从类型库(Type Library)中导入相应的类型信息。例如,该程序导入了 KERNEL32.dll 中的 GetStartupInfoW 函数,该函数的第一个参数类型为 STARTUPINFOW∗,是一个指向 STARTUPINFOW 结构体的指针。

由于类型视图中可能存在大量的类型,我们可以在上方的输入框中输入该类型的名字,然后进行搜索。找到该类型后,单击它即可在右侧显示其定义,如图 11-32 所示。

左侧列表的第一行表示用户类型(User Types),默认情况下是空白的。我们在分析过程中创建的类型都属于用户类型。

我们考虑在第 10 章中用到的例子:

```
struct S
{
```

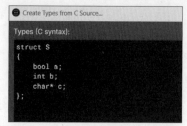

图 11-32　类型及其定义

```
    bool a;
    int b;
    char* c;
};

int main(int argc, char** argv)
{
    struct S st;
    st.a = true;
    st.b = 100;
    st.c = "hello";
    return 0;
}
```

我们尝试在 Binary Ninja 中创建该类型,并设置相应变量的类型。

首先,如果我们已经有了类型的 C 语法定义,我们可以直接要求 Binary Ninja 解析并创建相应的类型。在类型视图中右击,选择 Create New Type...或者按快捷键 I,并在弹出的对话框中开始输入一个类型的定义,如图 11-33 所示。

然后单击右下方的 Create 即可创建该类型。类型视图也会进行更新并显示该类型,如图 11-34 所示。

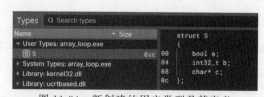

图 11-33　通过 C 代码创建类型　　　　图 11-34　新创建的用户类型及其定义

接下来,我们选中变量 var_14(图 11-35),也就是位于该结构体位于 ebp-0x10 的起始地址。按下 Y 键,并在弹出的对话框中输入该结构体类型的名字,"S",如图 11-36 所示。

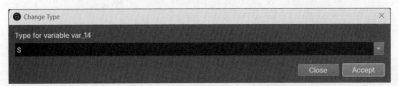

```
0040101a  mov     byte [ebp-0x10 {var_14}], 0x1
0040101e  mov     dword [ebp-0xc {var_10}], 0x64
00401025  mov     dword [ebp-0x8 {var_c}], data_406000   {"hello"}
```
图 11-35　选中变量 var_14

图 11-36　在修改类型对话框中输入结构体的名字(S)

随后单击 Accept 按钮接受修改。我们可以看出,汇编代码也进行了相应的更新。可以看出,原先独立的变量标注变为了对结构体成员的访问,如图 11-37 所示。

```
0040101a  mov     byte [ebp-0x10 {var_14.a}], 0x1
0040101e  mov     dword [ebp-0xc {var_14.b}], 0x64
00401025  mov     dword [ebp-0x8 {var_14.c}], data_406000   {"hello"}
```
图 11-37　设置变量为结构体后的汇编代码

有兴趣的读者还可以按 N 键为 var_14 设置一个更直观的名字。

如果想要修改结构体的定义,可以选中该类型,并按 Y 键,或者右击,选择"Change Type..."。在弹出的对话框中进行编辑,然后单击 Accept 即可。也可以直接选中想要修改的结构体成员,通过按 N 键对其重命名,Y 键修改类型,U 键将其删除。

虽然通过 C 定义创捷结构体是非常直观的,但不幸的是,我们在逆向工程时通常无法得到 C 源代码。因此,Binary Ninja 支持渐进式的创建结构体,即最初先创建一个空白的结构体,随着分析逐步添加结构体的成员。

仍以上面的代码为例,我们首先选中 ebp－0x10 处的 var_14,然后按下 S 键。这时会弹出如图 11-38 所示的创建结构体对话框:

我们在"Structure name"中输入结构体的名字,这里输入"S"。下一个输入框是结构体的大小。如果我们明确知道结构体的大小,可以直接输入。否则可以暂时不输入,并创建一个空白的结构体。这里我们输入 0xc,并单击 Create。

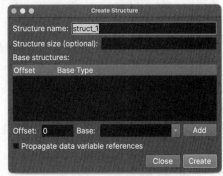

图 11-38　创建结构体对话框

这时代码和类型视图均会发生变化。首先是代码视图,三条指令均变为对 var_14_1 变量的访问。后面接着的__offset()表示对此结构体特定偏移的访问。例如,"var_14_1.__offset(0x4).d"表示对 var_14_1 结构体偏移 0x4 处的访问,".d"表示访问的大小为 4 字节,如图 11-39 所示。为什么会得到这样的代码呢?

```
0040101a  mov     byte [ebp-0x10 {var_14_1.__offset(0x0).b}], 0x1
0040101e  mov     dword [ebp-0xc {var_14_1.__offset(0x4).d}], 0x64
00401025  mov     dword [ebp-0x8 {var_14_1.__offset(0x8).d}], data_406000   {"hello"}
```
图 11-39　定义空白结构体后的汇编指令

这是因为我们创建的结构体还没有添加成员,但 Binary Ninja 的分析发现代码访问了该结构体给定偏移下的数据。为此，只能以__offset()的形式表示。此时查看类型视图中该结构体的定义(图 11-40)，我们可以发现也标注出了对这些偏移的访问：

这时候，我们就可以分别在 0x0、0x4、0x8 处分别添加结构体成员。以 0x0 为例，我们首先单击该行，然后按下 Y 键。在弹出的对话框中，输入"bool"，然后单击 accept。这时类型视图和代码视图都会根据我们的编辑更新，如图 11-41 和图 11-42 所示。

```
struct S __packed
{
00      __offset(0x0).b
00   ?? ?? ?? ??
04      __offset(0x4).d
04            ?? ?? ?? ??
08      __offset(0x8).d
08   ?? ?? ?? ??
0c };
```

图 11-40　类型视图中标注处的结构体中被访问的偏移

```
struct S __packed
{
00      bool field_0;
01   ?? ?? ??
04      __offset(0x4).d
04            ?? ?? ?? ??
08      __offset(0x8).d
08   ?? ?? ?? ??
0c };
```

图 11-41　在偏移 0x0 处创建 bool 成员后的结构体

```
0040101a mov    byte [ebp-0x10 {var_14_1.field_0}], 0x1
0040101e mov    dword [ebp-0xc {var_14_1.__offset(0x4).d}], 0x64
00401025 mov    dword [ebp-0x8 {var_14_1.__offset(0x8).d}], data_406000  {"hello"}
```

图 11-42　在结构体中添加 bool 成员后的汇编代码

由于我们只输入了该成员的类型，而没有提供名称，所以 Binary Ninja 自动根据其偏移生成了名称"field_0"。如果我们想要修改其名称，可以在类型视图或者代码视图中单击"field_0"，然后按下 N 键，并输入新的名字。也可以在先前设置类型的时候直接输入"bool a"，Binary Ninja 会自动解析其类型和名字，并进行相应的设置。

类型视图中的"??"表示该偏移位置没有定义，通常是因为编译器对结构体成员进行对齐造成的。有关内容，可以参考第 10 章中对结构体的分析。

其他两个变量可以依次类似的编辑，这里不再赘述。

Binary Ninja 还可以根据代码对结构体的访问自动创建结构体成员。我们首先删除刚刚创建的结构体成员(即恢复到刚刚创建空白结构体的情况)。这时我们选中变量 var_14，并再次按下 S 键，如图 11-43 所示，可以看到，Binary Ninja 在有代码访问的三个偏移自动创建了三个结构体成员，并分析了其类型。

图 11-43　通过"自动创建结构体"功能创建的结构体

本节习题

(1) 用 Binary Ninja 打开一个 PE 文件，查看类型视图中自动导入的类型。它们来自哪里？

(2) 如何通过 C 代码创建一个结构体？

(3) 如何创建一个空白结构体，然后逐步添加其中的元素？

(4) 如何通过"自动创建结构体"功能自动地创建结构体中的元素？

11.6　修补代码

虽然我们的目的通常是分析二进制文件中的代码,但有时我们也需要对代码进行修补(Patch)。比如恶意代码可能插入了反调试器的代码,调试该程序时,它会直接退出而不是展现其邪恶的一面。对于这种情况,我们可以分析并找到其实现反调试的地方,并针对性的破坏其检测。另一种情况是分析混淆过的代码,其中可能包含大量的垃圾指令,给分析带来很大困难。我们可以手动或自动地将这些无用指令移除,以简化分析流程,加快速度。

这里以图 11-44 所示的代码为例:

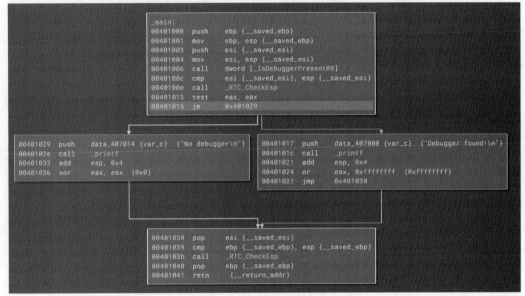

图 11-44　包含反调试逻辑的代码

在 main 函数中,代码调用了 Windows API 函数 IsDebuggerPresent。该函数在当前程序被调试会返回 true,在当前程序没有被调试的时候会返回 false。代码会根据其返回值打印不同的字符串。

这是一种最简单的反调试技术。如果程序检测到自己正在被调试,就会直接退出(或者改变原有的功能)。只有在没有被调试时,程序才会按照原本设定的代码执行。

对于以上代码,我们可以对其进行修补使其始终执行 0x401029 处的分支,即在程序没有被调试时会到达的分支。我们先单击 0x401029,然后右击,选择 Patch→Always Branch。修补后视图会进行更新,如图 11-45 所示。

此时可以看出,无论 IsDebuggerPresent 的返回值如何,都会打印"No debugger"字符串。

另一种修补指令的方式是选择一条指令,然后按快捷键 E。此时会在该指令的位置显示一个输入框,输入新的指令即可对其进行汇编,并更新分析数据库。通过这种方式修改指令较为灵活,不受原始指令内容的限制。如果我们选择一段连续的指令并按 E 键,就会弹出一个编辑对话框,我们可以对选中的所有指令进行编辑。

```
_main:
00401000  push      ebp {__saved_ebp}
00401001  mov       ebp, esp {__saved_ebp}
00401003  push      esi {__saved_esi}
00401004  mov       esi, esp {__saved_esi}
00401006  call      dword [_IsDebuggerPresent@0]
0040100c  cmp       esi {__saved_esi}, esp {__saved_esi}
0040100e  call      _RTC_CheckEsp
00401013  test      eax, eax
00401015  jmp       0x401029
```

```
00401029  push      data_407014 {var_c}  {"No debugger\n"}
0040102e  call      _printf
00401033  add       esp, 0x4
00401036  xor       eax, eax  {0x0}
00401038  pop       esi {__saved_esi}
00401039  cmp       ebp {__saved_ebp}, esp {__saved_ebp}
0040103b  call      _RTC_CheckEsp
00401040  pop       ebp {__saved_ebp}
00401041  retn      {__return_addr}
```

图 11-45 修补代码后的效果

值得注意的是,修补代码时,如果新旧指令长度相同,这样的修改是容易的。如果新指令比旧指令短,例如原先指令为 8 字节,新指令为 5 字节,则修改时不仅会将前 5 字节的内容修改为新的指令,还会将后面紧跟的 3 字节修改为 nop。否则,残余的 3 字节会被当做一条新的指令,引起不必要的分析错误。

如果新指令比旧指令长,就会覆盖后面的指令。这种情况下,Binary Ninja 会弹出如图 11-46 所示的对话框。

此时,不仅原始指令会被替换,与新指令重叠的第二条指令的后半部分也会被替换为 nop 指令。这种情况下需要小心,因为覆盖了额外的指令,或许不是我们想要的结果。

如果想要删除一条或一段指令,只需选取它(们),然后单击 Patch→Convert To NOP。

值得注意的是,修补二进制文件时,我们修改的只是数据库中的字节和分析信息。磁盘上的原始文件没有变化。如果我们希望运行或调试修补后的二进制文件,需要首先将其保存到磁盘上。单击 File→Save As...,会弹出如图 11-47 所示的对话框:

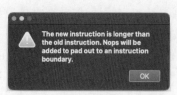

图 11-46 指令长度提示对话框

图 11-47 保存文件对话框

选择"Save file contents only",然后单击 Save 按钮。接下来选择一个保存路径即可。

本节习题

(1) 在逆向工程中,我们为什么会需要修补代码?

(2) 在 Binary Ninja 中,如何修改一条指令?

（3）当新指令和旧指令长度不一致时，Binary Ninja 会怎样处理？会带来哪些影响？

（4）在 Binary Ninja 中，如何修改一段指令？

（5）修改代码后，如何将修改结果保存到磁盘？

11.7　实例讲解

本节将以实例讲解 Binary Ninja 的用法。读者熟练掌握本节的例子后，也可以自行寻找练习题进行练习。

这里务必要提醒各位读者，在寻找练习目标时，必须要遵守相关的法律法规。通常来说，可以选择国内外 CTF（Capture-The-Flag，网络安全竞赛）的逆向工程或漏洞利用题目进行练习。尤其不能以破解商业软件、制作游戏外挂，或其他黑灰产为目的。

本章的例题均给出了 PDB 符号文件，其中包含了可执行文件中的函数名等信息，可以降低练习的难度。但实际逆向工程中，我们一般无法取得符号文件，所以读者应该在掌握借助符号文件逆向工程后，尝试在没有符号文件的情况下分析同一文件，并比较两者的异同。

11.7.1　实例一

实例一是一个特别简单的例子，堪称是逆向工程练习题的"hello world"。本例子读取一个用户输入的字符串，并与程序中的一个常量字符串比较。如果二者相同，就打印"Correct"，否则就打印"Wrong"。我们的目的是找出该常量字符串。

加载该二进制文件后，我们首先在左侧的符号列表中搜索 main，并找到 main 函数，如图 11-48 所示。

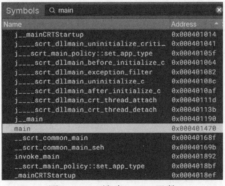

图 11-48　搜索 main 函数

我们可以看到，除了真正的 main 函数，还有许多名字与 main 函数相关的函数，例如 j__main，invoke_main 等。这些都不是本例编写过程中加入的代码，它们都是编译器在 main 函数之前插入的代码，目的是进行恰当的初始化。不难发现，在当前实例中，我们真正需要分析的 main 函数的代码只是整个二进制文件的一小部分。这在逆向工程中是一个常见的现象，即我们有可能面对大量代码，并且必须尽可能地找到真正想要分析的核心代码，而不是在无关的代码上浪费时间。筛选大量代码并找到想要分析的代码是逆向工程师必备的技能之一。main 函数代码如图 11-49 所示。

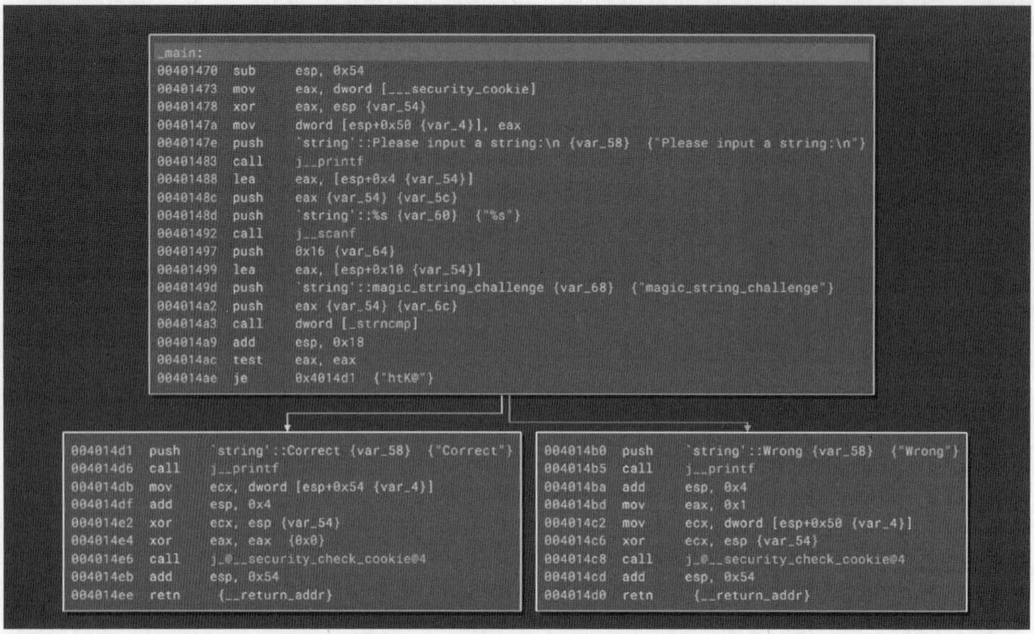

图 11-49 实例一 main 函数代码

main 函数的代码相当简短。首先在控制流图中可以看出,下方有一个分支,分别打印出"Correct"和"Wrong"字符串。这里调用的函数名为 j__printf,而不是 printf。这与 Visual Studio 编译器的处理有关,我们不做深究。

如果我们分析的时候没有符号文件辅助,我们可能难以立刻找到 main 函数,或者关键计算不在 main 函数中(一个简单的程序有可能包含多个函数),我们可以通过搜索"Correct"和"Wrong"字符串来找到进行关键判断的函数。我们也可以查找 strncmp 函数的交叉引用来寻找潜在的有价值的代码。

接着我们浏览上方的基本块中的代码,首先打印"Please input a string:\n"字符串,并调用 scanf 函数。scanf 函数的第一个参数是%s,说明读取的是一个字符串。

接下来,代码调用 strncmp 函数将用户输入的字符串与一个常量字符串比较,并根据比较的结果进行跳转。Binary Ninja 已经将该常量字符串的内容标注出来,即"magic_string_challenge"。

通过静态分析,我们确定需要输入的字符串是"magic_string_challenge"。接下来我们运行该程序,可以验证其正确性,如图 11-50 所示。

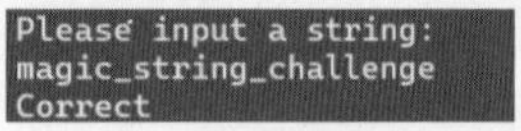

图 11-50 验证字符串输入

尽管本实例的求解十分简单,但本例中有关栈的代码值得深入分析:

```
00401488  lea     eax, [esp+0x4 {user_input}]
0040148c  push    eax {user_input} {var_5c}
0040148d  push    `string'::%s {var_60}  {"%s"}
00401492  call    j__scanf
00401497  push    0x16 {var_64}
00401499  lea     eax, [esp+0x10 {user_input}]
0040149d  push    `string'::magic_string_challenge {var_68}
```

```
{"magic_string_challenge"}
004014a2  push     eax {user_input} {var_6c}
004014a3  call     dword [_strncmp]
004014a9  add      esp, 0x18
```

首先注意到 main 函数中,有局部关变量的指令都是基于 esp 的,而不是基于 ebp。我们在第 9 章中提到过,堆栈既可以基于 esp,也可以基于 ebp。基于 ebp 的代码相对容易理解,但编译器可能由于多种原因(优化级别等)决定采用基于 esp 寄存器对局部变量进行寻址。这对编译器自身来说当然是没有任何困难,但确实可能给逆向工程师带来额外的挑战。接下来我们详细分析上述代码片段。

在 0x401488 处,lea 指令将 user_input 变量的地址加载到 eax 寄存器中,并在下一条指令中将其压入堆栈,作为 scanf 函数的第二个参数。有趣的是,在 0x401499 处,当代码需要再次将 user_input 压栈时,其地址变为了 esp+0x10,这是为什么呢?

这是因为,上述代码在调用 scanf 函数后,没有立刻进行栈平衡。此处 scanf 函数本身有两个参数。根据调用约定,调用 scanf 后需要清理其参数,也就是将 esp 的值加 0x8,例如执行 add esp, 0x8。但是,编译器没有立刻进行这一操作,而是直接开始将 strncmp 的参数压入堆栈。压入的第一个参数是 strncmp 的第三个参数,也就是字符串的长度。接下来是 user_input。注意此时相对于上一次压栈的时候,栈上已经多出了三个元素(scanf 的两个参数,以及 strncmp 的第三个参数),所以 user_input 的位置相对于 esp 寄存器变得更低了,于是其偏移由 esp+0x4 变为了 esp+0x10。其中的差值正好是压入的三个元素的大小。

为什么编译器生成的代码会暂时不进行栈平衡呢?这多半是因为性能考虑。因为如果首先针对 scanf 进行栈平衡,在调用 strncmp 后还需要再调整一次,也就是需要两条指令。如果将二者合二为一,就可以省掉一条指令。当然,这样的安排使得对栈上元素的追踪变得更为复杂。编译器出于对最终生成的代码的执行性能考虑,认为多花一点时间计算变量的偏移是值得的。这对编译器来说自然不是什么难事,但却会给逆向工程师带来额外的负担。好在 Binary Ninja 也可以正确地追踪栈指针的变化,识别出两次对 user_input 的访问。

在调用完 strncmp 后,代码通过 add esp, 0x18 指令一次性将栈指针加 0x18,也就是 6 个元素的大小,即 24 字节。我们浏览相关的代码,可以发现最上方还有一个 printf 函数压入了一个参数并且没有进行栈平衡。也就是说,printf 函数压入了一个参数,scanf 压入了两个参数,strncmp 压入了三个参数,总共是六个。代码在最后一起进行了栈平衡,将栈指针加 0x18。

兵无常势,水无常形,类似由于编译器优化而生成不同代码的例子是逆向工程师经常需要面对的情况。我们要做的是首先夯实基础,熟练掌握相关基础知识和常见的模式,见到陌生的情况也不慌张。接下来根据实际情况进行分析,逐步找到头绪,并最终理解有关代码。经过多次的练习后,整体逆向工程水平会有一定的提高,获得的经验也有助于我们更快地处理陌生的模式。

11.7.2　实例二

示例二比示例一略为复杂,涉及整数的算术计算,并且需要编程求解。与示例一类似,我们首先通过搜索找到 main 函数,如图 11-51 所示,并查看其代码:

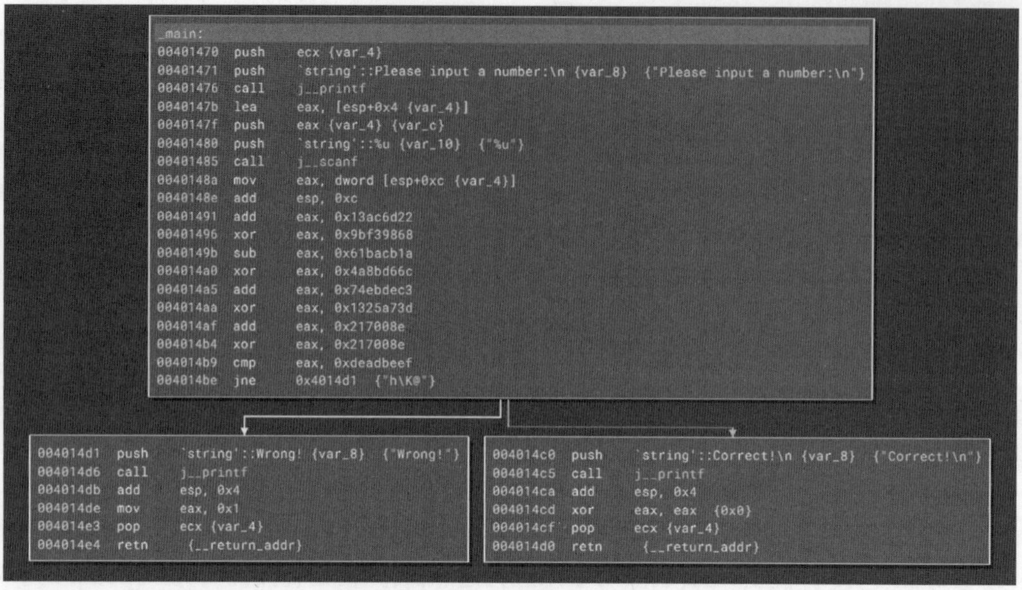

图 11-51　示例二 main 函数代码

代码本身并不长,并且与示例一类似,也是根据一个 cmp 指令的结果跳转到不同的分支,并打印"Correct"或者"Wrong"字符串。不同的是,本例中 scanf 读取的是一个无符号整数。读取该数后,经过一系列的 add 和 xor 运算,如果最终结果为 0xdeadbeef,即为正确。

求解该问题的关键在于 add 和 xor 都是可逆的。我们可以从最后的结果开始,一步步得到最初的输入数字。我们可以通过以下 Python 脚本计算出正确的输入:

```
val = ((0xdeadbeef ^ 0x217008e) - 0x217008e) & 0xffffffff
val = ((val ^ 0x1325a73d) - 0x74ebdec3) & 0xffffffff
val = ((val ^ 0x4a8bd66c) + 0x61bacb1a) & 0xffffffff
val = ((val ^ 0x9bf39868) - 0x13ac6d22) & 0xffffffff
print(val)
```

值得注意的是,每一步计算后都需要将结果与 0xffffffff 进行二进制与($\&$)操作。这是为了确保计算出的数值在 32 位无符号整数变量可以表示的方位内。否则,计算出的数值可能超出这个范围,得到错误的结果。

运行上述脚本,我们得到结果 3499278311。然后运行该程序验证结果,如图 11-52 所示。

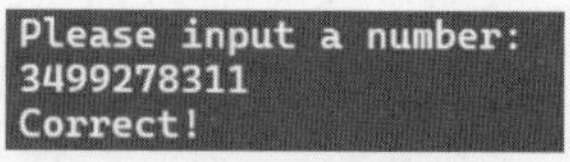

图 11-52　验证整数输入

本节习题

（1）在没有 PDB 符号文件的情况下重复上述练习。并分析没有符号情况下进行分析有哪些困难。

（2）在没有符号文件的情况下,如果快速地找到进行关键判断的代码或函数?

（3）基于 esp 和 ebp 的栈访问有什么异同?

（4）通过修补二进制文件,使得即使输入错误的字符串或数值,程序仍然会打印出"Correct"字符串。

（5）通过修补二进制文件，使得正确答案变为不同的字符串或者数值。

（6）讨论如何使得上述实例中的计算过程更难以被分析。

（7）浏览互联网上关于 CTF 的信息，并参加一次比赛作为练习。

11.8　本章小结

本章主要介绍了 Binary Ninja 免费版的使用方法。逆向工程是一项复杂且充满挑战的工作，借助专业的分析工具，可以事半功倍。

我们首先熟悉了 Binary Ninja 的基本界面，并掌握了导航与浏览代码的方法。在逆向工程过程中，由于我们需要经常反复在不同的函数之间切换，所以掌握高效的导航方法可以提高工作效率。

接下来，我们重点学习了主视图的使用方法与常见交互。主视图是我们最常打交道的区域，熟悉其各项功能有助于我们将精力投入实际的分析工作中，而不是浪费在重复的操作上。

随着我们分析的对象变得复杂，我们必须在逆向工程中不断对代码做出标注。我们介绍了常见的标注代码的方法，这有助于我们将大脑中的分析思路和结果保存到分析数据库中，避免丢失进度。

类型及其恢复是逆向工程中一个重要的概念。本章初步介绍了 Binary Ninja 的类型工作流程，为读者日后逆向分析中大型文件打下了基础。

在逆向工程中，我们时而需要修补代码。为此，Binary Ninja 提供了便捷的操作方式，可以让分析者相对简便的对代码进行修改，以帮助分析或调试。

最后，我们通过实例了解了 Binary Ninja 在逆向工程过程中的使用方法。

综上，本章简单介绍了 Binary Ninja 的主要特性及其使用方法。读者应多加练习，熟练掌握各项内容，并加以综合运用。

第 12 章
动态调试分析技术

第 11 章介绍了静态逆向分析的主要方法,本章主要介绍动态调试(Debug)分析技术。与静态分析不同,调试是指动态运行需要分析的代码,并在过程中理解代码的方法。在逆向工程过程中,尤其是分析具有一定挑战性的对象时,静态分析往往不能轻易达到目标。这时候,动态调试是一种有力的补充。本章首先介绍调试的相关理论,然后以开源调试器 x64dbg 为例,介绍调试器(Debugger)的实际使用方法。

如果有学习任何编程语言(例如 C/C++)的经历,那想必读者对调试不会感到陌生。如果一段代码无法达到预期的效果而自己又无法轻易找出原因,那么调试相关的代码就是一种有效的手段。在这个过程中,程序员借助调试器观察代码实际运行的效果,例如变量或寄存器的值,然后与自己的预期相比较。如果二者不同,就想办法找出问题发生的具体原因,最终根据具体原因对代码进行修改,以使代码达到自己预期的功能。

在逆向工程语境下,我们遇到的代码通常都是陌生的。我们需要根据自己的分析,逐步理解代码的行为和功能。如果代码相对比较简单,那通过阅读汇编代码或者反编译得到的代码,就可以理解相应的代码。然而,事与愿违,许多情况下,静态分析不能解决所有问题。例如,代码可能比较复杂,单纯进行静态分析无法完全理解其意图。再或者,代码中用到了不常用的指令(例如 SSE 或 AVX 指令),自己不能完全确定它的效果。这时候,首先应当查阅文档,弥补自己的知识缺陷。但往往即使查阅文档,因为指令的行为较为复杂,也不能百分百确定指令的行为。有道是"纸上得来终觉浅,绝知此事要躬行",通过调试相关的代码,观察其对寄存器和内存的影响,是理解指令行为更为直接的方法。第三种情况是代码经过了混淆或者加壳保护,需要借助动态调试进行分析,以便达到去混淆或者脱壳的目的。

12.1 x64dbg 调试器入门

本章以 x64dbg 为例,介绍图形调试器的主要使用方法。x64dbg 是 Windows 上最为流行的图形调试器之一。x64dbg 是一个开源项目,项目地址位于 https://github.com/x64dbg/x64dbg。Git 历史显示,x64dbg 项目自 2013 年 11 月起开始开发。经过十年多的开发,尤其是吸收了开源社区的广泛贡献,x64dbg 已经是一款稳定、快速、高效的调试器。

x64dbg 采取调试后端和用户界面分离的设计理念。其核心调试引擎为 TitanEngine

(https://github.com/x64dbg/TitanEngine)，用户界面则采用 Qt 开发。x64dbg 的用户界面丰富但不杂乱，常用的功能都可以快速地找到，学习曲线也相对较低。

12.1.1　x64dbg 的获取与安装

x64dbg 可以从其官网（https://x64dbg.com/）免费下载。下载后，得到一个 zip 压缩包。x64dbg 由于新版本发布相当频繁，所以没有采用通常的版本号策略。压缩包名称一般是该版本编译的日期，例如 snapshot_2024-01-06_21-29.zip。读者阅读本书时，下载得到的版本可能不同。不过由于 x64dbg 功能已经相对稳定、完善，所以采用更新的版本一般不影响学习其基本使用。

解压后，得到一个文件夹，其中有两个子文件夹和一个文件。文件 commithash.txt 中包含了本次编译 x64dbg 时相应提交的哈希值，pluginsdk 文件夹中包含了开发插件需要用到的 SDK，这两个暂时都不会用到。release 文件夹中包含 x64dbg 的可执行文件，在其中找到 x96dbg.exe，并且双击运行，弹出如图 12-1 所示的对话框。

图 12-1　x64dbg 启动器

单击右侧的 Install 按钮，开始安装。接下来，安装程序首先会弹出用户控制用户账户控制（User Account Control，UAC）对话框获取管理员权限，然后依次询问是否注册外壳（shell）扩展，是否添加桌面快捷方式，是否注册调试数据库图标。通常情况下都选择"是"即可，也可以根据实际需求选择。

接下来，可以通过双击桌面上新建立的 x32dbg 快捷方式启动 x64dbg 调试器，或者再次运行 x96dbg.exe，然后从中单击 x32dbg。

有意思的是，x64dbg 本身并不是一个单独的程序，而是对 32 位和 64 位都分别编译了可执行文件。这是因为 Windows 系统的特殊性——在 Windows 系统上，想要调试 32 位程序，调试器自身必须是 32 位的程序；如果想要调试 64 位程序，则调试自身其必须是 64 位的程序。理论上可以只采用同一个 64 位调试器，既调试 64 位程序，也调试 32 位程序。但由于实现这一目标会带来一些额外的技术复杂性，且会将一部分的技术困难转嫁给调试器用户，所以今天包括 x64dbg 在内的所有主流的调试器都选择了分别编译 32 位和 64 位的方案。

x64dbg 分别将其 32 位和 64 位调试器可执行文件命名为 x32dbg.exe 和 x64dbg.exe。但两者一般统称为 x64dbg。本书主要介绍 32 位程序的分析与调试，主要用到的是 x32dbg.exe，但仍按照习惯将其称作 x64dbg。

初次运行 x64dbg，可以在 Options-Languages 菜单中将语言设置为中文，重启后即可生效。

12.1.2　初次使用 x64dbg 调试

使用 x64dbg 启动并调试一个可执行文件，可以采取以下几种方式：
- 直接将可执行文件拖入 x64dbg 主界面并释放；
- 在文件浏览器（explorer）中右击该可执行文件，然后选择"Debug with x64dbg"；
- 在 x64dbg 中，选择文件→打开，然后选择可执行文件，并单击"打开"。

其中,前两种方式比较直观,也最常用。

开始调试后,x64dbg 会运行并调试选定的可执行文件,并在系统断点暂停被调试进程的执行。x64dbg 主界面如图 12-2 所示。

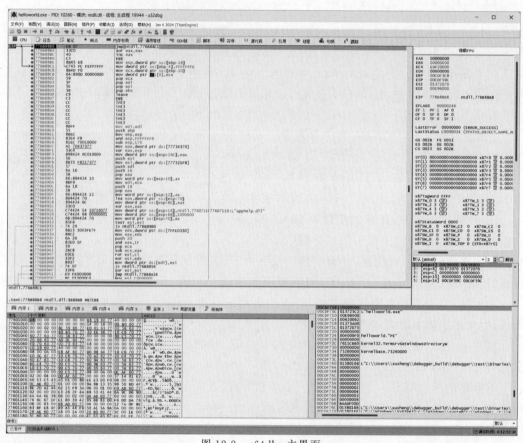

图 12-2　x64dbg 主界面

初次使用调试器,可能遇到的一个令人困惑的情况是,相同代码在每次调试过程中所在的地址不一样。这一般来说是地址空间配置随机化(address space layout randomization,ASLR)造成的。ASLR 是一种漏洞利用缓解技术,即在应用程序存在漏洞的情况下,增加攻击者利用漏洞进行攻击的难度。ASLR 将模块随机加载在不同的基地址,降低了地址空间分布的可预测性,让攻击者更难确定已知代码的地址。ASLR 应用广泛,现代主流操作系统均默认开启了 ASLR。

但 ASLR 会给调试带来额外的复杂性,为方便学习,可以在调试器中关闭 ASLR。具体操作是选择选项→引擎,然后在弹出的对话框中勾选"禁用 ASLR"复选框,如图 12-3 所示。

这样,每次调试时,相同模块就会被加载在同一地址,并且在调试器中看到的代码地址,与静态分析器看到的地址是一样的。

值得注意的是,这样设置只会使得调试器在启动进程时禁用该进程的 ASLR,并不会在操作系统层面全局禁用 ASLR。出于安全性的考虑,一般不建议在操作系统层面完全禁用 ASLR。

图 12-3　x64dbg 选项对话框

本节习题

（1）下载并安装 x64dbg。

（2）用 x64dbg 调试任意 PE 文件，熟悉其界面。

（3）在 x64dbg 内禁用 ASLR，并观察启用和禁用 ASLR 对 PE 文件加载及地址的影响。

12.2　x64dbg 的主界面

x64dbg 的主界面视觉上主要分为 6 个区域，每个区域分工明确，它们分别是：

（1）最上方的菜单栏和工具栏。

（2）左上角的代码窗口。

（3）右上角的寄存器窗口。

（4）左下角的内存窗口。

（5）右下角的堆栈窗口。

（6）最下方的状态栏。

其中，工具栏包含若干常用的控制按钮，单击即可控制目标进程的执行，比如恢复执行、单步执行等。代码窗口占据的空间最大,会显示目标进程接下来将要执行的代码。寄存器窗口显示当前寄存器的值。内存窗口将特定内存区域的内存以十六进制数值显示,方便使用者观察。堆栈窗口显示栈顶附近的内存状态,可以让使用者更快捷地掌握函数的调用参数等常用的信息。状态栏显示当前目标进程的状态。

使用调试器,首先要学会的是理解被调试进程的当前状态。状态栏的最左侧显示当前进程的运行状态。在没有进行调试时,该区域显示为"就绪",主界面内的区域基本显示为空白。当我们开始调试时,首先会命中系统断点,这时候状态为"已暂停",右侧同时会显示出被调试进程暂停的原因,即"已到达系统断点1"。这时候,代码窗口显示了接下来将要执行的指令,为了醒目,其地址以反色显示(黑底白字),与其他的代码行相区分。

12.2.1 代码窗口

代码窗口显示调试对象中的指令,如图12-4所示。

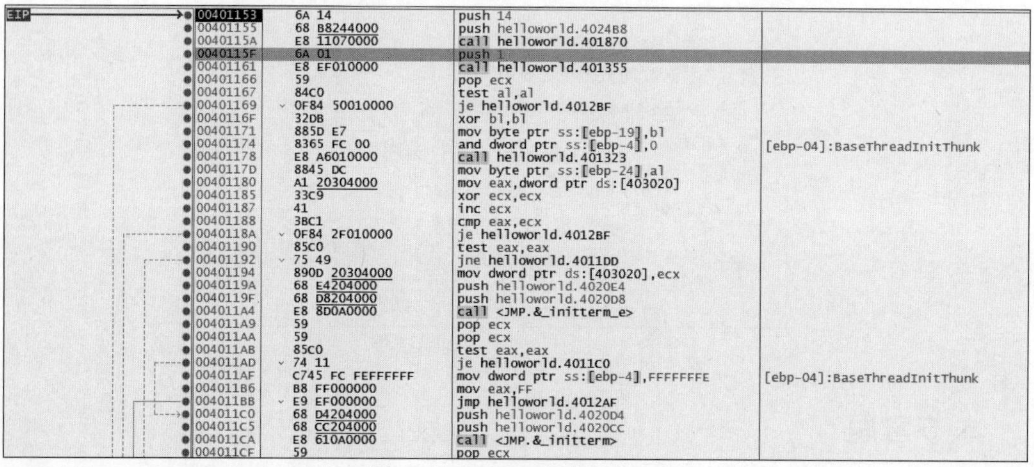

图12-4 x64dbg的代码窗口

其主要区域分为五列。其中,第一列用蓝色箭头指向当前指令。如果指令涉及跳转,用箭头标注跳转目标,蓝色虚线表示条件跳转,蓝色实线表示无条件跳转。此外,如果有寄存器指向当前页面中的地址,也会用蓝底白字进行标注。图12-4中显示EIP指向0x401153。

第二列显示指令的地址。断点命中时,x64dbg会将下一条指令显示在代码视图的顶部,且用黑底白字标注该地址。如果一个地址上有断点,则会用红底黑字显示。

第三列显示该指令的字节,操作码与操作数之间有一个空格。

第四列为指令的反汇编,这也是我们最长阅读的一列。

最后一列为注释,既可以是x64dbg根据调试对象的状态自动生成的,也可以按分号(;)然后手工添加。

代码视图中的地址均可以双击,双击后x64dbg会转向该地址。如果是跳转指令,可以跳转到该指令的目标地址。

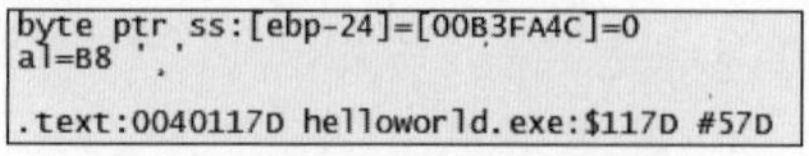

```
byte ptr ss:[ebp-24]=[00B3FA4C]=0
al=B8 ' '
.text:0040117D helloworld.exe:$117D #57D
```

图12-5 x64dbg的提示信息

如图12-5所示,单击一条指令可以将其选中,x64dbg以灰底色显示。选中一条指令后,代码视图下方的区域会显示关于该指令的有用信息。例如,如果我们选中位于 0x40117d 处的 mov byte ptr ss：[ebp－24],al 指令,该区域显示如下：

由于该指令会将 al 寄存器的值写入位于 ebp－24 处的一字节,所以我们可能关注该字节的当前值,以及 al 的值。我们可以看到,x64dbg 计算出了 ebp－24 的实际位置(0xb3fa4c),并且该处的字节值为 0x0。al 的值为 0xb8。最下方的一行显示了该指令位于.text 节区,地址为 0x40117d。位于 hello world.exe 模块中,偏移为 0x117d。该指令位于文件偏移 0x57d。

值得注意的是,该信息框始终使用调试对象当前的状态来生成标注信息。如果当前选中的指令不是接下来要执行的指令,那么有可能该区域显示的信息与实际执行到该指令时不同。

12.2.2　寄存器窗口

寄存器窗口位于代码视图的右侧,显示寄存器的当前值,如图 12-6 所示。

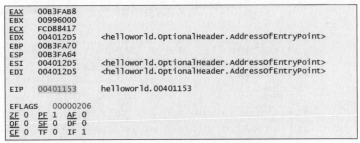

图 12-6　x64dbg 的寄存器视图

最上方列出了 8 个通用寄存器的值,紧跟着的是 EIP 的值。如果一个寄存器的值恰好是一个地址,并且可以被解引用,x64dbg 就会解引用该地址并且尽可能地列出该地址的内容。以图 12-6 为例,edx、esi 和 edi 寄存器都指向了入口点的地址。另一种非常常见的标注是字符串,如果一个寄存器指向了一个字符串,x64dbg 也会显示该字符串的内容。

接下来是 eflags 标志寄存器的值,为了方便用户快速得到各个标志位的值,x64dbg 还在其下方标注出了每个标志位的值(0 或 1)。

寄存器窗口中还显示了段寄存器、浮点寄存器,以及调试寄存器的值,这里不再展开。

寄存器窗口以不同颜色显示寄存器的值以显示其是否发生过变化。如果调试器中断时,一个寄存器的值没有发生变化(与上一次中断时相同),该值以黑色显示。如果发生了变化,则以红色显示。图 12-6 中,eip 和 eflags 寄存器发生了变化。

寄存器窗口中的数值均可以用于导航,双击即可在代码视图中转到该地址。这特别适合快速回到下一条指令的地址——双击 eip 寄存器的数值就可以转到该地址。

12.2.3　内存窗口

内存窗口位于主视图的左下角。该视图可以以多种方式显示调试对象的内存字节。默认情况下,它以十六进制转储的方式显示：

内存窗口自动创建了 5 个内存页签,可以用于同时浏览不同地址的数据。

内存窗口可以以不同的方式显示内存数据。例如,右击,选择"整数""有符号字节(8位)"就可以把内存数据显示为 8 位有符号整数：

图 12-7 和图 12-8 为 x64dbg 的内存窗口和以有符号字节显示的内存窗口。

| 内存 1 | 内存 2 | 内存 3 | 内存 4 | 内存 5 | 监视 1 | [x=] 局部变量 |

地址	十六进制	ASCII
00007FFCFD0B1000	CC CC CC CC CC CC CC CC 40 55 53 56 57 41 54 41	ÌÌÌÌÌÌÌÌ@USVWATA
00007FFCFD0B1010	56 41 57 48 8D AC 24 90 FE FF 48 81 EC 70 02	VAWH.¬$.þÿH.ìp.
00007FFCFD0B1020	00 00 48 8B 05 07 D5 19 00 48 33 C4 48 89 85 60	..H...Õ..H3ÄH..`
00007FFCFD0B1030	01 00 00 0F B7 1A B8 00 00 02 00 00 41 8B F9 49 8B	.....·.¸....A.ùI.
00007FFCFD0B1040	F0 4C 8B F1 66 3B D8 0F 83 93 F8 0A 00 48 8B 52	ðL.ñf;Ø...ø..H.R
00007FFCFD0B1050	08 4C 8D 44 24 50 44 0F B7 CB E8 F1 01 00 00 45	.L.D$PD.·Ëèñ...E
00007FFCFD0B1060	33 FF 85 C0 78 7A 66 44 89 BD 50 01 00 00 85 FF	3ÿ.Àxzfd.½P....ÿ
00007FFCFD0B1070	0F 85 71 F8 0A 00 48 8D 44 24 50 66 89 5C 24 42	..qø..H.D$Pf.\$B
00007FFCFD0B1080	48 89 44 24 48 48 8D 54 24 40 48 8D 4C 24 46 89	H.D$HH.T$@H.L$F.
00007FFCFD0B1090	5C 24 40 45 33 C0 48 89 44 24 38 48 8D 4C 24 30	\$@E3ÀH.D$8H.L$0
00007FFCFD0B10A0	C7 44 24 30 00 00 85 C0 78 73 76 01 00 85 C0 78	CD$0....èsv...Àx
00007FFCFD0B10B0	2F 0F B7 4C 24 30 48 8B 54 24 38 03 CA EB 0B	/..L$0H.T$8H.ëê.
00007FFCFD0B10C0	48 8B C1 48 FF C9 80 39 5C 74 07 F0	ë.H.Êf.9.N&3À
00007FFCFD0B10D0	EB 03 48 8B C8 66 2B 4C 24 38 66 89 4E 26 33 C0	ë.H.Èf+L$8f.N&3À
00007FFCFD0B10E0	48 8B 8D 60 01 00 00 48 33 CC E8 B1 D7 08 00 48	H..`...H3Ìè±×..H
00007FFCFD0B10F0	81 C4 70 02 00 00 41 5F 41 5E 41 5C 5F 5E 5B 5D	.Äp...A_A^A_^[]
00007FFCFD0B1100	C3 CC CC CC CC CC CC CC 71 C8 5F 16 06 2E AC BE	AÌÌÌÌÌÌÌqÈ_...¬¾
00007FFCFD0B1110	41 B9 08 00 00 00 E9 35 01 00 00	A'....é5...ÌÌÌÌ
00007FFCFD0B1120	CC CC CC CC CC CC CC CC 71 23 D9 70 7F 0E EC FA	ÌÌÌÌÌÌÌÌq#Ùp..ìú
00007FFCFD0B1130	48 89 5C 24 08 48 89 6C 24 10 56 57 41 56 48 8D	H.\$.H.l$.VWAVH.
00007FFCFD0B1140	EC B0 01 00 00 4D 8B F0 49 8B E9 48 8B DA 4C 8D	ì'...M.ðI.éH.ÚL.
00007FFCFD0B1150	44 24 70 49 8B D6 41 B9 38 01 00 00 48 8B F9 E8	D$pI.ÖÄ'8...H.ùè
00007FFCFD0B1160	EC 00 00 00 85 C0 0F 88 00 00 00 00 48 8B 94 24	ì...».»...H....H
00007FFCFD0B1170	08 01 00 00 4C 8D 44 24 20 41 B9 50 00 00 00 48	...L.D$ 'A'...H
00007FFCFD0B1180	8B CF E8 C9 00 00 00 85 C0 0F 88 00 00 00 00 48	.Ïè£...À....H

图 12-7　x64dbg 的内存窗口

| 内存 1 | 内存 2 | 内存 3 | 内存 4 | 内 |

地址	有符号字节(8位)							
77621000	24	0	0	0	0	0	0	0
77621008	-72	25	98	119	64	0	0	0
77621010	0	0	0	0	0	0	0	0
77621018	20	0	22	0	-120	-81	98	119
77621020	0	0	2	0	-28	89	98	119
77621028	-112	96	101	119	-64	89	101	119
77621030	0	0	0	0	32	-83	114	119
77621038	-128	-23	104	119	-128	-67	114	119
77621040	-80	120	101	119	-64	89	101	119
77621048	0	0	0	0		-67	114	119
77621050	-48	100	101	119	-48	5	102	119
77621058								
77621060	64	114	101	119	80	116	101	119
77621068	24	0	0	0	0	0	0	0
77621070	-64	25	98	119	64	0	0	0
77621078	0							
77621080	8	0	10	0	104	-81	98	119
77621088	0	2	102	119	-128	-67	114	119
77621090	48	8	105	119	-128	-67	114	119
77621098	-32	-96	100	119	-112	-69	114	119

图 12-8　以有符号字节显示的内存窗口

右击"十六进制""ASCII"就可以恢复默认的十六进制转储显示。

另一个常见的操作是从内存窗口复制一段数据到其他软件中进一步处理。首先拖曳选择需要的字节,然后右击"二进制编辑""复制"即可将选取的字节复制到剪贴板。也可以选择"保存到文件"将其保存到文件中。

12.2.4　堆栈窗口与调用堆栈

堆栈窗口用于 x64dbg 窗体的右下角,主要显示堆栈上的数据,方便用户更快捷的了解函数参数和局部变量的情况。堆栈窗口顶部默认情况下指向当前栈顶(即 ESP 寄存器的值),每行显示一个指针大小(4 字节)的数据,如图 12-9 所示。

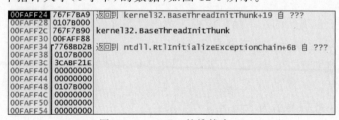

图 12-9　x64dbg 的堆栈窗口

堆栈窗口与寄存器窗口类似,都会对指针进行解引用并且进行标注。堆栈视图还会标注出函数的返回地址等信息。

在堆栈窗口中,按 * 键可以快速回到栈顶。

与堆栈窗口紧密相关的是调用堆栈页签,它与代码视图位于一个区域。

调用堆栈页签列出了当前进程的所有线程,并且对每一个线程,列举出了其调用堆栈上的每一个函数,及其相关信息,如图 12-10 所示。浏览调用堆栈可以帮助我们快速地了解调试对象的当前状态,尤其是当调试对象在我们意料之外的地方中断时。

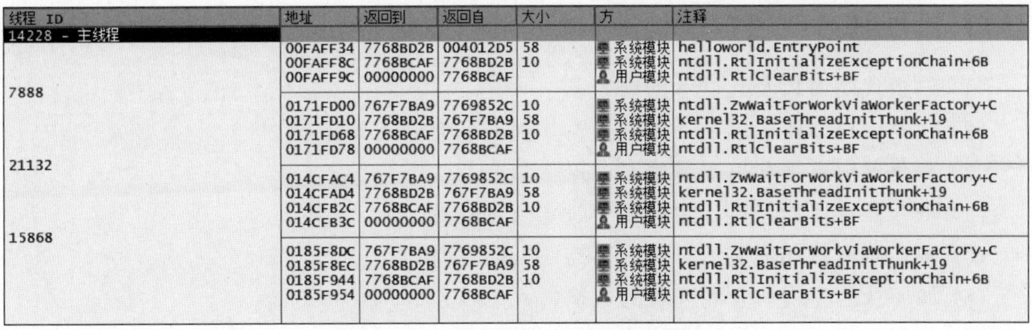

线程 ID		地址	返回到	返回自	大小	方	注释
14228 - 主线程							
		00FAFF34	7768BD2B	004012D5	58	系统模块	helloworld.EntryPoint
		00FAFF8C	7768BCAF	7768BD2B	10	系统模块	ntdll.RtlInitializeExceptionChain+6B
		00FAFF9C	00000000	7768BCAF		用户模块	ntdll.RtlClearBits+BF
7888							
		0171FD00	767F7BA9	7769852C	10	系统模块	ntdll.ZwWaitForWorkViaWorkerFactory+C
		0171FD10	7768BD2B	767F7BA9	58	系统模块	kernel32.BaseThreadInitThunk+19
		0171FD68	7768BCAF	7768BD2B	10	系统模块	ntdll.RtlInitializeExceptionChain+6B
		0171FD78	00000000	7768BCAF		用户模块	ntdll.RtlClearBits+BF
21132							
		014CFAC4	767F7BA9	7769852C	10	系统模块	ntdll.ZwWaitForWorkViaWorkerFactory+C
		014CFAD4	7768BD2B	767F7BA9	58	系统模块	kernel32.BaseThreadInitThunk+19
		014CFB2C	7768BCAF	7768BD2B	10	系统模块	ntdll.RtlInitializeExceptionChain+6B
		014CFB3C	00000000	7768BCAF		用户模块	ntdll.RtlClearBits+BF
15868							
		0185F8DC	767F7BA9	7769852C	10	系统模块	ntdll.ZwWaitForWorkViaWorkerFactory+C
		0185F8EC	7768BD2B	767F7BA9	58	系统模块	kernel32.BaseThreadInitThunk+19
		0185F944	7768BCAF	7768BD2B	10	系统模块	ntdll.RtlInitializeExceptionChain+6B
		0185F954	00000000	7768BCAF		用户模块	ntdll.RtlClearBits+BF

图 12-10　x64dbg 的调用堆栈页签

12.2.5　内存布局窗口

内存布局页签列出了当前进程中所有内存区域的信息。进程中的内存区域包含加载的可执行文件和动态链接库,以及栈和堆等。列出的信息包括起始地址、大小、类型、页面保护信息等。对于可执行文件和动态链接库,x64dbg 还列出了每一个节区的信息,如图 12-11 所示。

地址	大小	方	页面信息	内容	类型	页面保护	初始保护
00400000	00001000	用户模块	helloworld.exe		IMG	-R---	ERWC-
00401000	00001000	用户模块	".text"		IMG	ER---	ERWC-
00402000	00001000	用户模块	".rdata"		IMG	-R---	ERWC-
00403000	00001000	用户模块	".data"		IMG	-RW--	ERWC-
00404000	00001000	用户模块	".rsrc"		IMG	-R---	ERWC-
00405000	00001000	用户模块	".reloc"		IMG	-R---	ERWC-
009A0000	00001000	用户模块			PRV	-RW--	-RW--
00E20000	00011000	用户模块	\Device\HarddiskVolume3\Windows\		MAP	-R---	-R---
00E40000	00010000	用户模块			MAP	-RW--	-RW--
00E50000	0001F000	用户模块			MAP	-R---	-R---
00E70000	00035000	用户模块	保留		PRV		-RW--
00EA5000	0000B000	用户模块			PRV	-RW-G	-RW--
00EB0000	000FB000	用户模块	保留		PRV		-RW--
00FAB000	00005000	用户模块	堆栈 (14228)		PRV	-RW-G	-RW--
00FB0000	00004000	用户模块			MAP	-R---	-R---
00FC0000	00001000	用户模块			MAP	-R---	-R---
00FD0000	00002000	用户模块			PRV	-RW--	-RW--

图 12-11　x64dbg 的内存布局视图

12.2.6　不同窗口间的跳转与导航

在调试过程中,经常需要在不同窗体之间导航与跳转。例如,我们可能发现某个寄存器是一个指针,所以希望在内存窗口中浏览其指向的内容。

在 x64dbg 中,这样的导航与跳转是十分方便的。首先,多数地址都可以双击进行导航,这时候 x64dbg 会在默认的窗口中导航到该地址。其次,可以右击,选择“在内存窗口中转到”“在反汇编中转到”“在内存布局中转到”,指定在某个窗体中导航到该地址。

熟练使用各种跳转与导航方式,可以大幅提高工作效率,将精力集中在分析和研究调试对象本身上。我建议读者花时间浏览一下各个窗口的右键菜单,熟悉常见的操作和导航方式,提升工作效率。

12.2.7 其他窗口

除了上面介绍的几个窗口,x64dbg 还提供了大量的窗口。限于篇幅,这里不再一一展开,有兴趣的读者可以查阅文档了解其用法。

本节习题

(1)熟悉代码窗口及其显示的内容。

(2)代码窗口如何显示下一条指令?如何显示有断点的指令?

(3)寄存器窗口中列出了哪些寄存器?

(4)寄存器窗口如何显示数值发生改变的寄存器?

(5)寄存器窗口如何显示符号寄存器(eflags)的值?

(6)如何从内存窗口查看内存的数值?

(7)如何查看当前堆栈的状态?如何查看调用堆栈?

(8)如何查看当前进程加载了哪些 DLL?

(9)熟练掌握在不同窗口之间跳转与导航的方法。

12.3 基本调试操作

12.3.1 由调试器启动调试对象

有两种方法可以开始调试。第一种是由调试器直接启动调试对象并对其进行调试。这是最常见的方法,可以在最早可能的时间点获得对调试对象的控制权。

在 x64dbg 中,一般有以下几种操作方式来启动调试对象。首先,可以在文件浏览器中找到想要调试的可执行文件,右击,选择"Debug with x64dbg"。另外可以直接把想要调试的程序拖曳到 x64dbg 主窗口中。还可以在菜单中选择"文件""打开",或者单击工具栏中的打开按钮,并从弹出的对话框中选择需要调试的程序。按 F3 快捷键即可。

启动调试对象时还有两种常见的操作。一是调试对象需要管理员权限才能正确运行,这时我们也需要以管理员权限运行 x64dbg 才能正确启动它并进行调试。遇到这种情况,x64dbg 会弹出对话框询问我们是否以管理员权限重新启动 x64dbg,单击确认即可。

如果我们希望向调试对象提供命令行参数,我们可以在菜单中单击"文件""改变命令行",或者按快捷键 L。在弹出的对话框中,默认情况下只包含了可执行文件的路径,我们可以在它后面加入需要传递的命令行参数。设置完毕后,单击工具栏的重新启动按钮重新启动调试对象即可。

12.3.2 附加到已经在运行的进程

第二种开始调试的方式是附加到已经在运行的进程。有几种可能的原因使得我们需要采用附加操作。例如,需要调试的进程是系统关键进程,在系统启动的早期就开始运行了,我们无法在调试器中启动它。

在 x64dbg 中,可以在菜单中单击“文件”“附加”,或者按快捷键 Alt＋A。在弹出的附件对话框中,列出了进程的 PID、名称、窗口标题(如果有)、路径以及命令行。下方还有一个搜索框可以用于筛选进程列表。选定一个进程后,单击“附加”就可以附加到该进程,如图 12-12 所示。

图 12-12　附加到正在运行的进程

12.3.3　恢复调试对象执行

调试过程中,调试对象会因为多种原因(比如断点命中)暂停执行。这时可以检查调试对象的状态,如果需要,对其进行必要的修改,然后恢复调试对象的执行。这时有以下几种不同的方案可供选择。

- 运行:恢复调试对象的执行。
- 暂停:中断调试对象的执行。
- 步进:一次执行一条指令。遇到函数调用,进入到函数内部继续执行。
- 步过:一次执行一条执行。遇到函数调用,不进入函数内部执行,直接越过函数的全部代码。
- 运行到返回:继续执行,直到当前函数返回。

运行会恢复调试对象的执行。当下次断点命中,调试对象会再次暂停执行。如果没有断点命中,程序就会一直执行。这种情况下,如果我们想要暂停调试对象的执行,可以通过暂停强行中断调试对象的执行。

步进和步过是另外两种常见的恢复调试对象执行的方式。它们的共同点是短暂地恢复调试对象的执行,一次执行一条指令。即在通常情况下,调试对象执行完一条指令会迅速地再次停止执行。不同点是,如果下一条指令是一个函数调用(call 指令),步进会进入函数体内部继续执行。而步过会跳过整个函数的运行过程,直接达到 call 指令的下一条指令。对于非函数调用指令来说,两者的效果是相同的。

一般来说,步进/步过可以用来观察一段代码的执行过程,对于静态分析难以理解的代码,可以通过观察指令实际执行的效果来加强理解,并最终理解一段代码的含义。

运行到返回会继续执行直到当前函数返回,即回到调用当前函数的调用者函数中继续执行。

12.3.4　结束调试

结束调试分为 3 种情况,第一种情况是恢复调试对象运行后,它自由运行并且结束。这时调试器会检测到调试对象进程结束,并结束调试。

第二种情况是我们在调试过程中希望主动停止调试。这时有两种不同的操作。一种是单击工具栏的停止按钮,这时调试器会终止调试对象的进程并结束调试。第三种情况是选择菜单中的"文件""脱离",这种情况下也会结束调试,但调试器不会终止调试对象。相反,调试对象可以继续执行。如果我们调试的进程是系统的关键进程,将其终止可能会导致系统错误,这时候结束调试的时候就应该脱离,而不是停止。

本节习题

(1) 如何从调试器中启动一个进程?

(2) 如何附加到运行中的进程?

(3) 步进与步过的区别是什么?我们应当在什么情况下使用?

(4) 什么是"运行到返回"?我们在什么情况下需要用到该操作?

(5) 如何终止调试并结束被调试进程?

(6) 如何终止调试并保持被调试进程继续运行?

12.4　使用断点

断点(breakpoint)是调试器的核心功能之一。熟练使用断点,可以快速定位需要调试的代码,事半功倍。所谓断点,就是在特定条件下,调试器会中断调试目标的执行。这里说的"特定条件",既可以是 CPU 执行到位于某地址的指令,也可以是某地址的数据被读取等。一般来说,调试器会提供恰当的图形界面供用户添加和管理断点。

调试过程中,当调试目标因为某个断点而中断执行时,称这种情况为"断点命中"。如果想要与其他断点区分,也可以更具体的说"xx 断点命中"。

断点命中后,调试器会自动更新界面内的数据显示,如寄存器值,内存转储等。接下来,调试器等待用户的进一步动作。此时,用户可以检查调试目标的状态,如果需要,可以发出新的控制命令,例如恢复执行。

根据断点的实现原理分类,断点可以分为软件断点和硬件断点。以下分别介绍。

12.4.1　软件断点

通常来说,提到断点而不加别的定语,就是指软件断点。软件断点是在已知地址中断被调试进程最简单的方法。一个常见的情况是我们通过静态分析发现了一段需要调试的代码,记下该代码的地址,然后到调试器中添加断点。

　　在 x64dbg 中,有两种方法可以快速地依据地址添加断点。一种是在主界面下方的命令窗口中直接输入 bp 地址,例如"bp 0xCE12DA",就可以在 0xCE12DA 处添加一个断点。该命令执行完毕后,状态栏也会显示消息,提示断点添加成功:"断点已添加在 0xCE12DA"。值得注意的是,如果断点添加失败,应当查找原因并修复,否则断点不会生效。

　　另一种方法是在代码区域首先导航到该地址,然后按快捷键 F2 添加断点。如果目标地址离当前地址较远,则可以用 Ctrl＋G 组合键打开导航对话框,然后输入地址导航,如图 12-13 所示。

图 12-13　断点地址对话框

　　输入地址后,该对话框会自动检查该地址的正确性,下方显示绿色即为有效地址。导航到该地址后,按快捷键 F2 可以添加断点,再次按快捷键 F2 可以删除断点。

　　在代码窗口中,x64dbg 会对添加了断点的指令地址背景做红色高亮显示处理,以提示用户,如图 12-14 所示。

```
●│00CE12CF    E8 6E090000      call <JMP.&_exit>
●│00CE12D4    CC               int3
●│00CE12D5    E8 A3020000      call helloworld.CE157D
●│00CE12DA  ∧ E9 74FEFFFF      jmp helloworld.CE1153
●│00CE12DF    55               push ebp
●│00CE12E0    8BEC             mov ebp,esp
```

图 12-14　红色高亮显示的断点地址

　　断点命中时,x64db 会以黑底红字显示地址,并用蓝色的 EIP 箭头执行该指令。这表示接下来要执行的一条指令。也就是说,在图 12-15 中,接下来要执行的是位于 0x581161 处的 call helloworld.581355。

```
      ●│0058115A    E8 11070000      call helloworld.581870
      ●│0058115F    6A 01            push 1
EIP─────→│00581161    E8 EF010000      call helloworld.581355
      ●│00581166    59               pop ecx
      ●│00581167    84C0             test al,al
```

图 12-15　断点命中

　　同时,窗口底部的状态栏也会显示当前调试目标的状态为"已暂停",原因是helloworld.00581161 处的软件断点命中,如图 12-16 所示。x64dbg 中一般将软件断点称为INT3 断点,这是因为软件断点的实现是基于 INT3 指令。这一点我们后续详细介绍。

```
已暂停  INT3 断点于 helloworld.00581161！
```

图 12-16　任务栏中的断点信息

　　除了直接根据地址添加断点,另一种较为常见的情况是根据符号名称添加断点。假设我们知道程序使用了 MessageBoxA 这个 Windows API 来弹出对话框,我们就可以直接在这个 API 函数上添加断点,在它准备弹出对话框的时候将其中断,获得控制权,并开展进一步的分析。

12.4.2　硬件断点

软件断点虽然已经可以满足多种情况下的调试需求,但它有一个基本的限制,即必须预先知道需要添加断点的位置。如果调试的文件体积比较小,一般通过静态分析即可找到相关的代码。但是,如果调试的文件体积较大,或者经过混淆或者加壳保护,静态分析效率可能大打折扣,这时候就不容易预先知道在哪里添加软件断点。在这种情况下,可以使用硬件断点。

与软件断点相对,硬件断点可以设置为在以下 3 种情况发生时触发:

- 给定地址的代码被执行。
- 给定地址的数据被读取。
- 给定地址的数据被写入。

这 3 种情况,如果需要加以区分,一般分别称为"硬件执行断点""硬件读取断点""硬件写入断点"。

不难看出,硬件断点比软件断点更灵活。实际上,上面第一个类别的功能与软件断点是类似的。后面两种情况可以帮助我们在不能预先确定代码位置的情况下通过代码访问的数据来添加断点。举例来说,如果我们在程序内发现了一段有趣的字符串,想看一下程序是如何使用它的。但是静态分析并没有发现任何代码使用该字符串,也就是说,该字符串没有交叉引用。这时候,我们可以在字符串的首地址添加一个硬件读取断点。当程序的指令试图读取该字符串时,断点就会命中。灵活运用硬件断点,往往可以事半功倍。

另一种情况是需要调试的代码会检测软件断点的存在。这种情况下,如果不加以处理,代码会发现自己正在被调试,调试可能受阻。这时有两种解决方案,一种是找到代码进行软件断点检测的地方,并进行相应的处理(例如将相关代码转换为 NOP);另一种是不添加软件断点,而是使用硬件断点。由于硬件断点是借助于 x86 架构下的调试寄存器实现的,它不需要用 0xcc 覆盖断点所在的字节,所以代码本身保持不变,所以检查软件断点的方法无法发现它。并且,调试寄存器在用户模式下无法直接访问,所以检测硬件断点的门槛相对高一些。

但硬件断点的代价是其较为"昂贵",在 x86 系统上,硬件断点通过设置调试寄存器添加,同一时间最多只能设置 4 个硬件断点,而软件断点则没有数量限制。所以需要根据实际情况,合理的搭配使用软件与硬件断点,以满足调试的需求。

硬件读取和硬件写入断点有大小,可以是一字节,两字节,或者四字节。一方面,断点必须添加在相对于断点大小"对齐"的地址上。其对于四字节的断点来说,它必须添加在能被 4 整除的地址上。对于两字节的断点,其地址必须能被 2 整除。一字节的断点则没有此限制。如果尝试在没有对齐的地址上添加断点,x64dbg 会报错。

另一方面,当断点覆盖的任意一字节被写入或读取时,相应的写入/读取断点都会命中。举例来说,如果在 0x401000 处添加一个大小为四字节的读取断点,则在 0x40100-0x401003 这 4 字节中有任意一个被读取,断点就会命中。

在 x64dbg 中,如果想要添加硬件执行断点,可以在代码视图中选择目标指令,右击,然后选择"断点""设置硬件断点(执行)",如图 12-17 所示。

如果想要添加硬件读取断点,可以在左下角的十六进制转储区域右击,选择"硬件,访

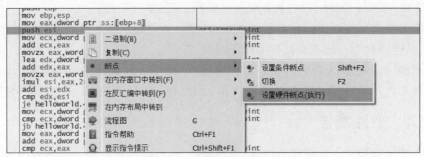

图 12-17　设置硬件执行断点

问"，然后根据实际情况选择需要的大小。如果需要添加硬件写入断点，则选择"硬件，写入"，并选择合适的大小，如图 12-18 所示。

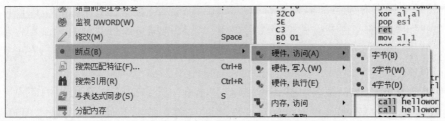

图 12-18　设置硬件读写断点

也可以在十六进制转储视图中设置硬件执行断点，其效果与在代码视图中进行设置是相同的。

12.4.3　管理断点

前面已经介绍了软件断点和硬件断点的基本用法，接下来介绍管理断点的方法。首先，在主视图中，有一个"断点"页签，其中以列表的形式列出了当前的所有断点，如图 12-19 所示。

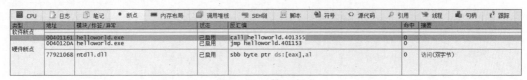

图 12-19　管理断点

该列表共有七列，其主要内容如下。

（1）**类型**：断点的类型。目前我们只介绍了软件断点和硬件断点，后面会介绍其他类型的断点，例如异常断点。不同类型的断点之间以横线分割。

（2）**地址**：断点的地址。

（3）**模块/标签/异常**：对于软件断点和硬件断点来说，这一列给出的是断点所在的模块。对于异常断点，这一列给出的是断点关联的异常。

（4）**状态**：断点的状态，主要包含两种情况，即"已启用"或"未启用"。

（5）**反汇编**：断点处的反汇编指令。

（6）**命中**：断点命中的次数。

（7）**摘要**：断点的额外信息，例如数据读取断点，这里会给出其大小。

该列表中最常用的两个操作是删除断点和启用/禁用断点。如果想要删除一个断点，可以右击，然后选择删除。或者直接按 DEL 键删除。

相比于删除断点，如果我们只是想短暂地停用一个断点，后续可能还会用到它，就可以暂时禁用该断点。可以右击该断点，并选择启用/禁用，或者按空格键切换启用/禁用。

12.4.4　条件断点

前面介绍了两种基本的断点，软件断点和硬件断点，它们可以满足基本的调试需求。但有时需要一些更复杂的断点条件。考虑这样一个场景，我们希望在调试对象读取某个特定的文件的时候中断。假设我们已经确定该调试对象使用 ReadFile 这个 Windows API 来读取文件。我们当然可以简单的在该函数上添加一个断点（软件断点或者硬件断点均可）。但问题是，如果该调试对象会读取大量的不同文件，那么当该断点中断时，正在被读取的文件可能不是我们关注的文件的。我们当然可以多次恢复调试对象的执行直到当前读取的文件是我们关注的，但这样效率很低，而且容易出错。有没有一种方法可以使得只在一定情况下中断调试对象？

条件断点应运而生。顾名思义，条件断点是指在一定条件下才会命中的断点。但一般来说，在硬件层面上，处理器并不提供对这样的断点的支持。条件断点的基本原理是，在断点的地址上添加一个普通的断点，并且允许用户提供一个表达式。每次断点命中时，检测该表达式的值。如果该表达式的值为真，则将控制权交给用户，在用户看来就是断点命中。如果该表达式的值为假，则自动地恢复调试对象的执行。在用户看来，调试对象的断点仿佛没有命中。两种情况结合就可以实现条件断点即在一定条件下断点会命中。也就是说，看起来非常强大的条件断点，实际上是调试器在幕后完成了大量的工作。

以前面读取文件的情况为例，我们首先查看 ReadFile 的原型：

```
BOOL ReadFile(
  [in]                  HANDLE       hFile,
  [out]                 LPVOID       lpBuffer,
  [in]                  DWORD        nNumberOfBytesToRead,
  [out, optional]       LPDWORD      lpNumberOfBytesRead,
  [in, out, optional]   LPOVERLAPPED lpOverlapped
);
```

不难看出，该函数通过第一个参数 hFile 来指定要读取的文件。hFile 是一个文件句柄，需要通过 CreateFile 等函数来获得。这里为了演示，我们假定目标程序会预先打开文件并获得恰当的句柄。我们首先需要知道该句柄的值。

在 x64dbg 中，可以在主视图的句柄页签查看调试对象打开的所有句柄。由于枚举调试对象的所有句柄是一项较为耗时的操作，默认情况下 x64dbg 不会显示调试对象的所有句柄，我们需要在视图中部的句柄列表右击，刷新。这时候 x64dbg 会自动更新调试对象的所有句柄。句柄有多种类型，这里我们主要关心文件（FILE）句柄。一般来说，一个 Windows 程序在运行时会打开大量的句柄，所以可以通过搜索找到我们关心的句柄值。假设我们关注的是 test.txt 并且该句柄值是 80（每次运行该值可能不一样，读者可能得到不同的数值）。

接下来我们在命令窗口输入 bp ReadFile 添加一个断点。注意它还不是一个条件断点,所以它也会在调试对象读取其他文件的时候命中。接下来我们转到断点页签,然后选中刚刚添加的断点,右击,编辑,就会弹出如图 12-20 所示的编辑断点界面。

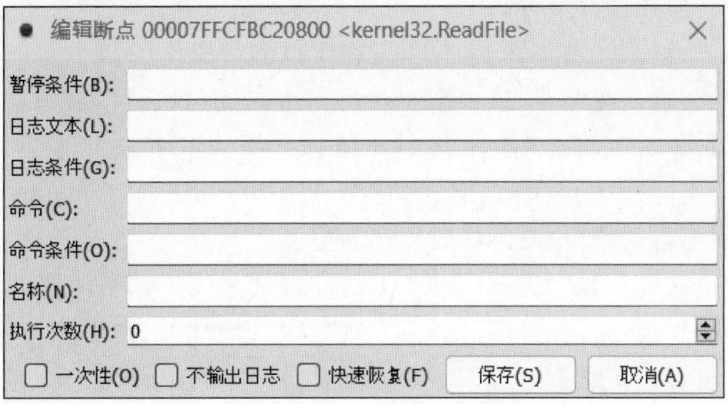

图 12-20　断点设置

该对话框提供了多种对断点就行设置的访问。这里我们主要关心的是暂停条件。回到我们的需求,我们需要达到的目的是,在调试对象读取特定文件的时候中断。前面我们已经知道了该文件的句柄值(80)。接下来我们需要将暂停条件设置为"函数的第一个参数值为 80"。x64dbg 提供了一个遍历的方法访问函数的参数,即 arg.get。我们输入 arg.get(0)== 80。

其中 arg.get(0)表示函数的第一个参数值。双等号用于判断值是否相等。接下来我们单击"保存"并恢复调试对象的执行。这时候调试器只会在调试器对象通过 ReadFile 函数读取 test.txt 时中断对象。

这里只是演示了条件断点最基本的情况。x64dbg 有一套内建的脚本系统用于条件断点,例如直接使用寄存器的名字就可以访问其值,例如 ECX==3 就表示判断 ecx 寄存器的值是否为 3。有兴趣的读者可以查阅其文档以了解更多用法: https://help.x64dbg.com/en/latest/introduction/ConditionalBreakpoint.html#examples。

使用条件断点需要注意的一个问题是,由于每次断点命中时,调试器都必须对条件表达式进行求值,以决定是否将控制权交给用户。如果添加的断点命中频率很高,会带来一定的性能影响。使用者可能会感觉到调试器响应速度变慢,或调试对象运行速度变慢。一种尤其令人困惑的情况是,因为条件不满足(表达式值为假),所以调试器不会将控制权交给用户。在使用者看来,似乎无事发生,但是调试器或者调试对象的速度会很慢。如果不明白其中的原因,可能误以为调试器出现了故障。这种情况下,可以评估条件断点是否可以优化,例如添加在命中频率略低的地方等。如果暂时不用到这个断点,也可以将其暂时禁用,后续有需要用到的时候,再重新启用。

12.4.5　软件断点的原理

当你积攒一定使用调试器的经验后,可能会对软件断点司空见惯。不知道你是否思考过,软件断点是如何实现的? 当我们在一个地址上添加软件断点时,调试器做了什么?

事实上,软件断点的实现并不平凡,它需要 x86 指令集、操作系统、调试器的共同支持和精确协同才能奏效。这里简要介绍其流程。首先,x86 指令集中有一条特殊指令,0xcc,其作用就是产生一个断点异常。调试器在添加软件断点时,首先会记录下该地址的原始字节,并将其替换为 0xcc。于是,当 CPU 执行到该指令时,会产生一个断点异常。接下来,操作系统会接收到该异常,并检查当前正在运行的进程。当操作系统发现当前进程正在被调试时,就会把该异常转换成调试事件,并发送给调试器。调试器接收到这个事件,会进行相应的处理,并通知用户,被调试进程断点命中,现在可以进行操作了。

了解这些有什么意义呢?首先,根据断点的工作方式,我们可以明白,为什么一定要在指令的第一字节添加断点,而不能在其中间添加。因为只有将指令的第一字节替换为 0xcc,才能让 CPU 执行到这条指令。否则,替换一条指令中的某字节,更可能会得到一条不合法或者造成访问异常的指令,最终导致程序崩溃。

另一方面,这也有助于我们理解一种常见的反调试方式。其原理是,如果一段代码在编译后不包含 0xcc 字节,那么在运行时,如果发现这段代码中出现了 0xcc 字节,就认定当前程序正在被调试,可以直接结束进程。这种方法具有一定的隐蔽性,因为它只需要读取一段代码,很容易被忽略。

学习逆向工程,必须知其然并且知其所以然。就调试来说,不能单单满足于使用调试器,而要进一步理解其工作原理。如果能力允许,可以阅读 x64dbg 的代码,深入理解其原理。

本节习题

(1) 什么是软件断点?我们在什么情况是使用软件断点?

(2) 软件断点的原理是什么?反调试技巧如何检测软件断点?

(3) 什么是硬件断点?硬件断点分为几类?我们在什么情况下使用硬件断点?

(4) 我们在什么情况下使用硬件断点?

(5) 软件断点和硬件断点相比,有什么异同?

(6) 如何在 x64dbg 中添加软件断点?

(7) 如何在 x64dbg 中添加硬件断点?

(8) 如何禁用或删除已有的断点?

(9) 什么是条件断点?条件断点的原理是什么?

(10) 查阅 x64dbg 的文档,了解条件断点可用的语法。

(11) 如果恢复对象执行后,我们预期会民众的断点没有命中,有哪些可能的原因?

12.5 修改被调试进程的状态

前面介绍的调试器的用法,调试器更多是多为一个观察者的角色,即被动的观察调试对象的执行状态、变量的值等。这对于理解和分析代码是很有帮助的。然而,调试器的能力不仅限于此——调试器还可以主动修改调试对象的状态。

12.5.1 修改寄存器的值

想要修改寄存器的值,首先选中该寄存器,然后右击,选择"修改",或者直接按下 Enter 键。x64dbg 会弹出如下的编辑对话框。在其中输入新值,然后单击确定即可。

在图 12-21 所示的编辑对话框中,我们可以通过表达式、有符号整数或者无符号整数 3 种方式中的任意一种进行输入。并且当我们修改其中一个时,另外两种格式也会自动更新。字节和 ASCII 模式会在我们输入完毕后进行更新,但它们不支持修改。

此外,右键菜单中还有"加 1""减 1""清零值"三个常用的操作,并且也有相应的快捷键,如图 12-22 所示。

图 12-21　编辑寄存器值(1)

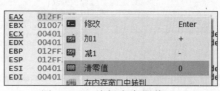

图 12-22　编辑寄存器值(2)

12.5.2　修改数据

我们可以在内存窗口中对内存中的数据进行编辑。如果我们需要修改单字节,可以选中该字节,右击,选择"修改",或者按空格键,就会弹出一个编辑窗口,在其中输入新的字节值即可。

如果想要修改大段的数据,可以首先拖曳将其选中,然后右击,选择"二进制编辑""编辑"。接下来在弹出的对话框中进行编辑即可。

如果需要进行的修改较为复杂,也可以先将选中的区域复制到其他软件中,编辑后再粘贴回来。在图 12-23 的编辑对话框中,第三个页签"复制数据",可以供我们快速地以不同格

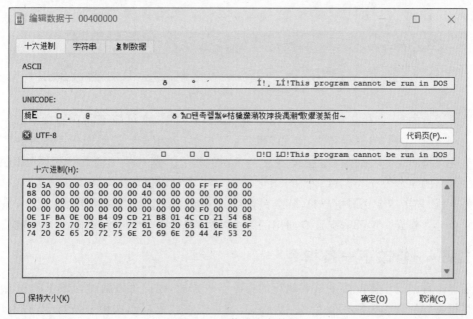

图 12-23　修改内存数据

式复制选取中的数据。图 12-24 为复制的内存数据。

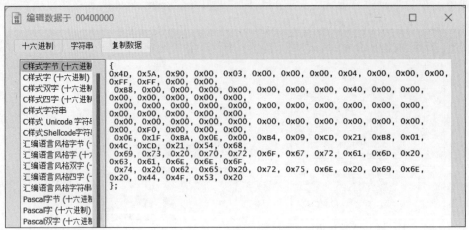

图 12-24 复制的内存数据

一种常见的特殊情况是我们希望用相同的字节填充一片区域。我们首先选中要填充的区域，右击，选择"二进制编辑""填充"。在弹出的对话框中，输入要填充的字节即可。

12.5.3 修改代码

有时候我们也会想要修补代码。值得注意的是，如果考虑修补代码，应该优先使用反汇编软件进行操作。因为在调试器中修补代码，默认情况下不会保存到磁盘文件中。

如果确实需要修补代码，可以单击选中需要修补的指令，按空格键打开汇编窗口，并输入新的汇编指令，如图 12-25 所示。

图 12-25 修改代码

值得注意的是，x86 指令集是变长指令集，新旧指令的长度可能不同。如果新指令比原指令长，那我们应该勾选"保持大小"和"剩余字节以 NOP 填充"，否则旧指令原有的后半部分字节会保持不变，实际执行时会被当成一条新的指令。这几乎不会是我们需要的结果。通过将多出的字节填充为无意义的 NOP（0x90 字节），可以保证后续指令正确执行。

另外，如果新指令比旧指令长，就会覆盖后面一条或者多条指令。这种情况下，执行起来通常会导致错误。这种情况没有通用的解决办法，需要结合实际情况灵活分析解决。

12.5.4 修改下一条指令

还有一种情况是修改接下来要执行的指令。一方面，我们可以通过修改 EIP 寄存器的值来将指令指针设置为任意值。另一方面，我们可以在代码视图选中一条指令，右击，选择"在此设置 EIP"，就可以便捷地设置新的下一条指令。

本节习题

(1) 为什么我们在调试过程中可能想要修改调试对象的状态？

(2) 如何修改寄存器的数值？

(3) 如何修改内存中数据的值？

(4) 如何修改(汇编)一条指令？

(5) 在调试过程中修改指令，与用 Binary Ninja 静态修改指令，有什么异同？

(6) 如何修改下一条指令的地址？

12.6　反调试及其应对

调试可以帮助逆向工程师理解和分析代码。但有时人们不希望自己的代码被调试，例如软件开发者希望保护自己的知识产权，恶意软件作者希望让自己的"作品"更难以分析。于是，反调试技术应运而生。

简单的说，反调试技术就是在程序中添加代码，以检测程序是不是正在被调试。如果没有被调试，就继续正常执行；如果正在被调试，就做出相应的响应。在反调试技术中，检测和响应是两个关键的步骤。

反调试的检测方法有很多种，并且也随着攻守双方的不断进化而升级。这里我们举一个简单的例子，即调用 IsDebuggerPresent 函数。IsDebuggerPresent 是一个 Windows API，它在当前进程正在被调试时返回 1，没有被调试时返回 0。一个程序根据该函数的返回值，就可以确定自己是不是在被调试。

如果检测到正在被调试，就需要做出相应的响应。比如一个软件的注册算法，如果检测到自己正在被调试，就直接返回错误，让注册失败。但这样的响应策略也有自己的弱点，即攻击者可以立刻知道自己的调试行为被检测到，从而进一步对程序进行分析，调整自己的调试策略。有的游戏保护方案则采取更为隐蔽的响应策略，即表面上不做出任何反应，游戏一切看起来正常。但其实游戏已经将被调试的情况(以及相关的遥测信息)上报到服务器。游戏开发商可以对上报的数据进行进一步的分析和验证，如果证据确凿，就可以在特定的时间集中封禁一批违规玩家。这样的延迟响应使得攻击者很难立即确定自己是不是完全战胜了程序中的反调试技术，会给其带来一定的技术挑战。

下面我们分析一个反调试的实际例子。假设有如下代码：

```c
#include <stdio.h>
#include "Windows.h"

int main()
{
    if (IsDebuggerPresent())
    {
        MessageBoxA(NULL, "Debugger detected", "Detected", MB_OK);
    }
    else
```

```
    {
        MessageBoxA(NULL, "No debugger detected", "Fine", MB_OK);
    }

    return 0;
}
```

这时候,如果我们运行编译好的程序,会弹出图 12-26 所示对话框显示"No debugger detected"。

如果我们用 x64dbg 调试该程序,就会弹出图 12-27 所示对话框显示"Debugger detected"。

图 12-26　未检测到调试器

图 12-27　检测到调试器

该样本 main 函数位于 0x401000 处。我们首先在该地址添加一个断点,然后恢复目标执行,接下来断点命中,如图 12-28 所示。

图 12-28　断点命中

我们可以看出,main 函数第一条指令调用 IsDebuggerPresent 检测调试器,返回值保存在 eax 寄存器中。然后在 0x401008 处通过 test eax,eax 指令测试 eax 的值。然后根据 eax 值的不同情况弹出不同的对话框。

应对这样的反调试,我们有几种方法。一种是在调用 IsDebuggerPresent 函数后直接修改 eax 的值,将其由 1 修改为 0。另一种是通过修补代码直接去掉对 IsDebuggerPresent 的调用。还可以直接修改 EIP 指针的值,将其设定为 0x401021,即没有检测到调试器的分支。

本节习题

(1) 什么是反调试?

(2) 反调试有哪些常见的方法?

(3) 已知一个 PE 文件通过 IsDebuggerPresent 函数进行反调试,我们有几种方法可以应对?

(4) 对比通过 x64dbg 和 Binary Ninja 应对反调试的异同。

(5) 查阅资料,了解更多反调试的技巧及应对方法。

12.7　实例讲解

12.7.1　实例一

实例一是一个比较简单的例子，主要帮助读者熟悉 x64dbg 的使用方法。题目本身首先读取一个字符串，然后逐个与一个硬编码的数字比较。我们要做的是找到使得所有比较都成立的输入字符串。

我们使用调试器时，通常是静态分析与动态分析同时进行，一般不会单纯只进行动态调试。就此实例来说，我们首先通过静态分析找到其 main 函数位于 0x402c00。接下来我们在 x64dbg 中转到此地址，并按快捷键 F2 添加断点。恢复执行，断点就会命中，如图 12-29 所示。

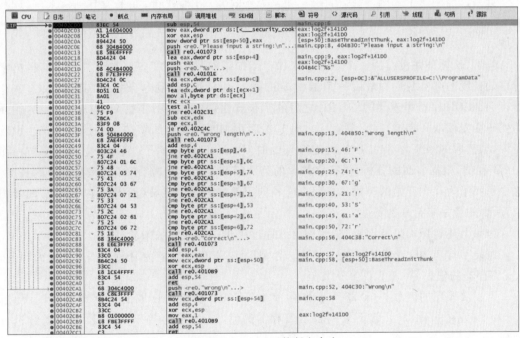

图 12-29　main 函数断点命中

单步步过几条指令，我们可以发现在 0x402c13 处，程序打印了"Please input a string："字符串。接下来，在 0x402c22 处，程序调用 scanf 读取用户输入。此时单步布过后，程序仍处于执行状态（而不会中断到调试器），因为其在等待用户输入。我们输入字符串"abcdef"后程序会中断到调试器。我们在内存窗口中也可以查看刚刚输入的字符串，如图 12-30 所示。

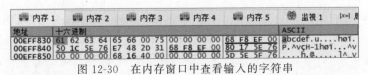

图 12-30　在内存窗口中查看输入的字符串

接下来的几条指令实现了 strlen 函数,用于获取字符串的长度,如图 12-31 所示。

图 12-31 strlen 函数

在执行 0x402c2e 指令前,从右侧的注释一栏可以看出,ecx 包含了我们输入的字符串。第一条指令首先将 edx 的值设置位 ecx+1。如果单独看这一条指令,其目的似乎不太明确。我们暂时不管他,分析下面的循环。

接下来的四条指令是一个循环,也是 strlen 函数的核心。第一条指令读取 ecx 处的字节到 al 寄存器中。第二条指令将 ecx 寄存器的值加 1。接下来的 test 指令用于测试 al 寄存器的值是否为 0,也就是测试刚刚读取的字节是不是 NULL。由于 ASCII 字符串均以 NULL 为结尾,这里就是在判断我们是不是遇到了字符串的末尾。

如果已经到达了末尾,就跳出循环,继续从 0x402c38 处执行;如果没有到达末尾,就跳回 0x402c31 继续读取一字节并重复同样的操作。不难看出,该循环就是 strlen 函数的主体。

当然,该循环并没有用一个寄存器来保存当前字符串的长度。那它最终是如何得出字符串的长度的呢? 我们看最后一条指令,sub ecx, edx。执行到这条指令的时候,ecx 寄存器指向 ASCII 字符串末尾的 NULL 之后的字节。注意 ecx 并不是指向 NULL。因为循环的代码会先读取一字节,并立刻将 ecx 加 1,然后再判断所读取的字节是不是 NULL。也就是说,当读取的字节为 NULL 并跳出循环的时候,ecx 已经指向了 NULL 之后的字节。而 edx 寄存器,根据前面的分析,执行字符串的第二字节。两者相减,恰好就是字符串的长度。这也解释了为什么开始的时候需要将 edx 指向字符串的第二字节(而不是第一个)。两者相减,所得的就是字符串的长度。

如果上述解释不是特别直观,我们可以通过单步调试的方法来验证。

假设字符串"abcdef"保存在 0xeff830 处,且 ecx 寄存器的值为 0xeff830。开始循环前,edx 寄存器的值为 ecx+1,即 0xeff831。

第一次循环的时候,ecx 寄存器的值为 0xeff830。从该处读取的一字节为"a"。随后 ecx 加 1,变为 0xeff831。接下来判断 al 寄存器的值,因为"a"不等于 NULL,所以继续进行循环。

第二次循环的时候,ecx 寄存器的值为 0xeff831。从该处读取的一字节为"b"。随后 ecx 加 1,变为 0xeff832。接下来判断 al 寄存器的值,因为"b"不等于 NULL,所以继续进行循环。

以此类推,进行第六次循环的时候,ecx 寄存器的值为 0xeff835。从该处读取的一字节为"f"。随后 ecx 加 1,变为 0xeff836。接下来判断 al 寄存器的值,因为"f"不等于 NULL,所以继续进行循环。

第七次循环的时候,ecx 寄存器的值为 0xeff836。从该处读取的一字节为 NULL。随后 ecx 加 1,变为 0xeff837。接下来判断 al 寄存器的值,因为其值等于 NULL,所以跳出循环。

在 0x402c38 处,计算 ecx 减 edx 的值,即 0xeff837−0xeff831=6,即字符串的长度为 6。

接下来的几条指令将 ecx 的值与 8 比较,如果不相等,就打印"Wrong length"。也就是说,正确字符串的长度应该为 8。字符串长度检查如图 12-32 所示。

	00402C3A	83F9 08	cmp ecx,8	ecx:"abcdef"
	00402C3D	74 0D	je re0.402C4C	main.cpp:13, 404B50:"wrong length\n"
	00402C3F	68 504B4000	push <re0."wrong length\n"...>	
	00402C44	E8 2AF4FFFF	call re0.401073	

图 12-32　字符串长度检查

由于我们输入的字符串长度为 6,所以无法通过该检查。我们重新开始调试,并输入一个长度为 8 的字符串"abcdefgh"。

接下来的代码呈现了一定的模式。首先,esp 寄存器指向了我们输入的字符串,接下来的几条指令分别取其中一字节与一个常量相比较。比较的结果如果不相同,就会跳转到 0x402ca1 处,该处会打印"Wrong"字符串。也就是说,只有每一次比较都相同,才会执行到 0x402c83 处,并打印"Correct"字符串。字符串内容检查如图 12-33 所示。

	00402C49	83C4 04	add esp,4	main.cpp:15, 46:'F'
EIP	00402C4C	803C24 46	cmp byte ptr ss:[esp],46	
	00402C50	75 4F	jne re0.402CA1	
	00402C52	807C24 01 6C	cmp byte ptr ss:[esp+1],6C	main.cpp:20, 6C:'l'
	00402C57	75 48	jne re0.402CA1	
	00402C59	807C24 05 74	cmp byte ptr ss:[esp+5],74	main.cpp:25, 74:'t'
	00402C5E	75 41	jne re0.402CA1	
	00402C60	807C24 03 67	cmp byte ptr ss:[esp+3],67	main.cpp:30, 67:'g'
	00402C65	75 3A	jne re0.402CA1	
	00402C67	807C24 07 21	cmp byte ptr ss:[esp+7],21	main.cpp:35, 21:'!'
	00402C6C	75 33	jne re0.402CA1	
	00402C6E	807C24 04 53	cmp byte ptr ss:[esp+4],53	main.cpp:40, 53:'S'
	00402C73	75 2C	jne re0.402CA1	
	00402C75	807C24 02 61	cmp byte ptr ss:[esp+2],61	main.cpp:45, 61:'a'
	00402C7A	75 25	jne re0.402CA1	
	00402C7C	807C24 06 72	cmp byte ptr ss:[esp+6],72	main.cpp:50, 72:'r'
	00402C81	75 1E	jne re0.402CA1	
	00402C83	68 384C4000	push <re0."Correct\n"...>	main.cpp:56, 404C38:"Correct\n"
	00402C88	E8 E6E3FFFF	call re0.401073	
	00402C8D	83C4 04	add esp,4	main.cpp:57
	00402C90	33C0	xor eax,eax	main.cpp:58
	00402C92	8B4C24 50	mov ecx,dword ptr ss:[esp+50]	
	00402C96	33CC	xor ecx,esp	
	00402C98	E8 1CE4FFFF	call re0.4010B9	
	00402C9D	83C4 54	add esp,54	
	00402CA0	C3	ret	
	00402CA1	68 304C4000	push <re0."Wrong\n"...>	main.cpp:52, 404C30:"Wrong\n"

图 12-33　字符串内容检查

通过查看右侧的注释区域,我们可以看出该字符串需要满足的要求为

S[0] == 'F'
S[1] == 'l'
S[5] == 't'
S[3] == 'g'
S[7] == '!'
S[4] == 'S'
S[2] == 'a'
S[6] == 'r'

根据顺序对其进行重组,可以得出正确的字符串应该为"FlagStr!"。验证如下:

12.7.2　实例二

实例二是一个略有挑战性的例子,涉及逆向工程中常见的字符串加密与解密。我们首先运行该程序,发现它要求输入一个字符串。输入任意字符串后,提示长度错误,如图 12-34 和图 12-35 所示。

Please input a string:
FlagStr!
Correct

图 12-34　验证字符串

Please input a string:
abcdef
Wrong length

图 12-35　长度错误提示

与之前的题目类似,我们尝试先通过静态分析找到相关代码然后进行调试。然而,如果我们搜索字符串"Please input a string:"或"Wrong length",会发现该程序中并不存在这些字符串。栈字符串如图 12-36 所示。

图 12-36　栈字符串

这是因为该程序对所用到的字符串进行了加密,所有字符串都以加密后的形态保存在程序后,只有在需要使用的时候才会进行解密,所以在程序中直接搜索无法找到。接下来我们通过调试破解该程序如何动态地解密这些字符串。

通过静态分析,我们发现 main 函数位于 0x402a70。我们通过调试器启动该程序,并在 0x402a70 添加一个断点,然后恢复执行,0x402a70 处的断点命中。

我们可以看出,main 函数的开始处通过若干 move byte ptr ss:[esp+xx],xx 形式的指令对栈上的一个缓冲区赋值,并在稍后通过 printf 函数将干缓冲区作为一个字符串打印出来。该缓冲区其实地址位于 esp+24,且从长度判断它极有可能就是"Please input a string:"。但如果我们在赋值之后观察该缓冲区的内容,会发现内容并不一致,如图 12-37 所示。

地址	十六进制		ASCII
007DFA14	42 7E 77 73 61 77 32 7B	7C 62 67 66 32 73 32 61	B~wsaw2{|bgf2s2a
007DFA24	66 60 7B 7C 75 28 18 12	00 00 00 00 40 00 00 00	f`{|u(......@...

图 12-37　解密前的字符串

秘密在于赋值之后、printf 打印之前的这个循环,如图 12-38 所示。

```
┌──●  00402B00    8A440C 24        mov al,byte ptr ss:[esp+ecx+24]    main.cpp:13
│  ●  00402B04    34 12            xor al,12
│  ●  00402B06    88440C 24        mov byte ptr ss:[esp+ecx+24],al
│  ●  00402B0A    41               inc ecx
│  ●  00402B0B    83F9 18          cmp ecx,18
└──●  00402B0E    72 F0            jb debug2.402B00
```

图 12-38　通过 xor 解密字符串

不难看出,该循环的作用为依次取出该栈字符串的每一字节,与 0x12 进行抑或运算,并将得到的值写回该字节处。其作用就是将这个字符串解密。我们可以单步执行观察解密过程。在揭秘完成后,该字符串显露出了真容,如图 12-39 所示。

地址	十六进制		ASCII
007DFA14	50 6C 65 61 73 65 20 69	6E 70 75 74 20 61 20 73	Please input a s
007DFA24	74 72 69 6E 67 3A 0A 00	00 00 00 00 40 00 00 00	tring:......@...

图 12-39　解密后的字符串

　　这里需要指出的是，通过 xor 对字符串进行变换，并不是一种密码学意义上的"加密"。其意图更多的是通过这种变换使得字符串无法被直接搜索，而不是要真正对字符串进行加密。事实上，即使通过 AES 等安全的方式对字符串进行加密，我们仍然可以借助调试对其进行解密，因为无论字符串如何被加密，在它们被系统 API 或者 C 库函数调用前，都必须要被解密并恢复到原始形态，这些 API 和库函数无法处理被加密的字符串。

　　接下来，程序通过 scanf 读取用户输入的字符串，并通过 strlen 获取该字符串的长度。其长度必须是 20，否则会提示长度错误。

　　接下来我们看到了类似的栈字符串解密模式，即先初始化一个栈缓冲区，然后通过 xor 对其进行解密。这里解密后的字符串逐个与用户输入进行对比，二者必须相等，如图 12-40 所示。

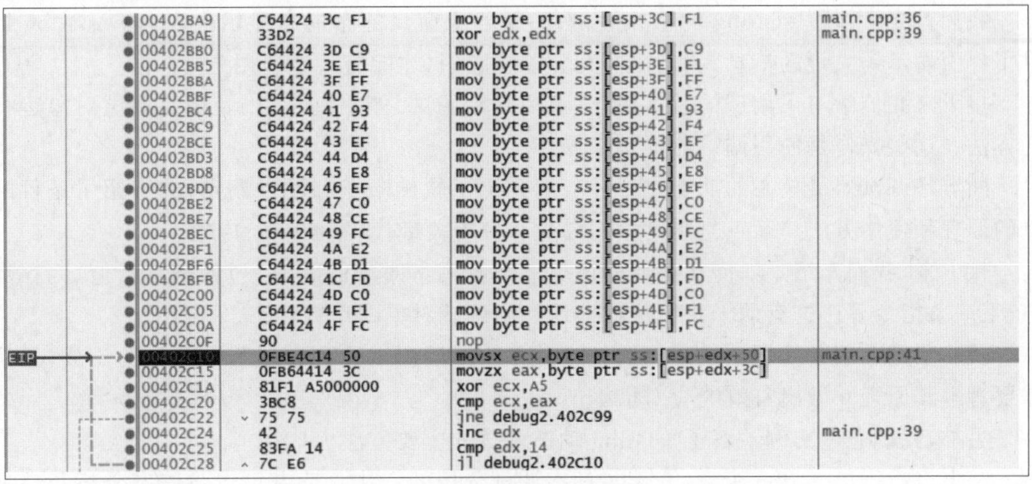

图 12-40　解密字符串并于输入比较

　　由此，我们可以编写如下 Python 脚本求解正确的输入字符串：

```
buffer = [0xf1, 0xc9, 0xe1, 0xff, 0xe7, 0x93, 0xf4, 0xef, 0xd4, 0xe8, 0xef, 0xc0,
          0xce, 0xfc, 0xe2, 0xd1, 0xfd, 0xc0, 0xf1, 0xfc]

flag = ''
for c in buffer:
    flag += chr(c ^ 0xa5)

print(flag)
```

　　运行脚本后打印出"TlDZB6QJqMJekYGtXeTY"，我们可以验证其正确性，如图 12-41 所示。

```
Please input a string:
TlDZB6QJqMJekYGtXeTY
Correct!
```

图 12-41　验证字符串

本节习题

　　(1) 通过单步步进调试实例一中的 strlen 函数，理解其原理。

　　(2) 通过单步步进调试实例二中字符串解密的过程，理解其原理。

　　(3) 字符串加密的目的是什么？如何通过调试对其进行解密？

　　(4) 借助调试器修改被调试对象状态，使得即使输入错误的字符串或数值，程序仍然会打印出"Correct"字符串。

（5）综合运用静态分析和动态调试分析本章和第 11 章的实例，并比较两种分析方式的异同。

（6）浏览互联网上关于 CTF 的信息，并参加一次比赛作为练习。比赛过程中有意识的通过动态调试分析和求解题目。

12.8 本章小结

本章介绍了 x64dbg 调试器的使用方法。与静态分析相对应，动态调试分析是逆向工程中常用的一种方法。

我们首先学习了 x64dbg 的主界面，熟悉了各个窗口的布局和显示的内容。x64dbg 提供了界面显示了大量的信息，我们需要充分了解它们，才能有效地使用。

接下来我们学习了调试的基本操作，包括开始调试、停止调试，以及恢复调试对象运行的方法。这些操作是使用调试器的基本操作。

断点是调试器最核心的功能之一。我们介绍了软件断点和硬件断点，并介绍了条件断点的原理和使用方法。断点是帮助我们寻找和分析关键代码最有效的方法。

接下来，我们介绍了如何在必要的情况下修改调试对象的状态，包括寄存器值、内存数值、下一条指令等。这有助于我们更精确地控制调试对象的运行状态。

最后我们介绍了反调试技术以及其应对方法。反调试是调试过程中常见的挑战，通常需要理解其原理并做出有效的应对措施。

另外，我们通过实例了解了 x64dbg 动态调试的主要方法。

综上，本章以 x64dbg 为例，介绍了动态调试分析的方法。读者可以将静态分析和动态调试相结合，提高分析的效率。

第 13 章 软件知识产权保护技术

逆向分析技术是一柄双刃剑,既可以挖掘程序漏洞、分析恶意代码、优化软件性能等,也可以被攻击者用于代码盗用、恶意篡改和软件盗版等侵权软件知识产权的行为。保护软件知识产权,已成为当前信息安全领域备受关注的研究热点,软件产业界对此极为重视。

软件是一种知识产品,是软件开发者和企业投入了大量的时间、资金和人力进行知识创新的结果,软件的知识产权保护是软件开发者和企业能够继续进行知识创新的前提条件。软件代码中蕴含着大量的知识,例如算法、软件设计架构和代码实现方式等。本章将介绍 5 种常用的软件保护技术,包括序列号保护、警告弹窗、时间限制、功能限制、KeyFile 保护。对每种软件保护技术先介绍其基本概念和原理,然后通过具体的案例分析,理解技术的代码实现,并深入思考技术的优缺点。通过学习本章的内容,读者将能够了解逆向分析技术对软件知识产权保护带来的安全风险,掌握软件保护技术的基本实现原理及其优缺点,理解如何更加有效地增强软件自我保护能力。

13.1 序列号保护

序列号保护是常见的一种防止软件盗用的技术。微软公司的 Windows 操作系统和 Office 办公软件都采用了序列号保护机制。微软公司通过设计复杂的算法生成软件安装序列号,用户需要先购买序列号,才能正常安装 Windows 操作系统或者 Office 办公软件。安装过程中,程序对用户输入的安装序列号进行校验,验证是否被授权。序列号是一个加密的字符串,作为软件公司授权给付费用户的唯一标识符。只有获得序列号后,用户才可以正常使用软件,否则软件无法正常执行或者存在功能限制和时间限制。

首先,软件公司会设计一个软件序列号的生成算法。生成算法根据用户提交的注册信息,计算出一个唯一的序列号。注册信息一般会包括用户名、密码、电子邮箱地址等。用户注册成功后,生成好的序列号会通过电子邮件等形式发送给用户。用户在软件中输入收到序列号,完成软件授权的验证。序列号保护的实现比较简单,用户只需要记住公司发送的一串字符,软件的验证速度快,可以有效对抗攻击者的暴力破解。

13.1.1 序列号保护的实现原理

序列号的生成算法是序列号保护的关键。生成算法在用户信息和序列号之间建立复杂的数学映射关系。序列号的验证过程就是检查用户信息是否和序列号之间存在正确的映射关系。映射关系的复杂程度决定了软件的破解难度。常见的用户信息和序列号映射关系的验证方式有以下 3 种。

1. 通过用户信息计算序列号

构建一个函数,输入是用户信息,输出是基于该用户信息生成的序列号,公式如下:

$$序列号 = F(用户信息)$$

验证程序将用户信息生成的序列号与程序中保存的序列号进行字符串比较,如果 2 个字符串一致则验证成功,否则验证失败。该验证方法需要在内存中明文保存序列号。攻击者可以随意输入一个用户信息,通过动态逆向分析,从程序的验证代码中找到授权用户的序列号。该方法没有对序列号进行有效的保护。攻击者甚至可以直接调用函数 F,构建一个序列号生成器,实现自动生成未授权用户的正版序列号。

2. 通过序列号计算用户信息

为了不暴露序列号生成函数,验证程序可以通过序列号反向验证用户信息是否一致,公式如下:

$$用户信息 = F^{-1}(序列号)$$

该方法的函数 F^{-1} 是序列号生成函数 F 的逆函数。通过序列号逆向计算出对应的用户信息,然后和用户当前输入的信息进行对比,如果一致就验证成功,否则验证失败。该方法可以避免序列号生成算法直接暴露在程序中,增加了逆向分析的难度。但是该方法要保证序列号生成函数 F 是可逆的,会降低函数 F 的安全性。因为函数 F 是可逆的,攻击者可以通过程序中暴露函数 F^{-1} 推理出验证码生成函数 F,进而构建出序列号生成器。通常序列号生成算法是单向的,通过输入的用户信息可以生成序列号,但是不能通过序列号反向生成相关的用户信息,例如单项的哈希函数。如果生成函数 F 可逆,会导致用户的注册信息泄露。

3. 同时计算用户信息和序列号

为了保护序列号生成算法不泄露和计算的单向性,验证过程可以同时计算用户信息和序列号,然后基于计算结果判断验证是否成功。相关的计算公式有 2 个,如下所示。

公式 1: $F_1(用户信息) = F_2(序列号)$

公式 2: $特定值 = F_3(用户信息, 序列号)$

公式 1 将验证过程分成 2 个函数,分别计算用户信息和序列号,如果 2 个函数的计算结果一致则验证成功。通过逆向分析,攻击者可以在程序中找到两个函数 F_1 和 F_2,增加了构建序列号生成算法难度。但是,同时保证函数 F_1 和 F_2 都是单向函数比较困难,类似于构建一个公钥体系。如果只有一个函数是单向的,另一个函数是可逆的,会导致根据用户信息的计算结果可以逆向出对应的序列号,或者通过序列号的计算结果,逆向出对应的用户信息。

公式 2 的验证过程将用户信息和序列号同时输入一个函数中,通过判断函数的输出结果是否等于指定的值来进行验证。公式 2 在验证过程中没有泄露序列号的生成算法,而且可以通过单向函数,保护用户信息和序列号之间的映射关系。

13.1.2　序列号保护的案例分析

本书给出了序列号保护的测试程序 crackme-sn.exe,对序列号保护的脆弱性进行案例分析。测试样本 crackme-sn.exe 采用了第一种序列号的验证方法。测试样本执行后,需要用户输入用户名和密码信息,然后对用户信息进行计算。计算结果与程序中预先存储的序列号进行匹配,来判断是否验证成功。

(1) 首先用 Binary Ninja 打开测试样本 crackme-sn.exe,定位到程序的主函数_main,如图 13-1 所示。

```
 ↻  int32_t _main()

    004016b3   │    │  }
    004016b3   │    }
    004016c5   │    __builtin_strcpy((&var_74 + (!(i) - 1)), "password:");
    004016fd   │    scanf(&data_405092, (&var_74 + strlen(&var_74)));
    00401714   │    int32_t eax_8;
    00401714   │    if (strlen(&var_74) > 0x63)
    00401714   │    {
    0040171d   │        puts("too long!");
    00401722   │        eax_8 = 1;
    00401714   │    }
    00401714   │    else
    00401714   │    {
    0040173e   │        ▓▓▓▓▓▓(&var_74, &s);
    00401760   │        int32_t eax_9;
    00401760   │        eax_9 = me(&s, &var_13c) == 0;
    00401765   │        int32_t eax_10;
    00401765   │        if (eax_9 != 0)
    00401765   │        {
    00401776   │            eax_10 = strcmp(&var_13c, "zxjycnrj7CPNRTenxx|byk7~bz1`yn`p…");
    0040177d   │            if (eax_10 != 0)
    0040177d   │            {
    00401799   │                printf("What can I say? Your serial numb…");
    004017a5   │                puts("\n is invalid!");
```

图 13-1　测试样本主函数_main

(2) 通过逆向分析可以发现程序主函数调用 scanf 函数获得用户输入的用户名和密码信息,然后调用 strcpy 和 strcat 函数将用户输入信息拼接到一个字符串中。用户信息字符串的格式为"username:用户名 password:密码"。

程序的序列号验证过程依次调用了两个计算函数 crack 和 me,获得用户信息对应的序列号。然后,验证程序对比用户信息计算的序列号是否与程序中存储的序列号一致,如果一致则序列号验证通过,否则验证失败。

(3) 序列号的生成函数 crack 将用户信息的每个字符值加 2 后与 5 异或得到新的字符,如图 13-2 所示。

```
 00401460  int32_t crack(char* arg1, void* arg2)

    00401460  {
    0040146c      uint32_t eax_1 = strlen(arg1);
    00401481      for (int32_t i = 0; i < eax_1; i = (i + 1))
    00401481      {
    0040149c          *(uint8_t*)((char*)arg2 + i) = ((arg1[i] + 2) ^ 5);
    00401481      }
    004014aa      return 0;
    00401460  }
```

图 13-2　测试样本的 crack 函数

(4) crack 函数的计算结果作为参数输入给 me 函数。me 函数对每个字符按照 A 到 Z、a 到 z、0 到 9 分成 3 类,分别在每一类中循环向后移动 8 个位置,如图 13-3 所示。例如字符"a"计算后得到字符"i",字符"1"计算后得到字符"9",字符"9"计算后得到字符"7"。

```
int32_t me(char* arg1, char* arg2)
004014ab  {
004014b7      uint32_t eax_1 = strlen(arg1);
004014c9      int32_t eax_2;
004014c9      if ((arg1 == 0 || (arg1 != 0 && eax_1 == 0)))
004014c9      {
004014cb          eax_2 = 0xffffffff;
004014c9      }
004014c9      if ((arg1 != 0 && eax_1 != 0))
004014c9      {
004014d8          char* var_10_1 = arg2;
004014e8          for (int32_t i = 0; i < eax_1; i = (i + 1))
004014e8          {
004014f1              char eax_6 = *(uint8_t*)arg1;
00401508              if ((eax_6 > 0x40 && eax_6 <= 0x5a))
00401508              {
0040153b                  *(uint8_t*)var_10_1 = (((eax_6 - 0x39) - ((int8_t)(((int32_t)eax_6) - 0x39) / 0x1a) * 0x1a)) + 0x41);
00401508              }
00401508              if ((eax_6 <= 0x40 || (eax_6 > 0x40 && eax_6 > 0x5a)))
00401508              {
0040154c                  if ((eax_6 > 0x60 && eax_6 <= 0x7a))
0040154c                  {
```

图 13-3　测试样本的 me 函数

用户信息字符串通过 crack 函数和 me 函数的计算,得到用户对应的序列号。crack 函数和 me 函数都是简单的数字运算,可以构建逆运算函数。测试程序的序列号直接写在程序的代码中,通过逆向分析可以找到是"zxjycnrj7CPNRTenxx│byk7～bzl`yn`plrj&·"。通过 crack 和 me 函数的逆向运算函数,即可得到原始的用户信息字符串为" username:NKAMGpassword:you_crack_me!"。根据用户信息字符串的格式定义,可以得到用户名为 NKAMG,密码为 you_crack_me!。

通过测试程序的案例分析,采用第一种序列号验证方法的程序可以被恶意逆向分析破解。在设计序列号保护算法时,建议使用复杂的具有单向性的序列号生成函数,并不在验证过程中泄露序列号生成算法的代码。虽然单向函数可以保护用户信息和序列号之间的映射关系,但是攻击者可以通过逆向分析找到序列号验证代码,并通过二进制代码重写破坏验证过程。因此序列号的验证过程需要与程序的关键代码和关键数据进行关联,并校验代码的完整性,增加攻击者修改序列号校验代码的难度。

本节习题

(1) 用户信息与序列号映射关系的验证方式有哪些?

(2) 请简述序列号保护技术有哪些安全脆弱性?

(3) 如何提升序列号保护技术的抗逆向分析能力?

13.2　警告弹窗

警告弹窗是软件开发者用来提示未授权用户购买正式版软件的消息窗口。通过不断的消息窗口提示,提醒用户尽快购买软件的正式版本。如果用户购买了正版软件,警告窗口将不再弹出,软件使用过程将不再受警告窗口的干扰。

13.2.1　警告弹窗的实现原理

弹出警告窗口需要调用 Windows API 函数,例如 MessageBox、MessageBoxEx、DialogBoxParam、

ShowWindow、CreateWindowEx 等函数。通过设置窗口的显示内容,提醒用户进行注册或者付费购买软件。警告窗口中也会设置可选择的功能按钮,用户可以单击按钮忽略警告提醒,或者单击注册按钮进行付费购买。下面介绍 4 个常见的警告窗口实现函数,以及如何通过参数设置提示信息和功能按钮。MessageBox 函数和 DialogBoxParam 函数是已经封装好的窗口函数,可以快速创建固定样式的窗口。ShowWindow 函数可以设置窗口的显示状态,例如隐藏、最大化、最小化等。CreateWindowEx 函数是创建窗口的底层函数,可以通过更多的参数指定窗口的位置、内容和状态等。

MessageBox[①] 函数是常用的消息窗口函数,参数数量少,有预设的各种常用消息窗口样式可以选择,其函数原型如下:

```
int MessageBox (HWND hWnd,LPCTSTR lpText,LPCTSTR lpCaption,UINT uType);
```

- hWnd:是消息窗口所有者的窗口句柄。
- lpText:是消息窗口中要显示的字符串数据,可以显示详细的警告提示信息。
- lpCaption:是消息窗口中要显示的标题字符串数据,显示警告窗口的标题。
- uType:设置消息窗口中要显示哪些按钮,例如 MB_OK 表示消息窗口包含一个"确定"按钮,MB_OKCANCEL 表示消息窗口包含"确定"和"取消"2 个按钮。

MessageBox 函数的返回值是用户单击消息窗口上哪个按钮决定的,例如用户单击了"确定"按钮,函数的返回值就是 IDOK,用户单击了"取消"按钮,函数返回值则是 IDCANCEL。消息窗口的功能单一,只能起到给用户进行警告提示的作用,不能提供用户注册和付费等功能。

DialogBoxParam[②] 函数可以创建比消息窗口更加复杂的对话框窗口,实现更多的功能,例如用户可以在对话框窗口输入注册信息进行注册或者进行付费等,其函数原型如下:

```
INT _ PTR DialogBoxParam ( HINSTANCE hInstance, LPCSTR lpTemplateName, HWND
hWndParent,DLGPROC lpDialogFunc,LPARAM dwInitParam);
```

- hInstance:对话框模板句柄。
- lpTemplateName:对话框模板的名称。
- hWndParent:对话框窗口的句柄。
- lpDialogFunc:指向对话框过程的指针。对话框过程可以用于处理对话框相关的各种消息,实现与用户的交互,例如 WM_INITDIALOG、WM_COMMAND 消息。
- dwInitParam:要传递到 WM_INITDIALOG 消息 lParam 参数中的值。

如果 DialogBoxParam 函数创建对话框成功,返回值是新创建对话框的一个标识符,可以用于对话框的操作,例如终止对话框。如果创建对话框失败,DialogBoxParam 函数返回 -1。通过设置不同的参数值,对话框窗口中可以创建按钮、文本框、列表框、单选按钮等各种控件,使用户可以在对话框中完成多种操作。

ShowWindow[③] 函数可以设置指定窗口的显示状态,例如最大化窗口、最小化窗口、隐

---

① MessageBox 函数:https://learn.microsoft.com/zh-cn/windows/win32/api/winuser/nf-winuser-messagebox
② DialogBoxParam 函数:https://learn.microsoft.com/zh-cn/windows/win32/api/winuser/nf-winuser-dialogboxparama
③ ShowWindow 函数:https://learn.microsoft.com/zh-cn/windows/win32/api/winuser/nf-winuser-showwindow

藏窗口等。ShowWindow 函数的原型如下：

```
BOOL ShowWindow (HWND hWnd,int nCmdShow);
```

- hWnd：要显示的窗口句柄。
- nCmdShow：控制窗口的显示方式，例如 SW_HIDE 表示隐藏窗口，SW_SHOWMINIMIZED 表示激活窗口并显示为最小化窗口，SW_SHOWMAXIMIZED 表示激活窗口并显示为最大化窗口。

ShowWindow 函数的返回值是 BOOL 类型。如果窗口以前可见，则返回值为非零值；如果以前隐藏窗口，则返回值为零。

CreateWindowEx[①] 函数可以创建具有扩展窗口样式的重叠窗口、弹出窗口或子窗口。DialogBoxParam 函数底层调用了 CreateWindowEx 函数创建对话框窗口。

```
HWND CreateWindowEx (DWORD dwExStyle, LPCSTR lpClassName, LPCSTR lpWindowName,
DWORD dwStyle, int x, int y, int nWidth, int nHeight, HWND hWndParent, HMENU hMenu,
HINSTANCE hInstance, LPVOID lpParam);
```

- dwExStyle：指定扩展窗口的样式，例如 WS_EX_NODRAG 可以防止窗口被移动。
- lpClassName：指定窗口类的名称。
- lpWindowName：指定显示在窗口标题栏中的窗口名称。
- dwStyle：指定创建的窗口样式。
- x：窗口的初始水平位置。
- y：窗口的初始垂直位置。
- nWidth：指定窗口的宽度。
- nHeight：指定窗口的高度。
- hWndParent：所创建窗口的父窗口或所有者窗口的句柄。
- hMenu：新建窗口的菜单句柄。
- hInstance：与窗口关联的模块实例的句柄。
- lpParam：指向 WM_CREATE 消息中 lParam 参数的值。WM_CREATE 消息由 CreateWindowEx 函数发送到创建的窗口。

CreateWindowEx 函数的参数数量比之前介绍的 3 个函数多，可以给窗口指定更详细的参数，例如显示位置、窗口宽度、窗口高度等。如果函数创建窗口成功，返回值是新窗口的句柄；如果函数创建窗口失败，返回值为 NULL。要获得更多的错误信息，可以调用 GetLastError 函数。

警告窗口保护依赖于 Windows 提供的 API 函数。二进制代码的逆向分析可以通过 API 函数定位到警告窗口功能相关的代码，破坏掉软件的警告窗口保护机制。例如攻击者通过定位警告窗口的代码位置，可以使用 ShowWindow 函数或者 PE 文件资源修改工具将警告窗口的属性改成透明或不可见，隐藏警告窗口的各种提示，实现去除警告窗口的效果。

---

① CreateWindowEx 函数：https://learn.microsoft.com/zh-cn/windows/win32/api/winuser/nf-winuser-createwindowexa

13.2.2　警告窗口的案例分析

警告窗口可以有效提示未授权用户进行注册和购买,但是容易受到二进制代码逆向分析的威胁。软件在实现警告弹窗功能时,不能仅考虑功能的实现,也需要考虑提升弹窗功能的抗逆向分析能力。本书给出了警告窗口功能的测试程序 crackme_window.exe,对警告弹窗保护的脆弱性进行案例分析。测试样本 crackme_window.exe 每间隔 5 秒弹出一个警告窗口,提示"请注册用户,购买软件正版授权"。逆向分析可以定位该警告窗口的代码位置,通过二进制代码的修改破坏掉软件警告窗口保护。案例分析过程包括 5 个步骤。

(1) 打开程序,5 秒后弹出警告窗口,提示"请注册用户,购买软件正版授权",单击"确定"按钮退出程序,如图 13-4 所示。

(2) 使用 Binary Ninja 打开 crackme_window.exe 程序,如图 13-5 所示。在程序的主函数 WinMain 中发现了 CreateWindowW 函数。定位到 CreateWindowW 函数的调用位置,可以看到程序启动后,SetTimer 函数设置了一个时长为 5 秒的计时器。计时器的回调函数是 TimerProc,即计时器的时间截止后,会调用 TimerProc 函数。

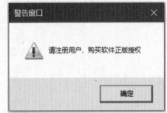

图 13-4　警告窗口

```
int32_t WinMain(struct HINSTANCE__* hInstance, struct HINSTANCE__* hPrevInstance, char* lpCmdLine, int32_t nShowCmd)
140001140      uint128_t lpWndClass = 3;
140001148      int128_t var_38 = rax_2;
14000114c      uint128_t var_48 = rax_4;
140001155      uint64_t var_28 = var_a8;
14000115a      RegisterClassW(&lpWndClass);
140001161a6     HWND hWnd = CreateWindowExW(WS_EX_LEFT, u"test", u"Crack ME!", WS_TILEDWINDOW, 0x80000000, 0x80000000,
1400011b5      ShowWindow(hWnd, SW_SHOWNORMAL);
1400011be      UpdateWindow(hWnd);
1400011d7          (hWnd, 1, 0x1388, TimerProc);
1400011f1      void lpMsg;
1400011f1      if (GetMessageW(&lpMsg, nullptr, 0, 0) != 0)
1400011f1      {
14000121b          BOOL i;
14000121b          do
14000121b          {
1400011f7              TranslateMessage(&lpMsg);
140001201              DispatchMessageW(&lpMsg);
```

图 13-5　测试程序主函数

(3) 在 Binary Ninja 中查看回调函数 TimerProc 的代码,如图 13-6 所示。发现函数中通过 MessageBoxW 函数创建了警告窗口。通过 MessageBoxW 函数的参数分析,将 lpText 和 lpCaption 的字符串转换成中文字符串,可以看到 lpText 参数的数据是"请注册用户,购买软件正版授权",lpCaption 参数的数据是"警告窗口"。通过提示信息说明,MessageBoxW 函数创建了程序所使用的警告窗口。MessageBoxW 函数创建的警告窗口只有一个"确定"按钮。用户单击"确定"按钮后,程序会调用 DestroyWindow 函数,结束程序的执行。

(4) 在 Binary Ninja 中切换到反汇编视图,对 MessageBoxW 函数的调用执行进行替换操作。首先,将内存地址 0x14000105d 的 call 指令替换成 nop 指令,实现破坏掉警告弹窗功能,如图 13-7 所示。选中 call 指令,右击,在弹出的列表中选择"Patch",然后选择"Convert to NOP",实现对 call 指令的修改。

```
140001040  void TimerProc(struct HWND_ * hWnd, uint32_t nMsg, uint32_t nTimerid, uint32_t dwTime)
140001040  {
140001065      if (MessageBoxW(hWnd, &`string'::\xff\xb7\xff\xa8\xfe\x8c(7\x0c-po\xff\xb6cH\xfe\x88C   &`strin
140001065      {
14000106a          DestroyWindow(hWnd);
140001065      }
14000108c      /* tailcall */
14000108c      return MessageBoxW(hWnd, &`string'::\"\xff\x8e\x7f(cHo\xff\xb6, u"GOOD", MB_ICONEXCLAMATION);
140001040  }
```

图 13-6 使用 MessageBoxW 函数创建警告窗口

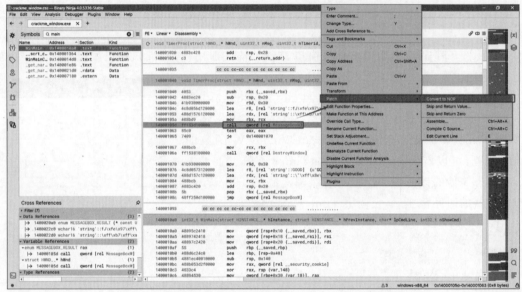

图 13-7 基于 nop 指令覆盖 MessageBoxW 函数调用

（5）将内存地址 0x140001065 的条件跳转指令 je 修改成无条件跳转指令 jmp，使程序不执行 DestroyWindow 函数，避免程序退出，如图 13-8 所示。

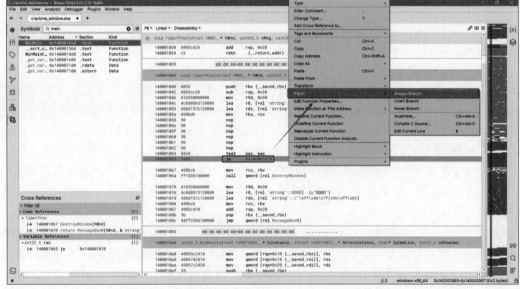

图 13-8 使用跳转指令绕过 DestroyWindow 函数执行

修改后的程序二进制代码如图 13-9 所示。程序不再调用 MessageBoxW 函数弹出警告窗口，直接继续执行程序的功能代码。

```
140001040  void TimerProc(struct HWND  * hWnd, uint32_t nMsg, uint32_t nTimerid, uint32_t dwTime)

140001040  4053              push    rbx {__saved_rbx}
140001042  4883ec20          sub     rsp, 0x20
140001046  41b930000000      mov     r9d, 0x30
14000104c  4c8d056d120000    lea     r8, [rel `string'::fJ\xfe\x97\xff\xa3]
140001053  488d1576120000    lea     rdx, [rel `string'::\xff\xb7\xff\xa8\xfe\x8c(7\x0c-po\xff\xb6cH\xfe\x88C]
14000105a  488bd9            mov     rbx, rcx
14000105d  90                nop
14000105e  90                nop
14000105f  90                nop
140001060  90                nop
140001061  90                nop
140001062  90                nop
140001063  85c0              test    eax, eax
140001065  eb09              jmp     0x140001070

140001067                    48-8b cb ff 15 38 10 00 00        H....8...

140001070  41b930000000      mov     r9d, 0x30
140001076  4c8d0573120000    lea     r8, [rel `string'::GOOD]   {u"GOOD"}
14000107d  488d15c7120000    lea     rdx, [rel `string'::\"\xff\x8e\x7f(cHo\xff\xb6]
140001084  488bcb            mov     rcx, rbx
140001087  4883c420          add     rsp, 0x20
14000108b  5b                pop     rbx {__saved_rbx}
14000108c  48ff250d010000    jmp     qword [rel MessageBoxW]

140001093                    cc cc cc cc cc-cc cc cc cc cc cc cc
```

图 13-9　修改后二进制代码示意图

（6）在 Binary Ninja 中按下 Ctrl＋S 键，保存修改后的 crackme_window.exe 程序，如图 13-10 所示。

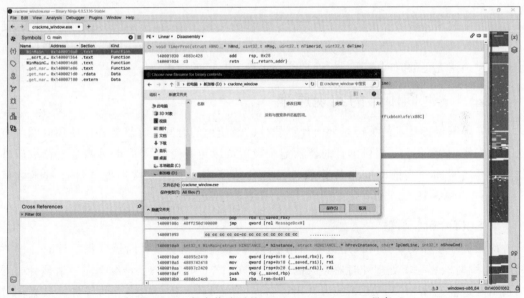

图 13-10　保存修改后的 crackme_window.exe 程序

（7）打开修改后的程序进行验证。程序执行 5 秒后，警告窗口不再弹出，而是显示了"欢迎使用正版软件"的消息窗口，说明软件的警告弹窗功能已经被破解，如图 13-11 所示。

图 13-11　警告弹窗功能破解

本节习题

（1）以下哪些函数可以用于给未授权用户弹出警告窗口？

　　A. DialogBoxParam　　　　　　　　B. MessageBoxW

　　C. CreateWindowEx　　　　　　　　D. MessageBoxEx

（2）请简述警告窗口保护技术的实现方式有哪些。

（3）请简述警告窗口保护技术有哪些安全脆弱性。

（4）如何提升警告弹窗保护技术的抗逆向分析能力？

13.3　时间限制

时间限制是一种常见的软件保护方式。软件公司通过给用户一定的免费试用时长，使用户了解软件的各种功能，用户根据试用体验决定是否购买正版的软件。时间限制保护机制给用户预留充足的时间来判断软件功能是否满足自己的需求。

13.3.1　时间限制的实现原理

时间限制保护技术的关键是如何计算软件已经使用的时间。计算软件已使用时间的方法有直接使用 Windows 提供的计时器功能来设置可以免费使用的时间，或者通过读取软件执行的开始时间和当前时间来计算软件已经使用了多少时间。常用的软件计时函数有 SetTimer、timeSetEvent、GetTickCount 和 timeGetTime 等。

1. SetTimer① 函数

应用程序可在初始化时调用这个 API 函数，向系统申请一个计时器并指定计时器的时间间隔，同时获得一个处理计时器超时的回调函数。若计时器超时，系统会向申请该计时器的窗口发送消息 WM_TIMER，或者调用程序提供的回调函数。13.2 节的警告窗口案例分析中已经使用了 SetTimer 函数，创建计时器并通过计时器回调函数每隔 5 秒钟弹出一个警告窗口。SetTimer 函数的原型如下。

```
UINT_PTR SetTimer (HWND hWnd,UINT_PTR nIDEvent,UINT uElapse,TIMERPROC lpTimerFunc);
```

---

① SetTimer 函数：https://learn.microsoft.com/zh-cn/windows/win32/api/winuser/nf-winuser-settimer

- hWnd：计时器关联的窗口句柄。当计时器到时后，系统将向这个计时器关联的窗口发送 WM_TIMER 消息。
- nIDEvent：计时器标识。
- uElapse：设置计时器的间隔时间，单位为毫秒。
- lpTimerFunc：回调函数。当计时器到时后，系统将调用指定的回调函数。如果该参数的值为 NULL，则向计时器关联的窗口发送 WM_TIMER 消息。TimerProc[①]函数的原型如下。

```
void Timerproc(HWND hWnd, UINT uMsg, UINT_PTR idEvent, DWORD dwTime );
```

SetTimer 函数返回值的类型是 UINT_PTR。如果 SetTimer 函数执行成功，hWnd 参数的值是 NULL，则返回一个新的计时器对象。计时器对象可以作为参数传递给 KillTimer 函数，用于销毁该计时器。如果 SetTimer 函数执行成功，hWnd 参数的值不是 NULL，则返回一个非零的整数。该整数可以作为 KillTimer 函数的 nIDEvent 参数，用于销毁该计时器。如果 SetTimer 函数执行失败，返回值为 0，可以调用 GetLastError 函数查看失败原因。

SetTimer 函数是以 Windows 消息方式工作的，时间精度有一定的限制，但对软件保护的时间限制功能来说是足够的。

2. timeSetEvent[②] 函数

如果需要实现更加精确的时间限制机制，可以使用 Windows 系统提供的多媒体计时器。多媒体计时器运行在一个独立的线程中，可以快速完成回调函数的调用，比 Windows 系统消息驱动的函数调用更加迅速。应用程序通过调用 timeSetEvent 函数来启动一个多媒体计时器。timeSetEvent 函数的原型如下。

```
MMRESULT timeSetEvent (UINT uDelay, UINT uResolution, LPTIMECALLBACK lpTimeProc,
DWORD_PTR dwUser, UINT fuEvent);
```

- uDelay：设置计时器的时间间隔，单位为毫秒。
- uResolution：事件响应的精度，用于设置计时器到时间后相应事件响应的时间间隔，单位为毫秒。该数值越小定时器的事件分辨率越高，默认值为 1 毫秒。
- lpTimeProc：回调函数。当计时器到时后，系统将调用指定的回调函数。
- dwUser：用户提供的回调函数。
- fuEvent：指定定时器的事件执行类型，包括 TIME_ONESHOT 和 TIME_PERIODIC 两个类型。TIME_ONESHOT 表示计时器在 uDelay 毫秒后只产生一次事件执行；TIME_PERIODIC 表示每隔 uDelay 毫秒，计时器会周期性地产生事件执行。

如果 timeSetEvent 函数调用成功，则返回一个计时器事件的标识符，否则返回 NULL。在多媒体定时器使用完毕后，应及时调用 timeKillEvent() 将之释放。

---

① TimerProc 函数：https://learn.microsoft.com/zh-cn/windows/win32/api/winuser/nc-winuser-timerproc
② timeSetEvent 函数：https://learn.microsoft.com/zh-cn/previous-versions/dd757634(v=vs.85)

3. GetTickCount[①] 函数

除了可以使用计时器记录软件使用时间,也可以使用 GetTickCount 函数间接地计算当前软件使用了多少时间。Windows API 函数 GetTickCount 可以获得从 Windows 系统启动开始到函数调用时间点所经过的毫秒数。GetTickCount 函数的原型如下所示。

```
DWORD  GetTickCount();
```

GetTickCount 函数没有输入参数,返回值是 DWORD 类型的整数,表示设备启动时间到函数调用时间之间间隔的毫秒数。时间限制功能可以在软件启动时调用 GetTickCount 函数,记住当前系统的运行时间,在软件某些功能执行时,再次调用 GetTickCount 函数记住一个新的系统运行时间。通过对比两次调用 GetTickCount 函数的返回值,可以计算出软件已经使用的时间。根据软件免费试用的时间限制,判断软件是否可以继续免费试用。如果软件已经过了免费试用时间,程序将停止执行,或提示用户购买正版软件。

4. timeGetTime[②] 函数

Windows 提供的高精度多媒体计时器函数 timeGetTime 也可以获得从 Windows 系统启动到当前函数调用的时间点之间间隔了多少毫秒。timeGetTime 函数的原型如下所示。

```
DWORD  timeGetTime();
```

timeGetTime 函数没有参数,返回值是 DWORD 类型的整数,表示系统启动到函数执行之间间隔的毫秒数。DWORD 类型的整数可以表示从 0 到 2^{32} 毫秒,最多记录 49.71 天的时间长度。

时间限制的实现方式一般有两种:(1)限制软件每次执行的时间长度,例如每次执行用户可以试用软件 20 分钟,付费后的正版用户没有试用时长的限制;(2)每次软件的运行时长不限,但是有试用天数的限制,例如非付费的正版用户可以试用软件 30 天。

软件时间限制保护需要在软件安装或者第一次试用的时候记录一个起始时间,例如当前操作系统的日期和时间,并保存这个起始时间,例如保存到配置文件或者系统的注册表中。程序每次执行时要读取保存的起始时间,并与当前执行时间进行比较,如果超过允许的免费试用时间,程序就自动退出或者提示用户进行付费购买正版软件。

软件时间限制的实现原理比较简单,需要基于准确的软件起始时间和当前使用时间。两个时间点的保护是时间限制机制的关键,如果泄露了时间点信息,时间限制机制将会失效。例如攻击者通过文件监控软件或者注册表监控软件获得软件存储起始时间的文件或者注册表信息,可以通过修改该文件或者注册表中的起始时间,达到一直免费使用软件的目的;例如攻击者可以调整 Windows 操作系统的时间,将系统时间点修改成可以免费使用软件的时间,也可以达到一直免费使用软件的目的。

13.3.2　时间限制的案例分析

时间限制保护可以有效限制未授权用户的使用时间,但是容易受到二进制代码逆向工

---

① GetTickCount 函数:https://learn.microsoft.com/zh-cn/windows/win32/api/sysinfoapi/nf-sysinfoapi-gettickcount

② timeGetTime 函数:https://learn.microsoft.com/zh-cn/windows/win32/api/timeapi/nf-timeapi-timegettime

程的威胁。本书给出了时间限制保护的测试程序 crackme_time.exe,对时间保护的脆弱性进行案例分析。测试样本 crackme_time.exe 会限制用户使用软件的时间。为了验证的方便,测试样本运行时间超过 10 秒则自动退出程序。

案例分析过程基于逆向分析工具 Binary Ninja 来定位关键代码,并通过代码修改解除测试样本的时间限制。

(1) crackme_time.exe 为 Windows 有窗口界面的应用程序。首先,使用 BinaryNinja 打开 crackme_time.exe 程序,并找到程序主函数的位置。由于 Windows 桌面程序在不添加保护机制情况下主函数的函数名为 WinMain,使用 Binary Ninja 的 Symbol 搜索可以快速定位 WinMain 函数的位置在 0x1400121f0,如图 13-12 所示。

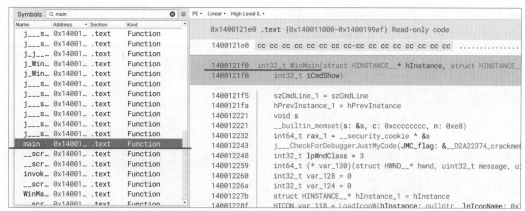

图 13-12　测试程序的函数列表

(2) 与计时功能相关的 Windows API 函数有 SetTimer()、KillTimer()、GetTickCount()、timeGetTime()等。使用 Symbols 搜索功能可以查找 crackme_time.exe 程序是否有这些已知的 Windows API 函数。通过搜索,发现程序的.idata 段有 SetTimer 函数信息。通过 Cross Reference 的交叉引用分析,可以发现 SetTimer 函数在 WndProc 函数中调用,如图 13-13 所示。

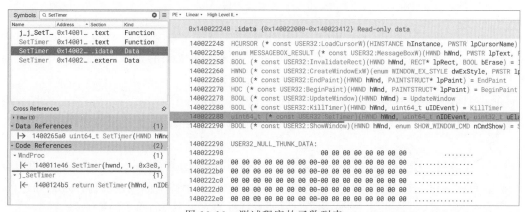

图 13-13　测试程序的函数列表

(3) 继续分析 WndProc 函数,将 Binary Ninja 分析调整为 Pseudo C 伪代码模式,可以看到 WndProc 函数是一个 Windows 消息处理函数。从 WndProc 函数中找到包含 SetTimer 函数的代码块,如图 13-14 所示。

```
140011de0    if (message == 1)
140011e2a        hBrushRed = CreateSolidBrush(color: 0xff)
140011e46        SetTimer(hWnd: hwnd, nIDEvent: 1, uElapse: 0x3e8, lpTimerFunc: nullptr)
140011de0    if (message == 1 || message == 0x1a)
140011e63        int16_t lpLCData
140011e63        GetLocaleInfoW(Locale: 0x400, LCType: 0x23, lpLCData: &lpLCData, cchData: 2)
140011e7d        int32_t var_24_1
```

图 13-14　调用 SetTimer 函数创建计时器

当 WndProc 函数的 message 参数的值为 1 时,将调用 SetTimer 函数。SetTimer 函数第三个参数代表计数器的时间间隔,在此处为 0x3e8,即十进制的 1000,也就是计时器的时间间隔为 1 秒。

(4) 通过查找 Windows 消息信息列表,找到“#define WM_TIMER 0x113”。进一步查找 message 为 0x113 的代码块,如图 13-15 所示。

```
140011d90    __builtin_memset(&s, 0xcccccccc, 0xb8);
140011da1    int64_t rax_1 = (__security_cookie ^ &s);
140011db2    j__CheckForDebuggerJustMyCode(&__D2A22374_crackme@cpp);
140011e08    if ((message > 0xf && message != 0x1a))
140011e08    {
140011e14        if (message != 0x113)
140011e14        {
1400120d2        label_1400120d2:
1400120d2            DefWindowProcW(hwnd, message, wParam, lParam);
140011e14        }
140011e14        else
140011e14        {
140011f50            if (t > 9)
140011f50            {
140011f74                SendMessageW(hwnd, 0x10, 0, 0);
140011f50            }
140011f50            else
140011f50            {
140011f5a                t = (t + 1);
140011f50            }
140011f89            InvalidateRect(hwnd, nullptr, 1);
140011e14        }
140011e08    }
140011dd3    if (message == 0xf)
140011dd3    {
140011fa1        void lpPaint;
140011fa1        HDC hdc = BeginPaint(hwnd, &lpPaint);
```

图 13-15　消息处理代码块

分析代码得到每收到一次 WM_TIMER 消息,变量 t 就会自增 1,直至 9 则会调用 SendMessageW(hwnd, 0x10, 0, 0)。其中 0x10 为 WM_CLOSE 消息,即发送关闭程序的消息。变量 t 的初值为 0x0,位于 0x14001e490 地址处。

取消时间限制的方法有多种,可以跳过 0x140011e46 call qword [rel SetTimer]指令或者删除 message 与 0x113 的判断条件中 0x140011f74 SendMessageW(hwnd, 0x10, 0, 0)指令语句。

(5) 本案例分析使用 Binary Ninja 工具将 SendMessageW(hwnd, 0x10, 0, 0)调用删除,阻止程序通过发送 WM_CLOSE 消息进行自动结束。消除时间限制的操作过程如下:

① 在 Disassembly 分析界面,定位 0x140011f74 处的指令,如图 13-16 所示。

② 在指令位置处右击选择 Patch→Convert to NOP。NOP 是 CPU 的空指令,意味着不进行任何操作,实现删除 call 指令的作用。修改后的 crackme-time.exe 反汇编代码如图 13-17 所示。

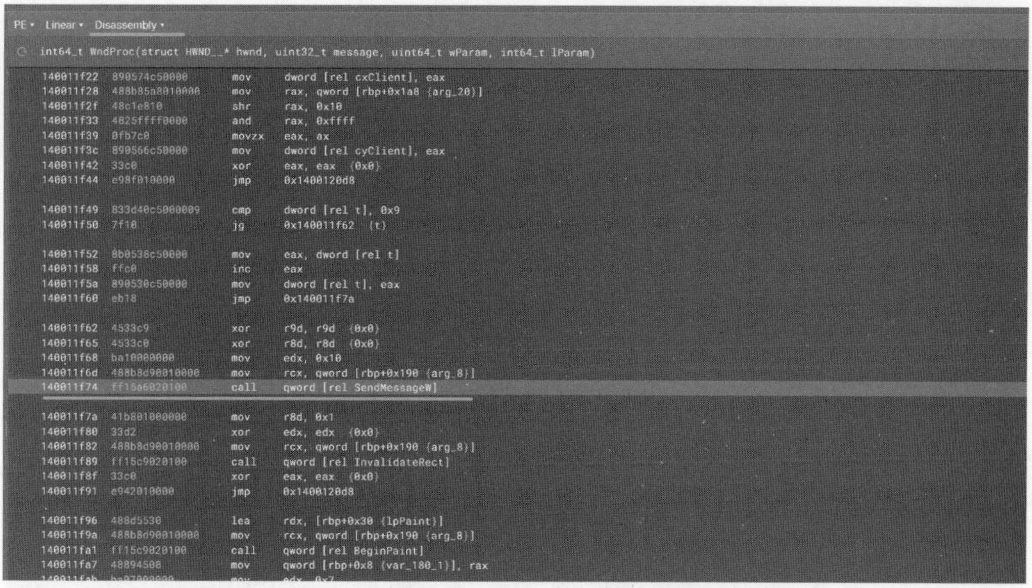

图 13-16　定位 SendMessageW 函数调用指令

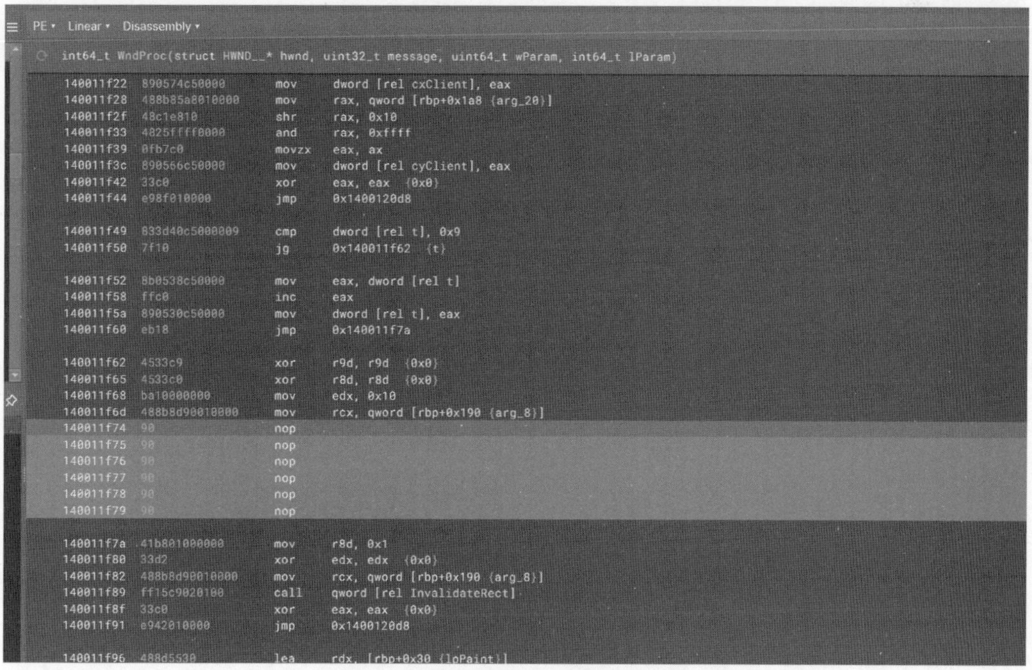

图 13-17　修改后的测试程序代码

③ 在 BinaryNinja 的菜单中选择 File→Save→Save file contents only 将编辑后的 crackme_time.exe 文件进行保存,如图 13-18 所示。

再次运行修改后的 crackme_time.exe 程序,没有出现定时退出的情况,说明程序的时间限制功能被破坏了,如图 13-19 所示。

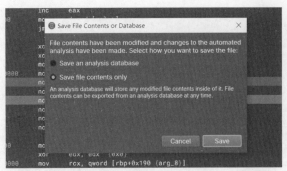

图 13-18　保存修改后的 crackme_time.exe 程序

图 13-19　时间限制功能被破坏

本节习题

（1）以下哪些函数可以用于实现计时功能？

    A. setTimer   B. timeSetEvent

    C. GetTickCount   D. timeGetTimes

（2）获取系统时间的 Windows API 函数有哪些？

    A. GetSystemTime   B. GetLocalTime

    C. GetFileTime   D. FileTimeToSystemTime

（3）请简述时间限制技术的实现方式有哪些。

（4）请简述时间限制技术有哪些安全脆弱性。

（5）有哪些方法可以检测到攻击者修改了当前的系统时间？

13.4　功能限制

    软件公司经常将软件按照功能分成不同版本进行销售，例如将软件分成免费版本、付费的个人版或者付费的商业版本等。免费版软件的功能有限制，只能使用软件的基本功能，不收取用户的软件使用费。用户可以先试用免费的软件版本，然后根据软件使用过程的体验或者需求再选择是否升级为更多功能的付费版本。软件的功能菜单中通常有全部的功能选项，包括基本功能和额外的付费功能。如果是免费版用户，软件的有些功能菜单是不能单击或者单击之后会弹出付费的提示信息。付费用户可以正常使用软件菜单中的所有功能选项，没有功能限制。

13.4.1 功能限制的实现原理

软件的功能限制有多种实现方式。功能限制的一种实现方式是将免费版软件和付费版软件分成不同的两个程序。免费版中被限制使用的软件功能在程序中没有实现的代码,只有付费版本的程序中才有额外软件功能的实现代码。用户付费后,需要从网络上重新下载一个付费版软件才能使用那些被限制的功能。

功能限制的另一种实现方式是免费版软件和正式版软件是同一个程序。程序中包含所有软件功能的实现代码。免费用户使用时,软件的某些功能菜单被禁止使用。用户付费后,不需要重新下载新的软件,之前被禁止使用的功能菜单被激活后可以正常使用了。

软件中常用的控制菜单选项是否可用、控制窗口是否可用的 Windows API 函数有 EnableMenuItem、ModifyMenu、EnableWindow、ShowWindow 等。

EnableMenuItem[①] 函数可以实现启用、禁用或灰显指定的软件菜单项,函数原型如下。

```
BOOL EnableMenuItem(HMENU hMenu,UINT uIDEnableItem,UINT uEnable )
```

- hMenu:菜单句柄,用于指定需要禁用某些功能选项的菜单。
- uIDEnableItem:指定菜单中要启用、禁用或灰显的菜单栏、菜单或子菜单中的项。
- uEnable:指示菜单项是启用、禁用还是灰显,包括 MF_ENABLED 表示启用菜单项、MF_GRAYED 表示灰显菜单项、MF_DISABLED 表示禁用菜单项。

EnableMenuItem 函数的返回值是指定菜单项修改前的状态。如果指定菜单项不存在,则返回 -1。EnableMenuItem 可以将指定功能的菜单项进行禁用或者灰显,免费用户无法使用。等用户付费之后,再调用 EnableMenuItem 函数将禁用或者灰显的菜单项启用,使用户可以使用这些功能。

ModifyMenu[②] 函数除了可以修改指定菜单项的状态,还可以指定菜单项的内容、外观和行为,函数原型如下。

```
BOOL ModifyMenu (HMENU hMnu, UINT uPosition, UINT uFlags, UINT_PTR uIDNewItem,
LPCSTR lpNewItem)
```

- hMnu:指定要修改的菜单句柄。
- uPosition:指定要修改的菜单项,由 uFlags 参数来确定。
- uFlags:控制 uPosition 参数的解释以及菜单项的内容、外观和行为。例如 MF_DISABLED 表示禁用菜单项,使免费用户无法选中该菜单项,MF_ENABLED 表示启用菜单项,以便付费用户可以选择菜单项等。
- uIDNewItem:修改后菜单项的标识符。如果 uFlags 参数设置了 MF_POPUP 标志,则为下拉菜单或子菜单的句柄。
- lpNewItem:已更改的菜单项的内容。

如果 ModifyMenu 函数执行成功,返回值为非零值。如果函数失败,则返回值为零,可以调用 GetLastError 函数查看更多的错误信息。

---

① EnableMenuItem 函数:https://learn.microsoft.com/zh-cn/windows/win32/api/winuser/nf-winuser-enablemenuitem
② ModifyMenu 函数:https://learn.microsoft.com/zh-cn/windows/win32/api/winuser/nf-winuser-modifymenua

除了禁用或者启用菜单项实现功能限制,还可以通过控制窗口的属性实现功能限制。EnableWindow[①] 函数可以实现启用或禁用指定窗口或控件的鼠标和键盘输入。禁用输入时,窗口不会接收鼠标单击和按键等输入。启用输入时,窗口可以接收所有的输入。函数的原型如下:

```
BOOL EnableWindow(HWND hWnd,BOOL bEnable)
```

- hWnd:要启用或禁用的窗口的句柄。
- bEnable:指定是启用或禁用窗口。如果此参数为 TRUE,则启用窗口。如果参数为 FALSE,则禁用窗口。

如果调用 EnableWindow 函数以前窗口处于禁用状态,函数返回值为非零值。如果以前未禁用窗口,则函数返回值为零。

如果软件的功能限制只是对功能对应的菜单项或者窗口进行禁用或者灰显是不安全的,易受到恶意逆向分析的威胁。例如攻击者可以通过逆向分析定位功能限制使用的 Windows API 函数,通过二进制代码重写,修改控制菜单项或者窗口状态的函数参数,就可以破解软件的功能限制。

更安全的软件功能限制实现方式是将免费版软件和付费版软件分成不同的 2 个程序。免费版中没有被限制功能的实现代码。即使免费版软件被恶意逆向分析和修改,程序内部没有被限制功能的实现代码,因此攻击者无法直接破解被限制的功能。

13.4.2　功能限制的案例分析

如果软件功能限制的实现方式只是禁用了菜单项或者窗口输入,很容易受到恶意逆向分析的威胁。本书给出了功能限制的测试程序 crackme_menu.exe,对功能限制保护的脆弱性进行案例分析。测试程序 crackme_menu.exe 中菜单选项"flag"是不可用的,通过逆向分析来评估该功能限制的安全性。

(1)使用 Binary Ninja 打开测试程序 crackme_menu.exe。在 Symbols 窗口中进行搜索功能限制相关的 Windows API 函数。在.idata 段中找到了 EnableMenuItem 函数,通过 Cross Reference 发现该函数在 WndProc 中被调用,如图 13-20 所示。

(2)将 Binary Ninja 调整成 Pseudo C 分析模式,发现 EnableMenuItem 函数在 message==1 的条件下被调用,也就是程序收到 WM_CREATE 消息后被调用。WM_CREATE 消息是窗口创建时发送的消息。EnableMenuItem 函数的第三个参数为 MF_GRAYED,将指定的菜单项进行了灰显设置,用户不能进行单击,如图 13-21 所示。

(3)如果要使菜单项可用,需要修改 EnableMenuItem 的第三个参数,将 MF_GRAYED 修改成 MF_ENABLED。首先,切换到 BinaryNinja 的 Disassembly 分析窗口,定位到 EnableMenuItem 函数的调用及其传参的指令位置,如图 13-22 所示。

(4)从反汇编指令列表可以看出 0x140011de3-0x140011df2 是 EnableMenuItem 函数调用时的传参和函数调用指令序列。EnableMenuItem 函数的第三个参数存放在 r8d 寄存器里面。MF_GRAYED 的值是 0x1,需要修改成 MF_ENABLED 对应的值 0x0。

---

① 　EnableWindow 函数:https://learn.microsoft.com/zh-cn/windows/win32/api/winuser/nf-winuser-enablewindow

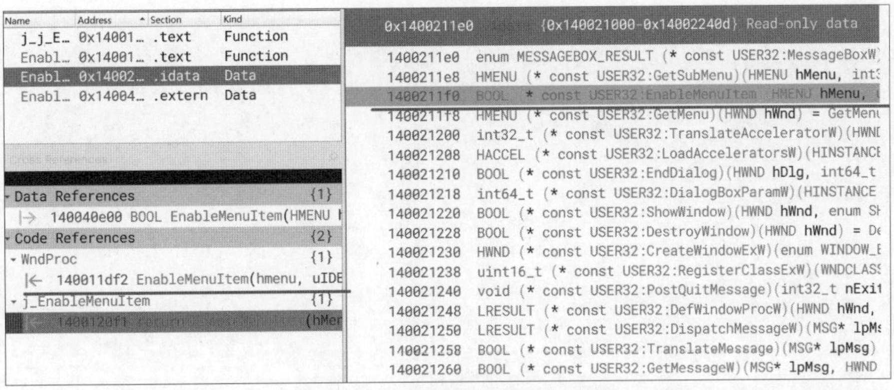

图 13-20　测成程序的函数列表

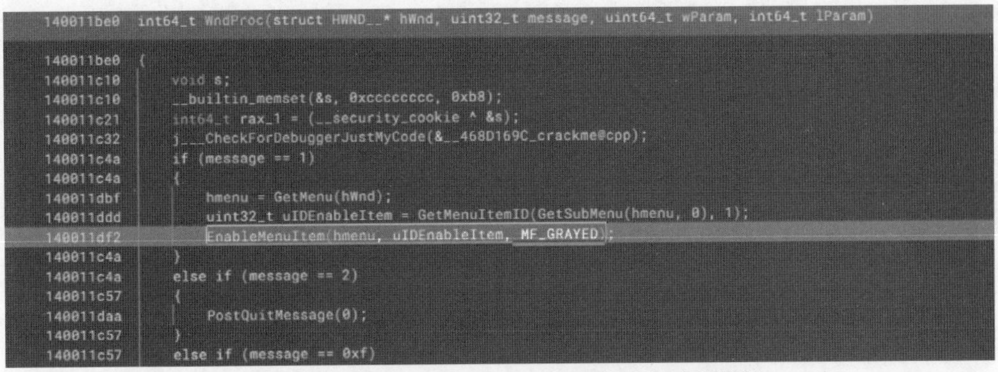

图 13-21　调用 EnableMenuItem 函数进行功能限制

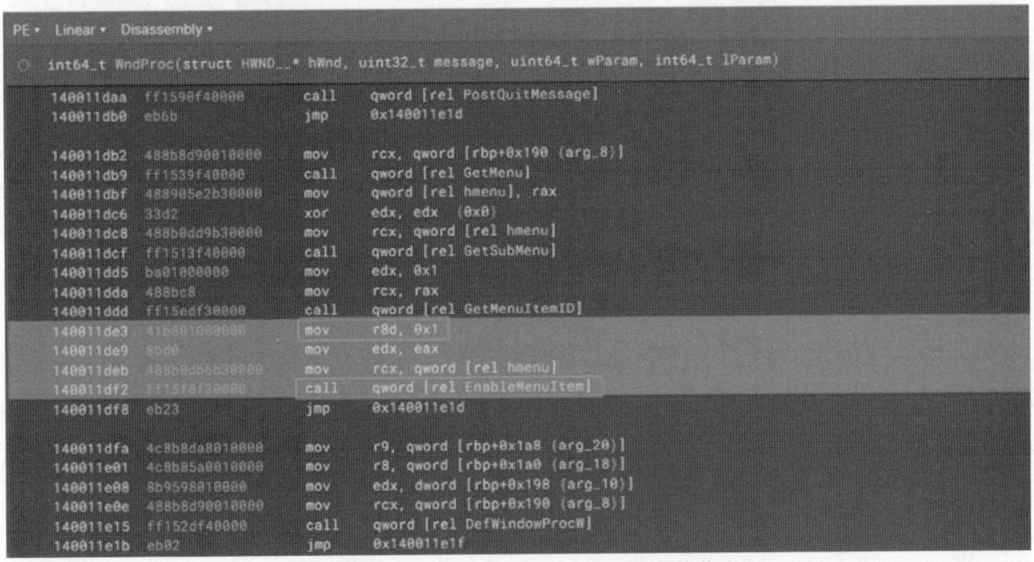

图 13-22　EnableMenuItem 函数的参数信息

在 0x140011de3 位置处，右击，在弹出的列表中选择 Patch→Edit Current Line，修改当前汇编语句，如图 13-23 所示。将原先的 mov r8d, 0x1 修改为 mov r8d, 0x0。

图 13-23　修改 EnableMenuItem 函数的第 3 个参数

（5）在 Binary Ninja 的菜单中选择 File→Save→Save file contents only，将编辑后的 PE 文件进行保存，如图 13-24 所示。

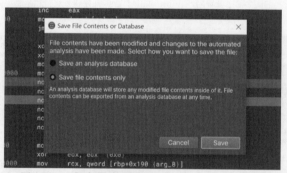

图 13-24　保存修改后的 crackme_menu.exe 程序

运行修改后的 crackme_menu.exe 程序，测试菜单限制是否被解除。如图 13-25 所示，程序的 Flag 菜单项可以单击，并弹出"欢迎使用正版软件"的消息窗，说明菜单的功能限制被破解了。

本节习题

（1）以下哪些 Windows API 函数可以用于菜单功能限制？

  A. EnableMenuItem   B. EnableWindow

  C. FileTimeToSystemTime   D. timeGetTimes

（2）请简述功能限制技术的实现方式有哪些。

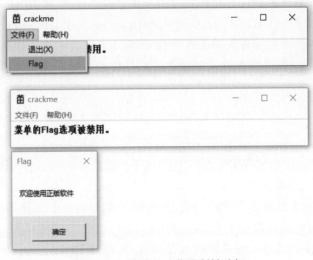

图 13-25　菜单的功能限制被破解

（3）请简述功能限制技术有哪些安全脆弱性？

（4）思考题：有哪些方法可以增加功能限制的安全性？

13.5　KeyFile 保护

KeyFile 是一种密钥文件，存储了加密的用户数据或者软件许可证，可以用于激活软件的正版授权。KeyFile 方法被广泛应用于软件付费用户的授权管理。付费用户提交注册信息后，会收到软件公司发送的 KeyFile 文件。用户需要将 KeyFile 文件复制到指定的路径或者提交给软件。程序每次启动都在操作系统根目录或者软件安装目录中搜寻 KeyFile 密钥文件。文件里面记录着加密后的用户注册信息、注册码、授权期限以及软件许可证数据等信息。程序对 KeyFile 中的信息进行解密和验证。若 KeyFile 解密和验证成功，程序则正常启动，否则，程序自动退出或者只提供免费的基本功能。

13.5.1　KeyFile 保护的实现原理

KeyFile 文件一般体积比较小，文件格式由软件公司自己定义，可以是纯文本格式也可以是二进制格式。KeyFile 文件的授权信息通常是加密的，软件公司可以选择不同的加密算法，例如对称加密算法和基于公钥密码体系的加密算法。

不同用户的 KeyFile 文件是不一样的，里面包含了用户的注册信息。如果软件出现盗版情况，可以根据泄露的 KeyFile 文件快速分析出是哪位用户出现了问题，实现对盗版等侵权行为的追踪和溯源。有的 KeyFile 中除了包含用户信息，还包括操作系统和计算机硬件等信息。程序在启动时增加了对软件运行软硬件环境的验证，实现对软件安装设备的数量限制，例如个人版付费用户可以在 5 台设备上安装软件，商业版付费用户可以在 100 台设备上安装软件等。KeyFile 文件中可以加入时间限制，例如在 KeyFile 中加入授权的到期时间，实现软件授权的按年或者按月进行付费。软件授权时间到期后，用户需要缴费以获得新的 KeyFile 文件。

KeyFile 文件的解密和验证过程需要用到与文件操作有关的 Windows API 函数，例如 FindFirstFile、CreateFile、GetFileSize、GetFileAttributes、SetFilePointer、ReadFile 等。

KeyFile 解密和验证过程首先需要在操作系统目录或者软件安装目录中找到 KeyFile 文件。FindFirstFile 函数可以在目录中搜索名称与特定名称匹配的文件或子目录，函数原型如下。

```
HANDLE FindFirstFile①(LPCSTR lpFileName,LPWIN32_FIND_DATAA lpFindFileData )
```

- lpFileName：KeyFile 的文件名。文件名可以包含通配符，例如星号（＊）或问号（?）；
- lpFindFileData：指向 WIN32_FIND_DATA 数据结构的指针，该结构存储有关找到的 KeyFile 文件信息。

FindFirstFile 函数打开一个搜索句柄，并返回匹配的第一个文件的信息。如果函数执行成功，返回的搜索句柄可以用于 FindNextFile 或 FindClose 函数，lpFindFileData 参数包含找到的第一个文件的信息。如果函数执行失败，则返回 INVALID_HANDLE_VALUE，且 lpFindFileData 的内容是不可用的。

找到 KeyFile 文件后，调用 CreateFile 函数打开文件，获得 KeyFile 文件的句柄。CreateFile 函数的原型如下：

```
HANDLE CreateFile②(LPCSTR lpFileName,DWORD dwDesiredAccess, DWORD dwShareMode,
LPSECURITY_ATTRIBUTES lpSecurityAttributes, DWORD dwCreationDisposition, DWORD
dwFlagsAndAttributes, HANDLE hTemplateFile)
```

- lpFileName：指定要打开的 KeyFile 文件名。
- dwDesiredAccess：设置文件的访问权限，包括 GENERIC_READ、GENERIC_WRITE 等。KeyFile 文件的验证过程只需要申请 GENERIC_READ 权限。
- dwShareMode：设置文件的共享模式。对于 KeyFile 的验证过程，该参数一般设置为 0，阻止其他进程在验证过程中删除、读取或写入 KeyFile 文件。
- lpSecurityAttributes：指向 SECURITY_ATTRIBUTES 结构的指针。KeyFile 验证可以设置此参数为 NULL，使程序创建的任何其他子进程都不能继承 CreateFile 返回的 KeyFile 文件句柄。
- dwCreationDisposition：设置是否创建不存在的文件。KeyFile 验证需要指定该参数为 OPEN_EXISTING，仅当 KeyFile 文件存在时才打开，否则报错。
- dwFlagsAndAttributes：文件标志和属性，FILE_ATTRIBUTE_NORMAL 是文件最常见的默认值。
- hTemplateFile：设置模板文件句柄。模板文件为新创建的文件提供文件属性和扩展属性。打开现有 KeyFile 文件时，CreateFile 将忽略此参数，可以设置为 NULL。

如果 CreateFile 函数执行成功，返回值是指定 KeyFile 文件的打开句柄。如果函数失败，则返回值为 INVALID_HANDLE_VALUE，需要调用 GetLastError 函数获得详细的失败信息。

---

① FindFirstFile 函数：https://learn.microsoft.com/zh-cn/windows/win32/api/fileapi/nf-fileapi-findfirstfilea
② CreateFile 函数：https://learn.microsoft.com/zh-cn/windows/win32/api/fileapi/nf-fileapi-createfilea

打开 KeyFile 文件后需要调用 ReadFile 函数从文件中读取数据,函数原型如下所示:

```
BOOL ReadFile① (HANDLE hFile, LPVOID lpBuffer, DWORD nNumberOfBytesToRead,
LPDWORD lpNumberOfBytesRead, LPOVERLAPPED lpOverlapped )
```

- hFile:KeyFile 文件句柄。
- lpBuffer:指向存储读取数据的缓冲区。
- nNumberOfBytesToRead:设置要读取的字节数。
- lpNumberOfBytesRead:指向变量的指针,该变量存储读取文件的实际字节数。
- lpOverlapped:对于支持字节偏移量的文件句柄,可以通过设置 OVERLAPPED 结构的 Offset 和 OffsetHigh 成员指定文件读取的起始位置。

ReadFile 函数读取 KeyFile 文件中的加密数据,然后进行解密和校验来判断软件是否被授权。如果 ReadFile 函数读取文件数据成功,则返回值为 TRUE。如果函数读取数据失败,则返回值为 FALSE。

13.5.2　KeyFile 保护的案例分析

KeyFile 保护可以有效验证用户的多种授权信息,包括用户信息、授权使用的期限、软件安装数量等。但是 KeyFile 的验证过程容易受到恶意逆向分析的威胁。本书给出了 KeyFile 保护的测试程序 crackme_keyfile.exe,对 KeyFile 保护的脆弱性进行案例分析。测试程序 crackme_keyfile.exe 根据用户输入与 KeyFile 中的数据进行计算,确定用户是否被授权。

(1) 在 Binary Ninja 中打开测试程序 crackme_keyfile.exe,并定位到程序的主函数 WinMain,如图 13-26 所示。

(2) 通过对主函数的逆向分析,发现程序调用 CreateFile 函数打开了当前目录下的 KeyFile 文件"./keyFile"。如果打开 KeyFile 文件失败,会弹出 WARNING 窗口,并提示 "You don't have any keyFile",然后调用 exit 函数退出程序。

(3) 如果成功打开 KeyFile 文件,程序进入 do-while 循环结构。rax 寄存器中存储着 KeyFile 的文件句柄,调用 ReadFile 函数读取 KeyFile 文件中的数据存入内存缓冲区中。

读取 KeyFile 数据后,程序通过命令行交互,得到用户名和密码信息。程序函数将字符串"username:"和通过 scanf 函数输入的用户名拼接成一个字符串,然后将"password:"字符串以及通过 scanf 函数输入的密码与之前得到的用户名字符串拼接到一起。通过用户输入,得到了用户信息字符串,格式为"username:用户名 password:密码",如图 13-27 所示。

这里需要注意的是字符串"username"与":"分开存储在 int64_t 类型的变量 var_108 和 int16_t 类型的变量 var_100 上。但是在内存的栈结构上其实 var_108 和 var_100 中的字符是连在一起的,组合起来正好是完整的"username:"。

(4) 如图 13-28 所示,程序的 KeyFile 验证过程遍历用户信息字符串中的字符,将每一个字符,与 KeyFile 文件中的所有字符依次异或计算一次,计算后的结果保存在 buf 缓冲区中。

---

① ReadFile 函数:https://learn.microsoft.com/zh-cn/windows/win32/api/fileapi/nf-fileapi-readfile

```
int32_t WinMain(struct HINSTANCE__* hInstance, struct HINSTANCE__* hPrevInstance, char* lpCmdLine, int32_t nShowCmd)
1400010e0  {
1400010fd      void var_158;
1400010fd      int64_t rax_1 = (__security_cookie ^ &var_158);
140001130      HANDLE rax_2 = CreateFileA("./keyFile") 0x80000000, FILE_SHARE_READ, nullptr, OPEN_EXISTING, FILE_ATTRIBUTE_N
140001113d      if (rax_2 == -1)
140001113d      {
140001152          MessageBoxW(nullptr, u"You don't have any keyFile", u"WARNING", MB_OK);
14000115b          CloseHandle(rax_2);
140001163          exit(0);
140001163          /* no return */
140001113d      }
140001187      uint32_t nNumberOfBytesToRead_1 = GetFileSize(rax_2, nullptr);
140001191      uint8_t* lpBuffer_1 = malloc(((uint64_t)nNumberOfBytesToRead_1));
1400011a2      j_memset(lpBuffer_1, 0, ((uint64_t)nNumberOfBytesToRead_1));
1400011a7      uint8_t* lpBuffer = lpBuffer_1;
1400011aa      uint32_t lpNumberOfBytesRead = 0;
1400011af      uint32_t nNumberOfBytesToRead = nNumberOfBytesToRead_1;
1400011e6      uint64_t lpNumberOfBytesRead_1;
1400011e6      uint32_t i;
1400011e6      do
1400011e6      {
1400011c5          enum FILE_CREATION_DISPOSITION lpOverlapped;
1400011c5          lpOverlapped = 0;
1400011d3          ReadFile(rax_2, lpBuffer, nNumberOfBytesToRead, &lpNumberOfBytesRead, lpOverlapped);
1400011d9          lpNumberOfBytesRead_1 = ((uint64_t)lpNumberOfBytesRead);
1400011df          if (lpNumberOfBytesRead_1 == 0)
1400011df          {
1400011df              break;
1400011df          }
1400011e1          lpBuffer = &lpBuffer[lpNumberOfBytesRead_1];
1400011e4          i = nNumberOfBytesToRead;
1400011e4          nNumberOfBytesToRead = (nNumberOfBytesToRead - lpNumberOfBytesRead_1);
1400011e6      } while (i != lpNumberOfBytesRead_1);
1400011eb      CloseHandle(rax_2);
```

图 13-26　测试程序的主函数 WinMain

```
int32_t WinMain(struct HINSTANCE__* hInstance, struct HINSTANCE__* hPrevInstance, char* lpCmdLine, int32_t nShowCmd)
14000121f      int128_t s_1;
14000121f      __builtin_memset(&s_1, 0, 0x64);
140001237      printf("Hello, welcome to RE!\n");
140001243      printf("Please input username: ");
14000125c      int64_t rbx = -1;
14000126b      int16_t var_100 = 0x3a;
140001270      int64_t rax_3 = -1;
140001273      uint64_t var_108 = 0x6b6e616d6573;
140001287      do
140001287      {
140001280          rax_3 = (rax_3 + 1);
140001287      } while (*(uint8_t*)(&var_108 + rax_3) != 0);
140001298      scanf("%s", (&var_108 + rax_3));
1400012a4      printf("Please input password: ");
1400012ae      void var_109;
1400012ae      void* rcx_6 = &var_109;
1400012b9      bool cond:0_1;
```

图 13-27　测试程序的用户交互代码

　　程序将 buf 中的计算结果与程序的序列号"{}k|`ock4@EOCI～o}}ya|j4wa{Qm|omeQck/"进行比较。如果 buf 中的数据与序列号一致,KeyFile 验证就通过了,如图 13-29所示。

　　(5)测试程序 crackme_keyfile.exe 的软件授权验证过程,使用 KeyFile 内容作为密钥对用户信息字符串进行计算,如果得到预定义的序列号就说明验证通过。验证过程的代码被逆向分析后,可以按照验证算法和 KeyFile 文件内容反向推理出用户信息字符串是"username：NKAMGpassword：you_crack_me!"。根据用户信息字符串的结构可以得到测试程序的真正用户名为 NKAMG,密码为 you_crack_me!。

　　逆向分析可以看到软件 KeyFile 验证过程的实现代码,攻击者通过推理可以找到软件授权的破解方法。增加破解 KeyFile 验证的难度可以增加 KeyFile 文件的数据量,甚至可

```
int32_t WinMain(struct HINSTANCE__* hInstance, struct HINSTANCE__* hPrevInstance, char* lpCmdLine, int32_t nShowCmd)
1400013fb            *(uint8_t*)(&s_1 + index) = ((zmm1 ^ _mm_bsrli_si128(zmm1, 1)) ^ r11_1);
140001403            if (r8_2 < nNumberOfBytesToRead_1)
140001403            {
140001403                goto label_140001405;
140001403            }
14000135c            }
14000135c            else
14000135c            {
140001405            label_140001405:
140001405                char r9_2 = *(uint8_t*)(&s_1 + index);
14000140b                void* rax_11 = ((char*)i_1 + lpBuffer_1);
140001411                uint64_t i_4 = ((uint64_t)(nNumberOfBytesToRead_1 - r8_2));
14000142b                uint64_t i_2;
14000142b                do
14000142b                {
140001420                    r9_2 = (r9_2 ^ *(uint8_t*)rax_11);
140001423                    rax_11 = ((char*)rax_11 + 1);
140001427                    i_2 = i_4;
140001427                    i_4 = (i_4 - 1);
14000142b                } while (i_2 != 1);
14000142d                *(uint8_t*)(&s_1 + index) = r9_2;
14000135c            }
140001353            }
140001432            index = (index + 1);
140001438        } while (index < rbx_1);
```

图 13-28　用户信息字符串的计算过程

```
int32_t WinMain(struct HINSTANCE__* hInstance, struct HINSTANCE__* hPrevInstance, char* lpCmdLine, int32_t nShowCmd)
140001461            uint32_t i_3;
140001461            uint32_t rdx_4;
140001461            do
140001461            {
140001450                rdx_4 = ((uint32_t)*(uint8_t*)rax_12);
140001453                i_3 = ((uint32_t)*(uint8_t*)((char*)rax_12 + ( {}k|`ock4@EOCI~o})ya|j4wa{Qm|ome_  - &s_1)));
14000145a                if (rdx_4 != i_3)
14000145a                {
14000145a                    break;
14000145a                }
14000145c                rax_12 = ((char*)rax_12 + 1);
140001461            } while (i_3 != 0);
14000146a            PWSTR lpText;
14000146a            wchar16* const lpCaption;
14000146a            if ((rdx_4 - i_3) != 0)
```

图 13-29　KeyFile 验证的验证代码

以加入一些噪音信息,进一步提升计算复杂度。KeyFile 的验证过程可以分成多个函数,分散在软件的不同功能模块中,增加定位验证代码的难度。测试程序的加密方法使用了最简单的异或操作,可以使用更加复杂的密码算法,也可以使用哈希算法,增加逆向推理的难度。KeyFile 文件中的数据可以与网络数据相关联,验证过程的部分计算在远程服务器上执行,使恶意攻击者不能全面掌握验证代码,增加软件破解难度。

本节习题

(1) 以下哪些 Windows API 函数与 KeyFile 保护技术相关?

  A. FindFirstFileA   B. CreateFileA

  C. GetFileSizeEx   D. GeFileAttributesA

(2) 请简述 KeyFile 保护技术的实现方式。

(3) 请简述 KeyFile 保护技术有哪些安全脆弱性。

(4) 有哪些方法可以改进 KeyFile 保护的抗逆向分析能力?

13.6 本章小结

在本章中,介绍了 5 种常用软件保护技术的实现原理,并通过具体的案例分析帮助读者深入分析各种保护技术的优缺点,从而理解逆向分析技术对软件知识产权保护带来的安全威胁。

目前并没有一种完美的软件知识产权保护技术。研究者普遍认为软件知识产权保护问题在现有软件运行环境下是不可解决的,原因是软件在不可信的计算环境中缺乏有效的自我保护能力,难以对恶意用户的反汇编、代码修改等行为进行有效的约束。恶意或不可信用户对软件知识产权的威胁称为 MATE(Man At The End)攻击。当软件安装到攻击者的计算机上,攻击者可以对软件二进制代码进行全面的控制、分析和修改,例如攻击者可以使用反汇编和反编译工具分析软件的代码,利用动态调试和跟踪工具监控软件的行为,利用二进制代码修改工具改变软件的执行过程等。除了商业软件,在国家基础设施领域的应用软件也在受到 MATE 攻击的影响,例如电力系统、交通系统、军事系统等。

通过本章的学习,读者可以更加深入地理解软件知识产权保护的重要性,加深对逆向分析技术的认识,为进一步学习软件安全、漏洞挖掘、恶意代码分析等信息安全课程打下坚实的基础。